有色金属行业教材建设项目

普通高等教育新工科人才培养
冶金工程专业“十四五”规划教材

锌冶金学

Zinc Metallurgy

主　编　李兴彬　邓志敢

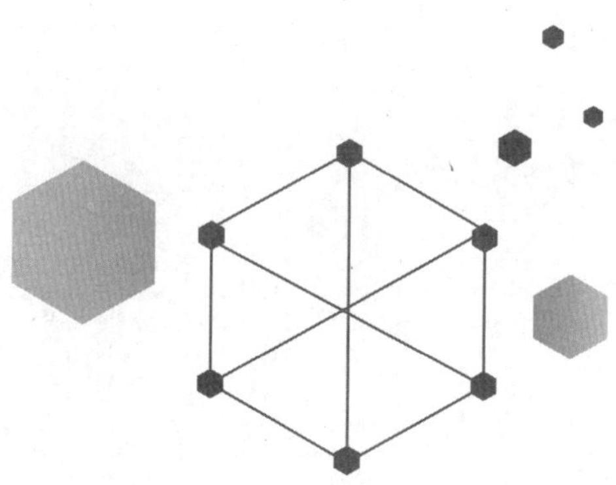

·长沙

前言

Foreword

锌冶炼技术在近三十余年取得了巨大进步，中国锌产量已经连续多年稳居世界首位，中国已经发展成为世界锌冶炼大国。锌冶金作为重有色金属冶金学的重要组成部分，在一些高等学校开设了相应的课程。本书是根据冶金工程学科的发展和高等学校冶金工程专业教学要求编写，在1996年出版的《锌冶金学》、2003年出版的《湿法炼锌理论与应用》的基础上，作者总结并归纳了近年来锌冶金的进展，对湿法炼锌浸出、净化、电积、渣处理等工艺过程的基本原理和生产实践，以及密闭鼓风炉、竖罐等火法炼锌工艺进行了介绍。本书主要作为冶金工程专业本科生、硕士研究生的教学参考书，也可供相关专业的工程技术人员参考。

本书由昆明理工大学李兴彬、邓志敢主编。谢克强编写第1章和第5章，陈为亮编写第2章和第3章，邓志敢编写第4章，李旻廷编写第6章、第9章的9.1节和9.3节，魏昶编写第7章，李兴彬编写第8章，魏奎先编写第9章的9.2节和9.4节。本书由李兴彬、魏昶、邓志敢统稿，并由魏昶审阅全书。昆明理工大学张利波、马文会、徐瑞东、郭胜惠、樊刚等在本书的编写过程中提供了大力帮助和支持，在此一并表示诚挚的谢意。此外，朱云对本书的编写提供了宝贵建议。

本书在编撰过程中引用了部分单位的研究成果和生产实践资料，在此对各单位及相关人员一并表示诚挚的谢意。

由于作者水平有限，书中难免存在疏漏之处，恳请各位读者批评指正。

作者

2024年4月

目 录

Contents

第 1 章　绪论

扫码查看本章资源

1.1　概述

目前，锌冶金生产技术是湿法炼锌与火法炼锌两种工艺并存，且以湿法炼锌为主。湿法炼锌生产效率较高，且冶炼过程中伴生有价元素能够被有效回收，资源综合回收率高。此外，在该冶炼方法中，其工艺设备采用大型化、连续化和自动化生产方式，这使得生产效率得到了有效提高。

1.2　锌及其化合物的性质

1.2.1　锌的结构与物理化学性质

锌(zinc)是一种银白色金属，密度为 7.13 g/cm^3，属于重金属。其化学符号是 Zn，原子序数是30，相对原子质量为65.41，在化学元素周期表中位于第 4 周期、第ⅡB 族。锌原子的外电子构型为[Ar]$3d^{10}4s^2$，在形成化合物时容易失去 4s 轨道上的 2 个电子，+2 价是锌离子常见的价态。

锌是人体必需的微量元素之一，对人体起着极其重要的作用。

锌的晶体结构为密排六方晶格。锌在熔点附近的蒸气压很小，液体锌蒸气压随温度的升高急剧增大，这是火法炼锌的基础。在不同温度下锌的蒸气压见表 1-1。

表 1-1　不同温度下锌的蒸气压

温度/K	692.5	773	973	1180	1223
蒸气压/Pa	21.9	188.9	8151.1	101325	150439.1

在室温下，锌很脆，其布氏硬度(HB)为 7.5。加热到 373~423 K 时，锌变得很柔软且延展性变好，可压成 0.05 mm 的薄片或拉成细丝；当加热到 523 K 时，则失去延展性而变脆。锌的主要物理性质见表 1-2。

表 1-2　锌的主要物理性质

性质	单位	数值
半径	pm	83(Zn^{2+}), 125(共价), 133.2(Zn)
熔点	K	692.73
沸点	K	1180
熔化热	kJ/mol	6.67
汽化热	kJ/mol	114.2
密度	kg/m^3	7133(293 K)
热导率	W/(m·K)	116(300 K)
电阻率	S·m	5.916×10^{-8}(293 K)

锌是比较活泼的重金属。但在室温下、干燥的空气中，它不会发生变化；在潮湿且含有 CO_2 的大气中，锌的表面会逐渐氧化，生成灰白色致密的碱式碳酸锌[$ZnCO_3 \cdot 3Zn(OH)_2$]薄膜层，阻止锌继续氧化。锌在熔融时与铁形成化合物，冷却后保留在铁表面上，保护钢铁免受侵蚀。

1.2.2　锌的主要化合物及化学性质

氧化锌(ZnO)。俗称锌白，为白色粉末，在加热时会发黄，可溶解于酸和氨液中。氧化锌的真密度为 5.78 g/cm^3，熔点为 2264 K。氧化锌在 1273 K 以上开始挥发，1673 K 以上挥发激烈。氧化锌为两性氧化物，可与酸和强碱反应生成相应的盐类，在高温下可与各种酸性氧化物、碱性氧化物(如 SiO_2、Fe_2O_3、Na_2O 等)生成硅酸锌、铁酸锌、锌酸钠。氧化锌能被炭和一氧化碳还原成金属锌。

硫化锌(ZnS)。纯硫化锌为白色物质，工业上用的硫化锌由于内部含有方铅矿、赤铁矿、黄铁矿等杂质，常带褐色、褐黑色、褐黄色、灰红色。硫化锌在自然界常以闪锌矿形式出现。闪锌矿的真密度为 4.083 g/cm^3。硫化锌在低温常压下不熔化，高温下硫化锌熔化为液相，进一步升高温度，则气化挥发。硫化锌在空气中加热易氧化生成氧化锌，在温度为 873 K 时，氧化反应已较剧烈。在氮气流中 1473 K 即可显著挥发。如在氧化气氛中加热时，由于挥发后的硫化锌蒸气氧化生成氧化锌和二氧化硫，进一步加速了硫化锌的挥发，这对硫化锌精矿的沸腾焙烧有重要意义。硫化锌可溶于盐酸和浓硫酸溶液中，但不溶于稀硫酸。可以采用各种氧化剂，如三价铁离子(Fe^{3+})将溶液中的负二价硫离子(S^{2-})氧化成元素硫(S)，即硫黄，降低溶液中 S^{2-} 浓度，使溶解过程加快进行，这也是硫化锌精矿直接酸浸的理论依据。

硫酸锌($ZnSO_4$)。硫酸锌极易水化，通常生成含有 7 个结晶水的水化合物，即七水硫酸锌($ZnSO_4 \cdot 7H_2O$)。锌矾、硫酸锌溶液蒸发结晶时或加热脱水时按控制的温度不同可形成一系列水化合物，其中主要有 $ZnSO_4 \cdot 7H_2O$、$ZnSO_4 \cdot 6H_2O$ 及 $ZnSO_4 \cdot H_2O$ 等。全脱水和部分脱水后的硫酸锌的吸水能力很强。硫酸锌加热时首先生成碱式硫酸锌 $Zn(OH)_2 \cdot 2ZnSO_4 \cdot mH_2O$(m 为 0~5)，然后进一步分解成 ZnO。硫酸锌在 923 K 开始离解，在 1023 K 以上温度时，离解将激烈进行。硫酸锌在水中的溶解度很大，在 293 K 和 373 K 时，其在水中的溶解度(以 100 g 水中最大溶解的物质的克数表示)见表 1-3。

表 1-3 293 K 和 373 K 时硫酸锌在水中的溶解度

温度/K	293	373
$ZnSO_4 \cdot 7H_2O$ 溶解度/g	54.4	81.0
$ZnSO_4$ 溶解度/g	54.1	60.1

碳酸锌($ZnCO_3$)。碳酸锌是炼锌原料之一，其在自然界以菱锌矿的状态存在，在 623~673 K 开始分解，易溶于稀硫酸、碱和氨水中。碱式碳酸锌 $ZnCO_3 \cdot 2Zn(OH)_2 \cdot H_2O$ 为白色细微无定形粉末，密度为 4.42~4.45 g/cm^3，无臭无味，加热到 573 K 分解生成 ZnO。碱式碳酸锌不溶于水、醇、酮，微溶于氨水、铵盐，能溶于稀酸、强碱。碱式碳酸锌既可用作轻型收敛剂、炉甘石原料，也用作皮肤的保护剂，是生产乳胶薄膜、橡胶、人造丝、氧化锌及锌盐的重要原料。

氯化锌($ZnCl_2$)。氯化锌是无机盐工业的重要产品之一，它应用范围极广，大量用于印染和制造染料。氯化锌易溶于水，溶于甲醇、乙醇、甘油、丙酮、乙醚，不溶于液氨；潮解性强，能从空气中吸收水分而潮解，具有溶解金属氧化物和纤维素的特性；有腐蚀性，有毒，应在干燥处密封储存。熔融氯化锌有很好的导电性能。灼热时有浓厚的白烟生成。

1.3 锌资源及炼锌原料

1.3.1 锌资源概况

世界已查明的锌资源量约 19 亿 t，锌储量约 1.8 亿 t，储量基础约 4.8 亿 t，世界锌储量分布见表 1-4。世界锌资源主要分布在澳大利亚、中国、秘鲁、美国和哈萨克斯坦，其储量占世界总储量的 66.5%，储量基础占世界储量基础的 70.6%。

表 1-4 世界锌储量分布

国家和地区	储量/万 t	占世界储量比例/%	储量基础/万 t	占世界储量基础/%
澳大利亚	4200	23.1	10000	20.7
中国	3300	18.1	9200	19.1
秘鲁	1800	9.9	2300	4.8
美国	1400	7.7	9000	18.7
哈萨克斯坦	1400	7.7	3500	7.3
加拿大	500	2.7	3000	6.2
墨西哥	700	3.8	2500	5.2
其他	4900	27.0	8700	18.0
世界总计	18200	100	48200	100

中国铅锌资源储量丰富，分别占世界储量的19.92%和18.3%。铅矿、锌矿因地质形成因素相互共生，统称为铅锌矿。我国已勘查锌矿780处，分布在27个省份，其中锌矿储量在200万t以上的有15个省、区。中国铅锌矿山共伴生有价成分较多。铅锌矿在我国的分布按东、中、西部三大经济地带划分，东部沿海地区，锌矿储量占26%；中部经济地带，锌矿储量占30%；西部地区，锌矿储量占44%。目前，我国查明资源储量主要集中分布在南岭、川滇、滇西兰坪、秦岭-祁连山及内蒙古狼山、渣尔泰等地区。从省际比较来看，全国铅锌储量以云南最多，其次为广东、内蒙古、甘肃、江西、湖南、四川、广西、陕西、青海。这十省区的铅锌矿资源储量均超过400万t，合计储量占全国铅锌储量的80%以上。目前，在新疆维吾尔自治区和田县发现超大型铅锌矿-火烧云铅锌矿，是我国迄今为止发现的最大铅锌矿床，也是世界第二大非硫化物锌(铅)矿床，矿带已探明铅锌资源量达2300万t以上。

1.3.2 炼锌原料

锌冶炼的原料来自锌矿石中的富矿，以及选矿得到的锌精矿。此外，还有冶炼厂产出的次生氧化锌烟尘。按原矿石中所含的矿物种类，可将炼锌原料分为硫化矿和氧化矿两类。在硫化矿中锌呈 ZnS 或 $nZnS \cdot mFeS$ 状态，氧化矿中的锌多呈 $ZnCO_3$ 和 $Zn_2SiO_4 \cdot H_2O$ 状态。自然界中锌矿石主要以硫化锌矿为主，氧化锌矿一般是次生的，是硫化锌矿长期风化的结果，故氧化锌矿常与硫化锌矿伴生。

锌的矿物以硫化矿较多，其中单一硫化矿极少，多与其他金属硫化矿伴生形成多金属矿，如铅锌矿、铜锌矿、铜锌铅矿。这些矿物除含有主要矿物铜、铅、锌外，还常含有银、金、砷、锑、镉、铟、锗等有价金属。硫化矿含锌8.8%~17.0%(质量分数)，氧化矿含锌约10.0%(质量分数)。冶炼要求锌精矿含锌45%~55%(质量分数)，因此，必须对低品位多金属含锌矿物进行选矿处理，以产出精矿。选矿一般采用浮选法。硫化矿矿石易浮选，经浮选得到的精矿中锌质量分数为40%~60%。国内锌冶炼厂常见硫化锌精矿的化学成分见表1-5。

氧化锌矿的选矿至今还是难题，富集比不高。目前氧化锌矿的应用多以富矿为目标，一般将氧化锌矿经过简单选矿进行少许富集，或直接冶炼富矿。此外，二次炼锌原料包括含锌烟尘、浮渣和锌灰等，氧化锌烟尘主要为烟化炉和回转窑等方法还原挥发得到的烟尘。

表1-5 国内锌冶炼厂常见硫化锌精矿化学成分(质量分数) 单位：%

冶炼厂	Zn	Fe	Pb	Cu	Cd	As	Sb	S	CaO	MgO	SiO_2	Al_2O_3	其他
1	54.80	5.59	0.63	0.20	0.20	0.04	0.02	31.10	0.75	0.11	4.53	0.34	1.69
2	50.80	7.04	1.65	0.25	0.23	—	—	30.00	2.20	0.34	6.00	0.78	0.71
3	47.50	10.10	1.24	0.34	0.26	0.24	0.02	30.50	0.86	0.65	3.57	—	4.72
4	59.20	3.00	0.38	0.33	0.28	—	—	33.50	—	0.02	0.10	2.80	0.39
5	51.70	9.60	1.12	0.10	0.19	0.16	0.02	31.70	0.41	—	—	0.12	4.88
6	43.20	14.50	0.38	0.33	0.28	—	—	33.5	0.02	0.10	2.8	—	4.89
7	54.80	5.59	0.63	0.20	0.20	—	—	31.10	0.75	0.11	4.53	—	2.09
8	52.6	6.54	1.43	0.09	0.21	—	—	31.2	2.03	0.42	1.60	—	3.88

1.4　锌冶炼方法

锌的冶炼方法分为湿法炼锌和火法炼锌两种。随着炼锌技术的不断发展，湿法炼锌已经成为主流工艺，其锌产量占总产量的85%以上，火法炼锌占比逐渐缩小。

1.4.1　湿法炼锌

湿法炼锌是将矿物中的锌溶解到溶液中，从溶液中提取金属锌或锌化合物的过程。湿法炼锌具有能耗低、资源综合利用效果好、对环境友好等特点，已经发展成为炼锌的主流工艺。根据浸出条件的不同，湿法炼锌可以分为传统湿法炼锌工艺、常压氧浸工艺及氧压浸出工艺。湿法炼锌原则工艺流程如图1-1所示。

传统湿法炼锌工艺包括焙烧、浸出、净化、电解和熔铸五个主要过程。中性浸出可以浸出焙烧矿中大部分的锌，同时可以去除铁、砷、锑等对锌电解有害的杂质。但因中性浸出无法溶解铁酸锌，导致锌的浸出率只有80%左右。对于中性浸出渣的处理，通常采用高温还原挥发法和热酸浸出法。

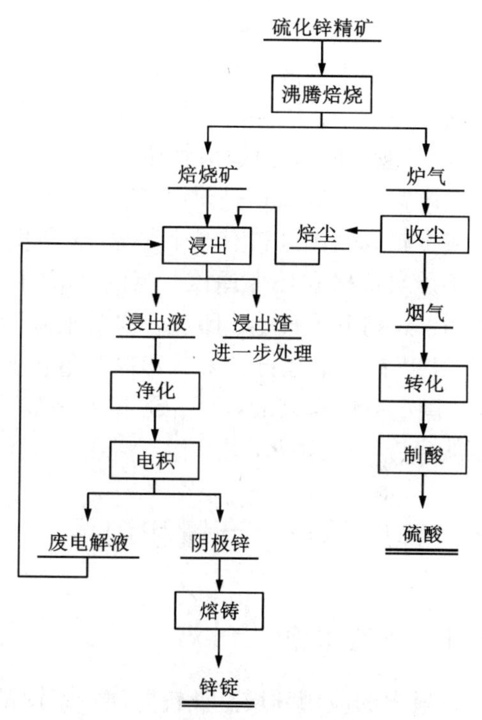

图1-1　湿法炼锌原则工艺流程

高温还原挥发法处理锌浸出渣是在大于1373 K的高温条件下，利用焦炭、煤等还原剂，对中性浸出渣进行还原挥发，浸出渣中的铁酸锌等被炭和一氧化碳还原为单质锌。金属锌在这个温度下，转变为锌蒸气，进入气相。该锌蒸气在上升过程中，被烟气中剩余的O_2氧化，重新生成氧化锌。氧化锌通过收尘设备收集，成为次氧化锌粉。

热酸浸出方法处理锌浸出渣是在高温高酸的作用下，铁酸锌被破坏溶解，锌铁浸入溶液中得到了含有大量铁离子的硫酸锌溶液，利用黄钾铁矾法、针铁矿法、赤铁矿法等方法进行除铁处理，除铁后得到的溶液返回中性浸出。

常压氧浸工艺和氧压浸出工艺的原理基本相同，都是以硫化锌为原料，在氧气的作用下，使得硫化锌溶解到溶液中。反应为：

$$2ZnS + O_2 + 2H_2SO_4 = 2ZnSO_4 + 2S^0 + 2H_2O \quad (1-1)$$

常压氧浸工艺是在溶液沸点以下进行，其浸出速率较慢，反应时间需要16 h以上。氧压浸出工艺是在密闭的压力反应器中进行，浸出过程能在溶液沸点温度上进行，氧分压较大，浸出速率较快。氧压浸出工艺在反应时间1 h内锌的浸出率可达99%以上，而常压氧浸工艺在反应24 h后，锌的浸出率仅达97%。

1.4.2 火法炼锌

火法炼锌是以炭为还原剂，在高温(>1273 K)下从焙烧矿中还原提取金属锌的过程。火法炼锌原则工艺流程如图 1-2 所示，主要包括焙烧、还原蒸馏和精炼三个过程。还原蒸馏的工艺主要有竖罐炼锌、平罐炼锌、电炉炼锌和密闭鼓风炉炼锌(imperial smelting process, ISP)。竖罐炼锌和平罐炼锌属于间接加热，能量利用率不高，对原料适应性差，竖罐炼锌工艺和平罐炼锌工艺已经被淘汰，仅有意大利保留了一座平罐炉作为教学使用。

电炉炼锌属于直接加热，不产生燃烧气体，单台电炉产能较小，能够处理含锌的二次物料，适用于电力充足的地方。因此，在复杂含锌二次物料的利用上有较好的发展前景。目前，电炉炼锌主要分布在甘肃、山西、河北、云南、四川、贵州等省份，单台电炉产锌量为 4000~17500 t/a。

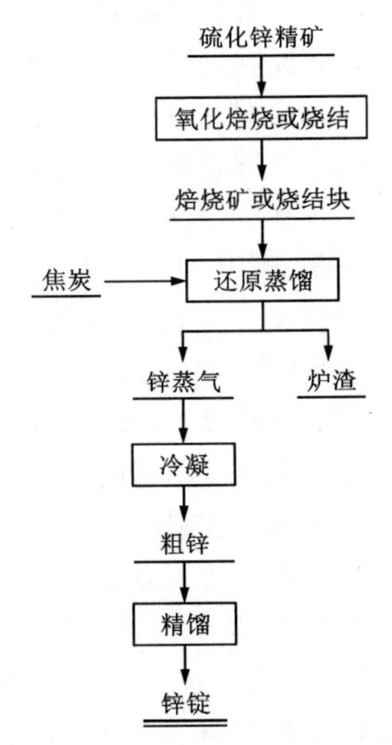

图 1-2 火法炼锌原则工艺流程

密闭鼓风炉炼锌(ISP)是英国帝国熔炼公司于 1950 年研发的一种适用于铅锌混合矿提取金属锌的冶炼工艺。该工艺采用铅雨冷凝法，从含锌量低的炉气中冷凝回收液体锌，具有能量利用率高、原料适应性强的特点。该工艺的优点是能同时生产铅锌。其缺点是附属设备多，设备复杂，投资偏高，冶炼成本较高。国外曾有 8 个国家 14 条生产线采用该工艺，但由于焦炭价格和环保原因，英国、德国、法国等生产线相继关闭，只剩下了日本、印度、罗马尼亚等 4 条生产线仍在运行。ISP 在日本运行良好，其锌产量占据日本锌总产量的 20%。国内有广东某冶炼厂、辽宁某冶炼厂、甘肃某冶炼厂、陕西某冶炼厂采用该工艺。

1.5 锌的用途、产量和消费

1.5.1 锌的用途

锌最大的应用领域是镀锌防腐，镀锌消费占全球锌消费的一半以上，广泛应用于建筑、汽车、船舶等传统行业。锌质软且熔点低，可以制作对机械强度要求不高的合金铸件，应用于机械制造、电子等行业。锌与铜、铝等可制作黄铜和青铜，耐化学腐蚀性强，且切削加工的机械性能好，可用于无缝管、阀门和管道配件。

全球锌终端消费结构：建筑 48%、交通运输 23%、机械 10%，电子产品和基础设施分别为 10%和 9%；中间产品消费结构：镀锌 50%、锌合金 17%、黄铜 17%、化工和其他分别为 6%和 10%。锌的消费领域较稳定，未来建筑、交通运输等行业对锌的需求趋势仍将起主导作用。

氧化锌主要用于橡胶工业、涂料、塑料、水泥、电池、陶瓷、玻璃、医药及饲料等行业，其中橡胶工业和染料占据了绝大部分氧化锌市场，分别约为 50%和 25%。

1.5.2　锌的产量和消费

从全球角度看，精炼锌的生产主要来自中国、韩国、印度、加拿大、日本、西班牙等国。前五个国家精炼锌产量合计占比超过全球65%，其中中国精炼锌产量接近全球的50%。全球精炼锌产量2010年1286万t，2020年1360万t，2022年1349万t。近十余年，全球精炼锌产量维持在1200万~1350万t，呈增长趋势，具体如图1-3所示。

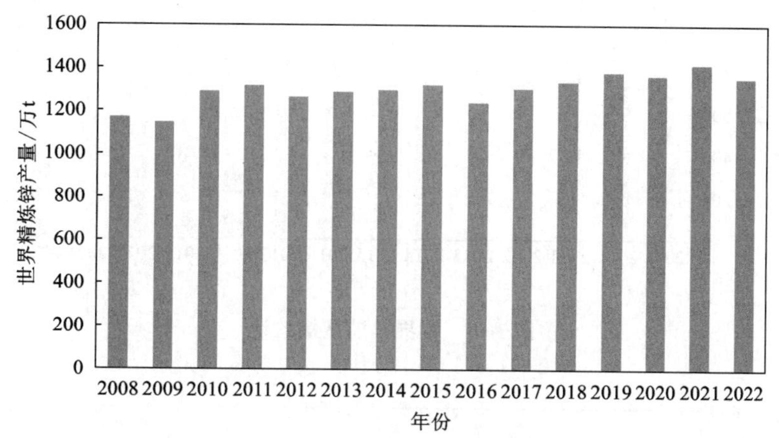

图1-3　全球精炼锌产量统计

1991年以来，中国的精炼锌产量稳居世界第一。中华人民共和国成立之初，我国的精炼锌产量不足5000 t，1960年达到4.46万t，1970年达到13.34万t，1980年达到22.74万t，1990年达到55.18万t，2000年达到195.70万t，2010年达到520.89万t，2020年达到642.5万t，2022年达到680.2万t。与中华人民共和国成立之初的精炼锌产量相比，近年来的精炼锌产量增加了约150倍。我国历年精炼锌的产量统计情况如图1-4所示。

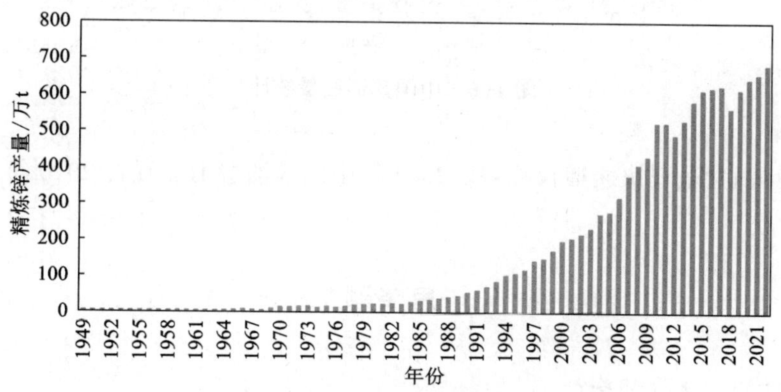

图1-4　中国历年精炼锌的产量统计

精炼锌的初级消费领域主要为镀锌板与压铸合金行业，最终消费领域主要为建筑、运输及电器等行业。全球及中国的锌消费量逐年增长，但增长率趋缓。如图1-5、图1-6所示，全球锌消费2010年1264万t，2020年1319.5万t，2022年1360万t。与全球精炼锌产量总体持平。从消费区域来看，中国是锌资源的主要消费国，约占整体的51%，超过一半；其次是欧洲、美国、印度、日本和韩国，占比分别约为17%、8%、4%、3%和3%。

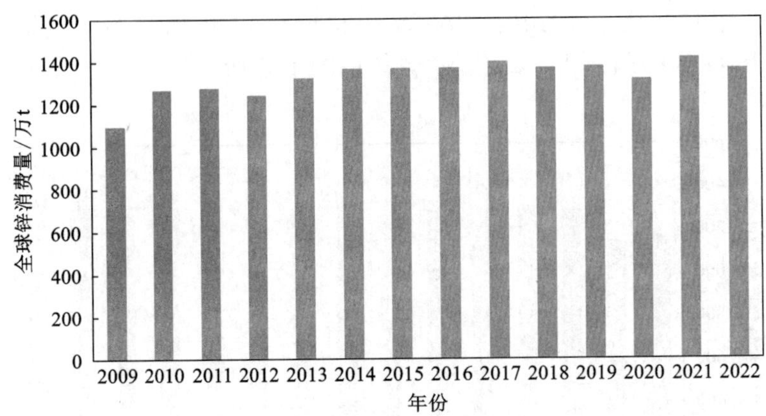

图1-5　世界锌消费量统计

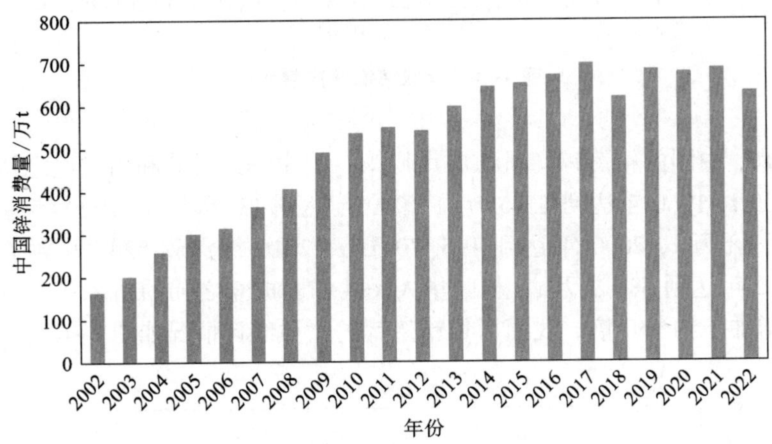

图1-6　中国锌消费量统计

中国精炼锌消费呈现快速增长趋势。2002年中国锌消费162万t，2010年533万t，2020年675.8万t。

思考题

1. 简述炼锌的方法有哪些？
2. 简述锌及其化合物的基本性质。
3. 简述炼锌的原料有哪些？
4. 简述炼锌资源的基本特点和性质。
5. 简述金属锌的用途。

第 2 章　硫化锌精矿的焙烧

2.1　概述

锌的硫化矿是目前锌冶炼的主要原料，主要有闪锌矿和铁闪锌矿。经选矿后得到的硫化锌精矿一般含锌 40%~60%（质量分数，下同）、含硫 30%~33%、含铁 5%~15%。

ZnS 不溶于稀硫酸，在高温下也不能直接被 H_2、C、CO 还原。ZnO 易溶于硫酸，在高温下能被 H_2、C、CO 还原为金属锌。因此，从硫化锌精矿中提取锌，除直接浸出的全湿法炼锌流程外，无论采用常规湿法炼锌还是火法炼锌，首先要将硫化锌精矿进行氧化焙烧，使 ZnS 氧化成 ZnO，以适合下一步的冶炼要求。焙烧是常规湿法炼锌和火法炼锌的第一个冶金过程。

硫化锌精矿的焙烧是在高温下借助空气中的氧进行氧化脱硫的过程。硫化锌精矿焙烧主要反应为：

$$2ZnS + 3O_2 = 2ZnO + 2SO_2 \tag{2-1}$$

伴生在硫化锌精矿中的有价金属 Me（Cu、Pb、Cd 等）硫化物，在焙烧过程中同时被氧化成金属氧化物：

$$2MeS + 3O_2 = 2MeO + 2SO_2 \tag{2-2}$$

焙烧过程中产生的含 SO_2 烟气，经除尘后送制酸车间生产硫酸。焙烧产出的焙砂和烟尘送湿法浸出或火法还原工序。

2.2　硫化锌精矿焙烧的目的与要求

根据冶炼工艺的不同，硫化锌精矿焙烧分为以下几种：

（1）采用湿法炼锌时，实行部分硫酸盐化焙烧，尽可能完全地氧化金属硫化物，并在焙砂中得到焙烧过程氧化物及少量硫酸盐（$S_{SO_4^{2-}}$① 为 2%~4%），以补偿电解与浸出循环系统中硫酸的损失；使砷、锑氧化，并以挥发物状态从精矿中除去；铁酸锌的生成量尽可能少，得到细小粒子状的焙烧矿，以利于浸出的进行。

（2）采用密闭鼓风炉炼锌时，在烧结机上进行烧结焙烧，得到主要由金属氧化物组成的烧结块。在焙烧过程中，既要脱硫、结块，还要控制铅的挥发。当精矿中含铜较高时，焙烧

① $S_{SO_4^{2-}}$ 指 SO_4^{2-} 中硫的质量分数。

时要适当残留一部分硫，以便在熔炼时产出冰铜。

(3)采用蒸馏法炼锌时，在焙烧阶段实行死焙烧(高温氧化焙烧)，尽可能脱除全部硫，以及尽可能完全使铅、镉、砷、锑挥发除去，得到主要由金属氧化物组成的焙砂，使以后蒸馏时可以得到较高质量的金属锌。

在硫化锌精矿的焙烧过程中，参与焙烧反应的主要元素是锌、硫和氧。硫化锌精矿的焙烧是通过高温氧化将硫化锌转变为氧化锌，并脱除精矿中部分伴生的有害杂质元素，以利于后续的冶炼过程，同时产出含 SO_2 浓度足够高的烟气以供生产硫酸。

当处理含铁较高的精矿时，铁也是参与反应的主要元素。

2.3 硫化锌精矿焙烧的理论基础

2.3.1 硫化锌焙烧热力学

2.3.1.1 硫化锌焙烧的一般规律

硫化锌精矿的焙烧是在原料和产物熔点以下进行的氧化脱硫反应。硫化锌的焙烧反应很复杂，可以分为以下几大类。

(1)硫化锌氧化生成氧化锌：

$$2ZnS + 3O_2 \xlongequal{} 2ZnO + 2SO_2 \tag{2-3}$$

(2)硫酸锌和 SO_3 的生成与分解：

$$2ZnS + 2SO_3 + 3O_2 \xlongequal{} 2ZnSO_4 + 2SO_2 \tag{2-4}$$

$$2SO_2 + O_2 \xlongequal{} 2SO_3 \tag{2-5}$$

(3)ZnO 与 Fe_2O_3 形成铁酸锌：

$$ZnO + Fe_2O_3 \xlongequal{} ZnO \cdot Fe_2O_3 \tag{2-6}$$

在实际的焙烧温度下，第一类反应只会向右进行，基本上为不可逆反应，同时放出大量热。因而，工业上硫化锌精矿的焙烧过程是自热反应。第二类反应是可逆的放热反应，在低温下有利于向右进行。生成铁酸锌的第三类反应应该尽量避免。

硫酸锌的生成反应很复杂，将产生一定组成的碱式硫酸锌($ZnO \cdot 2ZnSO_4$)。生成硫酸锌的最终反应可能是：

$$2ZnO + 2SO_2 + O_2 \xlongequal{} 2ZnSO_4 \tag{2-7}$$

焙烧产物中有三种形态的硫酸锌存在，低于 1007 K 时稳定存在的是 α-$ZnSO_4$，高于 1007 K 时稳定存在的是 β-$ZnSO_4$ 和 $ZnO \cdot 2ZnSO_4$。

2.3.1.2 Zn-S-O 系等温平衡状态

在硫化锌的焙烧过程中，Zn-S-O 系基本反应的平衡常数($\lg K$)列于表 2-1 中。根据表 2-1 所列平衡常数，可分别画出 Zn-S-O 系在某温度下(如 1100 K)的 $\lg p_{SO_2}$-$\lg p_{O_2}$ 的等温平衡状态图(如图 2-1 所示)。

表 2-1　Zn-S-O 系中各反应的平衡常数(lg *K*)

反应式序号	反应	lg K($p_{总}=10^5$ Pa)				
		900 K	1000 K	1100 K	1200 K	1300 K
1	$ZnS+2O_2 = ZnSO_{4(\alpha,\beta)}$	26.607	22.158	18.614	15.673	13.206
2	$3ZnSO_{4(\alpha,\beta)} = ZnO \cdot 2ZnSO_4+SO_2+0.5O_2$	−3.978	−2.120	−0.869	0.151	1.008
3	$3ZnS+5.5O_2 = ZnO \cdot 2ZnSO_4+SO_2$	75.843	64.354	54.973	47.170	40.627
4	$0.5(ZnO \cdot 2ZnSO_4) = 1.5ZnO+SO_2+0.5O_2$	−5.260	−3.394	−1.880	−0.627	0.424
5	$ZnS+1.5O_2 = ZnO+SO_2$	21.774	19.189	17.071	15.305	13.825
6	$Zn_{(g,l)}+SO_2 = ZnS+O_2$	−6.852	−6.316	−5.876	−5.589	−5.671
7	$2Zn_{(g,l)}+O_2 = 2ZnO$	29.844	25.745	22.391	19.433	16.307

在 1100 K 时，由图 2-1 的 Zn-S-O 系平衡状态图可知：

(1) 金属锌的稳定区被限制在特别低的 p_{O_2} 及 p_{SO_2} 的数值范围内，而实际生产中不可能具备这样的条件，这说明要从 ZnS 直接获得金属锌是比较困难的，硫化锌不能在高温下像铅冶金那样直接熔炼或像铜冶金那样从冰铜吹炼得到金属铜。

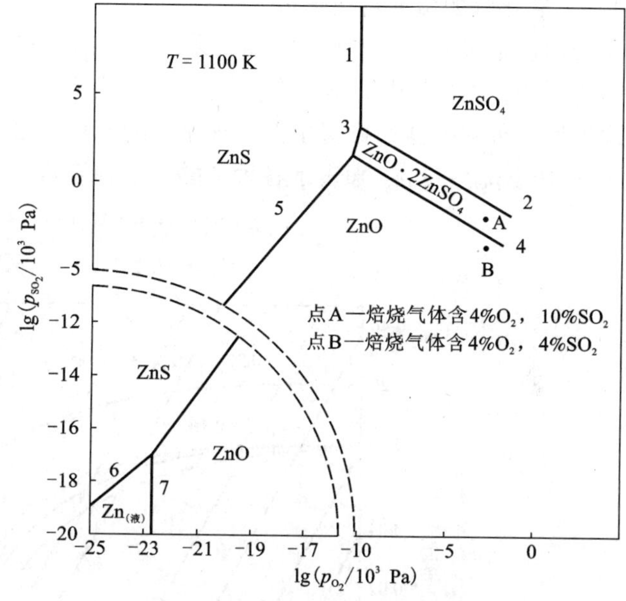

图 2-1　Zn-S-O 系等温平衡状态图

(2) 硫酸锌在高温下的稳定性较差，容易分解为 ZnO。$ZnSO_4$ 按表 2-1 中的反应 2 和反应 4 进行两段分解，分解过程经过中间产物碱式硫酸锌($ZnO \cdot 2ZnSO_4$)，在 ZnO 与 $ZnSO_4$ 之间不能形成稳定的平衡。因此，如果控制焙烧条件，使焙烧产物中保留少量硫酸盐时，则得到碱式硫酸盐而不是正硫酸盐。当焙烧温度一定时，焙烧过程中锌的存在形态取决于 p_{O_2} 和 p_{SO_2}。如果气相中 SO_2 的浓度由图 2-1 中 A 点(烟气成分：4% O_2、10% SO_2)降低到 B 点(烟气成分：4% O_2、4% SO_2)，焙烧产物中的锌完全以 ZnO 形态存在。这就是在锌精矿沸腾焙烧时，焙砂中的硫酸盐较烟尘中少的原因。同样，降低气相中 O_2 的浓度也能达到不产生硫酸锌的目的。但生产中不能用降低 p_{O_2} 和 p_{SO_2} 的方法来保证获得 ZnO 含量高的焙烧产物，因为这样会降低焙烧和硫酸的生产能力。因此，在生产实践中主要通过提高焙烧温度以获得 ZnO 含量高的焙烧产物。

(3) 温度升高时，表 2-1 中反应 2 和反应 4 的 lg *K* 值增大。图 2-1 中线 2 和线 4 相应向上移动，硫酸锌稳定区缩小。提高沸腾焙烧温度至 1473 K 以上时，锌的硫酸盐应该全部分解，焙烧产物主要是 ZnO。图 2-2 是不同温度下 Zn-S-O 系平衡状态图。

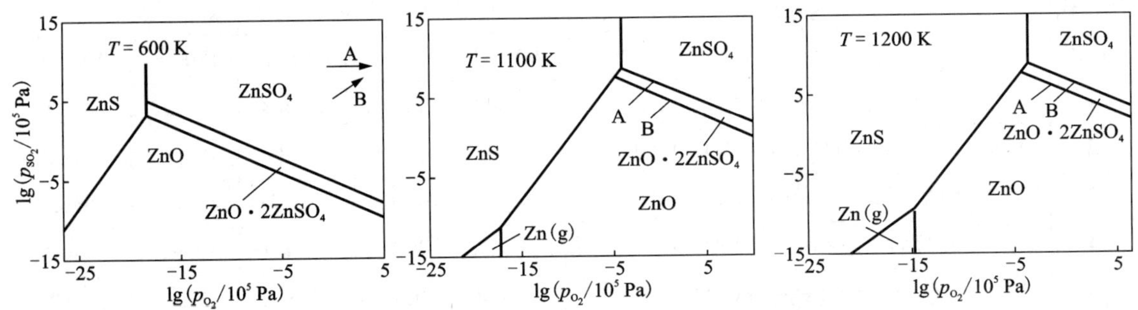

图 2-2 不同温度下 Zn-S-O 系平衡状态图

许多湿法炼锌厂将锌精矿沸腾焙烧的温度从 1123 K 左右提高到 1223 K 以上，甚至达到 1423 K，以保证锌硫酸盐的彻底分解。

2.3.1.3 硫化锌的硫酸盐化焙烧

在处理多金属复杂锌物料时，需要采用湿法冶金将锌优先溶解而与铁分离。此时可采用硫酸盐化焙烧，使原料中的锌化合物发生硫酸化反应。为了实现锌的选择性硫酸盐化焙烧，就必须掌握各种硫酸盐的稳定条件。气相中的 SO_2 和 O_2 含量是影响硫酸化反应的重要因素。以图 2-3 中 $\lg p_{SO_2}$-$\lg p_{O_2}$ 来表示各种硫酸盐的稳定性，平衡条件可按下列反应进行计算：

$$MeSO_4 = MeO + SO_3 \quad (2-8)$$

$$SO_2 + 0.5O_2 = SO_3 \quad (2-9)$$

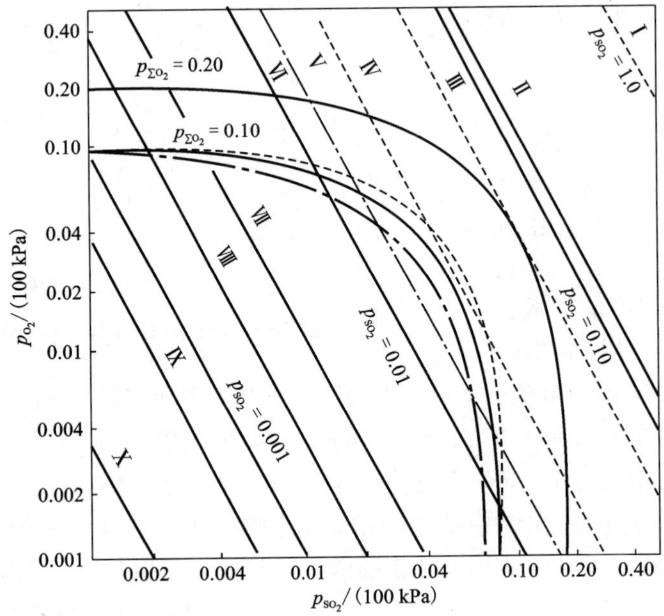

Ⅰ—$Fe_2(SO_4)_3$-Fe_2O_3；Ⅱ—$Fe_2(SO_4)_3$-Fe_2O_3；Ⅲ—$CuSO_4$-$CuO \cdot CuSO_4$；Ⅳ—$ZnSO_4$-$ZnO \cdot 2ZnSO_4$；Ⅴ—$Fe_2(SO_4)_3$-Fe_2O_3；Ⅵ—$CuSO_4$-$CuO \cdot 2CuSO_4$；Ⅶ—$ZnSO_4$-$ZnO \cdot 2ZnSO_4$；Ⅷ—$CuO \cdot 2CuSO_4$-CuO，Ⅸ—$NiSO_4$-NiO；Ⅹ—$ZnO \cdot 2ZnSO_4$-ZnO。

图 2-3 硫酸盐化焙烧的等温平衡状态图

图 2-3 中实线是 953 K 的计算结果，点划线是 903 K 的计算结果，而虚线则是 1003 K 的计算结果。953 K 是工业实践中铜、锌、镍、钴共存的复杂硫化矿进行选择性硫酸盐化焙烧时的温度。炉气组成位于直线的左下侧，表示 MeO 稳定；反之位于直线右上侧，表示 $MeSO_4$ 稳定。

在空气流中进行选择性硫酸盐化焙烧时，由于 O_2 的作用产生的气体总压 $p_{\Sigma O}=p_{SO_2}+p_{SO_3}+p_{O_2}\approx 10.1$ kPa。图 2-3 中绘有 903 K、953 K 及 1003 K 时 10.1 kPa 的等 $p_{\Sigma O}$ 线，953 K 下的 $p_{\Sigma O}=20.2$ kPa 的等压线也绘在图中做比较。生产实践中较接近 $p_{\Sigma O}=10.1$ kPa。所以 $MeSO_4$ 分解反应的直线位于 $p_{\Sigma O}$ 线右上侧或左下侧，可用来判断 $MeSO_4$ 的稳定性。在 953 K，$Fe_2(SO_4)_3-Fe_2O_3$ 线位于 $p_{\Sigma O}$ 线的右上侧，说明 Fe_2O_3 是稳定的产物；铜、锌等的直线位于 $p_{\Sigma O}$ 的左下侧，表示它们的硫酸盐稳定。也就是说，复杂硫化物原料在适当的气氛和953 K 时进行焙烧，铁转变为 Fe_2O_3，锌、铜等金属转变为硫酸盐。从图 2-3 中可以判断，过剩空气太多时，炉气中 SO_2 的体积分数降到 1%以下，铜、锌的硫酸盐也会发生分解。

当温度降到 903 K 时，$Fe_2(SO_4)_3-Fe_2O_3$ 线向图的左下方移动。如果 $p_{\Sigma O}=10.1$ kPa，在 SO_2 体积分数为 2.2%～2.6%的炉气中，$Fe_2(SO_4)_3$ 成为稳定的生成物，在 903 K 下进行焙烧达不到选择性硫酸盐化的焙烧目的。温度升高到 1003 K 时，铁变成 Fe_2O_3，铜、锌的硫酸盐变得不稳定而分解，它们的浸出率也会降低。

由图 2-3 可知，复杂原料（含 Cu、Zn、Fe 等）进行硫酸化焙烧时，若将 Cu、Zn 等有价金属转变为硫酸盐，则控制温度在 953 K 最适当。焙烧温度降低 50 K，铁将被硫酸化，随后被大量浸出；温度升高 50 K，Cu、Zn 的硫酸盐会发生分解。因此，焙烧温度的波动范围为 (953±30) K。采用沸腾焙烧可以实现选择性硫酸盐化焙烧的要求。

在实际焙烧过程中，体系的总压 p_T 为 10.1～20.2 kPa。几种硫酸盐的离解压与温度的关系如图 2-4 所示。各硫酸盐在离解曲线左侧时是稳定的，在其右侧则向分解反应方向进行。两条总压曲线 p_T 与 $ZnSO_4$ 和 $ZnO\cdot 2ZnSO_4$ 的分解曲线分别相交于 A、B 和 A′、B′点。当温度低于 A 和 A′点所对应的温度时，$ZnSO_4$ 稳定存在；当温度高于 B 和 B′点所对应的温度时，ZnO 稳定存在。因此，控制一定的压强和温度，可使 ZnS 氧化成所需要的产物。

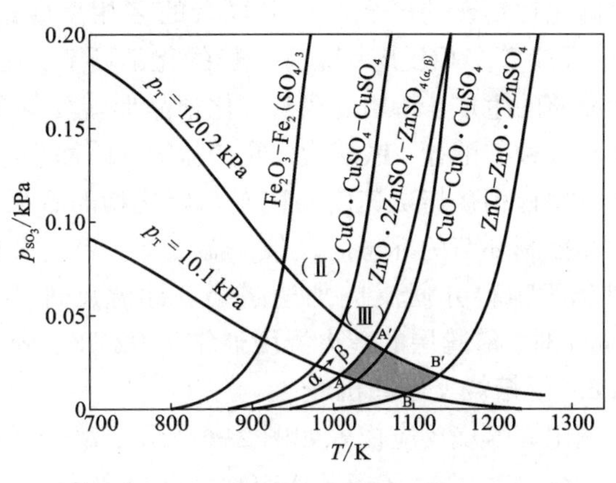

图 2-4　几种硫酸盐的离解压与温度的关系

由图 2-4 中 Fe_2O_3 和 $Fe_2(SO_4)_3$ 的稳定区域可以看出，三价铁的硫酸盐在焙烧过程中容易分解，最终以 Fe_2O_3 的形式存在。

2.3.1.4　铁酸锌的生成

在焙烧过程中，当有 Fe_2O_3 存在时，ZnO 可以和 Fe_2O_3 形成铁酸锌（$ZnO\cdot Fe_2O_3$）：

$$ZnO + Fe_2O_3 = ZnO\cdot Fe_2O_3 \tag{2-10}$$

由于锌精矿中含有铁，在焙烧过程中铁酸锌的生成不可避免。铁酸锌的生成对火法炼锌过程影响不大，但由于难溶于稀硫酸溶液，对湿法炼锌的浸出是不利的，会降低常规湿法炼锌过程中锌的浸出率。根据图 2-5 可知，焙烧过程中 Zn-Fe-S-O 四元系的 lg p_{SO_3}-1/T 平衡状态，从理论上为各种焙烧方法的选择提供理论依据和为防止铁酸锌的生成选择最佳热力学条件。

图 2-5 中各直线为各稳定区间的分界线，表示有三个凝聚相和一个气相平衡，为一变系；各面区为两个凝聚相存在的稳定区，为二变系；各交点表示的体系为零变系，即平衡分压 lg p_{SO_3} 和温度都一定。由图 2-5 可以看出各面区的焙烧条件及其产物，其中有全硫酸化焙烧区 $ZnSO_4-Fe_2(SO_4)_3$、全氧化焙烧区 $ZnO-ZnFe_2O_4$、部分氧化焙烧区 $ZnS-ZnFe_2O_4$ 和部分硫酸化焙烧区 $ZnSO_4-ZnFe_2O_4$。可根据不同的焙烧目的，采取不同的焙烧条件使产物处在不同的凝聚相稳定区。

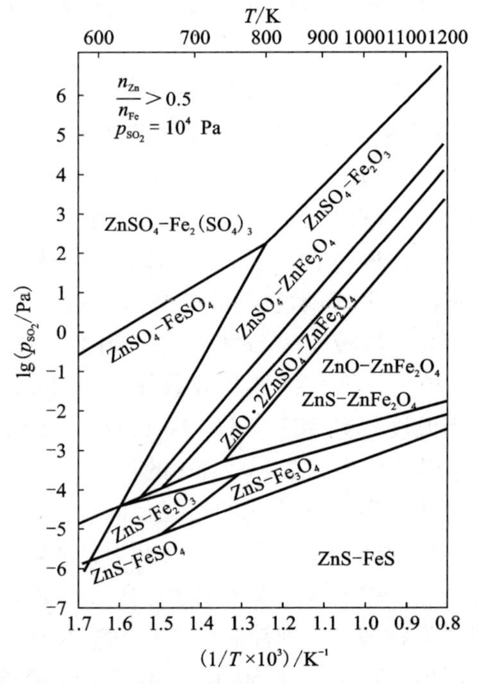

图 2-5 Zn-Fe-S-O 系的 lg p_{SO_3}-1/T 图

2.3.2 硫化锌焙烧动力学

从硫化锌焙烧的热力学分析可知，硫化锌焙烧可产出氧化锌、硫酸锌和碱式硫酸锌或它们的混合物。在硫化锌精矿的沸腾焙烧和烧结焙烧过程中，硫化锌氧化为氧化锌是最主要的反应。

硫化锌精矿的焙烧是一个复杂的多相反应过程，存在着气-固反应、固-固反应，以及固-液反应等多相反应；除有一般的化学环节，还包括吸附、解吸、内扩散、外扩散等物理环节和晶核的生成、新相的成长、化学晶形转变等现象。另外，焙烧时还会出现稳定的中间化合物和多种硅酸盐、铁酸盐、硫酸盐等，因而整个焙烧过程是非常复杂的。

硫化锌精矿焙烧速度的快慢与硫化物的着火温度有关，着火温度可作为划分焙烧反应的速度和控制环节的标志。在某一温度下，硫化物氧化所放出的热量足以使氧化过程自发地扩展到全部物料并使反应加速进行，此温度即为着火温度。当硫化锌精矿的粒度为 0.2~2.0 mm 时，沸腾层的着火温度通常为 923 K，固定床的着火温度为 893 K。

2.3.2.1 焙烧反应的机理

硫化锌焙烧反应模式如图 2-6 所示，焙烧反应过程分为如下几个阶段：

$$ZnS + 0.5O_{2(g)} \longrightarrow ZnS\cdots[O]_{吸附} \longrightarrow ZnO + [S]_{吸附} \quad (2-11)$$

$$ZnO + [S]_{吸附} + O_2 \longrightarrow ZnO + SO_{2解吸} \quad (2-12)$$

硫化锌焙烧反应按以下几个步骤进行：

(1)氧气通过固体颗粒周围的气膜向其表面扩散(外扩散)。

(2)氧气通过颗粒表面的氧化物层向反应界面扩散(内扩散)。

(3)氧气在 ZnS 颗粒表面发生活性吸附并在反应界面上发生氧化反应。

(4)反应气体产物 SO_2 从反应界面脱附。

(5)反应产物 SO_2 通过颗粒表面的氧化物层向外扩散，扩散方向与氧气相反。

硫化锌氧化焙烧反应速度由最慢的环节决定，这一环节称为限制性环节，或称为控制步骤。只有把焙烧温度提高到着火温度923 K以上，焙烧反应才具有较快的反应速度。硫化锌氧化生成的氧化锌层比较疏松，对 O_2 和 SO_2 的扩散阻力不大，决定反应速度的环节是气膜中氧的扩散和界面反应。在1103 K以下，界面反应的阻力占主要地位；1153 K以上，气膜传质的阻力占绝对优势。颗粒粒度的减小有利于界面反应，也有利于扩散过程；但粒度不能过小，否则增加烟尘率。为了强化扩散环节，硫化锌精矿的焙烧普遍采用沸腾焙烧炉，并且有提高焙烧温度的趋势，有的还采用富氧空气鼓风。

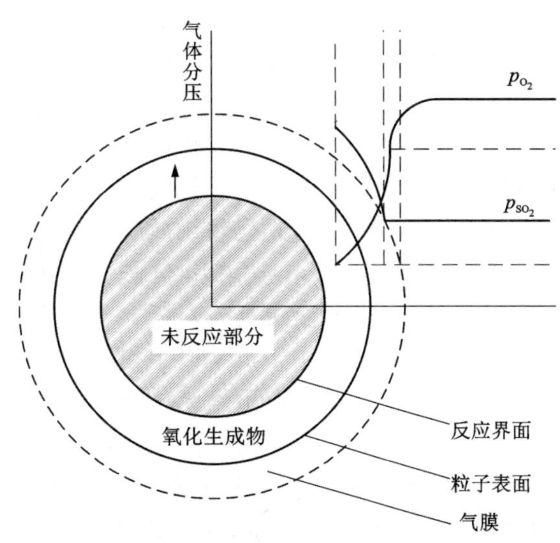

图 2-6　硫化矿焙烧反应模式

硫化锌焙烧反应机理及模式具有如下特点：

(1)焙烧反应是气相与固相反应物和生成物的多相反应，包括从反应界面的传热与传质过程。

(2)焙烧反应速度的快慢与硫化物的着火温度有关。在着火温度以下或低温阶段，化学反应成为控制步骤，硫化锌氧化反应的活化能约几十千焦每摩尔；在着火温度以上时或高温阶段，焙烧反应的气体通过反应的气层扩散，化学反应速度很快，焙烧反应的控制环节由反应控制转移到扩散控制，反应的活化能降到几千焦每摩尔。

(3)反应产物层中的 O_2 和 SO_2 不是等分子的逆流扩散，参与焙烧反应的 O_2 分子要比产物 SO_2 的分子数多，因此向反应界面的气流扩散对焙烧过程的影响较大。

(4)焙烧反应是强放热过程，在粒子内部的反应界面与粒子的表面有一定温度梯度，并有热传递发生。由于ZnO的热传导性差，当ZnO层的厚度不均匀时，其厚的部分向外的传热速度会降低，助长ZnO层的不均匀性。

(5)在低温焙烧时，可能生成硫酸锌和碱式硫酸锌。

2.3.2.2　影响焙烧反应速度的因素

影响硫化锌精矿焙烧反应速度的因素主要有焙烧温度、氧气浓度、气流速度、精矿粒度、精矿品位等。

(1)焙烧温度对反应速度的影响。

在着火温度以下或低温阶段，硫化锌的焙烧反应速率很小，反应受化学反应控制；在着火温度以上时，化学反应速率才会很大，焙烧反应受扩散环节控制。因此，提高焙烧温度可增大氧分子的扩散，从而提高反应速率。当温度在923～1073 K波动时，硫化锌氧化过程由化学反应控制转变为扩散控制，如图2-7所示。

随着焙烧温度升高，硫化锌的氧化速度加快。但温度太高，颗粒会发生烧结现象，因此焙烧过程应在允许的最高温度下进行。在生产实践中，锌精矿的沸腾焙烧温度大多数控制在1173～1223 K，烧结焙烧的最高温度在1273 K以上，都已超过转变温度，说明温度对反应速度的影响已不是决定性因素。继续提高焙砂温度有利于提高反应速度，但温度的提高受到冶炼设备、物料特性、操作条件等的限制。

(2)气流特性对反应速度的影响。

锌精矿在高温(1173～1223 K)条件下的焙烧反应在扩散区进行，气体的扩散成为整个反应的限制性环节。因此在1223 K焙烧温度下，炼锌厂已将沸腾炉沸腾层的气流速度从0.4～0.5 m/s提高到0.7～0.8 m/s，甚至更高。对于含铅较高的易熔精矿，采用1 m/s以上更大的气流速度，是保证炉料不熔结的正常沸腾条件。用增大风量来提高直线速度，必须增加与风量相当的进料量，否则过剩空气系数增大，会降低烟气中的 SO_2 浓度，不利于制酸。增大气流速度必然导致烟尘率增加，所以在增大气流速度的同时，必须加强收尘措施。图2-8是硫化锌精矿在沸腾焙烧炉中被空气氧化的氧化速度与温度及气流速度的关系。

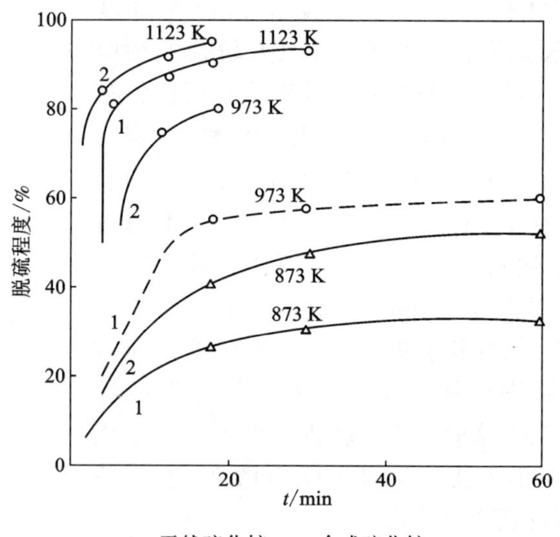

1—天然硫化锌；2—合成硫化锌。

图2-7　ZnS被空气中的 O_2 氧化的程度与温度的关系

炼锌厂一般应用空气进行焙烧，空气中 O_2 的含量按体积计仅占21%。随着氧化反应的进行，炉气中 O_2 的含量变低，从炉气中扩散到固体表面的 O_2 更少。提高气流中 O_2 的浓度，即采用富氧空气，有利于 O_2 向硫化锌颗粒表面扩散，加速氧化反应。ZnS的氧化速度与温度及气相中氧浓度的关系如图2-9所示。

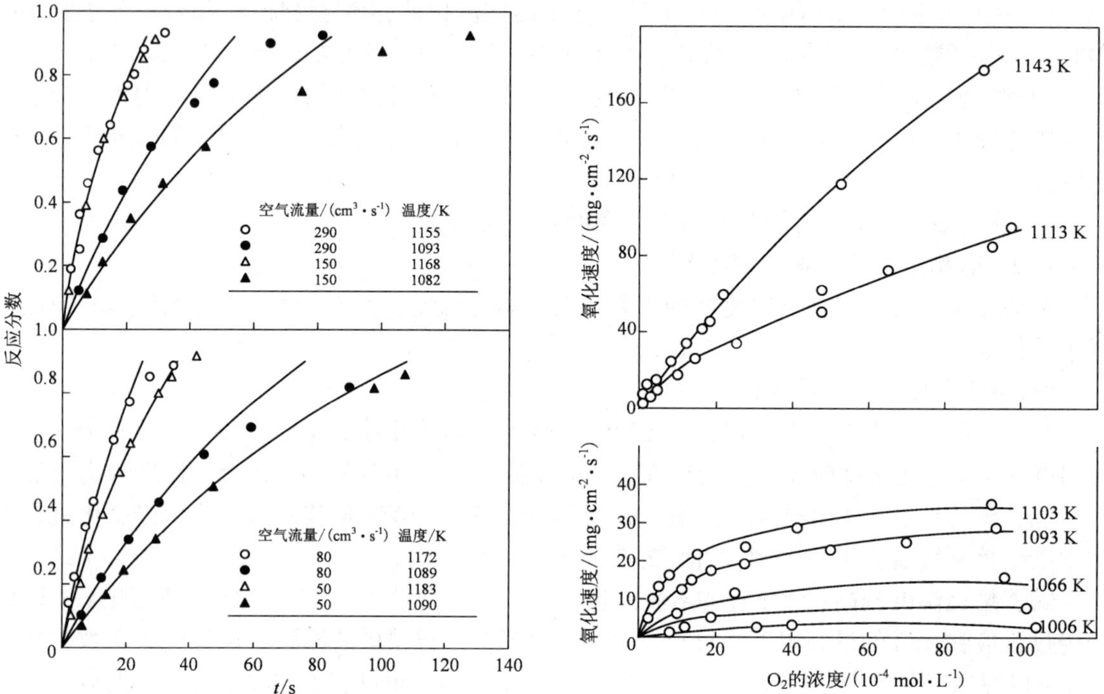

图2-8　硫化锌精矿在沸腾焙烧炉中被空气氧化的速度与温度及气流速度的关系

图2-9　ZnS的氧化速度与温度及气相中 O_2 浓度的关系

采用富氧空气焙烧是强化硫化锌精矿沸腾焙烧的措施之一。国外某铅锌厂采用含 27%(体积分数) O_2 的富氧空气进行锌精矿的沸腾焙烧，炉子的单位面积生产率提高 40%~50%，烟气中 SO_2 的体积分数从 8%~9%提高到 12%~13%。澳大利亚里斯顿电锌厂进行锌精矿富氧空气沸腾焙烧试验的结果见表 2-2。

表 2-2　富氧空气沸腾焙烧试验结果

送风中氧的体积分数/%		20.95	23.00	23.9	24.5
送风量/[Nm^3·(t 精矿)$^{-1}$]		2050	1750	1730	1670
生产率/[t·(m^2·d)$^{-1}$]		6.6	7.8	8.0	8.25
产物	S_s/%	0.18	0.17	0.20	0.27
	$S_{SO_4^{2-}}$/%	1.45	1.10	0.70	1.25

由表 2-2 中的数据可以看出，采用含 23.9% O_2 的富氧空气是较为合适的。过高的富氧浓度会导致 O_2 在沸腾炉中的利用率不高，达不到应有的效果。

(3)精矿的物化性质对反应速度的影响。

锌精矿在一般焙烧温度下是不会熔化的(熔化温度一般为 1372 K 左右)，精矿在空气中的氧化开始是在颗粒表面进行的。当焙烧粒度较小的精矿时，精矿的比表面积大，气固接触面增大，有利于增大扩散速率，保证硫化锌氧化更完全。随着硫化锌粒子表面氧化反应的进行，粒子表面形成一层坚硬的氧化锌壳，增大了气流中的氧分子穿过氧化锌层到达反应界面的扩散阻力，减慢了硫化锌粒子中心部分的氧化速度。

如果锌精矿杂质含量较多、品位较低，不仅减少了硫化锌氧化反应的接触面，也增加了氧的内扩散路程，不利于焙烧反应进行。尤其是那些低熔点的杂质，如 PbS 氧化后的 PbO，其熔点为 1156 K。当它与 SiO_2 结合时，还会生成熔点更低(1023 K)的硅酸铅($PbO·SiO_2$)。它们不仅阻碍了氧与硫化锌的接触，而且会把精矿颗粒黏结起来，严重时造成炉结。对于含铁的硫化物，当铁质量分数为 5%时，不影响硫化锌的氧化速度；当铁质量分数增加到 10%时，反应速度降低。因此，一般炼锌厂对沸腾焙烧采用的锌精矿中的铅、铁和二氧化硅含量进行了限定。

从硫化锌氧化动力学分析可知，提高温度、增大气流速度与氧的浓度、提高精矿的磨细程度，都有利于提高氧化反应的速度和设备的生产率。

2.3.3　硫化锌精矿中各组分在焙烧时的行为

锌精矿中除主要成分硫化锌外，还伴生有铁、铅、铜、镉、银、二氧化硅及砷、锑等矿物。它们在焙烧过程中不仅像硫化锌一样能单独发生不同程度的氧化反应，其生成物还能进一步生成铁酸锌、硅酸锌、硅酸铅等各种盐。铁酸锌难溶于稀硫酸，造成锌直收率降低，硅酸锌在浸出过程中产生胶体使矿浆的液固分离困难，低熔点的硅酸铅会使炉料发生黏结，对焙烧过程产生不良影响。

(1)锌。

锌主要以闪锌矿或铁闪锌矿(nZnS·mFeS)的形式存在于锌精矿中。焙烧时硫化锌进行下列反应：

$$ZnS + 2O_2 \xlongequal{} ZnSO_4 \tag{2-13}$$

$$2ZnS + 3O_2 \xlongequal{} 2ZnO + 2SO_2 \tag{2-14}$$

$$2SO_2 + O_2 \rightleftharpoons 2SO_3 \tag{2-15}$$

$$ZnO + SO_3 \xlongequal{} ZnSO_4 \tag{2-16}$$

焙烧开始时，进行反应式(2-13)与反应式(2-14)。反应产生 SO_2 之后，在有 O_2 的条件下硫化锌氧化成 SO_3，在有 SO_3 存在时 ZnO 可以形成 $ZnSO_4$。反应式(2-15)是可逆反应，在温度低于 773 K 时反应向右进行，温度高于 873 K 时反应向左进行。故在沸腾焙烧过程中，焙烧温度在 1123 K 以上时，气相中的 SO_3 很少。$ZnSO_4$ 在高温时分解为 ZnO 和 SO_3，温度在 1073 K 以上时分解十分剧烈。硫酸锌生成的条件及数量取决于焙烧温度及气相成分。在温度低、SO_3 浓度高时，形成的硫酸锌变多；当温度高、SO_3 浓度低时，硫酸锌发生分解形成氧化锌。因此，调节焙烧温度和气相成分，可以在焙砂中获得所需要的氧化物或硫酸盐。硫化锌在 1123～1173 K 的温度下进行焙烧，大部分生成 ZnO 及少量的 $ZnSO_4$、$2ZnO \cdot SiO_2$、$ZnO \cdot Fe_2O_3$，还有少量的硫化锌未被氧化。

(2)铅。

铅在硫化锌精矿中以方铅矿(PbS)形式存在。在空气中焙烧时铅可被氧化为 $PbSO_4$ 和 PbO：

$$PbS + 2O_2 \xlongequal{} PbSO_4 \tag{2-17}$$

$$3PbSO_4 + PbS \xlongequal{} 4PbO + 4SO_2 \tag{2-18}$$

$$2SO_2 + O_2 \xlongequal{} 2SO_3 \tag{2-19}$$

$$PbO + SO_3 \xlongequal{} PbSO_4 \tag{2-20}$$

硫化铅焙烧生成的硫酸铅在 1073 K 以上时会大量分解为氧化铅。硫化铅和氧化铅在高温时具有大的蒸气压，能够挥发进入烟尘，因此可采用高温焙烧来气化脱铅。

铅的各种化合物熔点较低，容易使焙砂发生黏结，影响正常的沸腾焙烧作业的进行。因此，入炉的混合锌精矿中铅质量分数要求控制在 2%以下。鼓风炉炼锌时，在铅锌混合精矿的烧结焙烧过程中，这些低熔点化合物是烧结料中的主要黏结剂。

硫化铅在焙烧过程中多数生成 PbO，只有少量生成硫酸铅及低熔点化合物。

(3)二氧化硅。

硫化锌精矿中往往含有 2%～8%(质量分数)SiO_2，SiO_2 多以石英矿物形态存在，在焙烧过程中易与金属氧化物(ZnO、FeO、PbO、CaO)生成硅酸锌、硅酸铅等硅酸盐，形成可溶性的硅。其反应为：

$$2ZnO + SiO_2 \xlongequal{} 2ZnO \cdot SiO_2 \tag{2-21}$$

$$2PbO + SiO_2 \xlongequal{} 2PbO \cdot SiO_2 \tag{2-22}$$

随温度升高，ZnO 与 SiO_2 接触良好，以及接触时间延长，硅酸盐的生成量会增加。

游离的 SiO_2 在稀硫酸溶液中不溶解，硅酸锌等硅酸盐在浸出时溶解进入溶液，形成硅酸胶体，对矿浆的澄清和过滤不利。SiO_2 与 PbO 生成的硅酸铅的熔点较低，可促使精矿熔结，妨碍焙烧进行。熔融状态的硅酸铅可以溶解其他金属氧化物或其硅酸盐，形成复杂的硅酸盐。应严格控制入炉的混合精矿中铅、硅的含量，一般要求 SiO_2 质量分数不超过 5%，铅质量分数在 2%以下。

硅酸盐的形成对火法炼锌过程影响不大。

(4)铁。

在锌精矿中，铁主要以黄铁矿(FeS_2)、磁硫铁矿(Fe_nS_{n+1})、铁闪锌矿(nZnS · mFeS)、黄铜矿($FeCuS_2$)和砷硫铁矿(FeAsS)等复杂硫化矿物形式存在。在低温下焙烧时，硫铁矿将转变为硫酸盐。其反应为：

$$FeS_2 + 2O_3 = FeSO_4 + SO_2 \quad (2-23)$$

$$2FeSO_4 + SO_2 + O_2 = Fe_2(SO_4)_3 \quad (2-24)$$

$$4FeO + O_2 = 2Fe_2O_3 \quad (2-25)$$

$$2SO_2 + O_2 = 2SO_3 \quad (2-26)$$

$$2Fe_2O_3 + 6SO_2 + 3O_2 = 2Fe_2(SO_4)_3 \quad (2-27)$$

在强氧化气氛和 673~773 K 的焙烧温度条件下生成高价铁盐，如果氧化气氛不强和温度较低，则只会生成硫酸亚铁。无论是硫酸亚铁还是硫酸铁，它们在高温下都容易离解。在 773~873 K 时，热离解以很大速度进行；在 973 K 时，离解压达到 101 kPa。

铁的硫化物在 1073~1373 K 进行焙烧时，其反应为：

$$2FeS_2 = 2FeS + S_{2(g)} \quad (2-28)$$

$$2Fe_nS_{n+1} = 2nFeS + S_{2(g)} \quad (2-29)$$

$$S_{2(g)} + 2O_2 = 2SO_2 \quad (2-30)$$

$$4FeS_2 + 11O_2 = 2Fe_2O_3 + 8SO_2 \quad (2-31)$$

$$3FeS + 5O_2 = Fe_3O_4 + 3SO_2 \quad (2-32)$$

FeS 和 FeO 在焙烧时也能被 SO_3 氧化成 Fe_3O_4，Fe_2O_3 也能与 FeS 和 FeS_2 反应生成 Fe_3O_4：

$$FeS + 3SO_3 = FeO + 4SO_2 \quad (2-33)$$

$$3FeO + SO_3 = Fe_3O_4 + SO_2 \quad (2-34)$$

$$16Fe_2O_3 + FeS_2 = 11Fe_3O_4 + 2SO_2 \quad (2-35)$$

$$10Fe_2O_3 + FeS = 7Fe_3O_4 + SO_2 \quad (2-36)$$

铁的硫化物的焙烧产物大部分生成 Fe_2O_3 和少量的 Fe_3O_4。FeO 在焙烧条件下易于继续被氧化成 Fe_2O_3，并且铁的硫酸盐在高温下很容易分解，则可以认为焙烧产物中没有或有极少量的 FeO 与 $FeSO_4$ 存在。

在高温焙烧时，Fe_2O_3 与 ZnO 反应形成铁酸锌(ZnO · Fe_2O_3)。

$$ZnO + Fe_2O_3 = ZnO \cdot Fe_2O_3 \quad (2-37)$$

湿法浸出时，铁酸锌不溶于稀硫酸，留在残渣中造成锌的损失。因此，对于湿法炼锌厂来说，为了尽量提高焙烧产物中的可溶锌率，力求在焙烧中避免铁酸锌的生成。其方法有：

①加速焙烧作业，缩短反应时间，以减少在焙烧温度下 ZnO 与 Fe_2O_3 颗粒的接触时间；

②增大炉料的粒度，以减小 ZnO 与 Fe_2O_3 颗粒的接触的表面；

③升高焙烧温度并对焙砂进行快速冷却；

④采用双室沸腾炉(图 2-10)将锌焙砂还原沸腾焙烧，用 CO 还原铁酸锌，使其中的 Fe_2O_3 被还原，破坏了铁酸锌的结构而将 ZnO 析出。

$$3(ZnO \cdot Fe_2O_3) + CO = 3ZnO + 2Fe_3O_4 + CO_2 \quad (2-38)$$

在 1573 K 以下，ZnO 比 Fe_2O_3 难还原。ZnO 的还原要求很高的温度和 CO 浓度，在弱还原性气氛下很容易将铁酸锌还原成 ZnO 和 Fe_3O_4，还原产物中的 ZnO 可以被稀硫酸浸出。

硫化锌精矿经氧化焙烧产出的焙砂，从氧化室转入还原室，用还原强度不大的还原性气体再处理一次，即可得到铁酸锌含量较低的产品。

(5)铜。

铜在锌精矿中存在的形式有辉铜矿(CuS)、黄铜矿($CuFeS_2$)、铜蓝(Cu_2S)等，在实际焙烧温度下主要生成自由状态的 CuO 和 Cu_2O，还有少量以 $CuSO_4$、$Cu_2O \cdot Fe_2O_3$、$CuO \cdot CuSO_4$ 及 $Cu_2O \cdot SiO_2$ 等结合状态存在的铜氧化物。

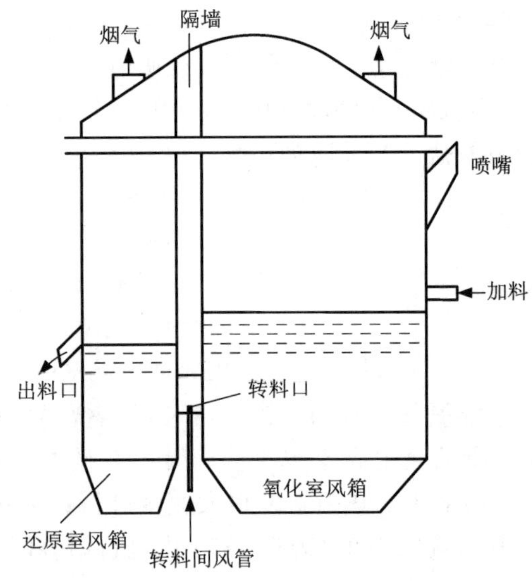

图 2-10 双室沸腾炉

(6)镉。

镉在锌精矿中以辉镉矿(CdS)形态存在。在 1123～1173 K 焙烧时，CdS 被氧化生成 CdO 和 $CdSO_4$；$CdSO_4$ 在高于 1273 K 时分解生成 CdO；CdO 在高于 1273 K 以上时才能挥发。在硫酸化焙烧过程中，CdO 和 $CdSO_4$ 几乎不挥发而留在焙砂中；浸出时与 ZnO 一起溶解进入硫酸锌溶液，通过溶液净化使其富集在铜镉渣中，作为提炼镉的原料。

在 1323～1373 K 进行高温氧化焙烧时，95%以上的 CdS 被氧化成 CdO 并挥发进入烟尘，可作为提炼镉的原料。

(7)砷、锑的硫化物。

砷在锌精矿中以毒砂($FeAsS$)或硫化砷(As_2S_3)形态存在，锑在锌精矿中以辉锑矿(Sb_2S_3)形态存在，在焙烧过程中生成 As_2O_3、Sb_2O_3，以及砷酸盐和锑酸盐。As_2S_3、Sb_2S_3、As_2O_3、Sb_2O_3 容易挥发进入烟尘。砷酸盐和锑酸盐是稳定化合物，仅在很高的温度条件下才能分解，焙烧时砷、锑生成的砷酸盐、锑酸盐残留于焙砂中。因此，焙烧时应控制较低的温度和较少的过剩空气量，尽量避免形成砷酸盐和锑酸盐。

(8)银。

银在锌精矿中以辉银矿(Ag_2S)形态存在。在 1123～1173 K 焙烧时，大部分生成金属银和硫酸银，由于氧化不完全，焙砂中仍有少部分硫化银存在。

焙烧含银的锌精矿时，银在精矿中与铅结合，由于铅具有较大的挥发性，会把银带至烟尘中，导致有大量的银挥发。

(9)Bi、Au、In、Ge、Ga 等。

Bi、In、Ge、Ga 等的硫化物在焙烧过程中生成氧化物，以氧化物的状态存在于焙砂中，Au 主要以金属状态存在于焙砂中。

2.4 硫化锌精矿的沸腾焙烧

沸腾焙烧是强化焙烧过程的方法，是使空气以一定速度自下而上地吹过固体炉料层，固体炉料粒子被风吹动而互相分离，并不停地做复杂运动。运动的粒子处于悬浮状态，其状态如同水的沸腾，因此称为沸腾焙烧。

硫化锌精矿的沸腾焙烧放出大量热，可以维持炉内锌精矿焙烧的正常温度。沸腾焙烧炉内沸腾层高度为 1~1.5 m，料层温度高达 1123~1423 K。由于精矿粒子被气流强烈搅动而在炉内不停地翻动，整个炉内各部分的物理化学反应比较均一，炉内热容量大且均匀、温差小，可以使炉内各部分的温度很均匀。固体粒子长时间处于悬浮状态，构成氧化各个矿粒最有利的条件，反应速度快、强度高，传热、传质效率高，料粒和空气接触时间长，使焙烧过程大大强化。

锌精矿的沸腾焙烧是固体流态化技术在炼锌工业上的具体应用。锌精矿加入沸腾炉后立即进入高温焙烧室，在其中被气流连续翻动发生焙烧反应。一部分较粗的颗粒约在炉内停留几个小时，然后从溢流排放口排出成为焙砂产品。另一部分较细的颗粒(湿法炼锌约占 50%、火法炼锌约 23%)随气流带至炉子上部空间发生氧化反应。由于炉内气流速度大(一般线速度为 0.4~0.8 m/s)，这些被气流携带的粒子在炉内停留不到 1 min 就被带出炉外形成烟尘。气流速度愈大，停留的时间愈短，带出的细粒愈多，烟尘率愈高。由于温度高、气流速度大及粒子本身的表面积大，在这么短的时间内仍可保证硫化物发生充分的氧化反应。焙烧产物中的溢流焙砂和烟尘总称为焙烧矿，可作为湿法炼锌的原料。对于火法炼锌厂，由于烟尘中的硫及某些易挥发的杂质(铅与镉)较多，需要另行处理或返回焙烧后，才符合火法炼锌的要求。当作业温度稍低(<1173 K)时，得到的焙砂成分变化不大，而烟尘中硫化物的硫含量增加。所以现在湿法炼锌厂都维持高温(>1173 K)操作，以提高烟尘质量。

2.4.1　沸腾焙烧的理论基础

2.4.1.1　固体流态化的特征

锌精矿沸腾焙烧的理论基础是固体流态化。当气体通过固体炉料层时，根据气体速度的不同可分为固定床、膨胀床及流态化床三个阶段。如果在玻璃管内装入固体粒子，管底设有孔眼，则经管底孔眼鼓风时，随着气流速度不同，管内固体粒子呈如图 2-11 所示的各种状态。气流的直线速度和气体通过床层的压力降的关系如图 2-12 所示。

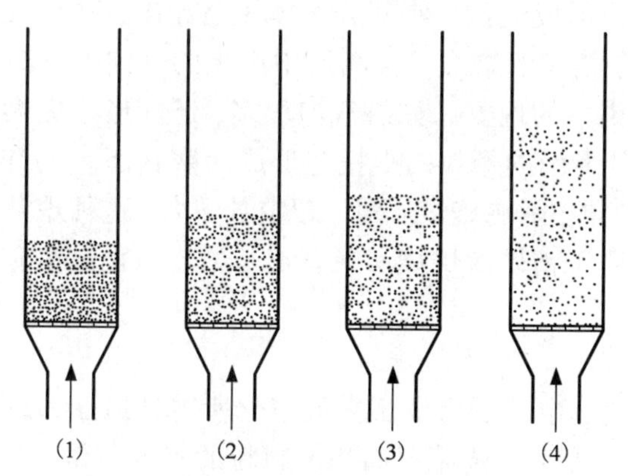
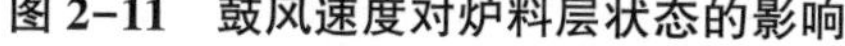

图 2-11　鼓风速度对炉料层状态的影响

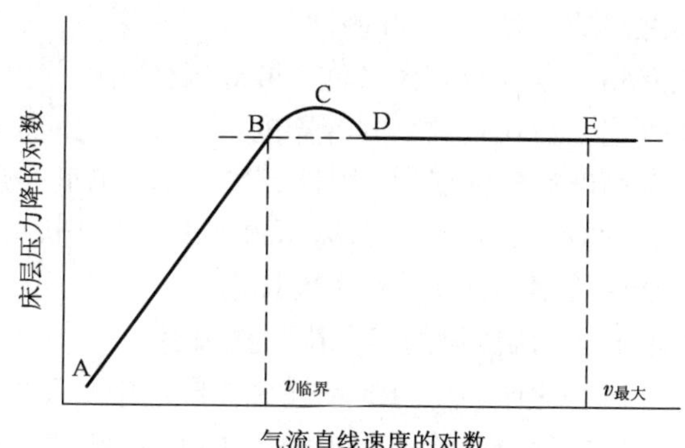

图 2-12　气流直线速度与气体通过床层的压力降的关系

由图 2-12 可见，每一个直线速度都有一个相应的压力降。图 2-12 中曲线 AB 段表示固定床，压力降随着直线速度加大而增大。这时固体粒子不发生运动，粒子间点接触不分开，粒子总体积不发生变化，上升气体仅从粒子间空隙通过，如图 2-11(1)所示。

继续增大上升气体的直线速度到图 2-12 所示 B 点，床层的压力降等于单位床层面积上料粒的有效重量。此时粒子开始移动，床层开始膨胀，体积开始增大，如图 2-11(2)所示。B 点为使固体粒子开始移动的最小速度，此速度称作临界速度($v_{临界}$)，此时床层呈不稳定状态。

上升气体直线速度过 B 点后再继续增大时，压力降的上升变得较为平缓。C 点压力降达最大值，床层上层的粒子开始彼此分离，离开料面呈悬浮状态，床层体积增大 5%～10%。继续增大上升气体的直线速度时，粒子彼此逐渐分离，阻力减小，压力降开始减小。增大至 D 点时，全部粒子完全分离呈悬浮状态即流态化，如图 2-11(3)所示，此时床层称为沸腾层。

过 D 点再增加直线速度，压力降保持一定值，不再随上升气体直线速度而改变。增大速度使粒子运动速度加剧，彼此分离更远，亦即体积增大更多、密度更小，沸腾层空隙更大，如图 2-13 所示。凡不超过一定高度的粒子层称为浓相，当上升气体直线速度很大、粒子层中较小粒子被气体带走离开浓相时，被带走的粒子形成稀相，如图 2-11(4)所示。若上升气体的直线速度继续增大至 E 点，则可以使浓相完全变成稀相，即把固体粒子全部吹走，此时气体的直线速度称作最大速度($v_{最大}$)。

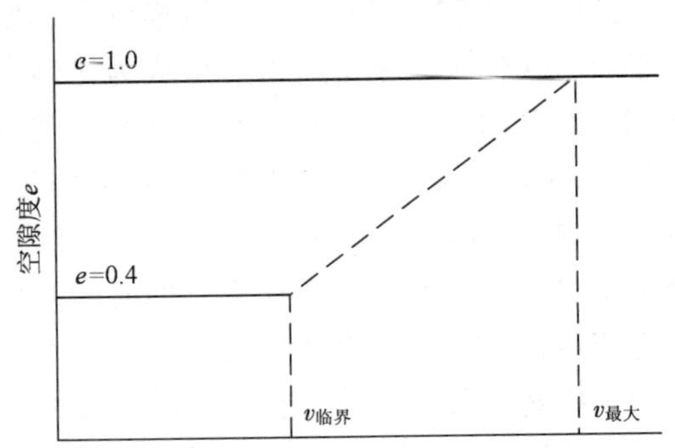

图 2-13　沸腾层空隙度与直线速度的关系

如上所述，图 2-12 中 AB 段为固定床、BCD 段为膨胀床、DE 为流态化床。膨胀床实际是固定床和流态化床之间的调整阶段或过渡阶段。在膨胀床时，床层内固体的粒子分布是均匀的，基本上做均匀地膨胀。流态化床时，全部颗粒都悬浮于上升气流中，并使固体颗粒发生激烈的搅动和混合。

根据上述分析，当鼓风的直线速度达到临界速度后，便产生流态化床，或者产生沸腾层，但实际上有些物料并不能很好地形成沸腾层。有些粒子易于相互黏附，流动性不好的颗粒，特别是较细的粉末，在直线速度达到临界值后，会形成气沟，使部分气体短路流出，减弱气固之间的接触。这样的沸腾层称作黏紧态，不适于精矿的焙烧。沸腾层中产生的气泡上升时能互相结合并成较大气泡，形成气体集中与固体集中的现象。如果气泡很多，还能形成更大的气泡。当在直径小的容器内进行流态化时，将其上面的颗粒向上托起形成活塞状态。上升一定高度后气泡崩裂，固体颗粒下落，降低焙烧效果、影响焙烧质量、烟尘量增大，这种现象称作“腾冲”。此种状态称作腾冲态，这种状态不适于精矿的焙烧。只有正常的流态化是精矿焙烧所希望的状态，称作聚式态。

2.4.1.2　沸腾层的压力降与鼓风量

流态化床的压力降是气流在床层中所受的阻力，也就是保证正常流态化所需鼓风压力的主要组成部分。流态化床的压力降与膨胀床一样，等于单位床层面积上料粒的有效重量，即单位床层面积上料粒重量减去浮力。

$$\Delta P = \frac{V}{A}(1 - e)(\rho_{固} - \rho_{气}) = L(1 - e)(\rho_{固} - \rho_{气}) \tag{2-39}$$

式中：ΔP 为压力降，kg/m^2；V 为沸腾层体积，m^3；A 为沸腾层截面积，m^2；L 为沸腾层高度，

m；e 为空隙度，%；ρ 为密度，kg/m^3。

由式(2-39)可知，压力降的大小与床层的高度及物料的密度有关，与物料粒度无关。

沸腾层相当于液体，它的性质在很多方面与流体性质相似。由于流态化床中还有各颗粒之间的碰撞与摩擦、物料粒子与器壁间的摩擦等，因此，在实际生产过程中，压力降计算式应为：

$$\Delta P = L(1-e)(\rho_{固}-\rho_{气}) + \Delta P' + \Delta P'' \tag{2-40}$$

式中：$\Delta P'$ 为物料各颗粒之间的碰撞与摩擦阻力，kg/cm^2；$\Delta P''$ 为物料与器壁之间的摩擦阻力，kg/cm^2。

压力降的大小应通过试验测量确定。对锌精矿而言，测得的压力降数值为每 100 mm 高度的沸腾层，其压力降为 1080～1180 Pa。

压力降的大小可以判断沸腾焙烧过程中料层所处的状态，测定压力降即是控制沸腾焙烧过程的一个重要环节。同时，在设计沸腾焙烧炉选择鼓风机的压力时亦以压力降为基础，且需要比正常的沸腾层压力降大 30%～50%。另外，还须考虑空气分布板与管道阻力，因为实际上沸腾层的料层在新铺好时的空隙度要比已沸腾后的料层空隙度小得多，因而第一次鼓风沸腾时所克服的阻力要比正常沸腾后大得多。在沸腾焙烧炉内实际操作得出的压力降变化如图 2-14 所示。

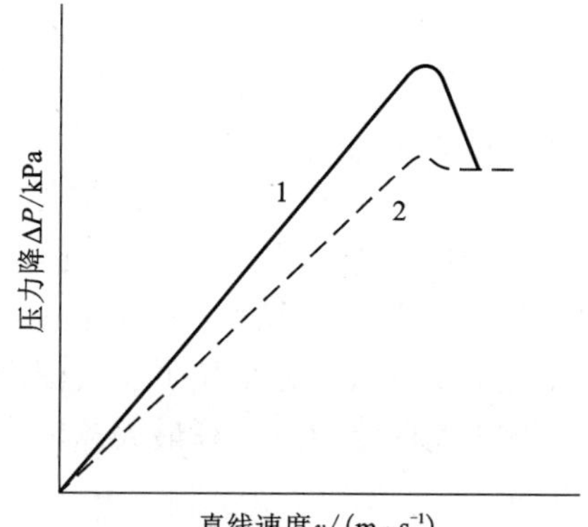

1—第一次鼓风；2—第二次鼓风。

图 2-14　沸腾焙烧炉开始鼓风沸腾时压力降的变化

鼓风量(或直线速度)是形成沸腾层的重要条件之一。不同粒度锌精矿对临界速度的影响如图 2-15 所示。由图 2-15 可知，在固定层高度不变时，沸腾层的临界直线速度随粒径增大而增大(即临界鼓风量也增大)，沸腾层的压力降不变。在相同高度的沸腾层，其压力降只与沸腾层的密度有关，粒度对压力降影响不大。沸腾层的密度又取决于固体密度与空隙度，粒度对空隙度影响不大，故粒度对压力降影响较小。可见，沸腾层的鼓风量与固体粒子的大小有关。

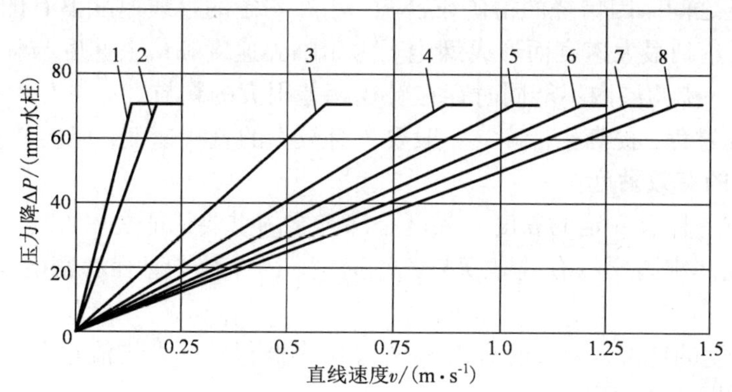

1—锌精矿原矿；2—粒径-60～+60 目；3—粒径-20～+80 目；4—粒径-20～+40 目；5—粒径-16～+18 目；6—粒径-14～+16 目；7—粒径-12～+14 目；8—粒径-10～+11 目。

图 2-15　物料粒度对沸腾时临界直线速度的影响(固定层高度 50 mm)

在沸腾焙烧的实际操作过程中，控制鼓风量不仅能保证沸腾层的稳定性，而且对炉气中 SO_2 浓度、沸腾层温度也有直接影响。在固定的鼓风量条件下，控制炉料的颗粒大小更为重要。根据锌精矿试验的结果，当 3 mm 以上的粒子占精矿量的 6% 以上时就开始出现沉降现象。虽然排出的焙砂中往往夹杂有一些粒径为 20~30 mm 的矿团（这可能是沸腾层的黏性作用，以及大气泡的形成将一些粗颗粒冲出的缘故），但当炉料中粗颗粒比较多时，必然造成沉降。沉降层逐渐积厚，可能出现不能沸腾的情况。

2.4.1.3 沸腾层的临界速度及最大速度

沸腾层的临界速度就是流态化点速度，即开始沸腾时的气流直线速度。临界速度与空隙度有关，取粒子排列最疏松时（e_m）开始流态化的速度作为临界速度，则临界速度的计算公式为：

$$v_{临界} = \frac{(\rho_{固} - \rho_{气}) \cdot g \cdot d_e^2 \cdot e_m^2}{18(1 - e_m)\mu} \tag{2-41}$$

式中：d_e 为粒子的有效直径；g 为重力加速度；e_m 为粒子排列最疏松时的孔隙度，球形颗粒的孔隙度为 $0.45e_m$；ρ 为密度；μ 为气体黏度。

由式（2-41）可见，沸腾层的临界速度与粒子的直径的平方成正比，并与固体性质、气体性质有关，与沸腾层高度无关。在实际生产中，由于精矿粒度不可能均一，因此利用式（2-41）计算的临界鼓风直线速度很难完全与实际一致，应以试验求得。

最大速度可以认为是粒子在气流中的自由沉降速度。对直径为数微米的极细颗粒来说，可以用斯托克斯定律来计算最大速度，即

$$v_{最大} = \frac{(\rho_{固} - \rho_{气}) \cdot g \cdot d_e^2}{18\mu} \tag{2-42}$$

对于较粗颗粒来说，斯托克斯定律不适用，则最大速度可以按下式求出：

$$\frac{v_{最大}}{v_{临界}} = \frac{2}{3}f \tag{2-43}$$

式中：f 值在一般流态化的粒度情况下为 70~120。

当 f=70~120 时，$v_{最大}/v_{临界}$=47~80。概略估计时取 f=100，因此 $v_{最大}/v_{临界}$=66。可见，由沸腾层的临界速度到最大速度的调节范围很大，实际操作的沸腾焙烧鼓风直线速度介于临界速度与最大速度之间。因焙烧的精矿粒径不一，在一定的直线速度下有的粒子未达到最大速度，有的粒子已达到最大速度而形成烟尘。由于临界速度和最大速度与粒子直径的平方成正比，因此，在同一沸腾层内不能同时存在粒径相差很大的颗粒。

为了强化焙烧过程，提高生产率，一般要求有较大的直线速度，但会增大烟尘量。

2.4.1.4 沸腾层的有效黏度

沸腾层像液体一样有一定的黏度。黏度是沸腾层的重要特征之一，其大小可以反映沸腾层内流态化的程度。沸腾层的有效黏度与气流速度、固体粒子直径和密度，以及粗细粒子的组成有关。

（1）随气流速度的增大，床层的有效黏度起初降低很快，当气流达到一定速度后，黏度几乎保持不变，如图 2-16 所示。

（2）由图 2-16 可知，当气流速度一定时，沸腾层的有效黏度随固体粒子直径的增大而增大。

(3)在同一直径粒子的床层，床层有效黏度随固体粒子密度增大而增大。

(4)床层中粗细粒子的粒度组成对有效黏度影响很大。由较粗的颗粒组成沸腾层时，其有效黏度大，但其中加入少量(10%)的细粒能使有效黏度显著降低。细料加入量在 30%以内时影响显著，超过 30%则不是很显著。反之，在细粒颗粒组成的沸腾层中加入 10%的粗粒，则影响很小；甚至加 60%的粗料，黏度增加也很小。这些现象可以说明，在工业操作中，当细粒被吹跑，床层流动情况恶化时，若加入一些细粒料，则可使流动情况得到改善。

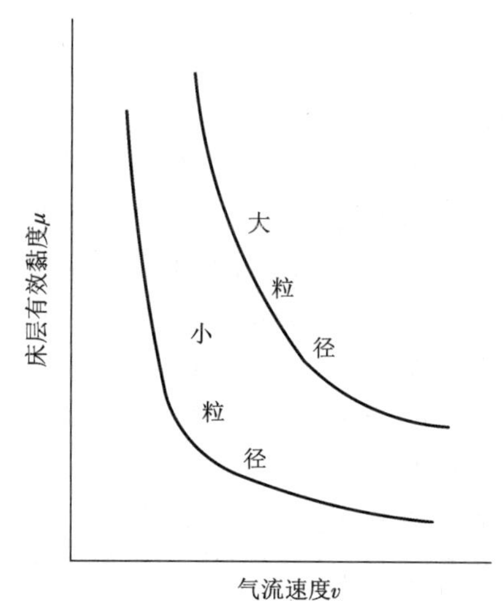

图 2-16　气流速度、粒度与床层有效黏度的关系

(5)沸腾层的有效黏度越大，越容易产生气泡或“腾冲”现象。沸腾层高度与反应器直径之比与沸腾层有效黏度几乎呈直线关系。在一定量物料情况下，沸腾层高度与直径之比越小，则有效黏度越小，越不易发生“腾冲”现象。

2.4.1.5　沸腾层的热传递

沸腾层的传热可分为固体与流体之间的热传递、沸腾层内各部分之间的热传递及沸腾层与管壁或换热器之间的热传递三种形式，主要的传热方式是对流，辐射传热最小。

在不同气流速度下，加热器壁传热于空筒中空气、固定床层中物料、沸腾层中物料的传热系数如图 2-17 所示。从图 2-17 可以看出，沸腾层的传热系数最大。沸腾层内固体颗粒的快速循环及气流使床层的激烈搅动，使得沸腾床层内传热系数很大。沸腾层内各部分温度几乎一致，温度在±10 K 波动，是焙烧过程极为有利的条件。由于沸腾层内有良好的热传导，故可以在沸腾层内任意一点进行冷却或直接添加能吸收大量热的物质(如喷水)以调节沸腾层温度。在生产实践中，沸腾焙烧炉常设有水套以降低沸腾层的温度。

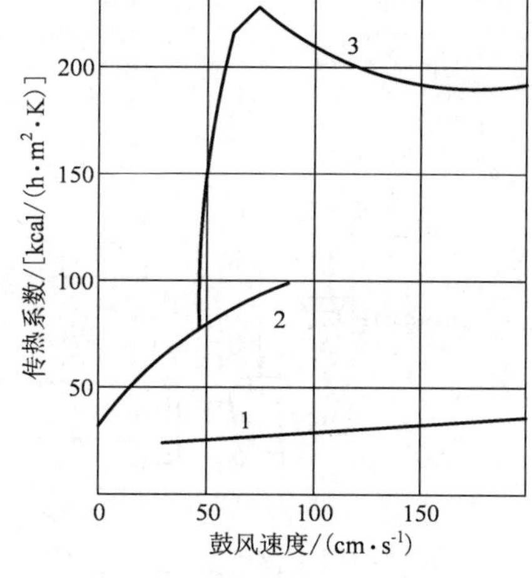

1—空气中；2—在固定床层；3—在沸腾层。

图 2-17　床层性质和鼓风速度与传热系数的关系

2.4.2　沸腾焙烧的工艺和设备

2.4.2.1　沸腾焙烧的工艺

锌精矿加入沸腾焙烧炉后，在沸腾层高温作用下进行焙烧，焙烧所得焙砂经溢流口自动排出炉外，焙烧所得炉气携带焙尘从炉子上部的炉气出口导入降温及收尘系统。

图 2-18 是我国锌精矿沸腾焙烧炉的工艺流程图，图 2-19 是锌精矿沸腾焙烧的设备连接示意图。锌精矿在焙烧前经过配料、干燥、破碎、筛分后，通过喂料设备(如抛料机)送入沸

腾炉内形成流化床；锌精矿与空气中的氧发生剧烈氧化反应，并放出大量的热，使焙烧反应可以持续进行，将硫化锌氧化成锌的氧化物。锌精矿通过沸腾焙烧产出焙砂、焙尘和含 SO_2 的高温烟气。高温烟气经降温、除尘后得到的 SO_2 烟气可用于生产硫酸。

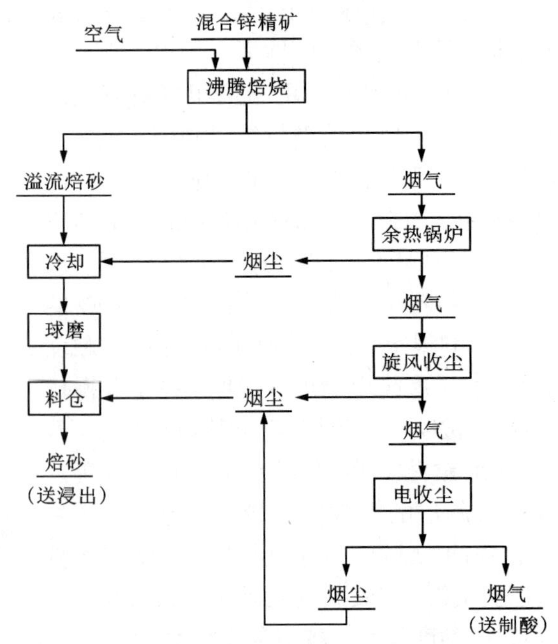

图 2-18　锌精矿焙烧工艺流程图

沸腾焙烧一般包括炉料准备、加料系统、沸腾焙烧炉本体系统、收尘及尾气处理系统和排料系统等部分。

炉料准备和加料系统是均匀而稳定地向炉内提供一定化学组成和数量的粉状炉料。炉料准备包括配料、干燥、破碎与筛分。加料方式有干法加料与湿法加料两种。

干法加料是将精矿仓内储存的精矿经配料后用皮带运输机送干燥或破碎处理。锌冶炼厂所用的锌精矿是由多个矿山供给的，其主要元素及杂质的含量波动范围较大。沸腾焙烧要求炉料的杂质含量均匀、稳定。因此，锌精矿在焙烧之前需要进行严格的配料，以利于沸腾焙烧及下一步湿法处理的进行，提高中间产品的质量。通常采用圆盘配料及堆式配料两种配料方法。

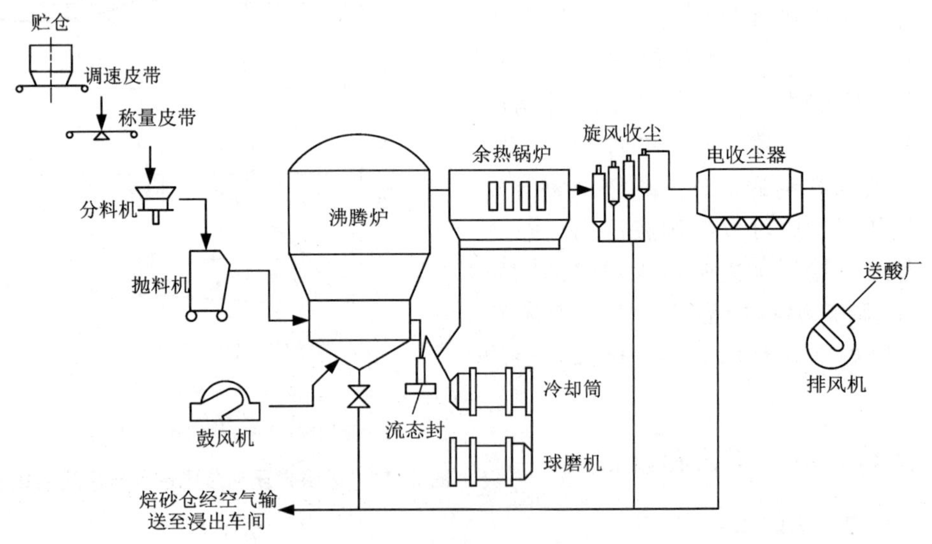

图 2-19　锌精矿沸腾焙烧的设备连接示意图

沸腾焙烧的炉料含水在 8%左右最为适宜。当进厂锌精矿水分超过 8%时就要进行干燥，主要有自然干燥法、铁板干燥法、气流干燥法和回转窑干燥法。大量的锌精矿普遍采用回转窑干燥法，所用的回转窑又叫圆筒式干燥窑。根据物料与炉气的流动方向，回转窑干燥法可分为对流式（或逆流式干燥）和顺流式两种。

锌精矿干燥后通常使用鼠笼破碎机进行破碎。鼠笼破碎机可使锌精矿颗粒均匀和松散，还能起到混合松散物料的作用。破碎后干锌精矿的筛分多采用复式振动筛和悬挂式振动筛，通过筛分后的锌精矿最大粒度要求小于 10 mm。

干法加料一般采用圆盘给料机和皮带给料机向焙烧炉内加入精矿，要求精矿含水小于 10%（质量分数）。根据加料点的不同，其加料方式可分为管点式（或前室）加料和抛料机散式加料两种。有前室的沸腾焙烧炉采用前室加料。抛料机散式加料是依靠皮带高速运转（速度 15~24 m/s）使炉料均匀散布于炉内，特别适合大型沸腾焙烧炉。

湿法加料是将精矿混以 25%左右（质量分数）的水形成矿浆，然后用泥浆泵喷入炉内。湿法加料的缺点是由于大量水分蒸发，导致烟气量大，烟尘率比一般干法加料高 20%~30%；炉气中 SO_2 的含量低，使收尘设备的负荷增大，同时导致制酸困难。湿法加料缺点较多，国内没有工厂采用。

硫化锌精矿沸腾焙烧时产生大量的高温烟气，烟气温度为 1123~1323 K。每焙烧 1 t 锌精矿约产生 1800 Nm^3 的烟气，含尘 200~300 g/m^3，含 SO_2 约 10%（体积分数）。焙烧烟气一般先经过余热锅炉，使烟气温度降至 623 K 左右，利用烟气带出的热量生产 3030~6060 kPa 的蒸气用于生产或发电。然后经旋风收尘及电收尘收集尘粒，从电收尘器排出的烟气温度降至 573 K 左右，含尘量降至 100~300 mg/Nm^3，可用于生产硫酸。

沸腾焙烧所得焙砂自沸腾层溢流口自动排出，焙砂从沸腾层排出后的温度为 1173~1323 K（较沸腾层温度低 20~30 K），排出后多采用冷却圆筒进行冷却，冷却介质主要是水和空气，一般采用水冷却。焙烧矿可采用湿法和干法两种输送方式。湿法输送方式是将出炉热焙砂直接落入冲矿溜槽，锅炉尘、旋风收尘器尘等汇集后经螺旋输送机给入冲矿溜槽，以矿浆形态送往浸出系统，此法一般与连续浸出连用。干法输送方式是将出炉热焙砂经冷却后用皮带送往贮矿仓，烟尘用气力输送装置或皮带送至矿仓，粒度较粗的焙砂经冷却、干磨后送往贮矿仓。

湿法炼锌时，焙烧矿可直接排入有中性硫酸锌液或废电解液的冲矿溜槽内，然后用泵送入浸出槽内。

2.4.2.2　沸腾焙烧的设备

硫化锌精矿的焙烧广泛采用沸腾焙烧，沸腾焙烧炉是当前生产使用的主要焙烧设备。沸腾焙烧炉有三种类型：①带前室的直型炉；②道尔（Dorr）型直型炉；③鲁奇扩大型炉（Lurgi 炉，又称 VM 炉）。鲁奇扩大型沸腾炉的结构如图 2-20 所示。

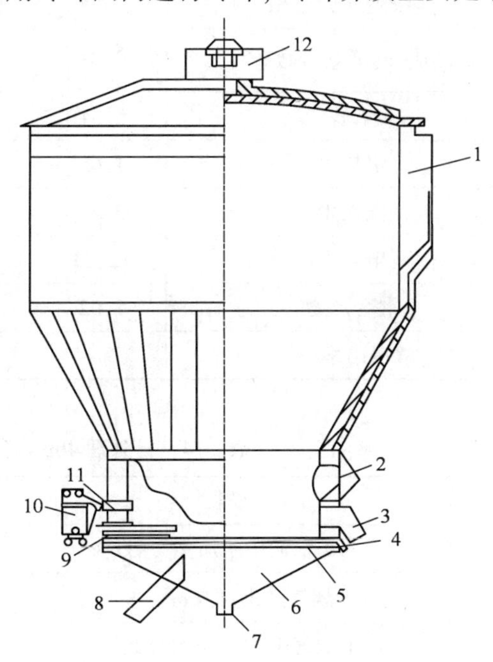

1—排气道；2—烧油嘴；3—焙砂溢流口；4—底卸料口；5—空气分布板；6—风箱；7—风箱排放口；8—进风管；9—冷却管；10—高速皮带；11—加料孔；12—安全罩。

图 2-20　鲁奇扩大型沸腾炉结构

鲁奇炉上部结构采用扩大段，使烟气流速减慢和烟尘率降低，延长了烟气在炉内的停留时间；烟气中的烟尘得到了充分焙烧，使烟尘中的含硫量达到要求，烟尘焙烧质量得到保证。低的烟尘率相应地提高了焙砂的产出率，减小了收尘系统的负担。鲁奇型沸腾炉具有生产率高、热能回收效果好及焙砂质量较高等优点，因此新建的沸腾焙烧炉多采用鲁奇扩大型炉。目前，我国《铅锌行业准入条件》规定锌冶炼企业新建锌精矿单台沸腾焙烧炉炉床面积须达到 109 m^2 以上，并须配套完整的锌冶炼生产系统及烟气综合处理设施。

日本神冈冶炼厂在 1976 年将原来的 2 台湿法加料的道尔型沸腾炉改为 1 台鲁奇型炉，两种炉型的具体比较见表 2-3 和表 2-4。

表 2-3　鲁奇型与道尔型沸腾炉的比较

项目	鲁奇型炉			道尔型炉		
吨精矿电力单消/(kW·h)	74			102		
吨精矿蒸气产量/t	0.95~0.98			0.88		
维修费用(以道尔型为 100 计)	70			100		
沸腾层温度/K	1323			1253		
过剩空气系数	1.15~1.25			0.95~1.30		
烟尘率/%	50~60			40~50		
风压/Pa	16671~19613			19613~29419		
连续运转天数/d	270			30~40		
产品成分(质量分数)/%	$S_{SO_4^{2-}}$	S_s	S_T	$S_{SO_4^{2-}}$	S_s	S_T
焙砂	0.34	0.20	0.54	0.32	0.18	0.50
锅炉尘	1.62	0.34	1.96	0.89	0.46	1.35
漩涡尘	3.59	0.41	4.00	1.66	0.91	2.57
电收尘	12.23	0.22	12.45	5.79	2.62	8.40
混合产物	1.02	0.22	1.24	0.88	0.69	1.57
锌浸出率/%	94.3			93.8		

表 2-4　日处理 400 t 精矿的鲁奇型与道尔型炉比较

项目	鲁奇型炉	道尔型炉
入炉精矿中水质量分数/%	8	25
干烟气产出量/($m^3 \cdot h^{-1}$)	34000	34000
干烟气中 SO_2 体积分数/%	10.5	10.5
通过沸腾层冷却管排热/($kJ \cdot h^{-1}$)	1.25×10^6	—
锅炉产出蒸气总回收热/($kJ \cdot h^{-1}$)	47.7×10^6	35.2×10^6

续表2-4

项目	鲁奇型炉	道尔型炉
蒸气产量(以鲁奇型为 100 计)/t	100	73.7
603 K 下进收尘器的干烟气热焓/($kJ \cdot h^{-1}$)	670	1060
经气体冷却器收集的水/($g \cdot m^{-3}$)	12.5	133.5

沸腾焙烧炉的结构包括：内衬耐火材料的炉身，装有风帽的空气分布板，下部的钢壳送风斗，上部的炉顶和炉气出口，以及侧边的加料装置和焙砂溢流排料口。

沸腾炉最重要的部分为炉底空气分布板及风帽，它必须满足以下要求：

(1)必须使空气经过炉底的整个截面并被均匀地送入沸腾层；

(2)不应使炉内焙烧矿漏入炉底的送风斗中；

(3)炉底应能够耐热，不至于在高温下发生变形或损坏。

空气能否均匀地送入沸腾层。主要取决于风帽的排列及风帽本身的结构。对于圆形炉来说，采用同心圆的排列；对于长方形炉，则采用棋盘排列，如图 2-21 所示。

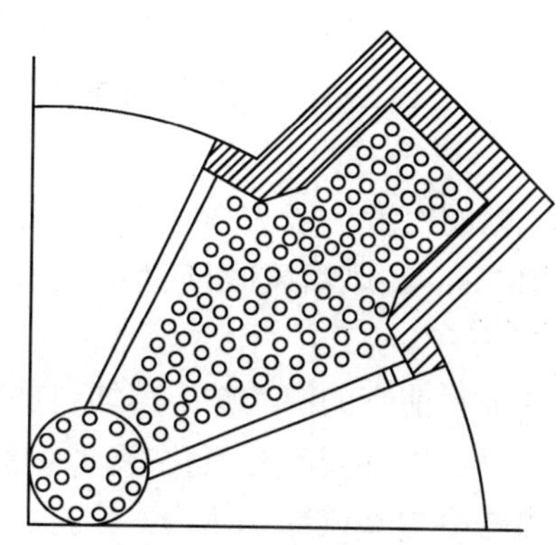

图 2-21　炉底风帽分布

风帽形状一般有菌形、锥形、伞形和直通形(如图 2-22~图 2-25 所示)。伞形风帽因制造简单，使用寿命长，风眼不易堵塞，顶盖较厚不易烧穿，停炉后扎通风眼较易，因而使用比较广泛。近年来国内新建的大型鲁奇型炉多采用直通形风帽。

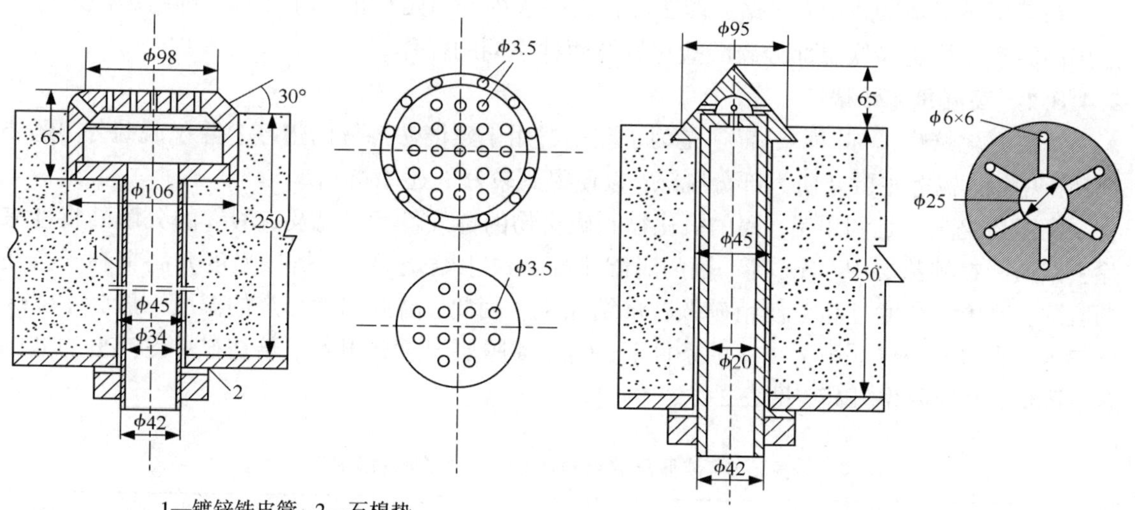

1—镀锌铁皮管；2—石棉垫。

图 2-22　菌形风帽(单位：mm)

图 2-23　锥形风帽(单位：mm)

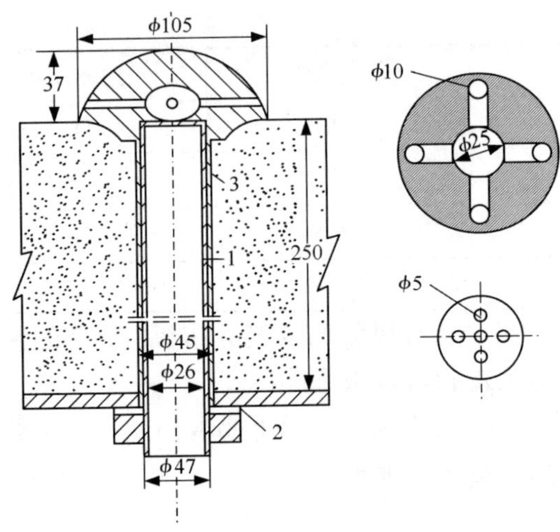

1—镀锌铁皮管；2—石棉垫；3—阻力板。

图 2-24　伞形风帽（单位：mm）

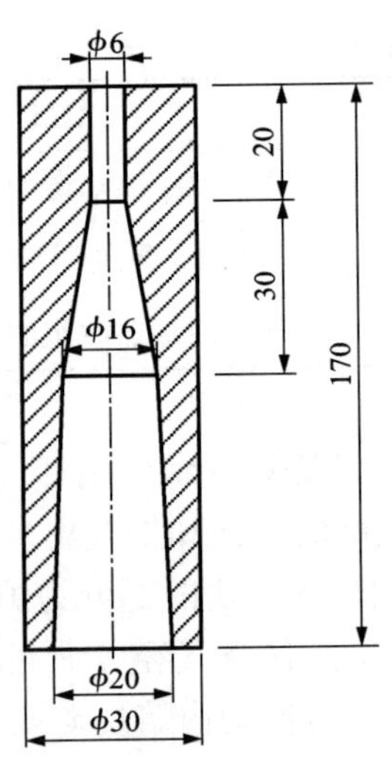

图 2-25　直通形风帽（单位：mm）

风帽的密度一般为 35～70 个/m^2，鲁奇型炉风帽的密度大于 90 个/m^2，风帽中心距为 100～180 mm。风帽风眼断面积之和一般为炉底面积的 1%左右，孔眼喷出的风速以 10～12 m/s 为宜。

有加料前室的沸腾炉，其加料前室与炉体的送风是分开的。

沸腾层周围安装有汽化冷却水套。沸腾炉排矿口的斜度应大于 45°，以便溢出焙砂顺利流入沸腾冷却器或冲矿槽内。

2.4.3　沸腾焙烧的技术经济指标

在锌精矿焙烧实践中，根据蒸馏法炼锌或湿法炼锌对焙砂的要求不同，沸腾焙烧可分别采用高温氧化焙烧和低温部分硫酸盐化焙烧两种不同的操作。

2.4.3.1　高温氧化焙烧

高温氧化焙烧又称“死焙烧”，是为了获得适用于蒸馏法炼锌的焙砂。除了脱硫外，还要把精矿中铅、镉等主要杂质大部分脱除，以便得到较好的还原指标。

高温焙烧主要是利用铅、镉的氧化物和硫化物的挥发性大，以及硫酸锌的分解的特性来除去杂质。在沸腾层中，硫、铅、镉的脱除主要取决于焙烧温度，焙烧温度升高有利于杂质的脱除，但焙烧温度过高会使精矿颗粒烧结成块。因此，高温沸腾焙烧的温度一般为 1343～1373 K。在过剩空气系数为 1.2 的条件下，随着沸腾层温度的升高，焙烧矿中 S、Pb、Cd 的含量降低，其脱除率升高，见表 2-5。

表 2-5　沸腾层温度对硫、铅、镉脱除的影响

沸腾层温度/K	1223	1273	1323	1343	1373	1423
焙烧矿中铅质量分数/%	0.85	0.71	0.61	0.47	0.36	0.16
焙烧矿中镉质量分数/%	0.25	0.22	0.08	0.04	0.02	0.006

续表2-5

沸腾层温度/K	1223	1273	1323	1343	1373	1423
焙烧矿中硫质量分数/%	1.5	1.3	0.95	0.45	0.21	0.16
脱铅率/%	15	29	39	55	75	90
脱镉率/%	11.0	22.0	71.4	85.7	92.7	97.8
脱硫率/%	92.0	92.7	93.2	93.5	96.3	96.4

在焙烧温度一定的条件下，过剩空气量对铅、镉的脱除有影响，对脱铅影响更为显著，但对硫的脱除影响不大。在焙烧温度 1363 K 的条件下，过剩空气系数对 Pb、Cd、S 脱除的影响见表 2-6。

表 2-6　沸腾焙烧时过剩空气量对铅、镉、硫脱除的影响(1363 K)

过剩空气系数	1.02	1.06	1.09	1.14	1.20
焙烧矿中铅质量分数/%	0.052	0.077	0.12	0.22	0.42
焙烧矿中镉质量分数/%	0.0065	0.0071	0.0089	0.012	0.026
焙烧矿中硫质量分数/%	0.72	0.32	0.22	0.24	0.30
脱铅率/%	94.8	92.3	88	78	58
脱镉率/%	98.5	98.2	97.9	97.0	93.5
脱硫率/%	94.6	95.9	96	≥96	≥96

综上所述，为得到较高的焙烧矿质量，应该保持较高的温度及较小的过剩空气量。但焙烧温度不应超过精矿在沸腾层内烧结的温度，也不能采取接近烧结的温度进行焙烧；过剩空气不能过少，使焙砂和烟尘含硫量升高。我国某厂所用精矿烧结的温度为 1453~1473 K，采用沸腾焙烧的温度为 1343~1373 K，过剩空气系数为 1.08~1.2。

由于沸腾层内激烈且传热良好、温度均匀，故沸腾层内各部位的焙砂质量和粒度分布是相似和均匀的。由表 2-7 可见，靠加料前室出口部位的矿含硫较高，脱铅效果好。沸腾层内各部位焙砂质量相似，说明层内化学反应是极其迅速的。

表 2-7　沸腾层内各部位焙砂的化学分析与筛分析

取样部位	化学分析的成分(质量分数)/%				筛分析通过网目(累积百分数)/%							
	Zn	S	Pb	Cd	20	40	60	80	100	120	140	160
前室出口	62.39	1.4	0.063	微量	97.1	92.8	79.7	59.7	21.2	14.0	3.2	1.2
炉中心	63.32	0.22	0.073	微量	98.6	95.3	84.1	62.6	21.9	14.0	3.9	1.5
炉左侧	63.30	0.17	0.19	微量	98.7	94.7	84.2	62.3	23.4	15.7	3.4	1.2
炉右侧	62.62	0.2	0.071	微量	97.8	93.0	81.6	61.9	24.5	16.9	4.4	1.7
溢流口	62.82	0.24	0.071	微量	98.5	95.0	83.4	64.1	22.1	17.0	5.2	2.3

由于高温焙烧下焙砂的颗粒发生烧结变粗，高温氧化焙烧的烟尘率较低温焙烧低，一般为10%~30%。表2-8为不同焙烧温度条件下烟尘率的变化。

在一定温度下与一定的过剩空气量的条件下，增大沸腾层的直线速度可增大生产能力，但烟尘率也会相应增大，见表2-9。可见，过高提高生产能力必然会产生较大的烟尘率，给返回处理带来很多麻烦，使生产能力受到一定限制。

表2-8　不同焙烧温度条件下烟尘率的变化

沸腾层温度/K	1203	1323	1373
烟尘率/%	34.8	22.8	12.6
沸腾层直线速度/($m \cdot s^{-1}$)	0.372	0.402	0.455

表2-9　直线速度对烟尘率的影响(沸腾层温度1363 K)

沸腾层直线速度/($m \cdot s^{-1}$)	0.45	0.55	0.59	0.62
处理能力/[$t \cdot (m^2 \cdot d)^{-1}$]	4.5	5.7	6.2	6.5
烟尘率/%	12.7	16	19	21

烟尘率的大小还与精矿的粒度有关。精矿粒度越细，则相应的烟尘率就越大。高温氧化焙烧所得烟尘的主要成分列于表2-10。电收尘烟尘含铅、镉很高，可作为提镉的原料。

表2-10　烟尘中主要化学成分(焙烧温度为1363 K，过剩空气系数1.1)

烟尘来源	化学成分(质量分数)/%			
	Zn	Pb	S	Cd
冷却器烟尘	45~50	1.2~1.8	5~6	0.5~0.7
旋风烟尘	43~49	1.8~2.5	5.5~6.5	0.8~1.2
电收尘烟尘	38~45	9.5~12	10~13	4.5~7

高温沸腾焙烧产物的化学成分和粒度分析分别见表2-11和表2-12。

表2-11　高温沸腾焙烧产物化学成分(质量分数)/%

产物	Zn	Pb	S	Cd
溢流焙砂	59.08	0.61	0.72	0.08
烟尘(漩涡尘+冷却器尘)	48.76	2.96	5.05	1.14
电收尘器烟尘	32.05	19.77	9.35	6.76

表 2-12　高温沸腾焙烧各物料的粒度筛分分析

物料名称	通过网目(累积百分数)/%												
	4	6	10	20	40	60	80	100	120	140	160	200	270
硫化锌精矿	100	99.2	96	92.5	88.3	81.8	76.3	60.5	56.3	47.0	41.0	—	—
溢流焙砂	—	—	—	98.5	93.0	82.4	61.2	21.6	13.2	4.8	2.1	—	—
炉气冷却器烟尘	—	—	—	—	—	—	—	—	99.5	95.5	77.1	17.6	10.4
旋风收尘器烟尘	—	—	—	—	—	—	—	—	—	97.0	83.3	39.3	21.3

2.4.3.2　低温部分硫酸盐化焙烧

低温部分硫酸盐化焙烧是为了得到适合湿法炼锌浸出用的焙砂，要求在焙烧矿中留有少量以硫酸盐形态存在的可溶性硫(2%~4% $S_{SO_4^{2-}}$)；同时还应避免与减少铁酸锌和硅酸盐的形成，并除去一部分砷和锑。

低温部分硫酸盐化焙烧的脱硫效率主要取决于温度。为得到含有少量可溶性硫的焙砂，沸腾层温度一般采用 1123~1193 K，过剩空气系数一般为 1.2~1.3。温度对硫酸盐化焙烧的焙烧矿质量的影响见表 2-13。可见，低温焙烧对于保存一部分硫酸盐形态的硫是有利的，但焙烧矿中以硫化物形态存在的硫(用 S_S%表示，又称不溶硫)的含量也会增加。

表 2-13　焙烧温度对部分硫酸化焙烧的焙烧矿质量的影响

沸腾层温度/K	1103	1143	1173	1223	1273
过剩空气系数	1.18	1.176	1.18	1.17	1.17
全 Zn 质量分数/%	55.14	53.0	56.7	53.6	54.5
可溶 Zn 质量分数/%	49.65	49.3	53.2	50.4	51.3
可溶锌率/%	90.2	93.0	93.8	94.0	94.0
$S_{全}$/%	3.11	2.19	1.74	1.46	1.30
$S_{SO_4^{2-}}$/%	1.66	1.35	1.21	1.06	0.94
S_S/%	1.45	0.74	0.53	0.40	0.36

低温部分硫酸盐化焙烧时，精矿中的砷、锑硫化物迅速氧化形成 As_2O_5 与 Sb_2O_5，且很难挥发除去，使砷、锑的脱除不理想。低温沸腾焙烧的烟尘率较高(40%~50%)，其中炉气冷却器尘占 38%，漩涡收尘占 54%，电收尘占 8%。烟尘率与精矿粒度和直线速度有关。

低温硫酸盐化焙烧所得产物的化学分析与筛分分析结果分别见表 2-14 和表 2-15。由表可见，除溢流焙砂外，产出的烟尘也可供浸出使用。焙尘较细，单独浸出会造成浸出过程的困难，特别是电收尘的烟尘。因此要求将烟尘与焙砂按一定比例混合后进行浸出。

国内外炼锌厂锌精矿沸腾焙烧的主要技术经济指标分别见表 2-16 及表 2-17。

表 2-14　低温硫酸化焙烧产物的化学分析(质量分数)　　单位:%

物料名称	Zn	可溶Zn	可溶Zn率	$S_{全}$	$S_{SO_4^{2-}}$	Pb	Cd	Fe	SiO_2	可溶SiO_2	可溶SiO_2率	As
溢流焙砂	54.05	50.5	93.5	1.71	0.98	0.97	0.23	8.51	5.59	3.96	69.6	0.028
炉气冷却器烟尘	55.14	51.4	93.4	4.06	3.41	0.55	0.19	7.82	2.92	1.25	42.7	0.025
旋风烟尘	55.06	51.74	94.0	4.56	3.88	0.58	0.22	7.64	2.53	1.10	42.5	0.03
电收尘烟尘	53.35	50.1	93.9	7.14	6.64	1.23	0.35	6.74	2.10	0.75	35.0	0.10

表 2-15　低温硫酸化焙烧产物的筛分分析

物料名称	通过网目(累积百分数)/%											
	6	10	20	40	60	80	100	120	140	160	200	270
溢流焙砂	98.80	99.30	97.85	96.10	94.0	88.6	69.3	62.0	41.5	27.8	—	—
炉气冷却器烟尘	—	—	—	—	—	—	—	—	99.2	98.0	97.2	83.4
旋风烟尘	—	—	—	—	—	—	—	—	—	99.5	99.0	90.2
电收尘烟尘	—	—	—	—	—	—	—	—	—	—	—	99.4

表 2-16　国内锌冶炼厂沸腾炉焙烧炉的主要技术经济指标

技术经济指标	厂 1	厂 2	厂 3	厂 4	厂 5	厂 6
炉型	圆、扩大	圆、扩大	圆、扩大	圆、扩大	圆、扩大	圆、扩大
沸腾床面积/m^2	75	109	109	119	152	152
沸腾炉外直径/m	10.85	—	12.8	13.4	14.9	—
沸腾炉空间直径/m	9.3	11.9	11.8	12.3	13.9	13.9
反应空间高度/m	9.5	17.3	16.35	16.5	18.5	23.49
风帽数量/个	7500	10882	10882	12270	15200	15043
鼓风量/[$m^3 \cdot (h \cdot m^2)^{-1}$]	500	505~523	530~550	515	460~513	460~525
过剩空气系数	1.25	1.2~1.3	1.2	1.15~1.25	1.15~1.25	1.9
床层鼓风压力/kPa	15	14~18	16.7~17.3	14~16	14~18	16~22
沸腾层高度/m	1.1	1.05	1	1	1	1
沸腾层温度/K	1150	1133~1143	1173~1213	1173~1193	1193~1223	1153~1193
炉顶温度/K	1120	1173~1273	1213	1203~1243	1213~1273	1173~1273
烟气出口温度/K	1120	1223~1303	—	1123~1173	1223	1173~1273
反应空间气流速度/($m \cdot s^{-1}$)	—	0.57	0.56	0.4~0.6	0.40~0.55	0.65
溢流焙砂产率/%	60	55~60	50	55~60	50	50

续表2-16

技术经济指标	厂 1	厂 2	厂 3	厂 4	厂 5	厂 6
烟尘产率/%	40	40~45	50	40~45	50	50
烟尘中 S_S/%	0.5	1.0~1.3	0.8	0.51	0.6	0.6
烟尘中 $S_{SO_4^{2-}}$/%	3.0	3~5	2.0	2.77	3.2	2.14
焙砂中 S_S/%	0.1	0.7~0.9	0.3	0.31	0.27	0.3
焙砂中 $S_{SO_4^{2-}}$/%	2.0	2.3~3.4	1.4~1.5	1.17	0.95	1.1
单位床层处理精矿量/[$t\cdot(m^2\cdot d)^{-1}$]	6.0	6.4~7.0	6.7~6.8	6.0~6.8	6.5~8.0	6.52
脱硫率/%	96.0	96.8	92~93	94.0	94.5	90
烟气中 SO_2 体积分数/%	8.0	9~11	6.0~9.0	9.0~10.5	9.0~10.5	9.91

表 2-17　国外鲁奇型沸腾炉尺寸及工厂生产数据

项目		苏格特厂	神冈厂	科科拉厂	里斯顿厂
沸腾床面积/m^2		32	48	72	123
沸腾炉直径/m		6.3	7.84	9.6	12.55
上部扩大直径/m		9.5	11.84	12.8	16.05
反应空间高度/m		12.5	14.4	17	—
鼓风机	风量/($m^3\cdot min^{-1}$)	—	670①	—	13302②
	风压/Pa	—	24500	—	—
	功率/kW	—	580	—	850
风箱风压/Pa		—	19000	—	—
沸腾层温度/K		1203~1243	1293	1223~1273	1193±20
炉顶温度/K		1223	1203	1173~1373	—
余热锅炉	温度/K(进→出)	—	1173→688	1273→623	1193→593
	压力降/Pa	—	150	—	—
	传热面积/m^2	—	877	—	—
	产出蒸气/($t\cdot h^{-1}$)	8.981	12	—	40
	蒸气压力/MPa	379	275	590	—
精矿处理量/($t\cdot d^{-1}$)		218	330	500	800
单位面积生产率/[$t\cdot(m^2\cdot d)^{-1}$]		6.81	8.3	6.95	6.5
烟气中 SO_2 体积分数/%		7.5~8	10	10	10~11

①实际鼓风量 = 163 m^3 空气+280 m^3 贫 SO_2(1.5%)铅烧结烟气；

②为实际鼓风量。

国内某企业采用2台152 m^2 沸腾炉代替之前的109 m^2 沸腾炉，床能力为6.8/[$t·(m^2·d)^{-1}$]，日处理锌精矿1060 t，所产焙烧矿即可满足年产30万t电锌的生产需要。

2.4.4 硫化锌精矿沸腾焙烧的热平衡与余热利用

硫化锌精矿含硫30%(质量分数)左右，锌精矿焙烧的主要放热反应为：

$$2ZnS + 3O_2 \xlongequal{} 2ZnO + 2SO_2 \qquad \Delta H = -464\ kJ/mol \tag{2-44}$$

焙烧过程的放热反应其实是黄铁矿的氧化。焙烧1 kg硫化锌精矿可放出4200~4800 kJ的热能，焙烧1 kg硫铁矿可放热6700~7100 kJ。放出的热量除了维持高温焙烧进行外，还有大量的剩余热量可以用来生产高压蒸气；除了供生产用外，还可以用来发电。

锌精矿沸腾焙烧热平衡计算见表2-18，株洲冶炼厂42 m^2 沸腾焙烧炉的热平衡测试结果见表2-19，日本秋田湿法炼锌厂锌精矿沸腾焙烧炉的热平衡如图2-26所示。

表2-18　锌精矿沸腾焙烧热平衡(以100 kg精矿计)

热收入			热支出		
项目	kJ	%	项目	kJ	%
精矿带入热	1673	0.36	烟气带走热	252285	54.64
放热反应产生热	453804	98.28	烟尘带走热	33971	7.36
空气带入热	4796	1.04	焙砂带走热	33082	7.17
水分带入热	1449	0.32	水分蒸发热	49940	10.82
共计	461722	100.00	高价硫化物离解	3769	0.82
			碳酸盐分解	3891	0.84
			炉体散热	23170	5.00
			剩余热	61614	13.35
			共计	461722	100.00

表2-19　株洲冶炼厂42 m^2 沸腾焙烧炉的热平衡(测定周期为6 h)

热收入				热支出			
序号	项目	GJ/h	%	序号	项目	GJ/h	%
1	精矿化学反应热(其他项目忽略)	67.524	100.00	1	精矿水分汽化潜热	2.692	3.99
				2	焙砂带走热	3.753	5.56
				3	汽化冷却尘带走热	1.250	1.85
				4	出汽化冷却器烟尘带走热	1.576	2.33
				5	烟气带走热	20.928	30.88
				6	排污水带走热	0.063	0.09
				7	蒸气带走热	24.729	36.62

续表2-19

热收入				热支出			
1	精矿化学反应热（其他项目忽略）	67.524	100.00	8	汽化冷地器砂封及过道冷却水带走热	2.454	3.63
				9	炉体表面散热	1.910	2.83
				10	汽化冷却器及过道表面散热	2.073	3.07
				11	误差及其他	0.096	0.15
合计		67.524	100.00	合计		67.524	91.00

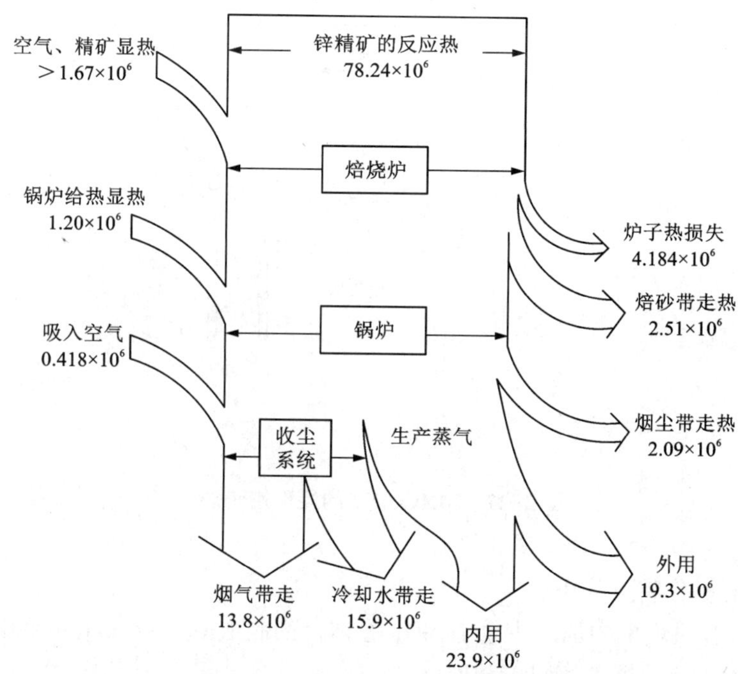

图 2-26　日本秋田湿法炼锌厂锌精矿沸腾焙烧炉的热平衡(单位：kJ/h)

从热平衡表可以看出，锌精矿本身具有大量热能。假如维持一定温度进行焙烧，不降低炉子的生产率，炉子的热收入将超过支出约 30%。因此应采取措施排除这部分热量，使炉内温度不超过正常操作温度。

排除沸腾层余热的方法有直接喷水入炉、在沸腾层的炉墙处安装汽化冷却水套和向沸腾层内插入强制循环水管三种。第三种方式较优越，其传热系数为 920~1088 kJ/(m^2·h·K)，甚至可以达到 1046~1380 kJ/(m^2·h·K)，比冷却水套的传热系数大一倍左右。为了提高热能的利用率，沸腾层的冷却水套和循环水管都与余热锅炉连接生产蒸气。

由表 2-18 可见，烟气带走的热约占锌精矿焙烧放出热量的 50%，利用余热锅炉回收烟气余热可生产高压蒸气。焙烧 1 t 硫化锌精矿一般可产生(3.03~6.06)×10^3 kPa 的蒸气 1 t 左右，即生产 1 t 锌约可产生 2 t 蒸气。湿法炼锌厂生产 1 t 锌约消耗 1 t 蒸气，多余的 1 t 蒸气可用于发电，火法炼锌厂则可完全用于发电。

2.4.5 沸腾焙烧技术的发展方向

2.4.5.1 高温沸腾焙烧

锌精矿沸腾焙烧的温度，已从 1123 K 提高到 1273 K 左右。温度提高后，可提高沸腾炉的生产率与脱硫程度。

我国火法炼锌厂采用的沸腾焙烧制度是高温(1373 K)和低过剩空气系数(0.9~1.1)，以获得更高的脱硫率、脱铅率和脱镉率。比利时 MHO 公司采用了一种新型结构的沸腾炉，可以在高温下焙烧易熔的制粒精矿，其炉型结构如图 2-27 所示。

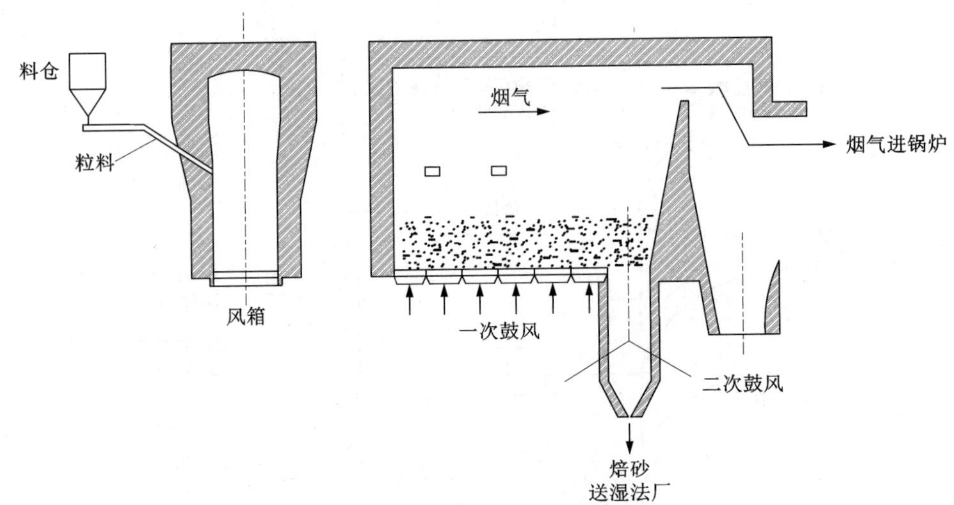

图 2-27 MHO 公司的矩形沸腾炉

这种焙烧炉的操作特点如下：

(1)在精矿与返回烟尘中加入少量 H_2SO_4 等黏合剂制成 0.5~4 mm 的粒料，经干燥后直接从炉子前端侧面加入，烟尘率只占 20%。

(2)在炉子前端鼓入 85%所需的一次空气，风压为 11 kPa；余下的 15%从焙砂下料处鼓入二次空气，风压为 25 kPa。两种鼓风压差可维持炉内稳定的沸腾层高度为 1 m、炉温 1273 K。

(3)为保持粒料的正常沸腾状态，在炉子空间需要维持大于 2.5 m/s 的气流速度，可获得较高的炉子生产率[$>1\ t\cdot(m^2\cdot d)^{-1}$]，还可以处理含铅与含铜高的易熔精矿。该炉曾处理含铜 6%、含铅 10%及含铜为 3.5%的两种精矿，长时间运转后，炉墙上未产生炉结。

(4)由于高温(1273 K)及成品下料仓鼓入的二次风，焙砂含 $S_{总}$ 只有 0.5%左右，S_S 可降到 0.1%以下，并有效脱除了 F、Cl、Hg 和 Se。

秘鲁一工厂采用如图 2-28 所示的另一种矩形高温沸腾炉，可将精矿与旋风烟尘制成 5~11.5 mm 的小粒并送入 3 台 15.5 m^2 的沸腾炉中焙烧。采用过剩空气系数 1.2，温度维持 1423 K，生产率达到 17.3~19.2 t/($m^2\cdot d$)。焙砂中铁酸锌量减少了 14%，S_S 也有所降低，锌的浸出率提高了 2%~3%。

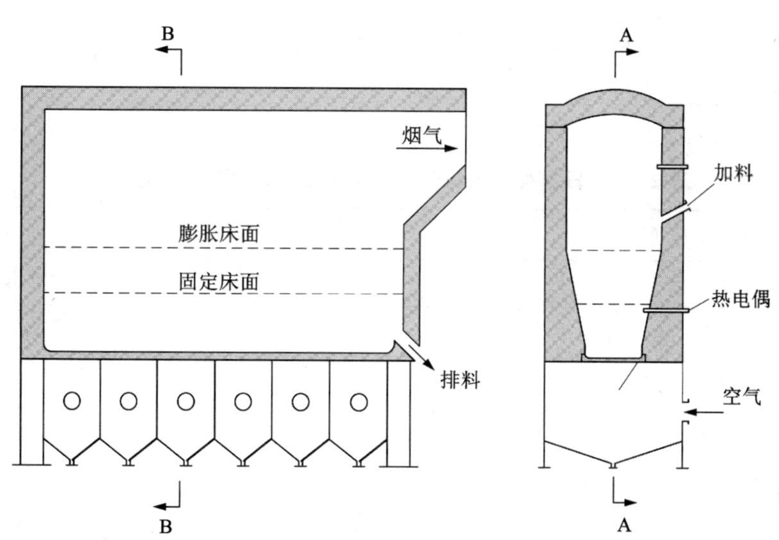

图 2-28　矩形高温沸腾焙烧炉

2.4.5.2　富氧空气沸腾焙烧

富氧鼓风沸腾焙烧是强化锌精矿焙烧的措施之一。苏联一工厂首先在沸腾炉内采用含氧 27%~29%(体积分数)的富氧鼓风，使单位生产率提高 60%~70%，达到 8.4~8.8 t/(m^2 · d)；烟气量减少，SO_2 体积分数提高 13%~15%，降低了烟尘率，提高了产品质量。两种焙烧制度的主要指标对比见表 2-20。澳大利亚相关研究者也进行了富氧空气沸腾焙烧试验，认为鼓入含氧 23.9%的富氧空气进行沸腾焙烧是最合适的。国内某锌冶炼厂采用含氧 22.5%(体积分数)的富氧鼓风，床能力达到 7.8~8.0 t · $(m^2 \cdot d)^{-1}$。

表 2-20　锌精矿沸腾焙烧指标比较

指标	空气沸腾焙烧	富氧空气沸腾焙烧
空气消耗/[$m^3 \cdot (m^2 \cdot min)^{-1}$]	300~400	300~400
吨精矿空气消耗/m^3	1000~1200	1450~1500
富氧程度(氧的体积分数)/%	—	25~31
沸腾层温度/K	1203~1243	1233~1263
炉顶温度/K	1153~1193	1183~1213
炉子出口烟气中 SO_2 的体积分数/%	9~10	13.5~15
漩涡收尘后烟气中 SO_2 的体积分数/%	8~9	10~11
硫入气相回收率/%	94~95	94.5~95.3
单位生产率/[$t \cdot (m^2 \cdot d)^{-1}$]	4.5~5.5	8.7~9.9

2.4.5.3 贫 SO_2 烧结烟气用于沸腾焙烧

日本神冈冶炼厂将铅烧结的贫 SO_2($\varphi_{SO_2}=1.5\%$)烟气鼓入焙烧锌精矿的鲁奇型沸腾炉，其生产数据见表 2-21。

表 2-21 日本神冈冶炼厂贫 SO_2 烧结烟气用于沸腾焙烧

项目		数值
鲁奇炉的炉床面积/m^2		54
日处理精矿量/t		360(440)
鼓入新空气/($m^3\cdot min^{-1}$)		240
鼓入贫烟气(1.5% SO_2)/($m^3\cdot min^{-1}$)		280
空气过剩系数		1.17
风箱压力/kPa		18.6
沸腾层温度/K		1292
焙砂残硫	S_S/%	0.2
	$S_{SO_4^{2-}}$/%	1

2.4.5.4 精矿制粒焙烧

精矿制粒沸腾焙烧是强化锌精矿沸腾焙烧的措施之一，可以提高生产率与减少烟尘率。产出的焙砂粒子适用于电炉炼锌，对大型湿法炼锌厂的优点则不明显。因此，制粒流态化焙烧是与电炉炼锌配合使用。

制粒沸腾焙烧炉与常规粉矿沸腾焙烧炉相比(表 2-22)，具有以下优点：

(1) 沸腾炉生产能力强，单位面积床能力由 6.8 t/($m^2\cdot d$)增大到 20~30 t/($m^2\cdot d$)。

(2)烟尘率低，烟尘率降到 10%~15%，其中约 5%进入电收尘并富集了铅、镉等有价金属，有利于综合回收利用，其余粗烟尘全部返回配料制粒。

(3)锌精矿通过制粒后可提高其熔点，焙烧温度相比粉矿可提高 40~50 K，可在一定程度上避免精矿颗粒的烧结。

(4)入炉粒矿的水分小于 1%，减轻了烟气对后续设备的腐蚀。

表 2-22 制粒沸腾焙烧炉与常规粉矿沸腾焙烧炉的比较

项目	粒度小于 0.074 mm 的物料比例	焙烧温度/K	床能力 /[$t\cdot(m^2\cdot d)^{-1}$]	烟尘率/%	焙砂 $S_{总}$/%	焙砂 $S_{不}$/%
常规沸腾焙烧	80%	1123~1223	5~8	30~60	2~4	0.5~1.5
制粒沸腾焙烧	0.5~7.0	1323~1473	20~30	10~15	0.5~1.1	0.02~0.35

制粒沸腾焙烧也存在如下缺点：

(1)生产工序比较复杂，制粒流程长，生产成本高。

(2)对原料水分的要求严格，湿粒矿需要进行干燥，能耗较高。

(3)对制粒矿的粒度要求严格，同时要求粒矿具有一定的强度。

(4)焙砂残硫波动较大，影响焙砂质量。

2.5　硫化锌精矿的烧结焙烧

2.5.1　烧结焙烧的目的

由于密闭鼓风炉炼铅锌等火法炼锌不能直接使用硫化锌精矿，也不能处理经硫化锌精矿沸腾焙烧产出的细颗粒粉料，因此需要进行烧结焙烧。烧结焙烧的目的是使 PbS 和 ZnS 转变为 PbO 与 ZnO，最大限度地脱除硫。同时除去对还原蒸馏过程有害的杂质砷、铅、镉，并获得具有一定强度和粒度的块状烧结块。

2.5.2　烧结焙烧工艺和设备

因鼓风炉炼锌炉料中常含有较多的铅，因此锌精矿的焙烧采取鼓风烧结。烧结焙烧时炉料中要加入熔剂，使烧结矿烧结成较大的块料，并具有较高的强度。使用时，须将烧结块破碎至 10~15 cm 以适应鼓风炉炼锌需要。图 2-29 为鼓风烧结机的构造示意图。

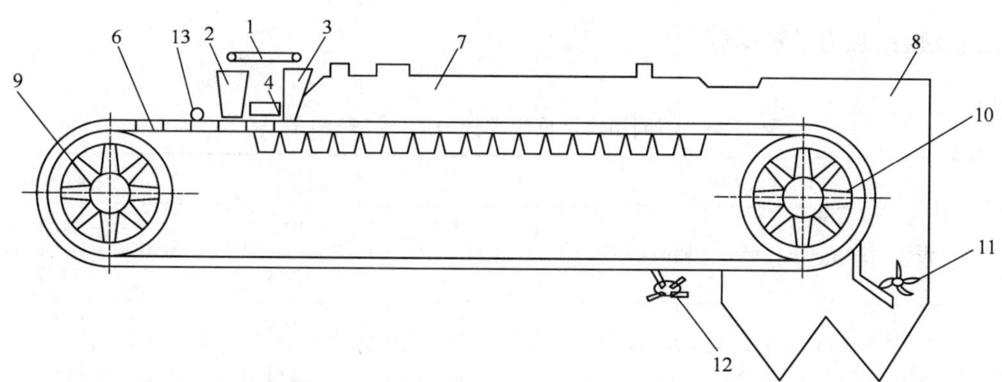

1—梭式布料机；2—点火层加料斗；3—主料层加料斗；4—点火炉；5—风箱；6—烧结台车；7—烟罩；8—尾部烟罩；9—头部星轮；10—尾部星轮；11—单车破碎机；12—炉篦振打器；13—篦条压辊。

图 2-29　鼓风炉烧结机构造示意图

鼓风烧结时，锌精矿需要与破碎后的烧结返粉混合，以降低混合物料中可燃物质硫的含量。一般混合料硫质量分数为 5.5%~6.5%。

密闭鼓风炉炼锌要求烧结块中铅质量分数一般不大于 20%，否则会造成锌鼓风炉炉结，影响烧结炉料的脱硫率。若原料中铜含量较高，则应在烧结块中残留部分硫，使铜以 Cu_2S 的形态进入铅冰铜，减轻产出高铜粗铅的熔炼难度和降低铜随渣的损失。

在锌精矿烧结焙烧时，为提高炉料的透气性，可采取下列办法：

(1)用预先焙烧的方法加大精矿的粒度；

(2)在圆筒内混合加湿料，加大精矿的粒度，水分蒸发后还可留下孔隙，增大透气性；

(3)加入返粉；

(4)在小车底上铺一薄层较大粒的烧结矿。

2.5.3 烧结焙烧过程的理论基础

铅锌硫化精矿中主要金属硫化物是方铅矿 PbS、闪锌矿 ZnS 和黄铁矿 FeS_2，其他金属硫化物有 ZnS · FeS、Sb_2S_3、Bi_2S_3、CdS、$CuFeS_2$、Hg_2S、FeAsS 等。为实现氧化焙烧脱硫和烧结成块这两个目的，需要掌握 PbS 和 ZnS 等组分在烧结焙烧条件下的氧化规律及化学反应。

1. PbS 的氧化

在高温氧化条件下，当达到铅锌硫化精矿的着火温度后，PbS 将会发生氧化反应。

$$2PbS + 3O_2 = 2PbO + 2SO_2 \tag{2-45}$$

$$PbS + 2O_2 = PbSO_4 \tag{2-46}$$

$$PbS + O_2 = Pb + SO_2 \tag{2-47}$$

在不同温度下，生成的 PbO 和 $PbSO_4$ 能够与未氧化的 PbS 发生反应，同时还会生成碱式硫酸铅 xPbO · yPbSO$_4$。碱式硫酸铅能够与 PbS 发生一系列反应。

$$PbS + PbSO_4 = 2Pb + 2SO_2 \tag{2-48}$$

$$PbS + 2PbO = 3Pb + SO_2 \tag{2-49}$$

$$xPbO + yPbSO_4 = xPbO \cdot yPbSO_4 \tag{2-50}$$

上述反应的热力学数据列于表 2-23。

表 2-23 不同温度下反应式(9-1)~式(9-6)的 $\Delta G^\ominus$

反应	温度/K	$\Delta G^\ominus$/(kJ · mol^{-1})
$2PbS+3O_2 = 2PbO+2SO_2$	298	−94.1
	1273	−74.7
$PbS+2O_2 = PbSO_4$	298	−177.6
	1273	−118.7
$PbS+O_2 = Pb+SO_2$	298	−48.4
	1273	−52.2
$PbS+PbSO_4 = 2Pb+2SO_2$	298	+70.0
	1273	−104.7
$PbS+2PbO = 3Pb+SO_2$	298	+42.8
	1273	−4.4
$PbSO_4+PbO = PbSO_4 \cdot PbO$(<973 K)	298	−27.0
$PbSO_4+2PbO = PbSO_4 \cdot 2PbO$(<973 K)	298	−32.8
$PbSO_4+3PbO = PbSO_4 \cdot 3PbO$(<973 K)	298	+38.3
$7PbSO_4+PbS = 4(PbSO_4 \cdot PbO)+4SO_2$(<973 K)	298	+46.0
	973	+88.0

续表2-23

反应	温度/K	$\Delta G^{\ominus}/(kJ \cdot mol^{-1})$
$2(PbSO_4 \cdot PbO)+3PbS = 7Pb_{(l)}+5SO_2$ (1113~1393 K)	298	+8.25
	1073	-8.05
	1273	-15.9
$10(PbSO_4 \cdot PbO)+PbS = 7(PbSO_4 \cdot 2PbO)+4SO_2$ (1183~1393 K)	298	+608.0
	1073	+39.0
	1273	-97.5
$13(PbSO_4 \cdot 2PbO)+PbS = 10(PbSO_4 \cdot 3PbO)+4SO_2$ (1313~1393 K)	298	+615.0
	1073	+23.7
	1273	-66.5
$2(PbSO_4 \cdot 3PbO)+5PbS = 13Pb_{(l)}+7SO_2$(<1393 K)	298	+685.0
	1073	+71.5
	1273	-76.5

由表 2-23 可知，碱式硫酸铅与 PbS 的反应需要在较高的温度下进行，生成不同种类的碱硫酸铅中间产物，直至最后生成金属铅。故此，PbS 在烧结焙烧后可能生成 PbO、$PbSO_4$、Pb 和 $xPbO \cdot yPbSO_4$。这些产物在烧结块中的分配比例取决于一定温度下焙烧过程的气相组成(O_2 与 SO_2)，可采用 Pb-S-O 三元系等温平衡状态图(图 2-30)来研究 PbS 氧化焙烧行为。

根据图 2-30 可知，在一般焙烧条件下，氧压波动为 10^3~10^4 Pa。若焙烧体系中 O_2 分压 $p_{O_2}=10^2$ Pa，在 1100 K 下焙烧期望得到 PbO 时，则 SO_2 分压 $p_{SO_2}=32.6$ Pa。对铅锌硫化精矿的焙烧过程来说，如此低的 SO_2 分压在生产实践中是难以实现的。假如焙烧气氛中 p_{O_2} 在 10^3~10^4 Pa 时，体系中 SO_2 分压决定了焙烧产物成分；随着 SO_2 分压的提高，焙烧产物逐渐由 PbO 转变为 $xPbO \cdot yPbSO_4$，进而转变为 $PbSO_4$。

硫化铅精矿的氧化焙烧与其他硫化物的氧化焙烧不同。在低温氧化条件，PbS 的氧化产物按照 $PbS \rightarrow xPbO \cdot yPbSO_4 \rightarrow PbSO_4$ 的途径变化，这意味着焙烧氧化过程脱硫不彻底。只有在高温氧化条件下，才能获得 PbO。因为高温下，$PbSO_4$ 的稳定存在区域变小，会分解成 PbO(图 2-30)。随着温度升高，各物种的稳定区域向右上方移动。这有利于 Pb 和 PbO 的形成，而不利于 $PbSO_4$ 和 $xPbO \cdot yPbSO_4$ 的生成。

在高温下，碱式硫酸铅 $xPbO \cdot yPbSO_4$ 是不稳定的，且易与 PbS 发生反应。$xPbO \cdot yPbSO_4$ 化合物没有明确的稳定边界，可能有 PbO 和 $PbSO_4$ 共同存在区域。因此焙烧产物中通常残留有少部分硫而无法去除。

PbS 着火温度为 1023 K，当焙烧温度接近 973~1073 K 时，焙烧产物中除了有 $PbSO_4$ 之外，还有碱式硫酸铅存在，并可能出现 $PbS-PbO \cdot PbSO_4$(熔点为 1063 K)和 $PbS-2(PbO) \cdot PbSO_4$(熔点为 1113 K 左右)两种熔点较低的化合物。因此，在 1023~1123 K 下焙烧时，当产生一定量的 PbO 后，将出现液相。这对硫化铅精矿的烧结焙烧是有利的。

焙烧过程中除发生反应式(2-45)~式(2-50)外，还将发生如下反应：

$$PbS + 3PbSO_4 = 4PbO + 4SO_2 \tag{2-51}$$

$$PbS + 3Fe_2O_3 = PbO + 6FeO + SO_2 \tag{2-52}$$

$$2PbSO_4 + 2Fe_2O_3 = 2(PbO \cdot Fe_2O_3) + 2SO_2 + O_2 \tag{2-53}$$

$$PbSO_4 + CaO = PbO + CaSO_4 \tag{2-54}$$

$$2PbSO_4 + SiO_2 = 2(PbO) \cdot SiO_2 + 2SO_2 + O_2 \tag{2-55}$$

在高温下(1173~1273 K)进行烧结焙烧，上述反应是比较完全的，焙烧产物主要以 PbO 和 Pb 的形式存在。将熔炼所需的熔剂全部配入后进行烧结焙烧，所加入的熔剂不仅是烧结的黏结剂，而且在烧结时初步造渣，有利于后续鼓风炉熔炼。同时，铁矿石、石英砂等熔剂的加入有利于焙烧氧化脱硫。

焙烧生成的 $PbSO_4$ 比较难分解，这是烧结块中残硫较高的一个重要原因。研究发现，在 1273 K 以上时，$PbSO_4$ 的分解速率较快。故在烧结焙烧过程中，要想实现 $PbSO_4$ 完全分解，必须控制温度在 1273 K 以上。实践表明，当焙烧温度高于 1273 K 时，脱硫效果较好。

2. ZnS 的氧化

铅锌硫化精矿中 ZnS 的氧化焙烧过程主要取决于温度和炉气成分。控制这两个因素，就可以控制焙烧产物的组成，获得期望的焙烧产物。

温度和气相组成决定了反应式(2-3)进行的趋势，其理论开始反应温度为 753 K，在 873 K 时激烈进行。在烧结焙烧温度下(>1273 K)，该反应是一个向右进行的不可逆反应，反应放出大量热量。在焙烧开始时，进行反应式(2-4)和反应 $3ZnSO_4+ZnS = 4ZnO+4SO_2$。在有氧的情况下，反应产生的 SO_2 将被氧化，即反应式(2-5)。该反应是一个可逆反应。在低温(773 K)时，反应式(2-5)向右进行；在 873 K 以上，该反应由右向左进行。当焙烧体系中存在 SO_3 时，氧化锌可以转变为硫酸锌。因此，在烧结焙烧过程中，低温下焙烧产物主要以硫酸锌为主；高温下硫酸锌将会分解，焙烧产物主要是氧化锌。

以 $\lg p_{SO_2}$-$\lg p_{O_2}$ 表示的 1100 K 下的等温平衡状态图(图 2-1)表明，要想从 ZnS 直接获得金属锌是相当困难的，需要非常低的 p_{SO_2} 和 p_{O_2}，生产实践中难以控制如此低的氧势和硫势。要使 ZnS 完全转化为 ZnO，焙烧温度需要控制在 1273 K 以上。基于上述原因，火法炼锌厂氧化焙烧过程中的温度一般控制在 1343~1473 K。

3. 其他金属硫化物的氧化和脉石矿物的行为

铅锌精矿中脉石矿物主要为 SiO_2、CaO 和 MgO，SiO_2 主要以游离石英矿存在，CaO 和 MgO 大部分以方解石($CaCO_3$)和菱镁矿($MgCO_3$)的形式存在。

$$CaCO_3 = CaO + CO_2 \tag{2-56}$$

$$MgCO_3 = MgO + CO_2 \tag{2-57}$$

上述分解反应为吸热反应，可以消耗一定硫化物氧化放出的热量，起到热量调节的作用，防止过早烧结。分解产生的 CaO 具有固硫的作用，一方面，CaO 与铅锌等金属硫化物(PbS、ZnS)发生置换反应，即 CaO+ZnS(PbS) = CaS+ZnO(PbO)。该置换反应有利于将金属硫化物转化为金属氧化物，有利于后续金属的还原熔炼，但对于焙烧脱硫不利。另一方面，CaO 还能与 SO_3 反应生成 $CaSO_4$，而 $CaSO_4$ 分解所需温度较高，在氧化焙烧条件下很难分解。因此，烧结或烧结焙烧过程中加入较多的钙熔剂可能导致焙烧脱硫不完全。

铅锌精矿中游离的 SiO_2 易于与 MeO(PbO、ZnO、FeO、CaO 等)发生反应形成硅酸盐 $MeO \cdot SiO_2$；同时会形成多种易熔化合物，这些易熔化合物在冷却时成为炉料的黏结剂。如，SiO_2-PbO 系有许多低熔点的化合物与共晶熔体，其反应为：$xPbO+ySiO_2 = xPbO \cdot ySiO_2$。这些化合物的熔化温度通常在 1023 K 以下。正是由于这些熔化温度低、流动性好的硅酸铅化合物的形成，确保了烧结焙烧过程能获得优良的烧结块。在众多的易熔化合物中，起胶结作用的主要是硅酸铅和铁酸铅。

由于烧结焙烧的温度高，铅约脱除 75%，镉约脱除 95%。为了更完全地除去铅与镉，可在炉料中加入少量的食盐或氯化钙，使铅与镉变为较易挥发的氯化物而除去。

2.5.4　铅锌硫化精矿烧结焙烧的生产实践

1. 烧结焙烧工艺流程及简述

铅锌密闭鼓风炉冶炼厂采用烧结焙烧处理硫化铅精矿、Pb-Zn 混合精矿或 Pb-Sb 精矿。其目的是产出合格的烧结块，以便后续的还原熔炼处理。烧结焙烧过程所用的设备包括烧结锅、烧结盘和带式烧结机等。烧结锅和烧结盘因生产效率低、烟气不能制酸、环境污染重等缺点而被淘汰；带式烧结机应用最为广泛。带式烧结机分为吸风烧结和鼓风烧结，从料面吸入空气的为吸风烧结，从料层底部向上鼓风的为鼓风烧结。目前，国内外密闭鼓风炉炼铅锌的企业大多采用鼓风烧结的方法。

铅锌硫化精矿烧结焙烧的工艺流程主要包括炉料的准备和烧结焙烧两个过程。铅锌精矿、二次物料(各种氧化物料，如蓝粉、浮渣、粗氧化锌等)通过配料后制成满足密闭鼓风炉熔炼要求的混合料。混合料经干燥、破碎，再配入适量的熔剂(石灰、石英等)，并加入返粉配制成含硫 5%~7%(质量分数)的烧结炉料，以避免硫的瞬间过度燃烧，实现可控脱硫。在一定湿度下以返粉为核心，精矿、熔剂和二次物料均匀覆盖在返粉表面而结成一定强度的小球(制粒过程)，最后送入烧结机进行烧结焙烧。焙烧完成后，烧结块从机尾倒出，经过破碎筛分，筛上物(合格烧结块)送往密闭鼓风炉，筛下物(返粉)送往返粉仓作配料循环使用。烧结焙烧产生的 SO_2 烟气，经净化后用于制酸。

2. 烧结焙烧过程配料与炉料的准备

(1)烧结焙烧炉料及配料。

烧结焙烧原辅料主要有硫化铅锌精矿(单一铅锌精矿或铅锌混合精矿等)、返粉、熔剂及二次物料等。二次物料主要包括蓝粉、粗氧化锌、浮渣、烟尘等。熔剂主要为石英砂、石灰石和铁矿石等。一些工厂二次物料的主要成分见表 2-24。

表 2-24　二次物料主要化学成分(质量分数)实例　　单位：%

二次物料	Pb	Zn	Fe	CaO	SiO_2	As	Sb	S
粗氧化锌	6.16	52.32	9.0	1.3	4.2	4.08	—	2.3
烟尘	50.66	8.97	6.78	1.03	2.04	—	0.24	18.93
浮渣	68.04	17.78	0.83	0.04	11.89	—	—	—

上述物料经过配料后得到混合料。各个工厂的物料种类及配比有所不同，但炉料的组成有共同点。一是要加入适量的熔剂，如石英石、石灰石和铁矿石，以满足密闭鼓风炉熔炼的

造渣要求。由于密闭鼓风炉熔炼处理自熔烧结块，因此，一般先进行配料，然后烧结。二是要加入一定数量的返粉，主要是烧结块破碎、筛分后的不合格烧结料，返粉的加入量通常是根据炉料的硫含量来确定的。

各个工厂使用的矿种来源不同，其化学成分和性质差异较大。当炉料的化学组成确定之后，炉料中各物料的配比要进行配料计算，然后根据计算结果进行配料。配料是影响烧结焙烧过程的关键因素，同时也是密闭鼓风炉炼铅锌工艺的关键工序。配料方法主要有仓式配料和堆式配料两种，可单独使用，亦可联合使用。

堆式配料：按照烧结炉料化学成分的要求，通过配料计算，确定各物料的加入比例。根据其密度换算成抓比(吊车抓斗抓矿的次数之比)，进行各物料的配料。依据不同的抓比，吊车把各种物料抓起，层层撒落到专门的配料矿仓内。用抓斗反复抓卸混合均匀，直至堆料的颜色基本一致，最后从矿堆往下抓取送至下料仓。

仓式配料：主要由配料仓、给料设备和称量设备组成。将铅锌精矿、熔剂、返粉等分别装入相应的配料仓内，配料仓下方设有可调速的皮带给料机；配料经过自动称量皮带秤，通过调节给料量来控制各物料的比例。

目前，我国铅锌冶炼厂多采用仓式配料法。该方法具有设备简单、操作方便、易于控制各物料的配比、不受炉料粒度差异的限制、可连续配料等优点。但处理多种铅锌精矿时，需要设置较多的精矿料仓，这将使得工艺过程和设备配置变得复杂。

(2)对炉料化学成分的要求。

烧结炉料的化学成分须满足密闭鼓风炉对 Pb、Zn、S，以及造渣组分的要求。一些工厂烧结炉料的化学成分见表 2-25。

表 2-25　一些工厂烧结炉料的化学成分(质量分数)实例　　单位：%

工厂	Pb	Zn	Fe	CaO	SiO_2	S
1	45.89	6.08	12.46	10.62	10.84	5.88
2	43.71	5.34	11.47	7.83	10.27	5.65
3	16~19	38~42	8~10 (FeO)	4~6	3~4	5.5~7.5

硫含量：烧结炉料中硫含量是影响烧结供热、烧结块质量和烧结作业的主要因素。因此，对烧结炉料中硫的含量有严格要求。炉料硫含量过高，金属硫化物氧化放出的热量过多，将使料层温度升高，熔结过早发生，脱硫效果差，影响烧结过程的顺利进行。经过配料后，炉料中硫质量分数一般控制在 5%~7%。

铅含量：炉料中铅含量对烧结块质量参数(如硬度、料层温度、总硫中的硫酸盐硫量)有重要影响。烧结过程形成的低熔点铅化合物对炉料起着很好的胶结作用。若炉料中铅含量低，导致炉料结块差，需要添加二氧化硅，才能使烧结块达到足够的硬度。但这样会增加鼓风炉渣量、降低锌产量和回收率，并影响鼓风炉的放渣作业。实际生产中，炉料会配入一定量的铅以满足烧结块强度要求，而不是添加二氧化硅。炉料铅含量较高(>24%)时，烧结块强度下降，烧结块软化点降低，使炉料黏度增大，将影响鼓风炉熔炼作业。生产实践表明，烧结块中铅质量分数一般不超过 20%，且不低于 16%。

锌含量：炉料中锌含量没有明确的最佳值。国内外生产实践表明，烧结块中的 Pb/Zn 比值为 0.45~0.5 时，可获得较好的熔炼指标。

(3)对炉料物理性能的要求。

除满足一定化学组成外，炉料还必须具有一定的物理性能(具有良好的透气性)。透气性越好，其流体阻力越小，能够确保空气与硫化物充分接触，强化烧结过程，提高脱硫速率，脱硫效果越好。

3. 烧结返粉的制备

烧结过程中返粉的作用主要有两个方面：一是作为炉料制粒的核心，即在一定的湿度下以返粉为核心，精矿、熔剂和二次物料等均匀覆盖在返粉表面结成一定强度的小球；二是调节炉料中的硫含量，将炉料中硫质量分数控制在 5%~7%。一般返粉占烧结炉料的 70%~85%，其质量好坏直接影响炉料的性质和焙烧效果。

返粉粒度组成直接影响烧结块产量和质量，是影响炉料透气性的主要因素之一。粒度的均匀性是评价返粉质量的主要指标。实践证明，返粉的粒度应尽可能控制在 1~6 mm，其占比应达到 80%~85%。

返粉制备包括烧结块的润湿、冷却、破碎、筛分等作业。返粉的润湿与冷却通常与破碎同时进行。这样可以减少粉尘飞扬，更重要的是能够使水分渗入返粉颗粒内部，含有适量水分的返粉才能符合炉料制粒的要求。

4. 烧结炉料的制粒

返粉粒度决定制粒效果，是保证炉料具备良好透气性的基础。生产实践中，透气性常以单位时间内单位面积上透过的空气量来表示，其单位为 $m^3/(m^2 \cdot min)$。经过配料后的炉料，须混合均匀，然后黏结成球。这是保证炉料粒度均匀性、改善炉料透气性、强化焙烧效果、保证最大限度脱硫的重要举措。

大量研究和生产实践表明，烧结炉料的透气性随着炉料中 0~2 mm 粒级的减少和 2~6 mm 粒级的增加而急剧变化。为达到最好的生产指标，应控制炉料中小于 2 mm 的粒级占比不超过 10%~15%，以接近 10%为佳。国内生产实践认为返粉粒度为 3~6 mm 较为适宜。

5. 烧结焙烧的设备与过程

(1)鼓风烧结机。

目前，国内外密闭鼓风炉炼铅锌的工厂大多采用鼓风烧结机来对硫化铅锌精矿进行烧结焙烧。这种设备的构造如图 2-29 所示，主要由传动装置、星轮装置、尾部摆架、台车、点火炉、加料斗、风箱、密封烟罩、尾部密封罩、骨架、轨道、头部弯道、灰箱、溜板、炉篦振打器、篦条压辊、润滑装置等组成。

国内某厂 110 m^2 烧结机的主要技术性能见表 2-26。

表 2-26　国内某厂 110 m^2 烧结机主要技术性能

序号	项目	数值	序号	项目	数值
1	台车宽度/m	2.5	3	有效烧结面积/m^2	110
2	有效烧结长度/m	44	4	风箱数量/个	16

续表2-26

序号	项目	数值	序号	项目	数值
5	点火料层厚度/mm	35～40	9	主传动电机功率/kW	30
6	料层总厚度/mm	330～360	10	台车数量/个	119
7	头尾轮中心距/mm	5524	11	压辊直径/mm	300
8	头尾轮圆直径/mm	2775.5	12	烟罩直径/mm	2300

对一定生产规模的工厂来说，依据总处理日料量或脱硫量(t)和选定的床能力或脱硫强度[$t/(m^2 \cdot d)$]，可计算确定所需烧结机有效床面积。然后根据有效床面积选定定型的烧结机有效面积及烧结机的台数。

(2)鼓风烧结过程。

首先，用给料机将制备好的炉料在台车上铺一层 20～40 mm 的点火料(重量为总料量的10%)；然后，使台车运行至点火炉下方并升温着火，当台车继续运行至主料层加料斗后，由加料斗给料，在点火料层的上方继续铺上二次料(占总料的90%，其厚度为 300～350 mm)；最后由吸风转为鼓风，进行鼓风烧结，当台车运行至接近机尾时烧结结束。

整个烧结过程中，炉料经过脱水、干燥、预热、焙烧和冷却等过程，料层的反应变化如图 2-30 所示。

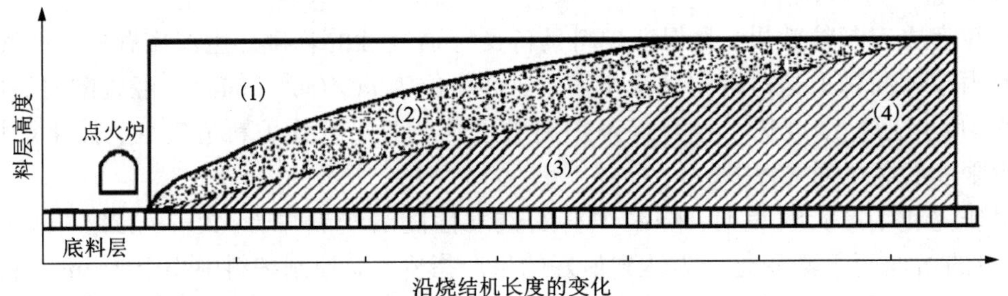

(1)—干燥升温带；(2)—烧结初期反应带；(3)—烧结进行反应带；(4)—烧结进行和冷却带。

图 2-30　烧结料层的反应变化

烧结反应带内主要发生硫化物的氧化焙烧反应，主要是金属硫酸盐($ZnSO_4$ 和 $PbSO_4$)的生成与分解。其主要反应如下：

$$MeS + O_2 = MeSO_4 \qquad (2-58)$$

$$2MeS + 3O_2 = 2MeO + 2SO_2 \qquad (2-59)$$

$$2MeSO_4 = 2MeO + 2SO_2 + O_2 \qquad (2-60)$$

$$MeSO_4 + MeS = 2Me + 2SO_2 \qquad (2-61)$$

$$2Me + O_2 = 2MeO \qquad (2-62)$$

烧结块中金属的铅含量增加将导致返料破碎困难。因此，烧结过程应尽可能将金属铅氧化成 PbO。但实际返烟作业中氧分压低，铅的氧化是不完全的。

炉料中加入 Fe_2O_3、SiO_2 等熔剂可促进 $PbSO_4$ 的分解，有利于脱硫。

$$2PbSO_4 + 2Fe_2O_3 = 2(PbO \cdot Fe_2O_3) + 2SO_2 + O_2 \tag{2-63}$$

$$PbS + 4Fe_2O_3 = PbO \cdot Fe_2O_3 + 6FeO + SO_2 \tag{2-64}$$

$$PbS + 2(PbO \cdot Fe_2O_3) = 3Pb + 2Fe_2O_3 + SO_2 \tag{2-65}$$

$$2PbSO_4 + SiO_2 = 2PbO \cdot SiO_2 + 2SO_2 + O_2 \tag{2-66}$$

烧结过程中加入的石灰 CaO，会与 $PbSO_4$ 发生反应，硫将以 $CaSO_4$ 形式留在烧结块中，不利于脱硫。

$$PbSO_4 + CaO = PbO + CaSO_4 \tag{2-67}$$

生产实践发现，随着炉料中 CaO 含量的增加，烧结块中的残硫量增多。随着 SiO_2 含量（或 SiO_2/CaO 质量比值）的升高，残硫量降低。控制炉料中 SiO_2/CaO 质量比值为 2.2～2.6 时，可获得残硫量低的烧结块。

6. 烧结焙烧过程主要技术经济指标

世界各国密闭鼓风炉炼锌厂烧结焙烧过程的技术经济指标见表 2-27。

表 2-27　鼓风炉炼锌厂烧结焙烧过程的技术经济指标

名称	Cockle-Creek 厂	Duisburg 厂	Miasteczko 厂	Veles 厂	国内某冶炼厂
烧结面积/m^2	77.5	67	90	80	102.5
新料加入量/$(t \cdot d^{-1})$	877	625	731	641	930
返粉/新料	2.2	1.58	3.46	4.30	4.54
新料中硫的质量分数/%	—	16.09	21.19	19.06	29.59
新料中铅的质量分数/%	—	17.06	17.94	21.88	14.81
新料中锌的质量分数/%	—	33.23	38.13	38.09	36.63
新料中镉的质量分数/%	—	0.50	0.20	—	—
烧结块产量/$[t \cdot (m^2 \cdot h)^{-1}]$	0.3987	0.3140	0.2808	0.2856	0.2903
作业小时产块/$(t \cdot h^{-1})$	30.90	21.04	25.27	22.58	28.73
烧结块中铅的质量分数/%	17.27	18.44	18.82	20.45	19.23
烧结块中锌的质量分数/%	40.59	39.25	45.27	40.49	42.63
烧结块中硫的质量分数/%	0.76	0.71	1.08	0.71	0.70
烧结块中 CaO/SiO_2 质量之比	1.50	0.97	1.01	1.01	1.35
烧结块中 FeO 的质量分数/%	13.65	14.14	8.63	11.86	9.10
烧结块块度上限/mm	150	100	120	120	120
烧结块块度下限/mm	12.5	25	27	40	40
点火层厚度/mm	37.5	35	40	30	40
主料层厚度/mm	350	350	400	350	350

续表2-27

名称	Cockle-Creek 厂	Duisburg 厂	Miasteczko 厂	Veles 厂	国内某冶炼厂
新鲜空气总量(标态下)/($Nm^3 \cdot h^{-1}$)	69262	49900	85166	50610	78331
SO_2 烟气体积分数/%	5.08	5.45	5.08	5.79	6.2
SO_2 烟气温度/K	544	577	576	447	528
烧结机作业率/%	89.25	91.95	85.64	72.11	93.38
烧结机脱硫能力/[$t \cdot (m^2 \cdot d)^{-1}$]	—	—	1.65	1.62	1.79

思考题

1. 根据 Zn-S-O 系状态图，说明 ZnS 难以直接氧化得到金属锌的原因。
2. 简述硫化锌精矿焙烧的目的。
3. 影响锌精矿焙烧反应速度的主要因素有哪些？是如何影响的？
4. 在硫化锌精矿焙烧的过程中，硅酸盐的生成对后续冶炼过程有什么影响？在焙烧过程中如何避免硅酸盐的生成？
5. 在硫化锌精矿焙烧的过程中，铁酸锌的生成对后续冶炼过程有什么影响？在焙烧过程中如何避免铁酸锌的生成？
6. 简述硫化锌精矿伴生矿物在焙烧过程中的行为。
7. 什么是沸腾层的临界速度和最大速度？影响临界速度的因素有哪些？
8. 为什么硫化锌精矿焙烧大多采用沸腾炉？沸腾焙烧炉有哪几种类型？
9. 试比较锌精矿高温氧化焙烧与低温部分硫酸化焙烧的异同。
10. 沸腾焙烧的强化措施有哪些？

第 3 章　锌焙烧矿及其他含氧化锌物料的浸出

扫码查看本章资源

3.1　概述

湿法炼锌浸出是以稀硫酸溶液(废电解液)作为溶剂，控制适当的酸度、温度和压力等条件，将含锌物料(如锌焙砂、锌烟尘、锌氧化矿、锌浸出渣及硫化锌精矿等)中的锌化合物溶解为硫酸锌进入溶液，同时没有被溶解的固体形成残渣的过程。浸出所得的混合矿浆经浓密、过滤工艺，使之与残渣分离。

湿法炼锌浸出过程的目的是使含锌物料中的含锌化合物尽可能迅速、完全地溶解进入溶液，杂质金属尽可能少溶解或不溶解，使有害杂质尽可能地进入渣中，实现杂质与锌的分离，并希望获得一个过滤性良好、易于液固分离的矿浆。浸出矿浆经过澄清、过滤后，得到有害杂质尽量少的硫酸锌溶液。

湿法炼锌浸出过程使用的含锌原料主要有锌焙烧矿，以及硫化锌精矿、氧化锌矿、冶金企业生产过程中产出的粗氧化锌粉或氧化锌烟尘等。其中，锌焙烧矿是湿法炼锌浸出过程使用的主要原料。

浸出过程是湿法炼锌生产中的一个关键环节，浸出过程是否顺利对电锌生产的技术经济指标有很大影响。

3.2　浸出方法

浸出过程所用的各种原料在来源、成分、性质等方面有很大不同，因此各湿法炼锌厂根据各自的条件采用不同的浸出工艺，如焙烧矿常规浸出工艺、焙烧矿热酸浸出工艺、硫化锌精矿氧压浸出工艺、硫化锌精矿常压富氧浸出工艺、氧化锌酸浸工艺，以及粗氧化锌粉酸浸工艺等。其主要目的都是在保证得到锌的最大浸出率和高质量浸出液的前提下取得较好的经济效益。

为了达到浸出目的，浸出过程可采用不同的浸出方法。根据浸出过程所采用酸度、温度、压强、浸出段数和作业方式的不同，常用浸出方法的分类见表 3-1。

中性浸出是指浸出过程终了时浸出液的酸度接近中性，一般 pH 为 5.2~5.4；酸性浸出是指浸出过程终了时浸出液呈低酸性，通常含硫酸 1~5 g/L；热酸浸出是指中性浸出渣进行酸性浸出时，浸出温度由一般酸性浸出的 323~343 K 提高到 363~368 K，始酸浓度大于 150 g/L，终酸由 1~5 g/L 提高到 40~60 g/L 时，渣中的铁酸锌溶解的过程。

表 3-1 浸出方法分类

分类	名称	特征
按过程酸度	中性浸出	终点 pH 5.2~5.4, 333~343 K
	酸性浸出(低酸浸出)	终酸 1~5 g/L(10~20 g/L), 348~353 K
	热酸浸出(高酸浸出)	终酸 40~60 g/L, 363~368 K
	超酸浸出	终酸 120~130 g/L, 363~368 K
	氧压浸出	终酸 15~30 g/L, 408~423 K, 氧分压 350~1000 kPa
	还原浸出	终酸 20 g/L, 373~383 K, SO_2, 压力 150~200 kPa
按过程段数	一段浸出	一段中性浸出；一段氧压浸出；一段还原浸出
	两段浸出	一段中浸、一段酸浸；两段中浸；两段酸浸；两段氧压酸浸
	三段浸出	一段中浸、一段低浸、一段热酸浸出
	四段浸出	一段中浸、一段酸浸、一段高浸、一段超酸浸出
按作业方式	间断浸出	浸出过程在同一槽内分批间断进行
	连续浸出	浸出过程在几个槽内循序进行

由于一段浸出时锌的浸出率很低，故一般很少采用。三段浸出或四段浸出易造成设备过多，溶液周转量过大。因此一般采取在两段浸出的基础上，对大颗粒物料增加一段局部酸浸，以满足浸出过程需要。采用两段浸出的目的是既要达到锌的最大浸出率，又要确保浸出液的质量。第一段中性浸出的目的是尽可能除去铁、砷、锑等杂质，得到易于澄清、沉降的矿浆，以及质量良好、能满足净化工序要求的浸出液，更好地提高锌的浸出率。

连续浸出是指物料和溶液按一定比例连续不断地通过浸出设备(通常是几个串联的浸出槽)完成浸出作业；间断浸出是指焙烧矿在浸出槽中分批周期性地进行浸出。连续浸出的优势：可以节约人力，提高设备利用率和劳动生产率，矿浆成分稳定，过程易实现自动化，减少有害杂质进入浸出液，可采用热焙砂冲矿，节约了焙砂冷却设备，利用热焙砂的物理显热节约能耗。间断浸出的优势：能严格控制技术条件，准确控制浸出终点，能获得良好的中性上清液；对种类繁多、成分复杂、质量较差的焙烧矿(如高硅矿)，能取得较好的浸出效果。

焙烧矿首先与含酸的浸出溶液混合，以矿浆形式进入浸出槽内，称为湿法上矿；焙烧矿与含酸浸出液分别同时进入浸出槽内，称为干法上矿。采用湿法上矿可以使焙烧矿与溶液充分接触，提高了锌和其他有价金属的浸出率。采用干法上矿的炼锌厂在中性浸出后大多数需经分级-球磨处理，以保证锌的浸出率。

为了加大浸出速率，提高锌的浸出率，应加强焙烧矿的分级与磨矿。采用常规浸出的工厂，通常要求进入浸出槽之前焙烧矿的粒度为 0.1~0.074 mm 的占 90%以上，有的厂甚至要求粒度为 0.04 mm 以下的焙烧矿要占 50%以上。许多工厂将分级出来的粗颗粒细磨后还单独增加一段酸浸以提高锌的浸出率。

3.3 锌焙烧矿浸出过程的理论基础

硫化锌精矿经沸腾焙烧，产出的锌焙砂和锌烟尘混合后称为锌焙烧矿，是湿法炼锌浸出过程使用的主要含锌原料。锌焙烧矿是以金属氧化物、脉石等组成的细粒物料，其中锌主要

以 ZnO、$ZnSO_4$、$ZnO \cdot Fe_2O_3$、$2ZnO \cdot SiO_2$ 及 ZnS 等形态存在，其他伴生金属（如铁、铅、铜、镉、砷、锑、镍、钴等）也呈类似的形态；脉石主要成分是 CaO、MgO、Al_2O_3 及 SiO_2 等氧化物。

浸出效果以浸出率表示，它指溶液中锌量与浸出物料中总锌量的百分比，是浸出过程的重要技术经济指标之一。

3.3.1　浸出过程的热力学

当锌焙烧矿用稀硫酸为溶剂进行浸出时，会发生以下几类反应。

（1）$ZnSO_4$ 的溶解。

锌焙烧矿中的硫酸锌直接溶解于水，形成硫酸锌水溶液。硫酸锌易溶于水，溶解时放出溶解热，溶解度随温度升高而增大。

（2）氧化锌及其他金属氧化物。

锌焙烧矿中的 ZnO 及其他金属氧化物在稀硫酸的作用下，其溶解反应为：

$$Me_nO_m + mH_2SO_4 = Me_n(SO_4)_m + mH_2O \tag{3-1}$$

离子反应式为：

$$Me_nO_{n/2} + nH^+ = nMe^{z+} + 0.5nH_2O \tag{3-2}$$

反应的平衡常数为：

$$K = a_{Me^{n+}} / a^n_{H^+} \tag{3-3}$$

当反应达到平衡时，有：

$$\lg a_{Me^{n+}} = \lg K + npH \tag{3-4}$$

根据式(3-4)，可作出 298 K 时的离子活度-pH 图（图 3-1）。根据图 3-1，可以直接获得氧化物的浸出条件。

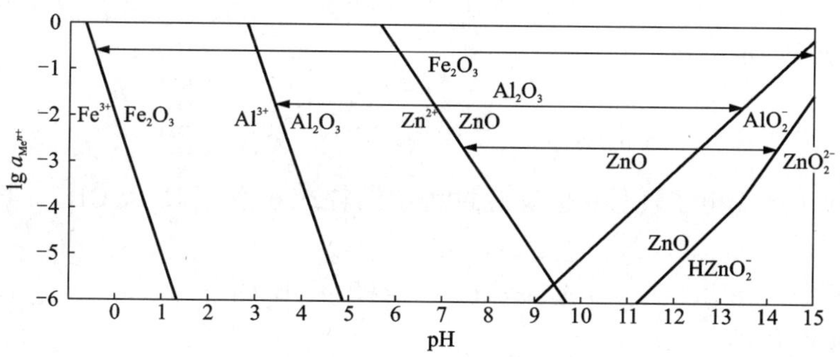

图 3-1　浸出液中 $\lg a_{Me^{n+}}$ 与溶液 pH 的关系

从图 3-1 可以看出，ZnO 在酸性溶液中完全溶解。当浸出液中 $a_{Zn^{2+}} = 1$ 时，浸出液的 pH 应控制在 5.5 以下。Al_2O_3 在酸性浸出时仅有少量溶解，大部分不溶解而进入渣中；Fe_2O_3 在一般的酸性浸出时不会溶解，从而进入渣中。

锌焙烧矿中的 ZnO 用稀硫酸浸出的反应为：

$$ZnO + 2H^+ = Zn^{2+} + H_2O \tag{3-5}$$

反应的标准吉布斯自由能变化 $\Delta G^{\ominus} = -66.208$ kJ/mol。浸出反应达到平衡时，平衡常数为：

$$\lg K_a = \frac{-66.208 \times 1000}{-RT} = 11.6 \tag{3-6}$$

$$K_a = \frac{a_{Zn^{2+}}}{a_{H^+}^2} \tag{3-7}$$

这说明浸出反应在达到平衡状态后，H^+和 Zn^{2+}两种离子浓度相差很大。在 H^+离子浓度很小的情况下，可以得到锌离子浓度很高的浸出液。即中性浸出终了时可将溶液酸度降到很低，为除去铁、砷等杂质创造了条件。

由式(3-7)可知，在 298 K，当锌离子活度按 1 mol/L 计，锌离子的水解 pH=5.8。

浸出过程的有关化学反应还可以表示为：

$$aA + nH^+ + ze^- = bB + cH_2O \tag{3-8}$$

根据反应的特点，可将浸出反应分为以下三类。

(Ⅰ)反应中仅有电子迁移，H^+或 OH^-没有变化；

(Ⅱ)反应无电子迁移，在反应过程中消耗或产生了 H^+或 OH^-；

(Ⅲ)反应中既有电子迁移，又消耗(或产生)了 H^+或 OH^-。

第Ⅰ类反应中仅有电子迁移，H^+或 OH^-没有变化，是电位 φ 与 pH 无关的氧化-还原反应。在第Ⅰ类反应中有简单电极反应和离子间电极反应两种情况，对简单电极反应：

$$Me^{z+} + ze^- = Me \tag{3-9}$$

其电位可表示($a_{Me}=1$)为：

$$\varphi_1 = \varphi_1^\ominus + \frac{0.0591}{z}\lg a_{Me^{z+}} \tag{3-10}$$

对于离子间的电极反应：

$$Me^{x+} + ze^- = Me^{(x-z)+} \tag{3-11}$$

其电极电位可表示为：

$$\varphi_{1(Me^{x+}/Me^{(x-z)+})} = \varphi_1^\ominus + \frac{0.0591}{z}\lg \frac{a_{Me^{x+}}}{a_{Me^{(x-z)+}}} \tag{3-12}$$

第Ⅱ类反应中虽无电子迁移，但反应过程中消耗或产生了 H^+或 OH^-。其化学反应可表示为：

$$aA^- + nH^+ = bB + cH_2O \tag{3-13}$$

该反应的平衡条件：

$$pH_2 = pH_2^\ominus - \frac{1}{n}\lg \frac{a_B^b}{a_A^a} \tag{3-14}$$

例如反应 $Zn(OH)_2+2H^+ = Zn^{2+}+2H_2O$，在 298 K 时其电位为：

$$pH_2 = 5.5 - \frac{1}{2}\lg a_{Zn^{2+}} \tag{3-15}$$

第Ⅲ类反应中既有电子迁移，又消耗(或产生)了 H^+或 OH^-，故此反应为与电位和 pH 都有关的氧化-还原反应。其化学反应为：

$$aA + nH^+ + ze^- = bB + cH_2O \tag{3-16}$$

当反应达到平衡时，其电位为：

$$\varphi_3=\varphi_3^{\ominus}-\frac{n}{z}\cdot\frac{2.303RT}{F}\text{pH}+\frac{2.303RT}{zF}\lg\frac{a_A^a}{a_B^b}\tag{3-17}$$

在 298 K 时，平衡电位为：

$$\varphi_3=\varphi_3^{\ominus}-\frac{0.0591n\text{pH}}{z}+\frac{0.0591}{z}\lg\frac{a_A^a}{a_B^b}\tag{3-18}$$

这一类常见的反应有：

$$Zn(OH)_2+2H^++2e^-=Zn+2H_2O\tag{3-19}$$

$$Fe(OH)_3+3H^++e^-=Fe^{2+}+3H_2O\tag{3-20}$$

水在一定电位和 pH 条件下是稳定的，水稳定的上限是析出氧，下限是析出氢。其稳定程度由下式决定：

$$O_2+4H^++4e^-=2H_2O\tag{3-21}$$

$$\varphi_{(O_2/H_2O)}=1.229-0.0591\text{pH}(p_{O_2}=101\ \text{kPa})\tag{3-22}$$

$$2H^++2e^-=H_2\tag{3-23}$$

$$\varphi_{(H^+/H_2)}=-0.0591\text{pH}(p_{H_2}=101\ \text{kPa})\tag{3-24}$$

根据表 3-2 所列的 $\varphi_1^{\ominus}$、$\varphi_3^{\ominus}$、$\text{pH}_2^{\ominus}$ 数值，假定金属原子活度等于 1、温度为 298 K。根据第Ⅰ、Ⅱ、Ⅲ类反应的方程式，可绘制出锌焙烧矿浸出时 $Zn-H_2O$ 系的 φ-pH 图(图 3-2)和有关金属的 $Me-H_2O$ 系 φ-pH 图(图 3-3)。

表 3-2 $Me-H_2O$ 系的 $\varphi_1^{\ominus}$、$\varphi_3^{\ominus}$、$\text{pH}_2^{\ominus}$

$Me^{n+}-Me$	$Me(OH)_n$	$\varphi_1^{\ominus}$/V	$\varphi_3^{\ominus}$/V	$\text{pH}_2^{\ominus}$
$Zn^{2+}-Zn$	$Zn(OH)_n$	-0.763	-0.417	5.85
Ag^+-Ag	Ag_2O	0.7991	1.173	6.32
$Cu^{2+}-Cu$	$Cu(OH)_2$	0.337	0.609	4.60
BiO^+-Bi	Bi_2O_3	0.320	0.370	2.57
AsO^+-As	As_2O_3	0.254	0.234	-1.02
SbO^+-Sb	Sb_2O_3	0.212	0.152	-3.05
Tl^+-Tl	$Tl(OH)$	-0.336	0.483	13.90
$Pb^{2+}-Pb$	$Pb(OH)_2$	-0.126	0.242	6.23
$Ni^{2+}-Ni$	$Ni(OH)_2$	-0.241	0.110	6.09
$Co^{2+}-Co$	$Co(OH)_2$	-0.277	0.095	6.30
$Cd^{2+}-Cd$	$Cd(OH)_2$	-0.41	0.022	7.20
$Fe^{2+}-Fe$	$Fe(OH)_2$	-0.44	-0.047	6.64
$Sn^{2+}-Sn$	$Sn(OH)_2$	-0.136	-0.091	0.74
$In^{3+}-In$	$In(OH)_3$	-0.342	-0.173	3.00
$Cr^{2+}-Cr$	$Cr(OH)_2$	-0.913	-0.588	5.5
$Mn^{2+}-Mn$	$Mn(OH)_2$	-1.80	-0.727	7.65

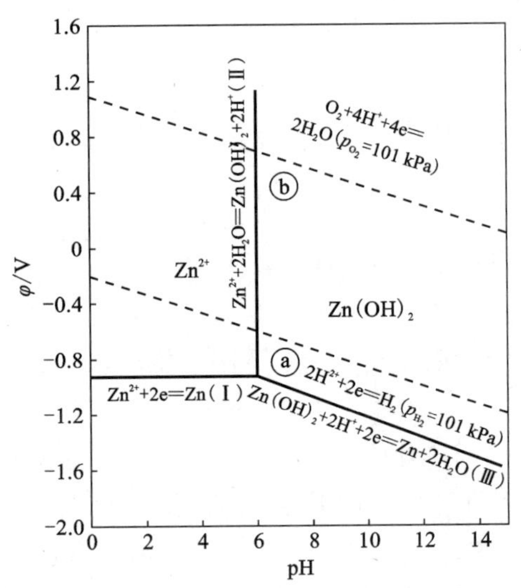

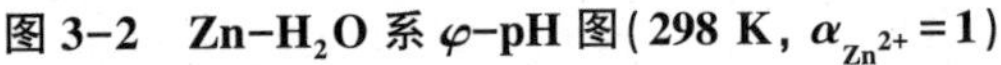

图 3-2 $Zn-H_2O$ 系 φ-pH 图(298 K, $\alpha_{Zn^{2+}}=1$)

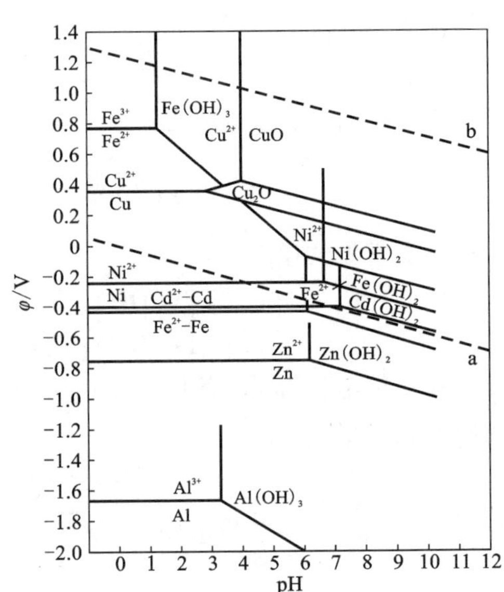

图 3-3 $Me-H_2O$ 系 φ-pH 图(298 K, $\alpha_{Me^{2+}}=1$)

从图 3-2 可以看出，整个 $Zn-H_2O$ 系可分为 Zn^{2+}、$Zn(OH)_2$ 及 Zn 三个稳定区域，这三个区域构成了湿法炼锌的浸出、水解、净化和电积过程所要求的稳定区域。

浸出过程，是创造条件使原料中的锌及其他有价金属越过Ⅰ线进入 Zn^{2+} 的稳定区。水解、净化，是创造条件使 Zn^{2+} 停留在 Zn^{2+} 的稳定区域，同时使杂质再超过Ⅱ线进入 $Me(OH)_x$ 的稳定区。电积是创造条件在阴极上施加电位，使 Zn^{2+} 进入 Zn 的稳定区。湿法炼锌的浸出过程，即利用各种金属离子在浸出液中的稳定性，使锌、镉等有价金属溶解进入溶液，与原料中的脉石成分分开；在中性浸出终了调整 pH，破坏铁、铝等杂质的稳定性，使铁、铝等杂质形成沉淀，从而实现与硫酸锌溶液的分离。

由图 3-3 可以看出，在锌中性浸出终了时，控制浸出终点 pH=5.2，Fe^{3+} 和 Al^{3+} 等杂质金属以氢氧化物沉淀的形式被除去。

3.3.2 金属氧化物、铁酸盐、砷酸盐、硅酸盐在酸浸过程中的稳定性

在锌焙烧矿中，一般存在金属的氧化物、铁酸盐、砷酸盐和硅酸盐等多种化合物。它们在酸浸过程中溶解的难易程度或在酸性溶液中的稳定性，可用 $pH^\ominus$ 来衡量。$pH^\ominus$ 小的较难浸出，$pH^\ominus$ 大的较易浸出。上述有关化合物的溶解反应在 298 K、373 K、473 K 下的 $pH^\ominus$ 见表 3-3。

表 3-3　金属氧化物、铁酸盐、硅酸盐和砷酸盐酸溶平衡 pH$^{\ominus}$

酸溶反应	平衡标准 pH$^{\ominus}$		
	298 K	373 K	473 K
$SnO_2+4H^+ = Sn^{4+}+2H_2O$	-2.102	-2.895	-3.55
$Cu_2O+2H^+ = 2Cu^++H_2O$	-0.8395	-1.921	—
$Fe_2O_3+6H^+ = 2Fe^{3+}+3H_2O$	-0.24	-0.9998	-1.579
$Ga_2O_3+6H^+ = 2Ga^{3+}+3H_2O$	0.743	—	-1.412
$Fe_3O_4+8H^+ = 2Fe^{3+}+Fe^{2+}+4H_2O$	0.891	0.043	—
$In_2O_3+6H^+ = 2In^{3+}+3H_2O$	2.522	0.969	-0.453
$CuO+2H^+ = Cu^{2+}+H_2O$	3.945	3.594	1.78
$ZnO+2H^+ = Zn^{2+}+H_2O$	5.801	4.347	2.88
$NiO+2H^+ = Ni^{2+}+H_2O$	6.06	3.162	2.58
$CoO+2H^+ = Co^{2+}+H_2O$	7.51	5.5809	3.89
$CdO+2H^+ = Cd^{2+}+H_2O$	8.69	—	—
$MnO+2H^+ = Mn^{2+}+H_2O$	8.98	6.7921	—
$ZnO\cdot Fe_2O_3+8H^+ = Zn^{2+}+2Fe^{3+}+4H_2O$	0.6747	-0.1524	—
$NiO\cdot Fe_2O_3+8H^+ = Ni^{2+}+2Fe^{3+}+4H_2O$	1.227	0.205	—
$CoO\cdot Fe_2O_3+8H^+ = Co^{2+}+2Fe^{3+}+4H_2O$	1.213	0.352	—
$CuO\cdot Fe_2O_3+8H^+ = Cu^{2+}+2Fe^{3+}+4H_2O$	1.581	0.560	—
$FeAsO_4+3H^+ = Fe^{3+}+H_3AsO_4$	1.027	0.1921	-0.511
$Cu_3(AsO_4)_2+6H^+ = 3Cu^{2+}+2H_3AsO_4$	1.918	1.32	—
$Zn_3(AsO_4)_2+6H^+ = 3Zn^{2+}+2H_3AsO_4$	3.294	2.441	—
$Co_3(AsO_4)_2+6H^+ = 3Co^{2+}+2H_3AsO_4$	3.162	2.382	—
$PbSiO_3+2H^+ = Pb^{2+}+H_2SiO_3$	2.86	—	—
$FeO\cdot SiO_2+2H^+ = Fe^{2+}+H_2SiO_3$	2.63	—	—
$ZnO\cdot SiO_2+2H^+ = Zn^{2+}+H_2SiO_3$	1.791	—	—

由表 3-3 中的 pH$^{\ominus}$可以得出如下几条规则。

(1)金属氧化物在酸性溶液中的稳定性的次序是：

$$SnO_2 > Cu_2O > Fe_2O_3 > Ga_2O_3 > Fe_3O_4 > In_2O_3 > CuO > ZnO > NiO > CaO > CdO > MnO$$

由于铁的氧化物较难溶解，因此在常压下、温度为 298~373 K、pH 为 1~1.5 的浸出条件下可以实现 Mn、Cd、Co、Ni、Zn、Cu 与铁的分离。

(2)铁酸盐在酸性溶液中的稳定性的次序为：

$$ZnO\cdot Fe_2O_3 > NiO\cdot Fe_2O_3 > CoO\cdot Fe_2O_3 > CuO\cdot Fe_2O_3$$

(3)砷酸盐在酸性溶液中的稳定性的次序为：

$$FeAsO_4 > Cu_3(AsO_4)_2 > Co_3(AsO_4)_2 > Zn_3(AsO_4)_2$$

(4)硅酸盐在酸性溶液中的稳定性的次序为：

$$PbSiO_3 > FeSiO_3 > ZnSiO_3$$

(5)锌、铜、钴等金属化合物的稳定性的次序为：

铁酸盐 > 硅酸盐 > 砷酸盐 > 金属氧化物

(6)所有金属氧化物、铁酸盐、砷酸盐、硅酸盐的 $pH^{\ominus}$ 均随温度升高而下降，即要求在更高的酸度下才能浸出。

3.3.3 锌焙烧矿中各组分的浸出行为

锌在焙烧矿中以 ZnO、$ZnSO_4$、ZnS、$2ZnO \cdot SiO_2$、$ZnO \cdot Fe_2O_3$、$ZnO \cdot Al_2O_3$ 等形态存在，主要成分是自由状态的氧化锌(ZnO)。除锌的化合物外，锌焙烧矿中还含有一定量的铁、铜、砷、锑、镍、钴、钙、硅、铝、镁、金、银等的化合物。它们在浸出过程中或被浸出进入溶液，或不被浸出而留在渣中。

3.3.3.1 锌的化合物

(1)氧化锌(ZnO)。浸出时，氧化锌与硫酸作用生成的硫酸锌进入溶液：

$$ZnO + H_2SO_4 = ZnSO_4 + H_2O \qquad (3\text{-}25)$$

这是浸出过程中的主要反应，生成的 $ZnSO_4$ 溶解时放出溶解热。

(2)硫酸锌($ZnSO_4$)。焙烧矿中的 $ZnSO_4$ 直接溶解于水，形成硫酸锌水溶液。$ZnSO_4$ 在水中的溶解度受温度、酸度及其他金属硫酸盐浓度等因素的影响。

(3)硫化锌(ZnS)。在常规浸出条件下，ZnS 在稀硫酸中基本不溶解而入渣。但 ZnS 可溶于热的浓硫酸：

$$ZnS + H_2SO_{4(浓)} = ZnSO_4 + H_2S \qquad (3\text{-}26)$$

浓硫酸还可以将析出的 H_2S 氧化成元素硫：

$$H_2S + H_2SO_{4(浓)} = H_2SO_3 + S + H_2O \qquad (3\text{-}27)$$

在浸出液中有 $Fe_2(SO_4)_3$ 存在时，ZnS 可被部分溶解：

$$Fe_2(SO_4)_3 + ZnS = ZnSO_4 + 2FeSO_4 + S \qquad (3\text{-}28)$$

ZnS 被溶解的速度随硫酸浓度、硫酸铁浓度的增大及溶液温度的升高而增大。在常规浸出时，浸出液的酸度较低、浸出溶液中 Fe^{3+} 浓度低。因此，ZnS 在实际浸出过程中基本不溶解而进入浸出渣中。在热酸浸出时，ZnS 的溶解量会大大增加。

(4)硅酸锌($2ZnO \cdot SiO_2$)。硅酸锌在浸出过程中易溶于稀硫酸：

$$ZnO \cdot SiO_2 + H_2SO_4 = ZnSO_4 + SiO_2 \cdot H_2O \qquad (3\text{-}29)$$

硅酸锌被溶解后，锌和硅一起进入溶液。当 $pH<3.8$ 时，硅进入溶液后易形成硅酸胶体，使浸出矿浆的黏度增大，影响矿浆的澄清和过滤性能。当 pH 为 5.2~5.4 时，硅酸胶体发生凝聚，并与 $Fe(OH)_3$ 一同沉淀入渣。

(5)铁酸锌($ZnO \cdot Fe_2O_3$)。焙砂中的铁主要以 $ZnO \cdot Fe_2O_3$ 形式存在。在常规浸出的条件下，铁酸锌的浸出率一般只有1%~3%。这说明铁酸锌几乎不溶解便进入浸出渣中造成锌的损失，降低了锌的浸出率。采用高温高酸浸出时，铁酸锌可以被溶解：

$$ZnO \cdot Fe_2O_3 + 4H_2SO_4 = ZnSO_4 + Fe_2(SO_4)_3 + 4H_2O \qquad (3\text{-}30)$$

铁酸锌被溶解的同时，大量的铁也进入溶液。因此，必须解决溶液的除铁问题。

3.3.3.2　其他金属化合物

（1）铁：铁在锌焙烧矿中主要以自由状态的 Fe_2O_3 或结合状态的铁酸盐、硅酸盐及 Fe_3O_4 状态存在，并可能有极少量的 FeO、$FeSO_4$ 及 $Fe_2(SO_4)_3$。

Fe_2O_3 在中性浸出时不溶解，但是在酸性浸出时，能部分溶解，且以 $Fe_2(SO_4)_3$ 形式进入溶液中：

$$Fe_2O_3 + 3H_2SO_4 = Fe_2(SO_4)_3 + 3H_2O \tag{3-31}$$

当浸出物料中有金属硫化物存在时，生成的 $Fe_2(SO_4)_3$ 会被还原为 $FeSO_4$：

$$Fe_2(SO_4)_3 + MeS = 2FeSO_4 + MeSO_4 + S \tag{3-32}$$

$FeSO_4$ 和 $Fe_2(SO_4)_3$ 浸出时可溶于水；FeO 易溶于稀硫酸溶液，以 $FeSO_4$ 形式进入溶液；Fe_3O_4 不溶于稀硫酸溶液，浸出时基本不溶出。

铁的硅酸盐（$FeO \cdot SiO_2$）在酸性浸出时易于分解。同时，以低价硫酸盐形式进入溶液。其反应如下：

$$FeO \cdot SiO_2 + H_2SO_4 = FeSO_4 + H_2SiO_3 \tag{3-33}$$

反应产生的硅酸呈胶体状，给下一步矿浆液固分离带来困难。

在中性浸出时，焙烧矿中的铁有 10%～20%进入溶液，溶液中同时存在 Fe^{2+} 和 Fe^{3+} 两种铁离子。在中性浸出终了，pH 达 5.2～5.4 时，Fe^{3+} 很容易水解形成 $Fe(OH)_3$ 沉淀而除去，但 Fe^{2+} 因不水解而留在溶液中。为了在中性浸出终了时能使铁水解除去，需要用二氧化锰（软锰矿或阳极泥）作氧化剂，在酸性介质中将 Fe^{2+} 氧化成 Fe^{3+}。

（2）铅、钙、镁：铅在焙烧矿中以氧化铅（PbO）、硅酸铅（$PbO \cdot SiO_2$）和硫化铅（PbS）形态存在，钙和镁主要以氧化物、硫酸盐和少量未分解的碳酸盐形态存在。铅、钙、镁在浸出时消耗硫酸，PbO 和 $PbO \cdot SiO_2$ 反应生成的 $PbSO_4$ 与不溶的 PbS 进入浸出渣；钙、镁生成 $CaSO_4$ 和 $MgSO_4$，其中 $CaSO_4$ 微溶，主要进入浸出渣中；$MgSO_4$ 溶解度较高，但溶液温度降低时，$MgSO_4$ 会结晶析出，堵塞管道。

（3）硅：硅在焙烧矿中一般以游离状态的二氧化硅（SiO_2）和结合状态的硅酸盐（$MeO \cdot SiO_2$）形态存在。在浸出过程中，游离的 SiO_2 不溶解而进入渣中；硅酸盐在稀硫酸溶液中部分溶解，以硅酸胶体形态进入溶液，在浸出终点时（pH 5.2～5.4）随 $Fe(OH)_3$ 沉淀一起除去。

（4）铜：铜在焙砂中以自由状态氧化铜（CuO）、结合状态的铁酸铜（$CuO \cdot Fe_2O_3$）及硅酸铜（$CuO \cdot SiO_2$）形态存在。酸性浸出时，铜易溶解进入溶液。中性浸出时，大部分铜水解沉淀，铜在中性浸出时的浸出率一般为 30%～40%。硅酸铜溶解时，一定量的硅酸将进入溶液。

（5）镉、镍、钴：锌精矿中的镉、镍和钴在焙烧过程中主要以 CdO、NiO 和 CoO 形式存在，在浸出时几乎全部以硫酸盐形态进入溶液：

$$MeO + H_2SO_4 = MeSO_4 + H_2O \tag{3-34}$$

（6）砷、锑：砷和锑在焙烧矿中以砷酸盐和锑酸盐形态存在，在酸度较低的溶液中难溶解，在酸度较高的溶液中可溶解，主要以配合阴离子存在于溶液中。

（7）铝：铝在焙砂中以氧化铝（Al_2O_3）或与碱金属氧化物结合的铝酸盐形态存在。在浸出过程中，大部分氧化铝不溶解而留在渣中，仅有少量的氧化铝溶解形成 $Al_2(SO_4)_3$ 进入溶液。

（8）镓、铟和锗：镓、铟、锗在酸性浸出时能部分溶解，但在中性浸出过程中几乎全部从溶液中水解而进入浸出渣。

（9）铊：焙烧矿中的铊在浸出时进入溶液，在加锌粉净化除铜、镉时将与铜、镉一道进入铜镉渣中被除去。

(10)金、银：金在浸出过程中不溶解，全部留在浸出残渣中。银以硫化银(Ag_2S)和硫酸银(Ag_2SO_4)形态存在于焙烧矿中。硫化银在浸出时不溶解而进入浸出渣中，硫酸银则能溶解进入溶液。当溶液中有 Cl^-存在时，将以氯化银沉淀形式进入渣中，实际成为硫酸锌溶液的除氯剂。

由锌焙烧矿中各成分的行为可以看出，用稀硫酸溶液浸出锌焙烧矿时，在锌溶解的同时，还有一定量的铁、砷、锑、铜、镍、镉、钴、锗、硅酸等杂质也溶入溶液，这些杂质对浓密、过滤、净化、电积等工序都有一定影响。因此，锌焙烧矿浸出时所获得的硫酸锌溶液，必须最大限度地将有害杂质从溶液中除去，获得较为纯净的硫酸锌溶液。

3.3.4 浸出过程的动力学

锌焙烧矿的浸出由两个阶段组成：稀硫酸与原料中金属氧化物的化学反应阶段和生成的金属硫酸盐溶解并进入溶液的扩散阶段。锌焙烧矿的浸出过程属于固-液相之间的多相反应，浸出速度主要取决于表面化学反应速度和扩散速度，而化学反应速度和扩散速度都受温度影响。温度每升高 1 K，扩散速度增加 1%~3%，化学反应速度约增加 10%。当表观活化能小于 20 kJ/mol 时，为扩散控制步骤；若大于 40 kJ/mol 时，为化学反应控制步骤。

氧化锌的酸溶过程如图 3-4 所示，浸出过程的机理和步骤如下。

(1)稀硫酸在锌原料颗粒表面上吸附(包括孔隙及毛细管)；

(2)在接触的表面上，稀硫酸与固体锌原料发生化学反应，生成硫酸盐并溶入溶液；

(3)固体表面上的溶液层不断富集硫酸盐，并在固体表面上形成一层薄的饱和硫酸盐扩散层；

(4)硫酸盐扩散层阻碍着焙砂与稀硫酸的接触；

(5)依靠扩散层离开界面向溶液内扩散，以及硫酸向饱和溶液层的扩散作用，使原料的溶解反应继续进行。

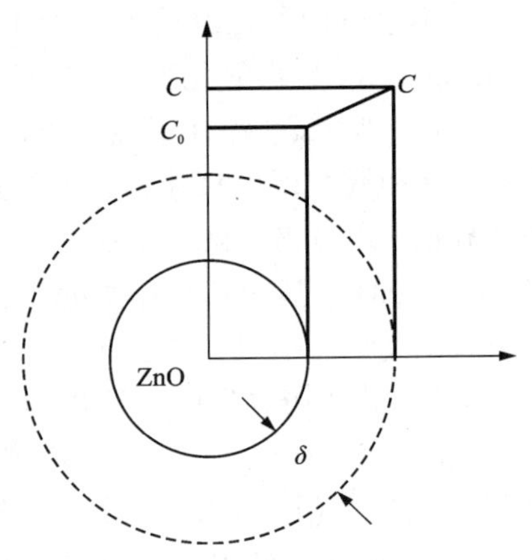

图 3-4 氧化锌的酸溶过程

氧化锌溶解于稀硫酸的反应活化能很小，约为 12.54 kJ/mol，属于典型的扩散速度控制的化学反应。氧化锌浸出的扩散速度为：

$$\frac{dM}{dt} = DS\frac{C - C_s}{\delta} \tag{3-35}$$

式中：$\frac{dM}{dt}$为扩散速度，即单位时间物质扩散的摩尔数；D 为扩散系数；C、C_s 分别为溶液本体及反应表面处酸的浓度；S 为反应表面积，对球形颗粒，$S = 4\pi r_i^2$；δ 为扩散层厚度，在静止状态下为 0.5 mm，充分搅拌时为 0.01 mm。

扩散系数 D 为：

$$D = \frac{RT}{N} \cdot \frac{1}{2\pi\mu d} \tag{3-36}$$

式中：R 为气体常数；T 为绝对温度；N 为阿伏伽德罗常数；μ 为矿浆黏度；d 为颗粒直径。

浸出速度与温度、溶剂浓度、搅拌强度、矿的粒度、矿浆黏度及锌焙烧矿的物理化学特性有关。为了加快浸出速度，可充分磨细矿物（增大 S）、提高温度（增大 D）、提高溶剂浓度（增大 $C-C_s$）、加强搅拌（降低 δ）等。

氧化锌的溶解速度可能受温度、溶剂浓度及搅拌程度等因素的影响。当搅拌强度达到一定程度后，扩散层厚度 δ 达到最小，扩散过程能够顺利进行。这时氧化锌的溶解速度取决于界面化学反应速度，浸出过程的控制步骤由扩散控制转为化学反应控制，此时，氧化锌的浸出速度与反应时间关系可用缩核模型的动力学方程表示：

$$1-(1-\alpha)^{1/3}=\frac{KC}{\rho r_o}t \tag{3-37}$$

式中：α 为反应率，即矿粒质量减少的比率；K 为反应速度常数；ρ 为颗粒摩尔密度；r_o 为粒子原始半径；t 为反应时间。

式(3-37)中，$1-(1-\alpha)^{1/3}$ 与 t 呈直线关系，可求得浸出率与时间的关系。

铁酸锌在硫酸溶液中的溶解反应属于化学反应控制，其溶解速度符合式(3-37)，如图 3-5 所示。

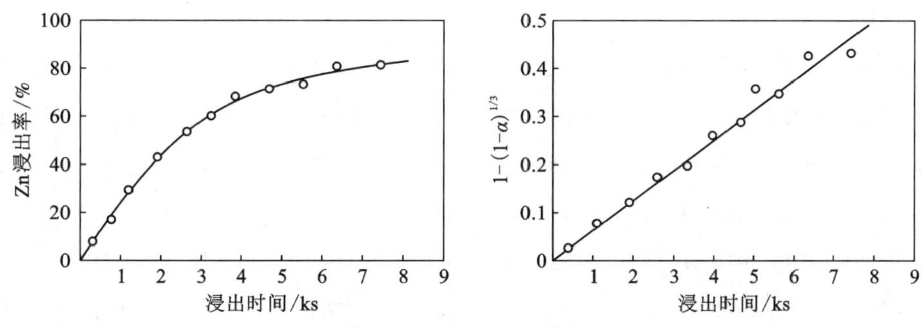

图 3-5　铁酸锌在酸溶液中的溶解速度

3.3.5　中性浸出及水解除杂质

3.3.5.1　中性浸出过程实质及基本反应

中性浸出的目的就是控制浸出终点 pH 为 5.2～5.4，使铁等杂质水解，从而以氢氧化物的形态沉淀入渣。中性浸出过程实际上包括两个过程，即焙烧矿中 ZnO 的溶解和浸出液中 Fe^{3+} 的水解。对 ZnO 的溶解属于浸出过程，对 Fe^{3+} 的水解除铁属于净化过程。

中和水解法是一种除杂的方法，即利用不同金属盐类在水溶液中水解生成氢氧化物的 pH 的不同，在保证溶液中锌离子不发生水解的 pH 条件下，用降低溶液酸度的方法，使某些伴生金属离子全部或部分水解，以氢氧化物 $Me(OH)_n$ 沉淀形式析出，从而实现与溶液分离的方法。降低溶液酸度的方法是加入锌焙砂、锌烟尘、石灰乳等中和剂。中性浸出的主要反应为：

水解反应　$$Fe_2(SO_4)_3+6H_2O = 2Fe(OH)_3\downarrow+3H_2SO_4 \tag{3-38}$$

中和反应　$$H_2SO_4+ZnO = ZnSO_4+H_2O \tag{3-39}$$

总反应　$$Fe_2(SO_4)_3+3ZnO+3H_2O = 3ZnSO_4+2Fe(OH)_3\downarrow \tag{3-40}$$

金属离子的水解反应方程可用如下通式表示：

$$Me^{n+} + nH_2O = Me(OH)_n + nH^+ \tag{3-41}$$

反应的平衡条件为：

$$pH = pH^{\ominus} - \frac{1}{n}\lg a_{Me^{n+}} \tag{3-42}$$

根据式(3-42)，可计算出不同 pH 下杂质离子 Me^{n+} 的去除程度。

$pH^{\ominus}$ 是金属离子 Me^{n+} 水解程度的重要数值，当溶液温度为 298 K 和 343 K 时，$pH^{\ominus}_{298}$ 和 $pH^{\ominus}_{343}$ 见表 3-4。

表 3-4　$Me(OH)_n$ 生成时的平衡值 $pH^{\ominus}$ 及 $\Delta G^{\ominus}$、$\Delta S^{\ominus}$

$Me(OH)_n+nH^+ = Me^{n+}+nH_2O$	$\Delta G^{\ominus}$(298 K) /($J \cdot mol^{-1}$)	$\Delta S^{\ominus}$(298 K) /($J \cdot mol^{-1} \cdot K^{-1}$)	$pH^{\ominus}_{298}$	$pH^{\ominus}_{343}$
$Tl(OH)_3+3H^+ = Tl^{3+}+3H_2O$	51431	-285.0	-0.716	-0.775
$Co(OH)_3+3H^+ = Co^{3+}+3H_2O$	25081	—	-0.35	—
$FeOOH+3H^+ = Fe^{3+}+2H_2O$	22591	-957.4	-0.3154	0.807
$Cr(OH)_3+3H^+ = Cr^{3+}+3H_2O$	-106501	-752.1	1.533	0.923
$Fe(OH)_3+3H^+ = Fe^{3+}+3H_2O$	-115547	-752.1	1.617	0.990
$Ga(OH)_3+3H^+ = Ga^{3+}+3H_2O$	-134010	-930.8	1.870	1.120
$In(OH)_3+3H^+ = In^{3+}+3H_2O$	-206595	-645.3	2.883	2.160
$Al(OH)_3+3H^+ = Al^{3+}+3H_2O$	-230744	-731.1	3.22	2.4
$Bi(OH)_3+3H^+ = Bi^{3+}+3H_2O$	-267410	—	3.732	—
$Sn(OH)_2+2H^+ = Sn^{2+}+2H_2O$	-35830	77.6	0.75	0.717
$TlOH+H^+ = Tl^++H_2O$	-327532	522.2	13.90	12.95
$Cu(OH)_2+2H^+ = Cu^{2+}+2H_2O$	-219987	-160.6	4.604	3.87
$Zn(OH)_2+2H^+ = Zn^{2+}+2H_2O$	-279564	-208.7	5.85	4.91
$Cr(OH)_2+2H^+ = Cr^{2+}+2H_2O$	-262507	—	5.49	—
$Ni(OH)_2+2H^+ = Ni^{2+}+2H_2O$	-290938	-414.5	6.09	4.96
$Pb(OH)_2+2H^+ = Pb^{2+}+2H_2O$	-325813	-307.0	6.82	6.18(5.678)
$Fe(OH)_2+2H^+ = Fe^{2+}+2H_2O$	-317145	-221.9	6.65	5.60
$Cd(OH)_2+2H^+ = Cd^{2+}+2H_2O$	-329873	-57.0	7.20	6.20
$Mn(OH)_2+2H^+ = Mn^{2+}+2H_2O$	-365703	-134.3	7.655	6.55
$Co(OH)_2+2H^+ = Co^{2+}+2H_2O$	-300971	-230.6	6.30	5.29

注：T=298 K 和 343 K、$a_{Me^{n+}}$=1 mol/L 时的数据。

根据表 3-4 中 $pH^{\ominus}$ 和式(3-42)可作图 3-6。由图 3-6 可以看出金属离子活度在溶液中的稳定性随 pH 变化而变化的情况。

随着浸出过程的进行，溶液酸度逐渐降低。由图 3-6 可知，某些杂质随着 pH 升高，稳定性发生变化，能发生水解而被除去。控制浸出终点的 pH 越高，杂质水解除去越彻底。硫酸锌在一定的 pH 下也会发生水解，Zn^{2+}的水解 pH 与 Zn^{2+}浓度有关。工业生产浸出液中 Zn^{2+}的浓度一般为 130~140 g/L，浸出终了时为了保证 Zn^{2+}不水解，能允许的最大 pH 为 5.5~5.6。因此，工业生产中为了确保规定的 Zn^{2+}浓度，浸出终点 pH 一般控制在 5.2~5.4。

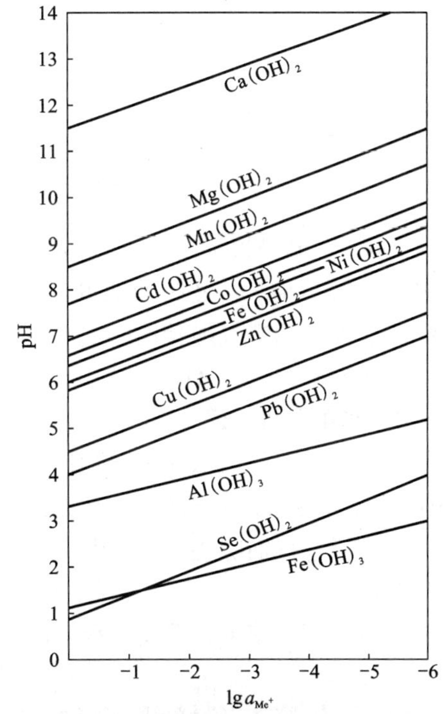

图 3-6　几种金属氢氧化物在水溶液中的稳定区(298 K)

由于铁与砷、锑和硅在水解沉淀过程中有着密切的关系，当浸出终点 pH 控制在 5.2~5.4 时，根据表 3-4 和图 3-6 可知各种杂质水解除去的可能性及后续工序的需要。在生产实践中，浸出后期水解除杂主要是针对铁、砷、锑、硅几个杂质元素进行。这些杂质水解析出的好坏不仅关系浸出液的净化程度，也成为浸出矿浆能否很好澄清、过滤的关键。

3.3.5.2　水解除铁

由图 3-6 可知，在 298 K 和控制中性浸出的终点 pH 为 5.2~5.4 时，浸出液中的 Fe^{3+}、Al^{3+}、Sn^{2+}等杂质离子以水解氢氧化物的形态沉淀，但溶液中的 Zn^{2+}、Cu^{2+}、Cd^{2+}、Co^{2+}、Fe^{2+}、Mg^{2+}等不能水解沉淀。当溶液中 Cu^{2+}浓度大于 800 mg/L 时，能通过水解除去一部分。

当溶液中 $a_{Zn^{2+}}=10^{-1}$ mol/L 时，Zn^{2+}的水解 pH=6.35，这是控制中和水解的极限 pH。

当溶液中 $a_{Fe^{3+}}=10^{0}\sim10^{-6}$ mol/L 时，其水解 pH 为 1.62~3.62。说明在中性浸出时，Fe^{3+}的浓度可降至 10^{-6} mol/L 以下，一般为 10^{-4} mol/L。在中性浸出过程中，当溶液 pH=2 时，Fe^{3+}已开始水解；当 pH=3.62 时，Fe^{3+}基本水解完全。

中性浸出时，浸出液中同时存在 Fe^{2+}和 Fe^{3+}两种铁离子。当浸出的终点 pH=5.2~5.4 时，溶液中的 Fe^{2+}不能水解。为了在浸出终了能使其中的 Fe^{2+}水解除去，需要用二氧化锰(软锰矿或阳极泥)作氧化剂在酸性介质中将 Fe^{2+}氧化成 Fe^{3+}：

$$2Fe^{2+} + MnO_2 + 4H^+ = 2Fe^{3+} + Mn^{2+} + 2H_2O \tag{3-43}$$

反应的推动力由 MnO_2 还原为 Mn^{2+}、Fe^{2+}氧化成 Fe^{3+}这两个反应在电位-pH 图上两线的间隔距离表示：

$$\Delta\varphi = \varphi_{Mn^{2+}/MnO_2} - \varphi_{Fe^{3+}/Fe^{2+}} = 0.46 - 0.12pH - 0.031\lg\frac{a_{Fe^{3+}}^2 \cdot a_{Mn^{2+}}}{a_{Fe^{2+}}^2} \tag{3-44}$$

由式(3-44)看出，当提高溶液酸度(降低 pH)时，差值 $\Delta\varphi$ 越正，越有利于 Fe^{2+}的氧化反应的进行，所以 Fe^{2+}的氧化反应必须在酸性溶液中进行。生产实践表明，当溶液含酸 10~20 g/L 时，氧化效果最好。在 313 K 时，溶液中硫酸的活度 $a_{H^+}=0.08\sim0.12$。如果取 $a_{H^+}=$

0.1，则 pH=1。代入式(3-44)，便得到该反应平衡时($\Delta\varphi=0$)的平衡常数：

$$\frac{a_{Fe^{3+}}^2 \cdot a_{Mn^{2+}}}{a_{Fe^{2+}}^2} = 10^{11.4} \tag{3-45}$$

中性浸出前液中锰的浓度为 3~5 g/L，其中 $a_{Mn^{2+}}=1.82\times10^{-2}$。反应达平衡时：

$$\frac{a_{Fe^{3+}}}{a_{Fe^{2+}}} = \sqrt{\frac{10^{11.4}}{1.82\times10^{-2}}} \approx 3.72\times10^6 \tag{3-46}$$

由此可见，Fe^{2+}被 MnO_2 氧化成 Fe^{3+}的氧化程度很高。在 pH 为 5.2 时，Fe^{3+}水解生成 $Fe(OH)_3$ 沉淀入渣，溶液中的铁可沉淀得相当完全。

浸出过程采用空气搅拌时，空气中的氧也能使 Fe^{2+}氧化成 Fe^{3+}，但氧化速度很慢。其水解产物是针铁矿(α-FeOOH)。

3.3.5.3 水解除砷、锑

中性浸出时，锌焙烧矿中的砷主要以高价的配阴离子形式存在，锑主要以 H_3SbO_4、H_3SbO_3 胶体和 SbO_4^{3-} 形式存在。当浸出终点 pH 控制在 5.2~5.4 时，不能靠砷、锑自身在浸出液中的不稳定性而除去，必须借助 Fe^{3+}的帮助才能使砷、锑很好地除去。Fe^{3+}除砷、锑的作用有两点：

①化学作用。使砷、锑成为难溶的砷酸铁及锑酸铁的复盐而沉淀，即

$$Fe^{3+} + AsO_4^{3-} = FeAsO_4 \tag{3-47}$$

②氢氧化铁胶体吸附凝聚沉降析出。锑主要以锑酸胶体存在，故主要被 $Fe(OH)_3$ 胶体吸附沉降。

$Fe(OH)_3$ 是一种胶体，其胶体微粒带有电性相同的电荷，互相排斥而不易沉降；在不同的酸度下因吸附的离子不同，带的电荷也不相同。在溶液 pH<5.2 时，$Fe(OH)_3$ 胶体吸附 Fe^{3+}而带正电；在 pH>5.2 时带负电，定位离子为 OH^-，其等电点在 pH 5.2 附近；pH<5.2 时，$Fe(OH)_3$ 胶粒带正电，AsO_4^{3-}、SbO_4^{3-} 成为其反离子。溶液中各种负离子都可以成为"反离子"被胶核所吸引，其中一部分可以进入胶团内，和胶团一起运动。在工业浸出液中，SO_4^{2-}、OH^-、AsO_4^{3-}、SbO_4^{3-}、SiO_3^{2-}、GeO_3^{2-} 等可成为反离子。它们进入胶团吸附层的数量取决于这些离子的浓度和电荷的大小，浓度大、电荷高的更易进入吸附层。与浓度相比，电荷作用更大。因此，进入 $Fe(OH)_3$ 胶粒吸附层的负离子主要是 AsO_4^{3-}、SbO_4^{3-}、SO_4^{2-}，也有少量的 SiO_3^{2-} 和 OH^-等。

砷、锑只有在溶液酸度很高的情况下以阳离子 As^{5+}、Sb^{5+}的形式存在。对于中性浸出，终点 pH 控制在 5.0 以上的溶液，砷、锑将主要以配离子 AsO_4^{3-} 和 SbO_4^{3-} 的形式存在。尽管 AsO_4^{3-} 和 SbO_4^{3-} 在浓度上较 SO_4^{2-} 低得多，但在电荷方面却占极大优势，故可以被 $Fe(OH)_3$ 胶核吸附在表层中。进入胶粒吸附层中的砷、锑与溶液中的砷、锑浓度成正比，砷、锑的数量与氢氧化铁的数量成正比；氢氧化铁的数量愈多，吸附的砷、锑量也愈多，残留在溶液中的砷、锑量愈少。

在生产实践中，为了能从溶液中彻底除去砷和锑，使 As、Sb 降至 0.1 mg/L 以下，一般要求溶液中的含铁量为含砷量的 10~15 倍、含锑量的 20~40 倍。因此，当溶液中铁量不足时，须向溶液中补加硫酸亚铁和软锰矿。但加入的铁量也不宜太多，否则将产生大量 $Fe(OH)_3$ 沉淀，导致澄清、过滤困难。

3.3.5.4　水解除硅

硅在浸出矿浆中基本以胶体状态存在。硅胶过多将使矿浆澄清、沉降性能恶化。胶体的一个重要性质是胶粒带电荷，硅酸的等电点在 pH 2 附近。pH>2 时硅胶微粒带负电荷，pH<2 时硅胶微粒带正电荷。当浸出终点控制在 pH 5.2 时，氢氧化铁胶体和硅酸胶体带有相反的电荷。两种胶体在静电引力作用下聚结在一起，使二者从溶液中共同析出。锌焙烧矿中性浸出时，硅胶在 pH 4.8~5.0 时大量聚结析出，而不是在其等电点处大量析出。

实践证明，两种胶体的凝聚作用是相互的，不是主动和被动的作用。共同凝聚作用除与过程的技术条件有关外，还与两种胶体的数量有关。如果一种胶体多、一种胶体少，或胶粒子电荷相差较大，则可能产生部分凝聚沉淀。为了使浸出矿浆易于沉降或过滤，凝聚析出的胶团应当体积较大，且有牢固的结构，方能有较大的沉降速度。如果析出的颗粒很细、结构又疏松，将给澄清浓缩造成困难。为此工业生产中通常向浸出矿浆加入聚丙烯酰胺(三号凝聚剂)来改善和加速沉降过程，氢氧化铁胶体颗粒会被聚丙烯酰胺吸附成大颗粒，凝聚剂的加入量为 3 mg/L 时，可使沉降速度提高 12 倍以上。

聚丙烯酰胺是一种高分子化合物，属亲水性胶体，通常不带电荷。加入聚丙烯酰胺后，浸出矿浆中疏水性的氢氧化铁和亲水性的聚丙烯酰胺胶体共同存在。两种胶体在相遇碰撞后，聚丙烯酰胺的烃基将被吸附在氢氧化铁胶体表面。由于聚丙烯酰胺分子链很长，在其数量很少的情况下，每个高分子便可能黏住多个氢氧化铁胶粒，使它们结合在一起并促使其凝聚。但聚丙烯酰胺的加入量不能过多，否则会产生相反的效果，阻碍各胶粒的互相凝聚。

3.4　锌焙烧矿的常规浸出

3.4.1　概述

锌焙烧矿是湿法炼锌浸出过程使用的主要原料，浸出作业一般都是在常压下进行。通用的两种浸出工艺流程是常规浸出流程和热酸浸出流程，分别如图 3-7 和图 3-8 所示。浸出时以稀硫酸溶液去溶解焙烧矿中的氧化锌。作为溶剂的硫酸来自锌电积车间的废电解液。得到的中性浸出液经净化后再送去电积回收锌，中性浸出渣则另行处理。

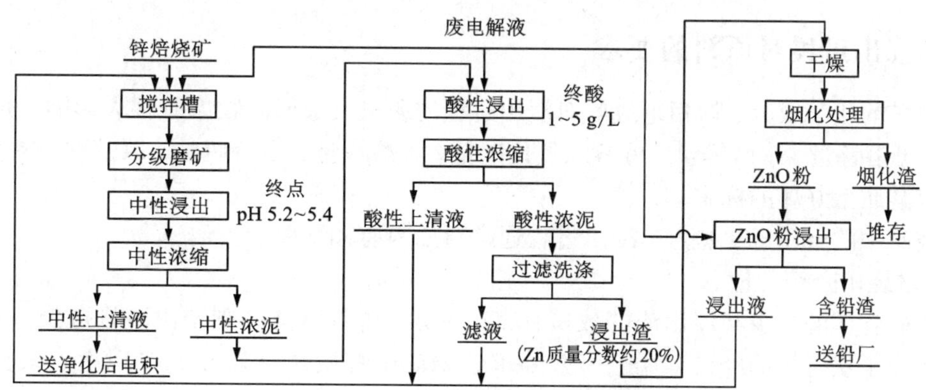

图 3-7　锌焙烧矿的常规浸出流程

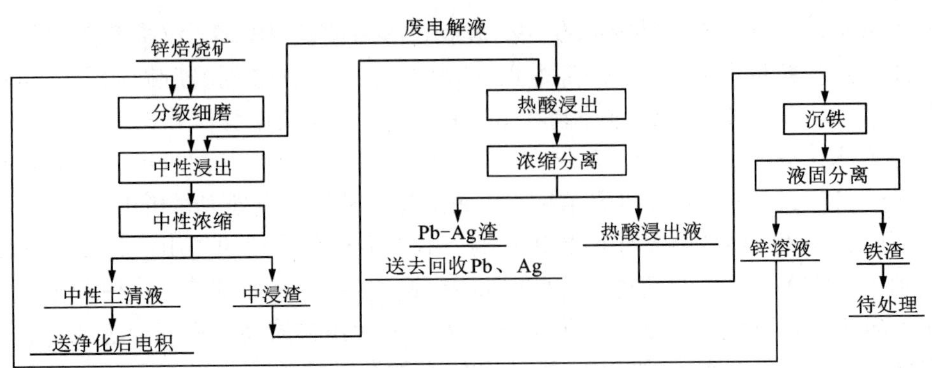

图 3-8 锌焙烧矿的热酸浸出流程

湿法炼锌厂多数采用两段连续复浸出流程，即第一段为中性浸出，第二段为酸性或热酸浸出。在两段浸出的基础上，对大颗粒物料增加一段局部酸浸。锌焙烧矿首先用酸性浸出液进行中性浸出；然后用锌焙烧矿中的氧化锌中和酸性浸出溶液中的游离酸，且控制一定的酸度(pH 5.2~5.4)；最后用水解法除去溶解的 Fe、Al、Si、As、Sb 等杂质，得到中性浸出液，将其净化后再送去电积，以回收锌。中性浸出过程，大部分 ZnO 溶解，锌的浸出率为 75%~80%。中性浸出渣中含有较多的锌，必须进行二次酸性浸出，使中性浸出渣中的锌尽可能地完全溶解，进一步提高锌的浸出率。同时，还要得到过滤性能良好的矿浆，以利于下一步进行固液分离。为避免大量杂质同时溶解，终点酸度一般控制在 H_2SO_4 浓度为 1~5 g/L。焙烧矿经过两段浸出，锌的浸出率为 85%~90%，渣中锌质量分数约为 20%，其中以铁酸锌存在的锌占总锌量的 60%以上。

为了提高锌的回收率，须采用回转窑还原挥发法、烟化炉还原挥发法等火法工艺或热酸浸出-黄钾铁矾法除铁等湿法工艺回收浸出渣中的锌。从浸出渣中回收锌的火法工艺的缺点是能耗大、金属挥发损失大、对环境有污染、流程复杂等。用回转窑处理含银、镓率高的浸出渣时，其大部分银与镓残存在渣中，不能有效地综合利用。采用热酸浸出法处理中性浸出渣，可使整个湿法炼锌流程缩短，生产成本降低，锌的浸出率达 97%~98%；同时获得含贵金属的铅银渣，且各种铁渣容易过滤洗涤。

3.4.2 浸出过程对原料的要求

焙烧矿的化学成分、物相组成等对浸出过程的质量及金属回收率有很大影响。焙烧矿中全锌量、可溶锌量、水溶锌量、可溶二氧化硅量、可溶铁量、不溶硫量，以及砷、锑、氟含量等是衡量其质量好坏的标志。

焙烧矿中的杂质愈少愈好，浸出过程通常对原料有如下要求。

(1)焙烧矿全锌含量。

焙烧矿含锌的多少与浸出渣的数量有直接关系，含锌量愈高则浸出渣量愈少，金属回收率愈高。为了获得好的经济效益，一般要求焙烧矿中锌质量分数在 50%以上。根据生产实践，当焙砂中全锌量为 63.8%(质量分数)时，渣率为 32%；焙砂中含全锌量为 49%~50%(质量分数)时，则渣率达 54%~60%，使锌的直接回收率降低。

(2)可溶锌率。

可溶锌是指原料中可浸出锌的数量，它直接影响锌的浸出率和回收率。焙烧矿中可溶锌率愈高，浸出速率愈大，浸出率也愈高。若其中难溶的铁酸锌、锌酸盐含量愈高，则浸出速率愈小，浸出率愈低。在常规浸出中一般要求可溶锌率大于 90%。

(3)水溶锌量。

水溶锌主要指以硫酸盐形态存在于焙烧矿中的锌，水溶锌量取决于焙烧工作制度。焙烧矿中水溶锌不够，则湿法炼锌系统中硫酸不足，须额外补充，即增加硫酸消耗。如水溶锌过多，则会增大系统含酸量，破坏酸平衡，对生产操作不利。

(4)可溶二氧化硅量。

可溶二氧化硅主要来源于焙烧矿中的金属硅酸盐($MeO \cdot SiO_2$)。在高温焙烧中，二氧化硅几乎全部转变为可溶性硅酸盐。在浸出过程中，金属硅酸盐溶解成胶体状态进入溶液，严重影响矿浆的浓缩(或澄清)与过滤，希望它的含量越少越好。为使浸出过程顺利进行，一般要求精矿中 SiO_2 的质量分数不超过 5%。

(5)铁含量。

焙烧矿中的铁含量在常规浸出过程中对浸出率和渣量均有重要影响，焙烧矿中铁含量增加 1%，则不溶锌量增加 0.6%。在热酸浸出法中，铁含量除影响作业进程外，也影响铁渣量的产量。

(6)砷、锑含量。

锌焙烧矿中的砷、锑含量高时，为了顺利除去砷、锑，浸出液中铁含量必须相应提高。但这增加了浸出终了时氢氧化铁胶体的数量，对矿浆的澄清、沉降不利。一般要求锌精矿中砷、锑质量分数之和不超过 0.5%，焙烧矿中砷、锑质量分数之和应小于 0.4%。

(7)氟、氯及残硫量。

氟、氯会影响电积过程的正常进行，由于净化除氟、氯的方法比较麻烦，一般要求焙烧矿含氟、氯不大于 0.02%。

焙烧矿中的不溶硫一般是焙烧过程中残留的金属硫化物。常规浸出过程中，稀酸不能分解金属硫化物，造成锌浸出率降低，因此残硫量应越低越好。

(8)锌焙烧矿的粒度。

焙烧矿粒度大小与锌焙烧矿质量和浸出速度的关系密切，以 0.15~0.20 mm 为宜。焙烧矿粒度越细，表面积越大，浸出速率越高。焙烧矿的粒度还会影响锌的浸出率、水解净化除铁，以及 SiO_2 胶体凝聚的快慢。若焙烧矿的粒度过细，会增大矿浆黏度，导致沉降困难，对浸出矿浆的浓缩、过滤不利。焙烧矿粒度过粗除对浸出不利外，还会沉积在管道和设备中，造成管道和设备堵塞，甚至造成搅拌机、浓缩槽耙臂等的毁坏。为提高生产效率和锌浸出率，在浸出流程中要对焙烧矿进行分级与磨细。

3.4.3　浸出过程技术条件的控制

浸出过程的好坏与技术条件的控制密切相关，只有正确选用操作技术条件并严格操作、精心控制，才能取得好的浸出结果。

3.4.3.1　一段中性浸出技术条件的控制

一段中性浸出是浸出过程的关键，直接影响浸出矿浆和中性上清液的质量。只要正确选择技术条件，精确控制浸出终点，就能得到沉降速度快、易于澄清过滤的浸出矿浆，以及杂质含量低、固体悬浮物少的优质浸出液(上清液)。

(1)一段连续中性浸出条件的控制。

①浸出温度： 333~348 K

②浸出液固比(浸出液与料量的质量比)： (10~15)：1

③浸出时间： 1~2 h

④浸出始酸浓度： 30~40 g/L

⑤浸出终点 pH(最后一个浸出槽出口)： 5.2~5.4

在生产过程中，中性浸出时控制终点 pH 为 5.2~5.4，使 Fe^{3+}水解呈 $Fe(OH)_3$ 沉淀并吸附砷、锑、锗共同沉淀，达到除去铁、砷、锑、锗等有害杂质的目的。

(2)一段中性浸出液质量的控制。

中性浸出液的质量要求为：中性浸出液中 $c_{Fe}<20$ mg/L，$c_{As}<0.24$ mg/L，$c_{Sb}<0.2$ mg/L；同时要求浸出液中的悬浮物浓度小于 1.5 g/L。

①铁、砷、锑的控制。

为了除去溶液中的砷、锑，溶液中必须含有足够的铁量。若溶液中的铁浓度不足，必须额外增加。在实际操作中，一般加入预先制备好的含铁溶液(硫酸亚铁溶液或含铁浸出液)，加入的铁量为锌焙烧矿中砷、锑含量的 15~20 倍。在连续浸出时，一般要求成分一致、质量较好的原料和连续均匀供料，以保证浸出液的质量。

②固体悬浮物的控制。

稳定一段浸出的操作和控制好技术条件，就能保证产出固体悬浮物含量低的一段浸出液。

锌精矿中铅、铁、二氧化硅含量高时，在焙烧过程中会生成易溶于稀硫酸溶液的硅酸盐，会显著恶化浸出矿浆的澄清度。为了尽可能减少上清液中的悬浮物，应控制溶液的合理含锌量。若浸出液含锌超过 160 g/L，会使溶液的密度和黏度增大，导致悬浮物澄清困难。因此，焙烧矿应采用低酸浸出，严格控制终点 pH=5.2~5.4、浸出液含锌不超过 150 g/L，减少以胶体二氧化硅形式进入上清液中的悬浮物。

此外，浸出温度、浸出时间及矿浆液固比都对上清液悬浮物含量有一定影响。控制较高的浸出温度、准确及时地掌握浸出终点、搅拌时间，以及控制矿浆液固比在(10~12)：1，均有减少上清液中悬浮物含量的作用。

3.4.3.2 两段浸出技术条件的控制

锌焙烧矿经过一段中性浸出后，产出的浓泥渣中酸溶锌的质量分数达 10%~20%甚至更高，因此需要进行两段浸出。进行两段浸出的目的就是最大限度地从浸出渣中回收锌，提高锌的回收率，产出含锌量最少的残渣。

两段浸出可采用中性浸出或酸性浸出，多采用酸性浸出。二段采用中性浸出时一般为间断浸出，终点 pH 控制在 5.2~5.4。两段浸出在浸出终点的控制上虽不如一段中性浸出那样严格，但两段浸出作业不仅影响两段浸出过程本身，还会间接影响一段中性浸出作业。

二段连续酸性浸出条件的控制：

①浸出温度： 333~353 K

②浸出液固比： (7~9)：1

③浸出时间：　　　　　　　　　　　　　　2~2.5 h

④浸出终点 pH：　　　　　　　　　　　　2.5~3.5

由于原料和酸同时加入，故按浸出矿浆最后浸出槽出口终酸的 pH 控制始酸的酸量。

浸出温度愈高，锌的浸出率愈高，愈能保证矿浆有良好的澄清和过滤速度。通常使浸出矿浆温度保持在 338 K 以上，有时甚至高达 343~353 K。

浸出过程应保证充分的浸出时间和搅拌强度。其中，充分地进行搅拌有利于稀硫酸溶液与浸出渣中的固体物料进行接触，加快浸出渣中锌的溶解。一般在保证溶液含酸的条件下，搅拌时间不少于 2 h。

矿浆的液固比越大，则矿浆的澄清性能越好，锌的回收率也越高。

3.4.3.3　浸出过程的平衡

湿法炼锌系统中的溶液体积、溶液中含锌量和浓泥体积维持一定，对浸出过程的稳定操作和技术的控制具有非常重要的意义。

①体积平衡：溶液体积维持一定称为体积平衡。整个湿法炼锌生产系统中的溶液，为闭路循环。每天由于洗渣、洗滤布、洗地面或其他设备带进的大量的水，将增加系统中的溶液体积，导致溶液无法“周转”或自设备中满溢出来。有时由于溶液蒸发及随渣带走等导致水量损失，使溶液体积缩小，无法满足冲矿液所需流量，使浸出矿浆液固比减少。为了维持溶液的体积平衡，必须使每天加入的水量和溶液蒸发的水、随渣带走的水，以及各种损失的水量相抵消，使进入和排出的溶液体积相等。

②金属平衡：溶液中含锌量维持一定称为金属平衡。溶液中含锌量太高，将使浸出矿浆的密度和黏度增大，导致矿浆澄清困难，并使电解过程酸量增加而影响电解作业。溶液中含锌量低，溶液周转量大，设备负荷和动力消耗增大。为了保持溶液中金属平衡，必须使进入浸出液中的锌量与电积析出的锌量维持平衡。

③渣平衡：浓泥的体积维持一定称为渣平衡。浓缩槽底流浓泥体积增大，会使矿浆浓缩、澄清困难，上清液中悬浮物含量升高，无法保证浸出的正常生产。中性浓缩浓泥量增大或减少，或者球磨机大粒渣矿浆量的波动，都会引起酸性浸出条件的波动。酸性浓缩浓泥增大时，会造成上清液浑浊。某厂因酸性浓缩浓泥未及时排出，浓泥密度达 2.0~2.10 g/cm^3，矿浆澄清恶化，含大量悬浮固体颗粒的上清液返回一次中性浸出，造成恶性循环，使设备负荷增大，损坏浓缩机。因此，必须使进入浸出的含锌物料量与排出的渣量维持平衡。实践证明，1 t 焙烧矿产出 1 t 湿渣，就能保证浸出正常生产。

3.4.3.4　焙烧矿常规浸出过程的实践

焙烧矿常规浸出流程采用一段中性浸出和一段酸性浸出或两段中性浸出的复浸出流程。经过两段浸出，锌的浸出率为 85%~90%，渣中锌质量分数大于 20%，其中以铁酸锌存在的锌占总锌量的 60%以上。为了提高锌的回收率，须采用火法回收其中的锌。

在常规湿法炼锌过程中，普遍采用回转窑进行高温还原挥发的方法来处理锌浸出渣回收主要金属锌，同时回收铅、锗、铟、银、金等有价金属。

在中性浸出过程中，为了得到过滤性良好的矿浆，应控制好如下条件：浸出温度为 323~343 K，终点 pH 为 5.2~5.4，减少焙砂中可溶性 SiO_2 的含量，搅拌速度不宜过大；当 pH 达 5 时应停止搅拌，中和速度不宜过快，加入适当的絮凝剂（我国多采用聚丙烯酰胺，又称三号凝聚剂），以有利于 $Fe(OH)_3$ 的凝聚及与硅胶相互凝聚而共同沉淀，絮凝剂用量一般为 5~

30 mg/L。

某厂两段浸出技术条件见表 3-5，一些工厂中性上清液成分见表 3-6。

表 3-5　某厂两段浸出技术条件

项目	一次中性浸出	二次酸性浸出
浸出方式	连续(三槽串连)	连续(四槽串连)
浸出槽体积/m^3	100(空气搅拌槽)	100(空气搅拌槽)
终点 pH	5.2~5.4	2~3
浸出温度/K	333~348	338~358
浸出时间/min	30~60	90~150
液固比	(10~15)：1	(7~9)：1
搅拌风压/MPa	0.15~0.18	0.15~0.18

表 3-6　一些工厂上清液成分　　单位：mg/L

厂名	Zn	Cu	Cd	Co	Ni	As	Sb	Fe	F	Cl	Mn
国内某厂	(130~170)×10^3	150~400	600~1200	8~25	8~12	≤0.3	0.5	≤20	≤50	≤100	(2.5~5)×10^3
巴伦厂(比利时)	160×10^3	500	35	10	1.5	0.15	0.35	200	—	400	—
神冈厂(日本)	160×10^3	413	690	45	0.6	—	—	7	4	12	—
达特恩厂(德国)	160×10^3	327	275	9~15	2~3	—	—	16	—	50~100	2.4×10^3
马格拉港厂(意大利)	145×10^3	90	550	11	2	0.4	0.4	1	25	75	3.5×10^3

3.5　氧化锌矿的浸出

氧化锌矿是锌的次生矿物，主要有菱锌矿($ZnCO_3$)、硅锌矿(Zn_2SiO_4)、异极矿($Zn_2SiO_4 \cdot H_2O$)、红锌矿(ZnO)、水锌矿[$3Zn(OH)_2 \cdot 2ZnCO_3$]等，是重要的炼锌原料之一，主要成分(质量分数)为：Zn 20%~40%、Pb 1%~4%、Fe 4%~10%、SiO_2 10%~30%、CaO 1%~8%、MgO 0.5%~3%。氧化锌矿中的脉石成分主要是方解石、菱镁矿、褐铁矿等。氧化锌矿多为高硅矿，难于选矿富集。含锌品位高的氧化锌矿，一般锌的质量分数为 18%~20%，可以直接作为锌冶炼的原料；品位低的氧化锌矿一般采用回转窑、烟化炉、Ausmelt 炉等使锌在氧化锌烟尘中富集后作为炼锌原料，或采用浸出-萃取技术生产金属锌。氧化锌矿通过火法挥发富集得到的氧化锌用于生产电解锌时，在浸出前首先要对其进行脱除氟、氯的处理。

氧化锌矿的直接浸出可以分为氨浸与酸浸两种工艺，生产上主要采用酸浸。

3.5.1 氧化锌矿的氨浸

氧化锌矿的氨浸是以氨或氨与铵盐作浸出剂，在氨水体系（NH_3-H_2O）、氯化铵体系（$NH_3-NH_4Cl-H_2O$）、碳铵体系[$NH_3-(NH_4)_2CO_3-H_2O$]、硫铵体系[$NH_3-(NH_4)_2SO_4-H_2O$]等体系中进行的氧化锌矿的浸出过程，含锌氧化物、硫酸盐或碳酸盐与氨反应生成锌氨配离子。其反应式如下：

$$ZnO + 4NH_4^+ + 2OH^- \xlongequal{} Zn(NH_3)_4^{2+} + 3H_2O \tag{3-48}$$

$$ZnCO_3 + 4NH_4^+ + 2OH^- \xlongequal{} Zn(NH_3)_4^{2+} + CO_3^{2-} + 3H_2O \tag{3-49}$$

$$ZnSO_4 + 4NH_4^+ + 2OH^- \xlongequal{} Zn(NH_3)_4^{2+} + SO_4^{2-} + 3H_2O \tag{3-50}$$

在氨浸过程中，氧化锌矿中的铜、镉、钴、镍、银等均溶解而进入溶液，硅、铅、铁、锰等均不溶解而残留于渣中。

采用碳铵体系浸出氧化锌矿时，向浸出液加入锌粉或锌粒置换除去铜、镉、铅、银等杂质；通蒸气加热，锌以碱式碳酸锌的形式沉淀；同时回收 NH_3 和 CO_2 循环利用，所得的碱式碳酸锌经煅烧得到氧化锌。采用氨浸处理菱锌矿（$ZnCO_3$）含量高的氧化锌矿时，含锌氨配离子的浸出液经净化后可以送去电积生产金属锌。

采用氨浸处理氧化锌矿具有原料适用范围广、净化负担轻、工艺流程短、产品种类多等特点。除能处理高硅、高碳酸盐氧化锌矿，以及低品位氧化锌矿外，还适宜处理含铁、氟、氯、砷、锑、钙、镁等杂质含量高的含锌物料，如锌烟灰、锌焙砂、铸锌渣灰和各种含锌冶炼废渣等。在氨浸过程中，原料中的许多有害杂质不与氨配合或发生水解而留在渣中。Cu、Ni、Co 等与氨配合的杂质溶解进入浸出液，但因浸出液呈弱碱性，在净化过程中均易被锌粉置换除去。氨浸除可以生产氧化锌外，还可以生产阴极锌和锌粉等产品。但该法生产的氧化锌比间接法生产的氧化锌质量略差，操作过程氨挥发严重，故难以处理一些复杂的硅酸锌矿。

3.5.2 氧化锌矿的酸浸

工业上氧化锌矿基本采用直接酸浸的工艺，只有少部分氧化锌矿采用预处理技术处理后再酸浸。氧化锌矿品位低，浸出过程渣率高，渣中夹杂的水溶锌达 3%～4%（质量分数），占金属投入锌量的 10%～14%，这是氧化锌矿冶炼回收率低的主要原因。

氧化锌矿直接酸浸中最大的问题是水的平衡。浸出渣如果不充分洗涤，则渣中水溶锌高，在渣的堆存过程被雨水冲洗会造成环境污染；如果充分洗涤，则产生大量低浓度的硫酸锌洗涤水，其中锌回收和水的利用变得比较复杂。

浸出时，脉石成分中的方解石、白云石被酸分解形成硫酸盐和二氧化碳。氧化锌矿中钙、镁含量高时，浸出会产生大量的二氧化碳气体，容易冒槽，同时也消耗大量的酸。浸出液中的硫酸镁浓度高时，容易在管道上结晶，并使锌电积能耗升高，影响整个湿法炼锌工艺。

3.5.2.1 氧化锌矿酸浸过程中胶体形成与控制

氧化锌矿多为高硅矿，含有大量的硅和铁，直接酸浸会产生硅酸和 $Fe(OH)_3$ 胶体，使矿浆难以澄清分离，影响过滤速度。氧化锌矿中的硅属于游离态的石英，对浸出过程并无明显的影响。结合态的 SiO_2 在低酸条件下有一定的可溶率。氧化锌矿中的铁有较高的可溶率，一般能达到 50%～60%。因此，氧化锌矿中的铁和硅对浸出过程均是有害的。因此，氧化锌矿直接酸浸工艺需要解决如下两个问题。

(1)浸出锌时如何避免或尽量阻止硅酸胶体和 $Fe(OH)_3$ 胶体的形成;

(2)当矿浆中胶体形成后,如何促使其有效沉降分离,以改善矿浆的过滤性能。

在浸出过程中,氧化锌矿中可溶铁和二氧化硅在酸性条件下按以下反应被溶解进入溶液:

$$ZnO \cdot SiO_2 + H_2SO_4 = ZnSO_4 + H_2SiO_3 \tag{3-51}$$

$$Fe_2O_3 + 3H_2SO_4 = Fe_2(SO_4)_3 + 3H_2O \tag{3-52}$$

浸出过程中产生的硅酸是一种弱酸,且性能极不稳定。单体硅酸 $Si(OH)_4$ 在不同的工艺条件下会形成不同形态的凝胶,若工艺条件不适当,往往会形成难以澄清、过滤性能极差的矿浆,使生产无法进行。浸出过程中产生的 $Fe_2(SO_4)_3$ 在中性条件下会发生水解,水解产生的 $Fe(OH)_3$ 也是一种胶体,同样会影响矿浆的澄清、过滤性能。因此,氧化锌矿的直接酸浸的技术核心就是控制适当的技术条件,设法克服产生的硅酸胶体和 $Fe(OH)_3$ 胶体对工艺过程的影响,获得易于澄清、过滤的浸出矿浆。

硅酸胶体带电荷,其等电点在 pH 2~2.5。当 pH>2 时,原硅酸[$Si(OH)_4$]开始聚合成[$Si(OH)_4$]$_m$。在 pH<5.2 的酸度条件下,硅胶颗粒带负电。在溶液 pH≤5.2 时,产生的 $Fe(OH)_3$ 胶体带正电。这两种带有相反电荷的胶体由于静电引力作用而共同凝聚析出,这就是共沉淀法。由于静电的相互中和,胶体的析出速度加快。当 pH=5.2~5.4 时,达到硅酸胶体和 $Fe(OH)_3$ 胶体的等电点,胶体凝结最好。为了达到上述的控制目的,生产过程中一方面要控制好一定的原料配比(即硅铁比),使两种胶体产生的数量与荷电量大致相当;另一方面也可通过加入 $Al_2(SO_4)_3$ 的方式来离解出带正电的 Al^{3+},以促使硅胶凝结析出。同时,在氧化锌矿酸性浸出的终点加入石灰乳快速中和,也能促使硅胶微粒的迅速凝结,获得易于澄清、过滤的矿浆。

根据硅酸胶体和 $Fe(OH)_3$ 胶体凝聚的特性,生产实践中通过改变矿浆的 pH、温度、硅酸浓度,以及添加一定量的晶种等多种措施,可克服胶体析出给工艺流程运行带来的困难及影响。

(1)浸出矿浆 pH:改变浸出矿浆的 pH 是控制胶体凝聚过程最易于实现的办法之一,也是较为常用的办法之一。浸出矿浆的过滤速度随溶液 pH 的上升而提高。其定量关系式为:

$$v = 5.62 - 2.99pH + 0.42(pH)^2 \tag{3-53}$$

式中:v 的单位为 $m^3/(m^2 \cdot h)$。

生产实践中应尽可能提高终点 pH,使过滤速度达到最大。但过高的 pH 将会造成锌离子水解沉淀,形成的碱式锌盐既造成金属锌的损失,又堵塞滤布,导致过滤速度降低。实践表明,氧化锌矿的浸出与锌焙烧矿浸出相似,控制浸出终点 pH=5.2~5.4 是适宜的。在该酸度条件下,可将溶液中的硅、铁基本沉淀,同时通过共沉淀的方法除去砷、锑等杂质。

(2)硅酸浓度:在工艺控制的酸度条件下,硅酸的浓度越高,硅酸聚合、凝聚速度越快,更易形成难以澄清过滤的聚凝胶。在较低浓度的硅酸条件下,会阻碍细颗粒的胶粒形成,并促使较大颗粒的无定形 SiO_2 长大。因此,多种氧化锌矿直接酸浸工艺均以控制适当的硅酸浓度为技术关键,如瑞底诺法、老山法和连续脱硅法等。

(3)凝聚温度:控制适当的作业温度可保证氧化锌矿中硅酸锌或碳酸锌的溶解反应彻底进行,且在相对较高的温度条件下,胶体的稳定性会变差而进入渣中,矿浆的过滤性能明显提高。矿浆温度由 333 K 升高至 363 K 时，过滤速度可提高 1 倍。

(4)预留晶种：氧化锌矿的浸出一般是在低酸条件下进行。在控制浸出 pH≤3.5 的条件下，硅酸锌与碳酸锌能够充分反应溶解。在此酸度条件下，硅酸胶体和 $Fe(OH)_3$ 胶体也已大量析出，在此之前形成的胶体起到了晶种的作用，可使新的 SiO_2 胶粒不断长大，以改善矿浆的固液分离性能。采用连续浸出时，由于矿浆体系中已含有大量凝聚形成的胶体，因此采用连续浸出时无须额外添加晶种。

硅酸胶体与 $Fe(OH)_3$ 胶体的凝聚除与上述条件有关外，还与中和剂、溶液中阳离子的种类及数量有关。为了减轻硅酸胶体对氧化锌矿直接酸浸过程的影响，可以使锌和可溶硅同时进入溶液；然后控制适当条件使硅以易于澄清、过滤的形态沉淀，或在浸出的过程中控制适当的条件使硅不进入溶液。因此，生产中一般采用将矿浆快速中和至 pH 4.5~5.5、提高浸出温度、添加 Al^{3+} 或 Fe^{3+}，以及在 343~363 K 下进行反浸出的措施，以减少硅的溶解或使胶质二氧化硅沉淀分离，提高锌的浸出率。

3.5.2.2　氧化锌矿的酸浸工艺

目前，工业上应用的氧化锌矿酸浸工艺主要有老山工艺(Vieille-Montagne)、中和凝聚法、EZ 工艺、瑞底诺(Radina)法及硫-氧联合浸出工艺。前三种是采用不同的方法将矿浆中胶质 SiO_2 在凝胶前以不同形式除去。

(1)老山工艺。

老山工艺是比利时老山公司发明的直接浸出氧化锌矿的方法。其特点是将浸出槽串联。将矿料磨细到 80 μm，并加入硫酸锌中性溶液中。在不断搅拌并严格控制浸出温度为 343~363 K 的条件下缓慢(不少于 3 h)加入含游离酸 100~200 g/L 的废电解液，使溶液的酸度逐步提高。待 pH 达到 1.5 左右、溶液含酸 1.5~15 g/L 时，即达到浸出终点。保持 343~363 K 的温度继续搅拌 2~4 h，使已溶解的硅几乎全部呈易于沉淀、易于过滤的、不溶的晶体硅形态析出，SiO_2 浓度从 0.487~0.762 g/L 降低到搅拌结束时的 0.147~0.291 g/L。此时矿浆的过滤性能较好，经浓缩后过滤速度可达 125~652 kg/(m^2 · h)干渣。由于矿浆含酸较高(1.5~15 g/L H_2SO_4)，在过滤前或过滤后须进行中和降酸。

泰国达府锌冶炼厂采用老山工艺浸出氧化锌矿，其工艺流程如图 3-9 所示。氧化锌矿平均含锌品位为 20%~25%(质量分数)。矿石中主要含锌矿物为异极矿 60%、菱锌矿 30%、水锌矿 10%。该厂的主要生产工艺为：矿石由堆场运到矿石车间，采用球磨机与水力旋流器闭路进行湿磨，粒度要求-80 μm。细磨后的矿浆用泵打到浸出车间。浸出用 5 台浸出槽、3 台中和槽连续作业，浸出槽为机械搅拌空气提升，浸出时间 8~12 h。采用水平真空带式过滤机过滤。

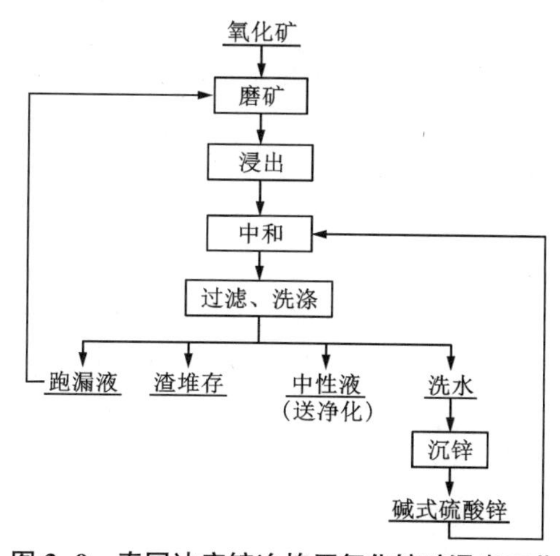

图 3-9　泰国达府锌冶炼厂氧化锌矿浸出工艺

(2)中和凝聚法和 EZ 工艺。

中和凝聚法与澳大利亚电锌公司的顺流

连续浸出法(EZ 法)工艺相近，均是在氧化矿酸浸后再进一步进行中和凝聚的方法。中和凝聚法处理高硅氧化锌矿的主要指标见表 3-7。

表 3-7 中和凝聚法处理高硅氧化锌矿主要指标

企业		会泽某厂	玉溪某厂	昆明某厂	普洱某厂	四川某厂
规模		小型及连续试验	电锌 500 t/a	电锌 2000 t/a	小型试验	半工业试验
试验或投产年份		1978 年	1989 年	1992 年	1992 年	1992 年
矿石成分(质量分数)/%	Zn	36.58	31.3	29.34	31.98	30.65
	SiO_2	11.84	26.0	8.29~8.35	20.42	29.13
硅酸锌含 Zn 占总 Zn 比例/%		56.63	46.0	—	87.5	60.0
渣中 Zn 的质量分数/%		1.7~2.2	5.0~9.0	7.31~9.9	5.23	7.6~7.7
浸出-絮凝 Zn 回收率/%		94.8	80~85	>80	76	—
过滤速度	干渣/[$kg\cdot(m^2\cdot h)^{-1}$]	28~34	—	—	94.3~97.3	—
	矿浆/[$m^3\cdot(m^2\cdot h)^{-1}$]	—	0.6~1.0	0.21~0.24	0.51~0.53	0.37~0.45

中和凝聚法工艺(图 3-10)由浸出和硅酸凝聚两段组成。矿石浸出后立即进入中和凝聚过程。凝聚段主要处理溶解在矿浆中的 SiO_2，通过中和并加入 Fe^{3+}、Al^{3+}凝聚剂，使胶质 SiO_2 在高 pH、高 Zn^{2+}浓度和足够的反离子 Fe^{3+}、Al^{3+}凝聚剂存在的条件下聚合成颗粒相对紧密、易于过滤的沉淀物。

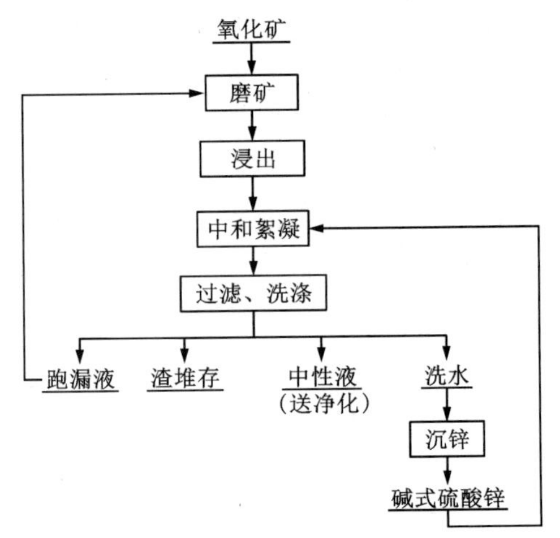

图 3-10 中和凝聚法工艺流程

采用中和凝聚法浸出氧化锌矿，锌的浸出率达 90%左右。锌的回收率与锌矿中锌、硅含量有关。硅酸锌含锌占总锌的比例愈低，Zn 回收率愈高。氧化锌矿的浸出-凝聚过程的技术条件如下。

①酸浸条件。

矿石粒度：0.175~0.174 mm 占 80%~90%

浸出时间：1.5~3 h

液固比：4~4.5

浸出终点 pH：1.5~2.0

②中和凝聚技术条件。

凝聚温度：333~343 K

凝聚时间：2~3 h

凝聚终点 pH：5.2~5.4

在以上技术条件下，矿浆过滤速度达 0.6~1.0 $m^3/(m^2\cdot h)$。

(3)瑞底诺(Radina)法。

瑞底诺法是在低酸条件下浸出高硅氧化锌矿，其方法是用浸出矿浆中已沉淀析出的 SiO_2 作晶种，在硫酸铝凝聚剂存在的情况下，使胶质 SiO_2 沉淀下来。该法为间断操作，将硫酸铝、废电积液(10% H_2SO_4)加入浸出槽中，加热到 363 K 左右；用过量的氧化锌矿石进行中和，使 pH 约为 4；加入一批废电解液，其量与第一批相同；再浸出 0.5 h，随后再用氧化锌矿中和槽中的废电解液，至少要加三次废电解液及相应量的矿石使浸出槽装满。之后，每加一次废电解液之前，先抽出相当量的已中和浸出好的矿浆送去过滤。浸出槽只有三分之一或小于三分之一的体积是有效的，因而被称为"三分之一"法。这种方法的操作程序比较繁杂，设备也庞大，但浸出槽三分之二体积内的矿浆中常存在预先沉淀的 SiO_2。SiO_2 起着种子的作用，能保证浸出矿浆液固分离的顺利进行。

巴西伊塔瓜尔电锌厂曾采用瑞底诺法直接浸出工艺处理含锌 35%(质量分数)的硅酸锌矿，其工艺流程如图 3-11 所示。先向浸出槽中加入 1/3 容量的废电解液(100 g/L H_2SO_4)，用蒸气加热至 353 K 并搅拌。然后磨细氧化锌矿和软锰矿。补加硫酸铝，每次投料量约为浸出槽容积的 1/3，如此重复操作两次后，直至矿浆容量达到满槽为止。抽出 1/3 的矿浆送去过滤，再向槽内加废电解液和矿石，进行下一周期作业。渣率是加入矿石量的 1~1.3 倍，矿浆易于过滤，锌的回收率可达 92%。

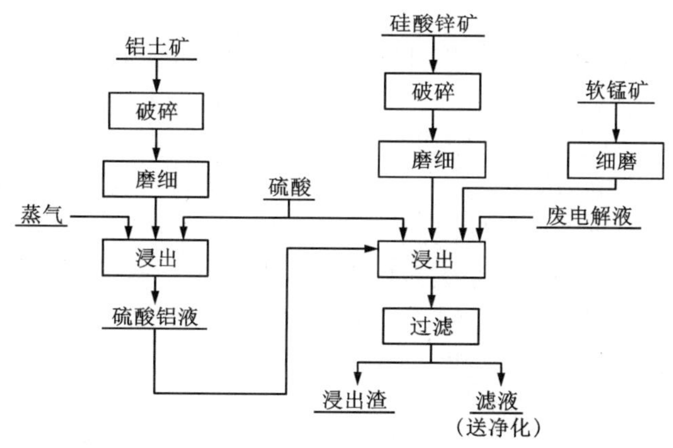

图 3-11　伊塔瓜尔电锌厂生产工艺流程

(4)硫-氧联合浸出工艺。

由于氧化锌矿一般含碱性脉石，浸出过程中酸耗高，须配套建设硫化锌精矿焙烧和烟气制酸系统生产硫酸，供氧化锌矿浸出使用。因此，硫化锌焙烧矿与氧化矿联合浸出流程成为理想的选择。

祥云飞龙公司和金鼎锌业公司采用硫化锌精矿焙砂与氧化锌矿联合浸出工艺生产电锌。浸出工艺的基本流程如图 3-12 所示。

首先用废电解液对含 Zn 53.01%(质量分数)、Fe 5.82%(质量分数)的硫化锌焙烧矿进行中性浸出，终点 pH=5.0。矿浆进入浓密机，产出合格的硫酸锌上清液。浓密机的底流加入废电解液和硫酸，进行高温高酸浸出。始酸浓度为 150~180 g/L H_2SO_4，浸出温度 358~368 K，终酸浓度 60~65 g/L H_2SO_4。焙砂中的铁酸锌被分解，锌被充分浸出，部分铁和可溶

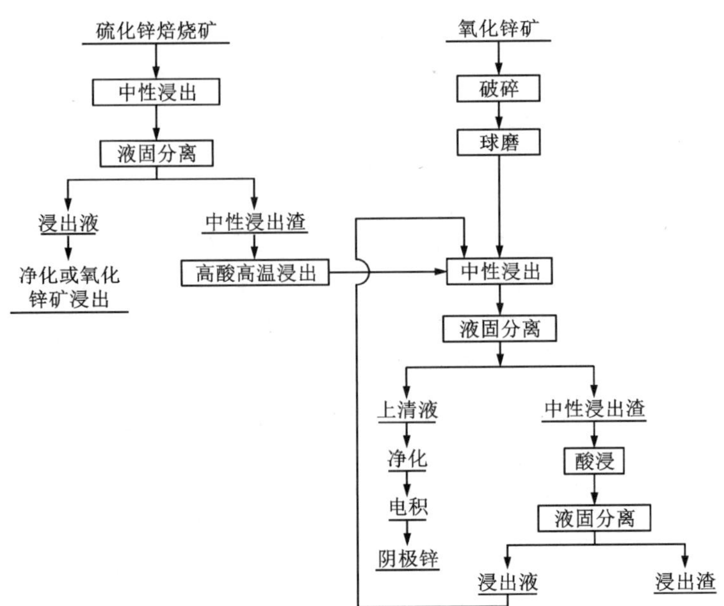

图 3-12 硫-氧联合浸出工艺流程

硅进入高酸浸出矿浆，酸浸液含锌 110~115 g/L、铁 18~20 g/L，锌浸出率 97.48%、铁浸出率 82.4%。将含锌 22.80%(质量分数)、氧化率为 90%的氧化锌矿破碎、磨细后，与上述高酸浸出的矿浆一同加入中性浸出槽中进行搅拌浸出。溶液的初始 pH=3，终点 pH=5.0~5.2。浸出 120 min 后，铁和硅在高 pH 下迅速沉淀。矿浆经中浸浓密机固液分离后，浸出液送净化，底流加入含酸废液进行低酸浸出，终点 pH=2.0。此时，氧化锌得到了较彻底地浸出，且获得了沉淀、过滤性能较好的酸浸矿浆。将矿浆固液分离，上清液返回中性浸出段循环使用，浸出渣水洗后堆放。锌的总浸出率为 89.9%，总渣率 56.1%。产出的合格硫酸锌溶液成分为：Zn 147.5 g/L，Fe 6.4 mg/L，Cd 0.73 mg/L，SiO_2 0.2 g/L，As 0.06 mg/L。

硫-氧联合浸出工艺具有如下特点：

①将硫化锌焙烧矿浸出与氧化锌矿浸出有机地结合，利用氧化锌矿的中性浸出代替传统的铁矾法或针铁矿法除铁工序；利用硫化锌焙烧矿浸出液的体积，增大氧化锌矿浸出的液固比，解决了单独处理氧化锌矿澄清、液固分离困难的问题，且浸出过程无须外加成矾离子和硅絮凝剂。

②该工艺的氧硫比有较大的调整范围，硫化锌焙烧矿与氧化矿的比例可灵活调节。既可单独处理硫化锌焙烧矿，又可单独处理氧化锌矿。当单独处理氧化锌矿时，须加大氧化锌矿的中性液返回量和酸浸液返回量以提高氧化锌矿浸出的液固比，提高浸出液的锌含量。

3.6　氧化锌粉的浸出

3.6.1　氧化锌粉及含锌烟尘的来源与组成

氧化锌粉又称锌氧粉或次氧化锌，可作为湿法炼锌原料，其主要来源如下。

(1)炼铅炉渣、湿法炼锌浸出渣、贫氧化锌矿经回转窑、烟化炉或 Ausmelt 炉烟化产出的氧化锌粉。

(2)钢铁厂在炼铁、炼钢过程产出的烟尘经回转窑和其他设备进行烟化富集，可产出含锌约 20%(质量分数)的氧化锌粉。

(3)黄铜(Cu-Zn 合金)废件再生冶炼回收铜时，合金中的锌以氧化锌粉形态进入氧化锌烟尘。

上述各种氧化锌粉的化学成分见表 3-8。

表 3-8　各种氧化锌粉的化学成分(质量分数)　　单位：%

成分	湖南某冶炼厂		云南某冶炼厂	钢铁厂产氧化锌	铜加工厂产氧化锌粉
	铅烟化炉氧化锌	锌回转窑氧化锌	氧化矿烟化炉氧化锌		
Zn	59~61	66.39	53~58	56~60	(ZnO)75.96
Pb	11~12	10.40	16~22	7~10	10.45
F	0.9~1.1	0.167	0.11~0.17	—	1.1~2
Cl	0.03~0.06	0.126	0.055~0.07	2~4	0.2~0.4
In	0.08~0.1	0.064	—	—	—
Ge	0.008	0.0124	0.025~0.032	—	—
Ga	0.003	0.0116	—	—	—
As	0.3~0.9	0.423	0.4~0.6	0.01~0.02	<0.01
Sb	0.2~0.4	0.0566	0.07~0.12	—	<0.01
SiO_2	0.8~1.0	0.277	1.5~2.5	0.4~0.6	—
CaO	0.2~0.5	0.038	0.45~1.6	0.5~0.8	—
Al_2O_3	0.13~0.75	—	0.2~0.6	(FeO) 2~5	—
S	1.82~2.40	2.73	1.2~3.4	1~2	—

锌氧粉中的锌主要以 ZnO 形态存在，少量以铁酸锌、硅酸锌形态存在，如果还原过程中还原气氛过强、烟道系统中氧化不完全，还可能有少量以金属锌粉形态存在；铅主要以 PbO 形态存在，少量以铅酸锌、硅酸铅等形态存在；CaO、SiO_2、MgO 大部分以单纯氧化物形态存在，少部分为复杂化合物；Al_2O_3 主要以复杂化合物形态存在；C 是由返料和细颗粒炭粉带入锌氧粉中的，其以单质形态存在；Sb 和 As 主要以 Sb_2O_3、As_2O_3 形态存在；F、Cl 和 S 主要被

锌氧粉所吸附并形成相应的盐类。

由表 3-8 可见，氧化锌粉的成分复杂，含有害杂质较多。一般将其单独浸出后，得到的 $ZnSO_4$ 溶液再送至焙砂浸出系统。由于氧化锌粉中的 F、Cl 含量很高，浸出时二者进入 $ZnSO_4$ 溶液，从 $ZnSO_4$ 溶液中脱去 F^- 与 Cl^- 比较困难，所以在浸出之前须将氧化锌粉预先处理脱除氟、氯。

锌氧粉是锌蒸气氧化形成的非晶态氧化物，粒度很小(一般为-120 目以下，堆密度小于 1.0 g/cm^3)；比表面积大；在火法烟化时能吸附 SO_2 和有机物，还原性和疏水性强，导致浸出过程消耗更多的氧化剂(如 MnO_2)，延缓浸出时间，浸出前须将氧化锌粉进行预处理，以改善这些性能。

3.6.2 氧化锌粉的预处理

氧化锌粉在浸出前的预处理主要采用高温焙烧和碱洗脱除其中的氟与氯。高温焙烧脱除氟、氯可在多膛炉或回转窑中进行，其中以多膛炉为好。碱洗是采用碳酸钠溶液洗涤氧化锌粉，脱除其中的氯和氟。

3.6.2.1 多膛炉焙烧处理氧化锌粉

湖南某厂所产回转窑氧化锌粉与烟化炉氧化锌粉的氟、氯的质量分数为 0.1%~0.2%，采用外加热的多膛炉焙烧脱除氟、氯。将这两种氧化锌粉混合后，加入多膛炉中进行焙烧。多膛炉的结构如图 3-13 所示。

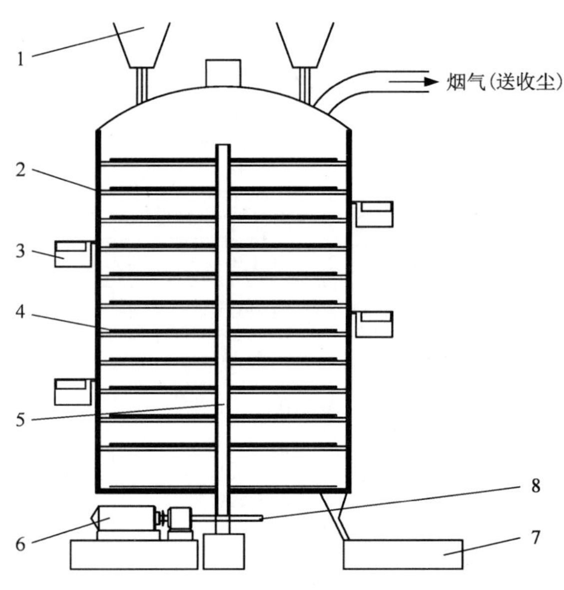

1—加料斗；2—炉体；3—燃烧室；4—耙臂；5—中心轴；6—减速箱与电机；7—冷却圆筒；8—传动齿轮。

图 3-13 多膛焙烧炉

多膛炉参数如下。

炉壳外径：6564 mm；炉壳内径：6080 mm；炉壳高度：11480 mm；炉子总高：16500 mm；工作床面积：255 m^2；炉床间距：864 mm。

中心轴直径(双层套管)：$\phi_{外}$为 836 mm，$\phi_{内}$为 494 mm；耙臂长度为 2947 mm，每个耙臂齿数 9~12 个；中心轴转速 1 r/min。

多膛炉处理氧化锌粉的工艺操作条件及技术指标见表 3-9。

表 3-9 多膛炉操作条件及技术指标

项目	操作条件及技术指标
温度控制/K	第四层 953~993；第六层 953~993；第八层 953~993；第十层 773~823
负压控制/Pa	20
锌直收率/%	>98

续表3-9

项目	操作条件及技术指标
脱氟效率/%	>93
脱氯效率/%	>80
总收尘率/%	>96
煤气消耗/[m^3·(h·台)$^{-1}$]	1500~1800
焙烧时间/h	2
处理能力/[t·(m^2·d)$^{-1}$]	0.22~0.25

多膛炉温度一般控制在 923~943 K。温度过低，脱氟、氯效果不好；温度过高，则炉料熔化，黏结炉底、炉条，形成结块堵死耙齿及火眼，炉料不能正常移动。

多膛炉焙烧脱氟、氯的优点是脱氟效率可达 90%~99%，脱氯效率 80%~90%，同时可脱除 20%~30%的砷、锑；缺点是设备庞大、投资高。

3.6.2.2　回转窑焙烧处理氧化锌粉

澳大利亚皮里港电锌厂采用回转窑焙烧处理铅炉渣烟化过程产出的氧化锌粉。其成分(质量分数)为：66.0% Zn、12.5% Pb、0.25% F、0.20% Cl。回转窑焙烧脱除氧化锌粉中的氟、氯的生产数据如表 3-10 所示。

表 3-10　回转窑焙烧脱除氧化锌粉中的氟、氯的生产数据

项目		数据
回转窑尺寸($L\times\phi$)/(m×m)		27.5×2.24
加热用重油消耗/(L·h^{-1})		450
相当于焙烧 1 t 氧化锌粉的重油消耗/L		58
平均加料速度/(t·h^{-1})		8.2
温度控制	产品排出的温度/K	1423
	气体排出的温度/K	773
焙烧后产出的 ZnO 粉的成分(质量分数)		68% Zn、12.0% Pb、0.005% F、0.02% Cl

3.6.2.3　碱洗脱除氟、氯

氧化锌粉中的氯主要以不溶于水的 $PbCl_2$、PbFCl 及 $ZnCl_2$ 形态存在，氟多以不溶于水的氟化物存在。可用碱性的苏打(碳酸钠)溶液洗涤脱除其中的氯和氟。使用碳酸钠溶液洗涤时，其主要反应如下：

$$PbCl_2 + Na_2CO_3 = PbCO_3 + 2NaCl \tag{3-54}$$

$$PbFCl + Na_2CO_3 = PbCO_3 + NaCl + NaF \tag{3-55}$$

$$PbF_2 + Na_2CO_3 = PbCO_3 + 2NaF \tag{3-56}$$

$$ZnCl_2 + Na_2CO_3 = ZnCO_3 + 2NaCl \tag{3-57}$$

通过碱洗，氧化锌粉中的氯和氟分别以 NaCl 和 NaF 的形式进入溶液，实现氯、氟与锌的分离。

国内某厂含 4.5% Cl、0.8% F 的高氯、高氟烟尘，经还原挥发后产出的氧化锌粉的成分(质量分数)为：Zn 55%~60%，Pb 7%~10%，Fe 0.2%~1%，C 5%~10%，Cl 8%~11%，F 0.2%~0.5%，Cd 0.05%~0.2%。

这种含氯和氟的氧化锌采用碳酸钠溶液洗涤，可脱除 75%的氯、氟。洗涤、过滤后所得滤饼在圆筒干燥窑中经 973 K 的高温干燥，可以进一步脱去 30%以上的氯和 70%以上的氟。

某资源综合回收工厂采用如图 3-14 所示的湿法浸出流程处理回转窑氧化锌粉。经一段碱洗和二段水洗的两段逆流洗涤后，氧化锌粉中氟和氯的去除率可达 85%~90%；同时还能

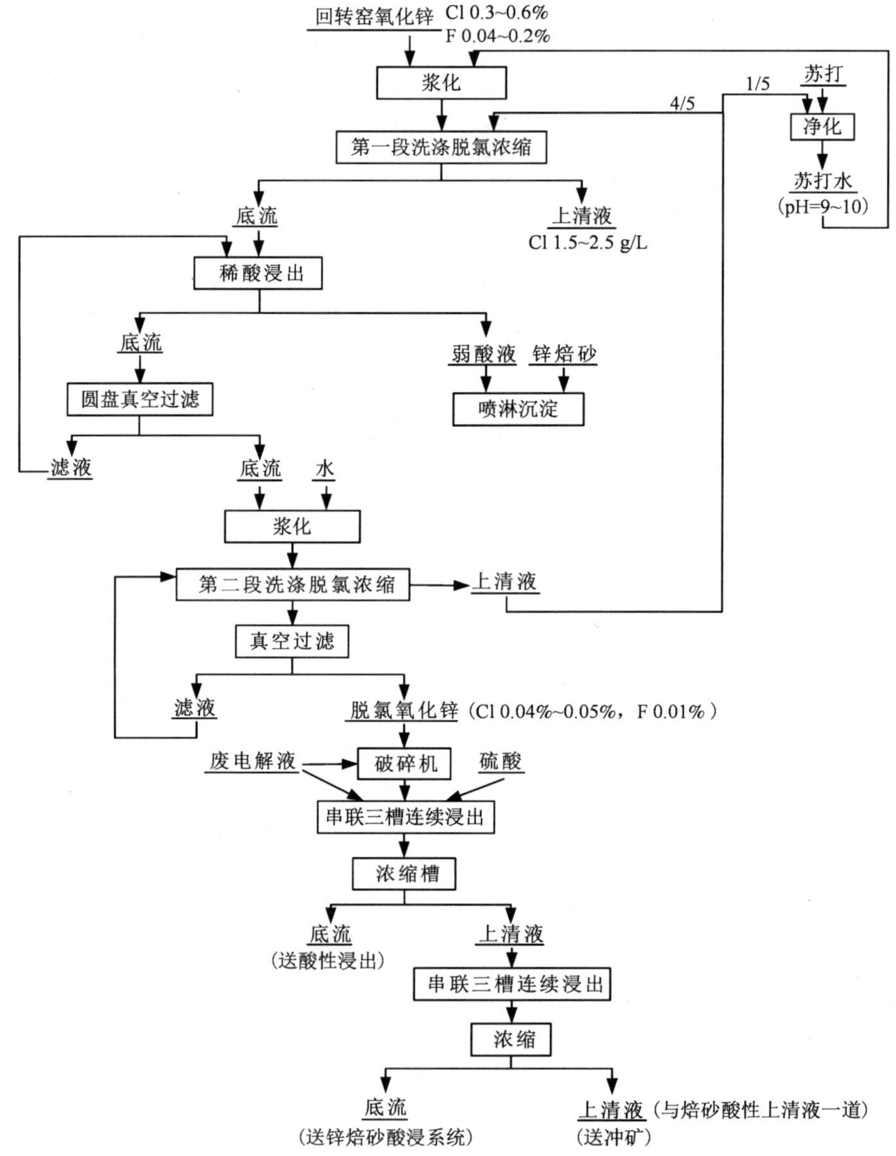

图 3-14　某资源综合回收工厂的氧化锌粉浸出流程

洗去吸附的 SO_2 和有机物，降低 ZnO 粉的还原能力，减少氧化剂(MnO_2)的消耗量。

1 t 回转窑氧化锌粉在洗涤过程中消耗苏打 25~30 kg、水 2.5~3.5 m^3。

湿法碱洗的优点是金属回收率高达近 100%，脱氯效率 99%以上，碱洗后 ZnO 含氯低于 0.03%，设备和操作简单，劳动条件好，成本低；其缺点是碱洗脱氟的效果较差，只能脱除滤袋 ZnO 中 60%~70%的氟，对烟道 ZnO 脱氟效果甚微。

各种脱除氧化锌粉中氟、氯方法的技术经济指标的比较见表 3-11。

表 3-11　各种脱氟、氯方法的技术经济指标

项目	多膛炉	回转窑	碱洗
脱氟率/%	90~99	60~70	60~70
脱氯率/%	60~80	50~60	95
锌回收率/%	98	80	98~100
脱除 1 kg 氟氯 原材料消耗	煤气 209 m^3 电 12.3 kW·h ZnO 损失 1.74 kg	重油 100 kg 电 22.4 kW·h ZnO 损失 134 kg	水 10 m^3 碳酸钠 12 kg 电 2.8 kW·h 蒸气 0.7 kg

3.6.3　氧化锌粉的浸出作业

氧化锌粉的浸出可以分为酸浸与氨浸两种工艺，生产上主要采用酸浸。

3.6.3.1　氧化锌粉的酸性浸出

氧化锌粉一般不直接进入浸出系统，通常作为锌焙砂浸出时的中和剂，特别是高温高酸处理浸出渣和加压酸浸时最好的中和剂。氧化锌粉的直接浸出与锌焙砂的浸出类似，要求含锌物料中的锌化合物迅速而尽可能完全溶解进入溶液中，故浸出矿浆要有良好的澄清性能与过滤性能。浸出渣中 Pb、Ag 含量高、锌含量低，可送至铅系统处理。

在氧化锌粉被浸出的同时，含锌物料中部分杂质(如铁、砷、锑、锗、镉等)也会不同程度地溶解，导致氧化锌粉浸出液成分复杂。一般将其单独浸出后，再将得到的硫酸锌溶液与焙砂浸出液合并。

氧化锌粉浸出的工艺流程如图 3-15 所示。

由于氧化锌粉堆密度小、比表面积大、还原性和疏水性强，在搅拌浸出时容易漂浮在浸出槽的液面上，不容易被浸出液润湿，导致搅拌浸出时随溶液在搅拌槽的溶液表面运动，达不到溶出的目的。为了使氧化锌粉尽快溶出，大多采用湿法上矿的方法，即将氧化锌粉首先与含酸的浸出液混合，润湿后的氧化锌粉再以矿浆的形式泵入浸出槽中进行浸出，加速了浸出过程，提高了锌及有价金属的浸出率。株洲冶炼厂采用两台串联球磨机(ϕ1.5 m×3 m)湿法磨矿后再泵入中性浸出槽，锌的浸出率达到了 95%~97%。

回转窑和多膛炉脱 F、Cl 的氧化锌粉时受高温作用形成较大的颗粒，故在浸出前需要细磨，以强化浸出过程和保证浸出作业的正常进行。

氧化锌粉一般含 As 和 Sb 比锌焙砂要高、铁含量低。为了保证在浸出过程中 As 和 Sb 能

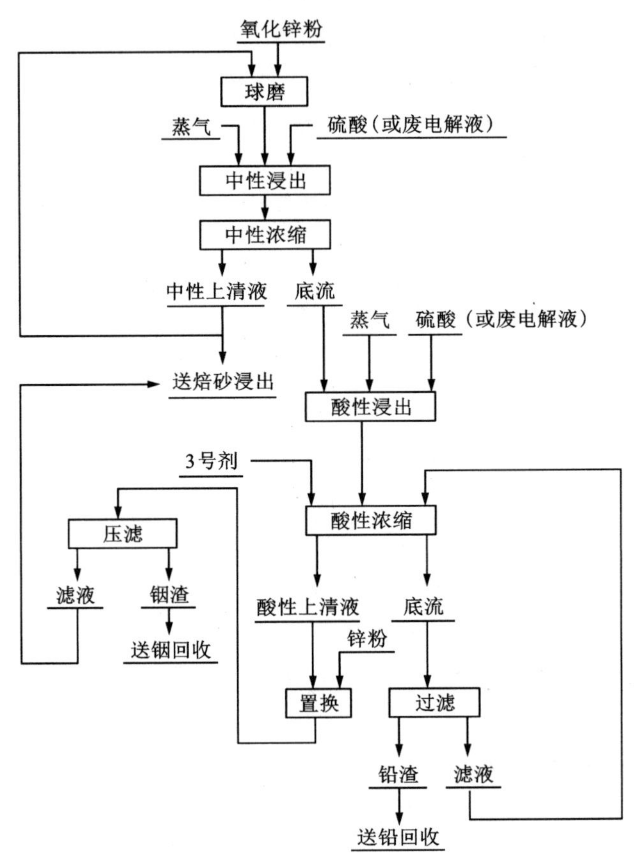

图 3-15　氧化锌粉浸出工艺流程

够被有效除去，常加入硫酸亚铁。其在浸出过程中被氧化水解形成氢氧化铁胶体，吸附或共沉淀 As 和 Sb，保证浸出液中的 As 和 Sb 在规定的 2 mg/L 的范围内。硫酸亚铁的加入量为 $m_{Fe}/m_{(As+Sb)}\approx 20$。为了强化浸出过程和氧化 Fe^{2+}，通常要加软锰矿。软锰矿的加入量是将 Fe^{2+} 氧化为 Fe^{3+} 理论量的 1.1～1.3 倍，以保证浸出液中 Fe^{2+} 的量在 20 mg/L 以下。

由于 As 和 Sb 有可能以金属形态存在于氧化锌粉中，氧化锌粉中也可能存在少量未被氧化的金属锌粉。因此，氧化锌粉在浸出时要特别注意剧毒 H_3As 气体的生成，应注意对外排放浸出槽中的气体时，不要污染车间空气。

氧化锌粉一般含有铟、锗、镓等稀散金属，应考虑进行综合回收。对含锌高、含稀散金属低的氧化锌粉，则以提取锌为主，并尽可能富集稀散金属。一般与硫化锌精矿湿法处理流程相结合，即氧化锌经一次浸出(中性或酸性)、浓密，浓泥进行二次酸性浸出，铟、锗进入酸性上清液，经置换或中和后得铟、锗富集渣，以综合回收铟和锗；一次浸出液和沉铟、锗后的二次浸出液均送焙烧矿浸出系统，二次浸出渣(铅渣)经洗涤、过滤、干燥，送铅鼓风炉熔炼回收铅。对稀有金属含量较高、含锌量稍低的氧化锌粉，应以提取稀散金属为主。一般按湿法炼锌过程建立单独的处理系统，即氧化锌粉经两次酸性浸出，从浸出液中沉淀铟、锗后，经净化、电解沉积得阴极锌。

氧化锌粉的酸性浸出是用锌电积的废电解液作溶剂浸出其中的 ZnO，其反应式为：

$$ZnO + H_2SO_4 = ZnSO_4 + H_2O \qquad (3-58)$$

氧化锌粉一般采用一段中性浸出与一段酸性浸出的两段浸出作业。

第一段采用中性浸出，使原料中大部分锌进入溶液，通过中和水解法使铟、锗等有价金属留在渣中。第二段采用酸性浸出，主要使中性浸出渣中的锌、铟、锗、镓等尽可能多地进入溶液，留铅于渣中，达到锌、铟、锗、镓和铅分离的目的。其化学反应式如下：

$$In_2O_3 + 6H^+ = 2In^{3+} + 3H_2O \qquad (3-59)$$

$$GeO_2 + 4H^+ = Ge^{4+} + 2H_2O \qquad (3-60)$$

$$Ga_2O_3 + 6H^+ = 2Ga^{3+} + 3H_2O \qquad (3-61)$$

获得的酸性上清液采用锌粉置换法或中和水解的方法使铟、锗、镓进入渣中，以达到铟、锗、镓等在渣中富集并与锌分离的目的。

$$2In^{3+} + 3Zn = 3Zn^{2+} + 2In\downarrow \qquad (3-62)$$

$$Ge^{4+} + 2Zn = 2Zn^{2+} + Ge\downarrow \qquad (3-63)$$

$$2Ga^{3+} + 3Zn = 3Zn^{2+} + 2Ga\downarrow \qquad (3-64)$$

$$2In^{3+} + 3ZnO + 3H_2O = 3Zn^{2+} + 2In(OH)_3\downarrow \qquad (3-65)$$

$$Ge^{4+} + 2ZnO + 2H_2O = 2Zn^{2+} + Ge(OH)_4\downarrow \qquad (3-66)$$

$$2Ga^{3+} + 3ZnO + 3H_2O = 3Zn^{2+} + 2Ga(OH)_3\downarrow \qquad (3-67)$$

氧化锌粉的中性浸出和酸性浸出均可采用间断或连续操作方式，其作业条件见表 3-12。

表 3-12　氧化锌粉浸出条件的控制

项目	中性浸出		酸性浸出		说明
	间断浸出	连续浸出	间断浸出	连续浸出	
液固比	(5~7)：1	(6~9)：1	(7~8)：1	(7~9)：1	指开始浸出时的液固比
始酸浓度 /$(g\cdot L^{-1})$	150~200	30~60	150~200	20~40	间断时，用体积控制酸量；连续时，以终酸调节始酸
终酸浓度 /$(g\cdot L^{-1})$	pH 4.8~5.0	pH 3.5~4.0	20±2	20±2	考虑矿浆进入浓缩槽会继续反应
温度/K	338~348	338~348	353~363	353~363	为了提高浸出率，强化反应而采取较高的温度
时间/h	1~1.5	0.5~1	>8	4~5	为了提高浸出率，酸浸时间长

国内某锌厂在 3 台机械搅拌槽中连续浸出氧化锌粉。控制第一槽中的 pH 为 4.0~4.5，通过废电解液和硫酸调节。第三槽排出的矿浆的 pH 为 4.8~5.2。矿浆在槽内停留时间为 1~1.5 h，锌可完全溶解入溶液。中性矿浆的澄清速度为 1~1.2 cm/min。

澳大利亚皮里港电锌厂将回转窑焙烧后的氧化锌粉送入 ϕ1.52 m×2.44 m 的球磨机进行湿式球磨。经过球磨后，粒度小于 0.074 mm 的从 1%~2%提高到 50%~62%。球磨产出的矿浆泵入 2 台 135 m^3 的不锈钢槽中进行间断浸出。矿浆加热到 363 K，使 ZnO 完全溶解，接近终点时加入 $FeSO_4$ 并用 MnO_2 氧化。As、Sb、SiO_2 与 $Fe(OH)_3$ 一同沉淀，得到的浸出渣含有

40% Pb 和 8% Zn，经洗涤、过滤、干燥后送铅冶炼系统。得到的浸出液成分为：Zn 155 g/L，Cu 20 mg/L，Cd 5.0 mg/L，Ni 2.0 mg/L，As 0.5 mg/L，Sb 1.8 mg/L，Fe 10 mg/L。浸出液经净化后送电解。

3.6.3.2 氧化锌粉的氨浸

氧化锌粉中的 F、Cl、As、Sb 含量较高，直接用硫酸浸出时它们会进入 $ZnSO_4$ 溶液，在电解过程造成腐蚀阳极、剥锌困难和“烧板”现象，导致电流效率降低，能耗升高。虽然氧化锌粉采用高温焙烧或碱洗脱除 F、Cl 后再用硫酸浸出生产电解锌是成熟工艺，但存在脱除 F、Cl 过程中能耗高、产生 F、Cl、As、Sb、Pb 含量高的烟尘难处理、废水量大等问题。采用氨-氯化铵体系($NH_3-NH_4Cl-H_2O$)浸出氧化锌粉，浸出液经净化后在 $Zn^{2+}-NH_3-NH_4Cl-H_2O$ 体系中以石墨为阳极、铝板为阴极进行电积锌。整体工艺不需要对氧化锌粉进行预处理，也不需要专门的除氟、氯工序，因此无废水和废渣的产生，简化了工艺流程。

在浸出过程中，氧化锌粉中的 ZnO 与 NH_3-NH_4Cl 溶液发生反应而溶解。即

$$ZnO + 2NH_4Cl + (i-2)NH_3 = Zn(NH_3)_iCl_2 + H_2O \quad (i = 1 \sim 4) \qquad (3-68)$$

氧化锌粉中的 Cu、Ni、Co、Cd 等的氧化物都可以在 NH_3-NH_4Cl 溶液中形成氨配合物而溶解，杂质元素 As、Sb、Pb 绝大部分残留在残渣中，只有少量 Pb^{2+} 与 Cl^- 形成配合物而进入浸出液。Fe 不被浸出，极大地简化了净化除铁过程。

氧化锌粉浸出时，NH_4Cl 浓度为 5 mol/L、$NH_3 \cdot H_2O$ 浓度为 2~3 mol/L，浸出温度 313 K，液固比为(5~6)：1。浸出过程加入少量的双氧水和絮凝剂，采用机械搅拌。浸出过程是放热反应，因此不需要加热。浸出液成分见表 3-13。

表 3-13 浸出液成分

原料	Zn/(g·L^{-1})	Cu/(g·L^{-1})	Cd/(g·L^{-1})	Pb/(g·L^{-1})	Co/(g·L^{-1})	Fe/(g·L^{-1})	锌浸出率/%
铸锌烟尘	95.80	0.0018	0.001	0.003	0.002	0.00011	96.78
铅厂烟尘	81.91	0.0043	0.0021	0.56	<0.001	0.00013	96.17

由表 3-12 可见，浸出液中杂质的含量很低，特别是铁不用氧化除铁即可满足电积的要求，其他杂质在弱碱性浸出液中也容易通过加锌粉置换而除去。

3.7 浸出矿浆的液固分离

液固分离是将浸出矿浆分离成液相和固相的过程，是湿法冶金的重要环节，是影响冶金过程“三大平衡”(金属平衡、溶液平衡、渣平衡)的关键工序，直接影响生产流程是否顺畅。

焙烧矿等含锌矿物通过浸出以后，锌以硫酸锌形态进入溶液，与固体浸出残渣形成浸出矿浆，须通过液固分离得到硫酸锌溶液和浸出渣。

湿法炼锌的浸出过程一般采用浓缩和过滤两种方法进行液固分离，采用的设备主要有浓密机(又称浓缩槽)和各类过滤机。生产过程中，为了减轻过滤设备的负担，一般在过滤前浓缩矿浆。

浓缩是在液固比为(8~12)：1 的矿浆中，使固体粒子从溶液介质中沉淀，让溶液得到澄

清的过程，是矿浆进行液固分离的初步作业。浸出矿浆经浓缩澄清后得到含有少量固体(1~2 g/L)悬浮物的上清液和液固比为(2~4)：1 的浓泥(或称底流)。浓泥中液体质量占比大于50%，需要进一步采用过滤方式来分离。

浓缩适用于液固比大、生产量大的矿浆，过滤适用于液固比小和液固分离量少的矿浆。在浓缩过程中，为了提高矿浆的澄清速度，需要加入絮凝剂，但加入絮凝剂后切勿强烈搅拌。

3.7.1　矿浆的浓缩

3.7.1.1　矿浆浓缩的基本原理

浸出矿浆是一种不稳定的悬浮液。当固相中固体粒子的密度大于液相的密度时，固体粒子在重力作用下会自由沉降，使悬浮固相的体积逐渐压缩，浓度逐渐增大，上部逐渐形成澄清的液相。在固体粒子均匀下沉的条件下，沉降的速度如下：

$$v = \frac{d^2(\rho_s - \rho_l)}{18\mu} \tag{3-69}$$

式中：v 为粒子沉降速度，m/s；d 为粒子直径，m；ρ_s、ρ_l 分别为固体粒子与液体的密度，kg/m^3；μ 为介质的黏度，N/(s · m^2)。

式(3-69)适用于粒度为 0.05~10 μm、雷诺数 $Re<1$(基本静止)的情况。实际生产过程中，矿浆在浓密机中沉降的过程如图 3-16 所示。

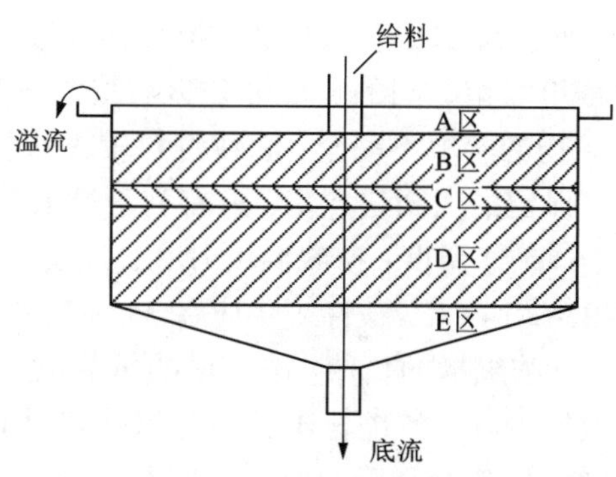

图 3-16　浓密机的浓缩过程

浓密机的作业空间一般可分成澄清区(A 区)、自由沉降区(B 区)、过渡区(C 区)、压缩区(D 区)和浓缩物区(E 区)。锌浸出的悬浮液首先进入 B 区，固体颗粒沉降后进入过渡区(C 区)，一部分颗粒靠自身沉降，另一部分颗粒受到密集颗粒的阻碍难以沉降，然后进入压缩区(D 区)。

在压缩区，悬浮液中的固体颗粒已形成较紧密的絮凝团。絮凝团继续沉降但速度较慢，然后进入浓缩物区(E 区)。在此区因浓密机刮板的运动、挤压，浓泥的浓度进一步提高，最后由浓缩槽底口排出。浓缩得到的上清液由溢流堰排出，送下一工序处理。

当矿浆进入浓密机后，固体粒子在重力的作用下开始下沉。大颗粒在锥形底部形成沉淀层，其上形成液固混合的悬浮层，再上是含固体粒子较少的上清层。在浓缩作业中，槽内上清区占的比例愈大愈好。浓泥区保持在最小的高度，以提高浓密机的生产能力，控制一定的浓泥密度。浓缩过程中可间断排渣，也可连续排渣。生产中为了加快浓缩与澄清速度，通常适量加入絮凝剂，促进固体粒了相互聚集形成絮凝团以快速沉降。

3.7.1.2　影响浓缩过程的因素

影响矿浆浓缩过程的因素主要有矿浆的 pH、溶液中胶质二氧化硅和氢氧化铁的含量、矿浆黏度、矿浆中固体颗粒的粒度、溶液与固体颗粒的密度、浓缩槽负荷、浸出时间、矿浆温度等。固体粒子粒度愈大、固体与液体密度差愈大，以及减少矿浆黏度等均能加快沉降速度。

(1)pH：pH 是湿法冶金中浸出、澄清、净化、过滤等过程最重要的因素。在湿法炼锌中性浸出矿浆中，pH 在 4.8~5.4 时澄清效果最好。同时，此条件对细粒胶质氢氧化物及硅酸的聚结与沉淀最为有利。

(2)矿浆中硅酸和氢氧化铁的含量：矿浆的澄清性能随胶体物质的增加而逐渐变坏，胶质二氧化硅和氢氧化铁过多时，矿浆澄清性能显著恶化。处理含有大量硅酸与铁盐的浸出矿浆时，若矿浆黏度增大，可将矿浆加热到 343 K 以上，以降低黏度，促进氢氧化物粒子聚结，改善澄清效果。

(3)焙烧矿及矿浆的物理状态：焙烧矿的物理状态直接影响矿浆的澄清与浓缩。颗粒沉降速度决定于粒度大小，颗粒愈大则沉降速度愈快，反之沉降速度愈慢。若焙烧矿中极细颗粒的物料占比过大，同时含有硅胶等成分使浸出液呈悬浮状态的情况下，浓缩只能得到混浊的上清液。矿浆的液固比愈大，对浓缩澄清愈有利。

(4)溶液的密度与固体颗粒的密度：固体颗粒与溶液的密度差愈大，沉降速度愈快，澄清浓缩的情况愈好。当溶液中锌离子浓度过高，以及镁、钾、钠、锰等粒子浓度高时，溶液的密度和黏度均增大，液固之间的密度差减小，固体粒子的沉降速度随之减慢。实际生产中锌离子浓度一般都控制在一个适当的浓度范围(120~180 g/L)。

(5)浸出作业的操作方式与槽内滞留时间：浸出过程后期，中和过程的操作方式对澄清过程会产生影响。中和剂加入速度过快，引起局部 pH 过高和沉淀生成过快，沉淀物的结晶微细，使沉降困难。尤其是当搅拌强度较弱时，产生的影响更明显。中性浸出到达终点后在浸出槽里滞留时间的长短也会影响澄清分离。浸出过程在强烈搅拌中进行，滞留时间愈短，含锌矿物的溶解不完全，固体颗粒较大；中和反应生成的氢氧化物团粒被搅拌击碎的可能性越小，保留的大团块愈多，愈有利于澄清。

(6)矿浆温度：矿浆温度升高，黏度减小，沉降速度加快。中性浸出矿浆浓密温度应保持在 338~343 K，酸性矿浆应在 343~348 K。为此，浸出矿浆浓密机一般应设槽盖。

(7)浓缩槽的负荷：浓缩槽的负荷愈大，沉降澄清时间愈短，效果愈差，反之则沉降时间长，效果较好。浓缩槽本身的容积是有限的，浓泥的数量对澄清也有很大影响。为保证浸出矿浆进入浓缩槽后有足够的空间和时间进行沉降，应严格控制固体物料的负荷，及时排出底流，使澄清区稳定在适当的范围(正常情况为 1~2 m)。浓缩槽内如果浓泥数量过多，未及时排出则相对缩小了澄清区，影响沉降过程。

(8)矿浆的液固比：矿浆的液固比越大，矿浆的黏度就越小，越有利于颗粒的沉降，浓缩效果也越好。

(9)絮凝剂的加入量：矿浆中的粒子沉降速度除与粒子大小有关外，还与粒子凝聚性有关。在中性浸出矿浆中添加适当数量的絮凝剂，可使微小的悬浮颗粒凝聚成大粒子，加速澄清与沉降速度，使浓密机能力提高 1.5~2.0 倍。中性浸出矿浆通常加入 10~30 mg/L 的絮凝剂。

3.7.2 矿浆的过滤

过滤是实现液固分离的重要途径之一，也是湿法冶金过程“三大平衡”中渣平衡的关键工序。在湿法炼锌过程中，过滤工序是将浓缩后产出的浓泥(含有 20%~50%的固体)进一步分离，得到含水溶锌低的浸出渣和含固体物少的硫酸锌溶液。

湿法炼锌对浸出矿浆浓泥的过滤一般采用两段过滤：一段过滤是对酸性浓缩底流(浓泥)

进行过滤；二段过滤是将一段渣浆化、洗涤后再次过滤，二段过滤的滤饼即为最终的滤渣。

第一段过滤由于液固比较大且要重新浆化，一般对滤渣含水要求不是很严格，只要求过滤速度快、处理能力强、操作简单方便。同时，由于浓泥多为酸度较高的酸性底流，对设备和过滤介质要求具有较好的耐腐蚀性，现代大型湿法炼锌厂多采用带式真空过滤机。

第二段过滤的是经过洗涤后的浆料，要求得到含水溶锌和水分较低的滤饼。现代大型湿法炼锌厂的二段过滤多采用高效压滤式过滤机，如自动板框压滤机或厢式压滤机。

3.7.2.1　过滤原理

过滤的基本原理是利用具有毛细孔的物质作过滤介质，使其逐渐堆积；通过架桥作用形成疏松的滤饼，在介质两边形成压力差；矿浆中的液体从细小的毛细孔道通过，悬浮固体物被截留在介质上。过滤介质的选择取决于矿浆的性质，一般采用帆布和涤纶布。

3.7.2.2　影响过滤过程的因素

过滤的生产能力取决于过滤速度。过滤速度为单位时间内每单位面积过滤介质所能滤出的滤液量[$m^3/(m^2 \cdot h)$]或浸出渣量[$kg/(m^2 \cdot h)$]。影响过滤速度的因素主要有滤渣的性质、滤饼的厚度、过滤矿浆的温度，以及过滤压强的大小和过滤介质的性质等。

(1)滤渣的性质：当过滤矿浆中含有较多的氢氧化铁、硅酸等胶状物质或硫酸钙、硫酸铅等微粒时，矿浆黏度增加，且胶体和微粒物质堵塞过滤介质的毛细孔，使得过滤困难，降低过滤速度。矿浆中铜离子含量较高时，硫酸铜会使过滤介质发绿、变硬和发脆，使过滤发生困难，并影响滤布寿命。矿浆中含锌、钙、镁过高，黏度增加，硫酸锌易局部水解或结晶，导致堵塞毛细孔，增加过滤的阻力，降低过滤速度。

矿浆中固体粒子的粒度也会影响过滤速度和过滤作业。粒度过粗时，滤渣难于黏附在过滤介质上，不能形成稳定的滤饼，滤饼容易脱落而出现穿滤现象；粒度过细时，滤饼层的渗透性变低，过滤阻力变大，甚至还可堵死滤布毛细孔道。

(2)滤饼的厚度：过滤的特点是矿浆中的固体颗粒连续不断地沉积在过滤介质孔隙内部和表面上，随着滤渣厚度逐渐增加，溶液通过介质的阻力增大，过滤速度下降。因此，当滤饼增加到一定厚度后应剥离卸渣；必要时还须清洗过滤介质，然后重新开始在过滤介质上建立新的滤饼层，以能始终保持在最佳过滤速度下操作。根据生产实践，滤饼厚度以 25～30 mm 为宜。

(3)矿浆温度：随着矿浆温度的升高，矿浆的黏度减小，提高矿浆的流动性，有利于排除毛细孔道中的气泡，提高过滤速度；提高温度还有利于矿浆中的细颗凝聚成大颗粒，使一些硫酸盐的溶解度增加而减少滤布毛细孔的结晶阻塞，加快过滤速度。实际生产中，过滤温度一般为 343～353 K。

提高温度可增加矿浆的流动性，有利于矿浆固体颗粒的胶结。因此，矿浆温度高将明显地提高过滤速度，提高生产能力。一般用蒸气直接加热到 343～353 K。

(4)过滤推动力：过滤介质两边的压力差即为过滤推动力。湿法炼锌厂常用的过滤方法有真空过滤和加压过滤。真空过滤的推动力是真空源，常用真空度 53～90 kPa；加压过滤的推动力通常由压力泵提供，压强通常为 0.3～1.0 MPa。一般为 80～200 kPa。

(5)过滤介质的性质：过滤介质除具有耐温、耐腐蚀和耐磨性能外，还具有毛细孔作用好和一定的强度等优点。

此外，与浓缩沉降一样，矿浆的 pH、液固比的大小，以及是否加添加絮凝剂等都对过滤速度有所影响。

3.8 浸出过程的主要设备

3.8.1 常用的浸出设备

常压浸出采用的浸出槽是重要的浸出设备，根据搅拌方式可分为空气搅拌槽与机械搅拌槽两种。空气搅拌槽是借助压缩空气搅拌矿浆，机械搅拌槽是借助动力驱动螺旋桨搅拌矿浆。

容积为 100 m^3 的连续浸出空气搅拌槽如图 3-17 所示，机械搅拌槽如图 3-18 和图 3-19 所示。

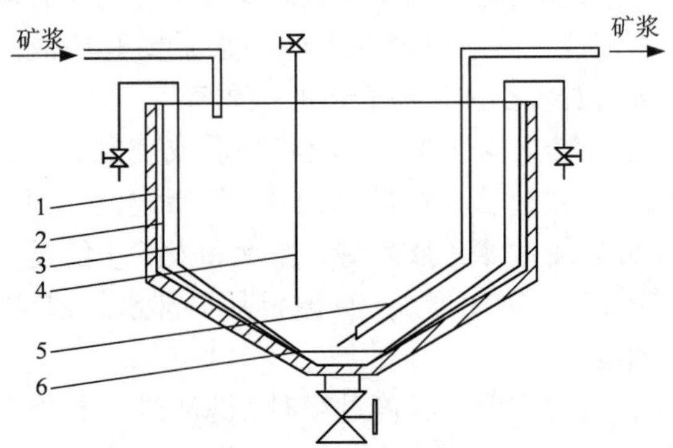

1—混凝土槽体；2—防护衬里；3—搅拌用风管；4—蒸汽管；5—扬升器；6—扬升器用风管。

图 3-17 空气搅拌槽示意图

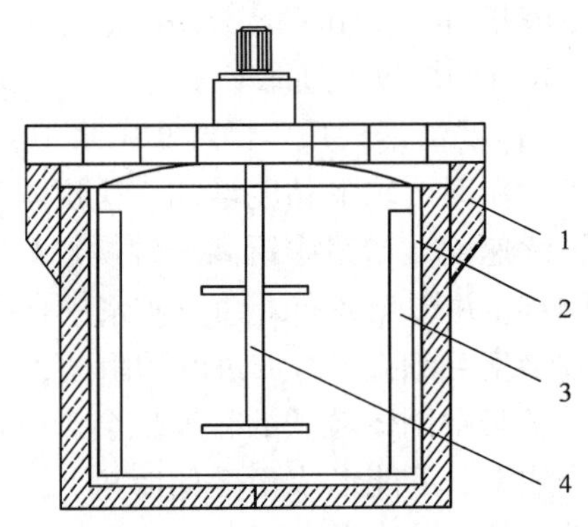

1—混凝土槽体；2—防腐层；3—阻尼板；4—搅拌机。

图 3-18 机械搅拌(无导流筒)浸出槽示意图

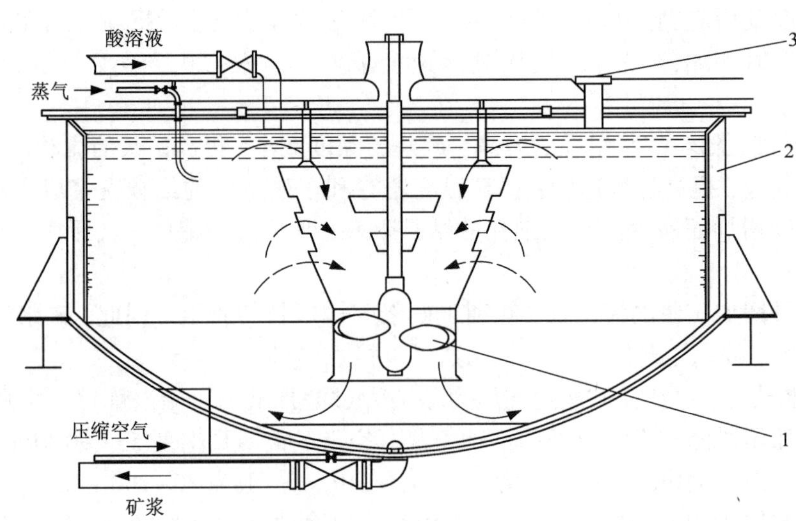

1—搅拌桨；2—槽体；3—焙砂加入孔。

图 3-19 机械搅拌(有导流筒)浸出槽示意图

浸出槽的数量按以下公式计算：

$$N = \frac{Qt}{24V_0\eta} \tag{3-70}$$

式中：N 为浸出槽个数，个；Q 为日浸出矿浆量，m^3；t 为浸出时间（间断浸出取作业周期时间），h；V_0 为每个浸出槽的几何容积，m^3；η 为浸出槽的容积利用系数，连续浸出取 0.8，间断浸出取 0.85。

浸出槽一般用混凝土或钢板制成，内衬为耐酸材料，如铅皮、瓷砖、环氧树脂和玻璃布等。浸出槽的容积一般为 50~100 m^3。目前，浸出槽趋向大型化，120~400 m^3 的大型浸出槽已在工业上应用。湖南某厂采用 ϕ7.5 m×8 m 的大型浸出槽，投资降低 1/3，设备大型化，提高了人均作业效率。

赤铁矿除铁和硫化锌精矿的加压氧化浸出采用高压釜。

(1)空气搅拌浸出槽。

空气搅拌槽又称帕秋卡(Pachuca)槽。槽底为锥形，槽内装有两根或三根压缩空气管通向锥底，通入 0.13~0.16 MPa 的压缩空气，使矿浆剧烈搅拌。另设一蒸气管用来加热矿浆，槽内还安装有扬升器。连续浸出采用这种空气搅拌槽效果良好，通入空气对浸出过程起强化氧化作用，有利于提高上清液质量。该槽结构简单、容易防腐、使用寿命长、无转动机械、维修方便，但须使用昂贵的不锈钢管作扬升器，动力和蒸气消耗大、现场环境差。

(2)机械搅拌浸出槽。

机械搅拌浸出槽由搅拌装置、槽体、槽盖和桥架组成。矿浆的搅拌靠电动机带动的螺旋搅拌器，搅拌桨叶用耐酸、耐磨材料制成。与空气搅拌浸出相比，机械搅拌浸出槽的搅拌更为激烈、浸出效果好、动力消耗小、操作环境好，但搅拌桨磨损快。

(3)流态化浸出槽。

为了强化浸出过程，乌克兰锌厂、湖南某厂等采用流态化浸出槽（沸腾浸出槽）代替搅拌槽，其结构如图 3-20 所示。流态化浸出槽是一个从下向上扩大的空心圆锥体，用不锈钢或钢板加耐酸内衬制成。矿浆由下部进入，硫酸溶液由上部加入，形成逆流运动，并在不同区域内发生流态化的同时也按粒度进行分级。该装置结构简单、占地面积小、劳动生产率高、金属损失小，实现了湿法炼锌自动化生产。

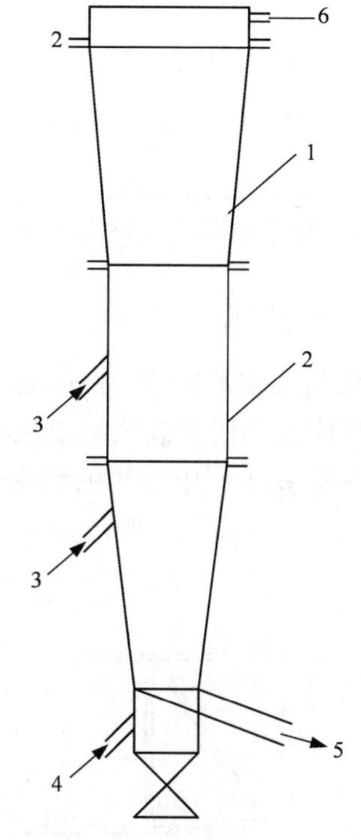

1—圆锥体；2—圆柱体；3—中性矿浆；
4—废电解液加入孔；5—浸出矿浆排放孔；
6—上清液排放孔。

图 3-20　酸性流态化浸出槽示意图

一些工厂所采用的浸出槽的特性见表 3-14。

表 3-14　锌浸出槽的规格性能

项目	湖南某厂		秋田电锌厂		云南某厂		内蒙古某厂	
年产锌能力/kt	100		90		120		100	
浸出段次	一次浸出	二次浸出	一次浸出	二次浸出	一次浸出	二次浸出	一次浸出	二次浸出
浸出槽规格/(m×m)	ϕ4×10.5	ϕ4×10.5	—	—	ϕ5.5×7.0	ϕ5.5×7.0	ϕ5.5×5.4	ϕ5.5×5.4
槽容积/m^3	100	90	400	400	166	166	128	128
槽数/个	4	4	1	1	4	5	4	5
槽体结构及防腐衬里	钢筋混凝土衬环氧树脂，锥部加衬瓷砖	钢筋混凝土衬环氧树脂，再衬瓷砖	混凝土，衬环氧树脂，再衬瓷砖	混凝土，衬环氧树脂，再衬瓷砖	钢板，再衬人造橡胶及高分子聚合物	钢板，再衬人造橡胶及高分子聚合物	混凝土，内衬两层瓷砖	混凝土，内衬两层瓷砖
搅拌方式	空气搅拌①	空气搅拌①	机械搅拌，空气提升管	机械搅拌，空气提升管	机械搅拌	机械搅拌	机械搅拌	机械搅拌

注：①矿浆搅拌用的空气消耗量为 0.2~0.3/[m^3·(min·m^3)$^{-1}$]。

3.8.2　浓密机

浓密机又称浓缩槽、沉降器或增浓器，是浸出矿浆中浸出液与浸渣的初步液固分离设备，广泛应用单层连续式耙集沉降器。

湿法炼锌生产中常用的浓密机为带锥底的大直径圆形槽，结构如图 3-21 所示。其主要由缩槽槽体、导流筒、耙臂、传动装置、提升机构等部分组成，直径为 10~25 m 甚至更大；槽

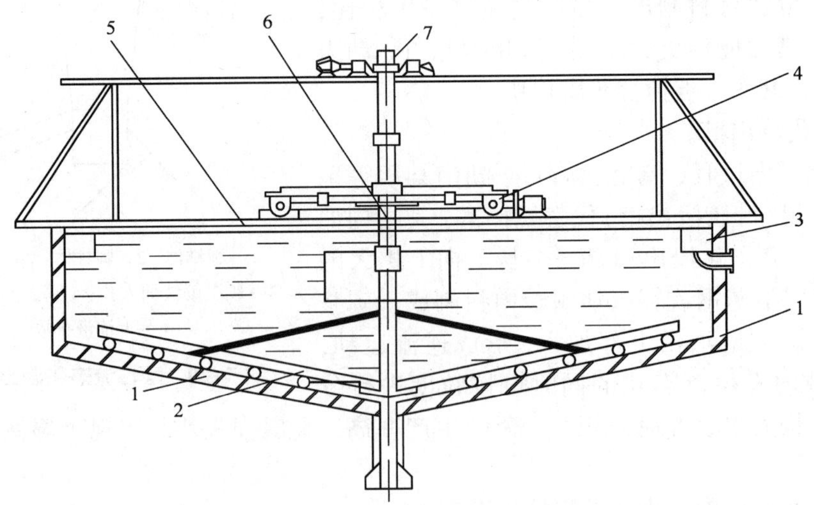

1—槽体；2—耙臂；3—溢流槽；4—传动装置；5—缓冲圆筒；6—中心轴；7—提升装置。

图 3-21　浓密机结构示意图

深(圆筒部分)3~4 m。适当增加浓缩槽槽体的高度，可以提高上清液的质量。浓密机的槽体多用钢筋混凝土构筑，内衬环氧玻璃钢，在锥形槽底的玻璃钢衬里上再砌一层耐酸瓷砖以保证其耐磨性和耐腐蚀性。槽内中心处悬挂有缓冲筒，筒底部有筛板，筛板起缓冲作用，使进入槽内待浓缩的矿浆与上清区隔离，保证上清液质量。浓密机内壁的上面设有溢流沟，上清液从槽中溢出进入溢流沟，由排液口排出。锥底中心设有底流放渣口并安装有直径为200~250 mm的铜质闸阀。

浓密机呈十字形对称安装两组与槽锥底平行的带耙齿的浓泥耙臂，采用316 L不锈钢制作。耙齿与槽底的间距为70~100 mm，当耙臂转动时，耙臂上的耙齿随之带动沉降颗粒(浓泥)，使其移向槽底中心。

矿浆沉降过程的指标是澄清速度，以一定时间内上清液的高度(cm)或上清液占全矿浆的百分数表示，称为上清率，一般为70%~80%。

浓密机的生产能力取决于沉降面积。沉降面积愈大，生产能力愈大。浓密机的生产率以单位沉降面积每昼夜产出的上清液体积(m^3)表示。很多工厂按作业周期24小时计，当上清率为70%~80%时，浓密机上清液产出的能力为35~55 $m^3/(m^2 \cdot d)$。

为强化浓缩过程，可采用在浓密机中加斜板的措施。倾斜板浓密机是一种强化浓缩过程的设备，可将浓缩效率提高3倍以上。

浓密机因作业连续、生产稳定可靠、能耗低、操作简单等优点而得到广泛应用，其缺点是生产效率低，占地面积大，只能对液固进行初步分离。

表3-15为浓密机使用实例。

表3-15　浓密机使用实例

项目	湖南某厂	云南某厂	甘肃某厂	里斯顿锌厂
槽体材质	钢筋混凝土	钢筋混凝土	钢筋混凝土	碳钢
直径/m	18	21	20	15
高度/m	3.6	3.7	3.5	3.5
沉降面积/m^2	255	346	344	175
耙臂转速/($r \cdot min^{-1}$)	0.2	0.13	0.13	0.2
防腐衬里	槽内壁衬里有生漆麻布、环氧树脂，锥底加衬有瓷板、耐酸混凝土护层	环氧树脂，锥底加衬有瓷板、耐酸混凝土护层	环氧树脂、酚醛、瓷砖	隔离层为铅皮，内衬耐酸瓷砖

3.8.3　过滤机

过滤是实现液固分离的重要途径之一，是浸出工序的后处理过程。湿法炼锌中常用过滤机有板框压滤机、自动厢式压滤机、框式真空过滤机、圆盘真空过滤机、圆筒真空过滤机、带式过滤机、叶滤机和旋转过滤机等。目前过滤机正在向大型化、智能化、多功能化方向发展。

(1)板框压滤机。

板框压滤机属于间歇式加压过滤机，它具有单位过滤面积占地少、对物料的适应性强、过滤面积的选择范围宽、处理量大、过滤洗涤充分、固相回收率高、结构简单、操作维修方便、故障少、寿命长等特点，是湿法炼锌中应用最广泛的机型之一。其工作原理如图 3-22 所示。

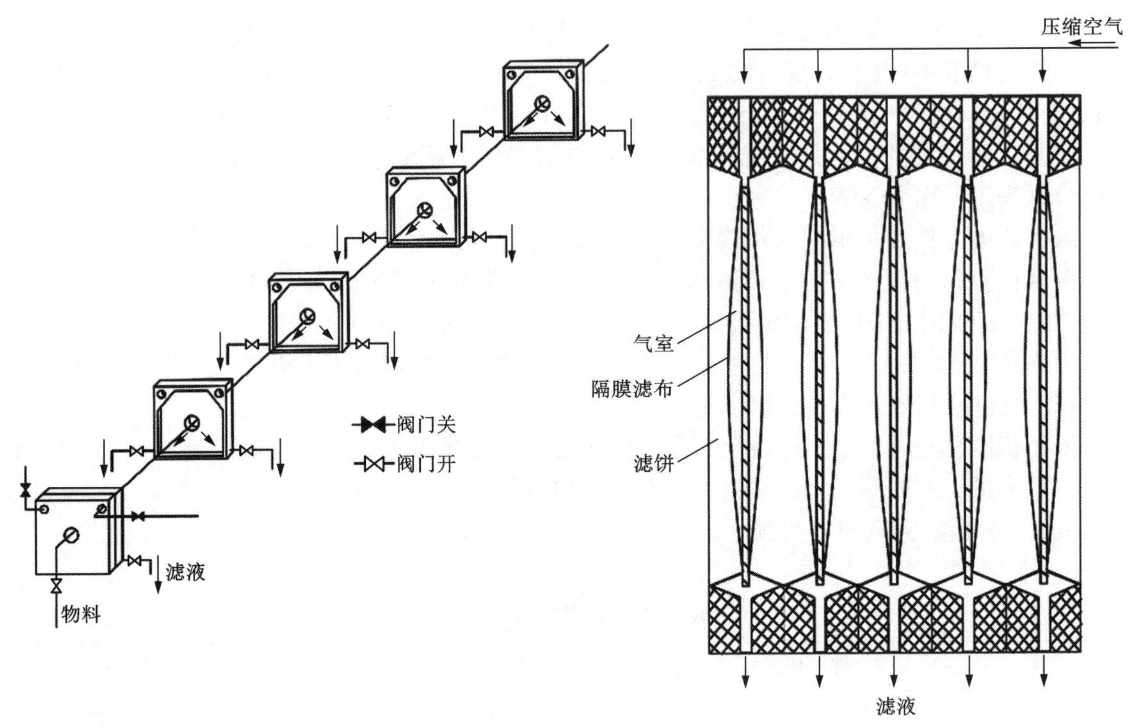

图 3-22　板框式压滤机工作原理

(2)自动厢式压滤机。

自动压滤机的进料、挤压、水洗、吹风、卸料等过滤过程全部自动进行。自动厢式压滤机的特点是过滤压力高，最高压力已达 2.0 MPa；单机过滤面积大，最大过滤面积已达 1727 m^2；滤饼含液量低，经压榨后的滤饼含液量可再降低 5%~15%；抗腐蚀性好，滤板可采用多种增强型塑料，重量轻，弹性好，耐腐蚀，适应性广；运转费用低，可实现多台连续作业、联机控制。因此，现代压滤机多以厢式为主。

自动厢式压滤机按滤板安装方向分为卧式和立式；按滤布安装方式分为滤布固定式、滤布单行走式和滤布全行走式；按有无挤压装置分为隔膜挤压型和无隔膜挤压型；按滤液排出方式分为明流式和暗流式；按操作方式分为全自动操作和半自动操作。其压紧方式一般均为液压压紧。

图 3-23 为滤布固定式自动厢式压滤机结构，图 3-24 是 LAROX PF 型滤布全行走式自动压滤机结构。

滤布固定式自动厢式压滤机又分两种类型，即无隔膜压榨和隔膜压榨型，其中以无隔膜压榨型居多。

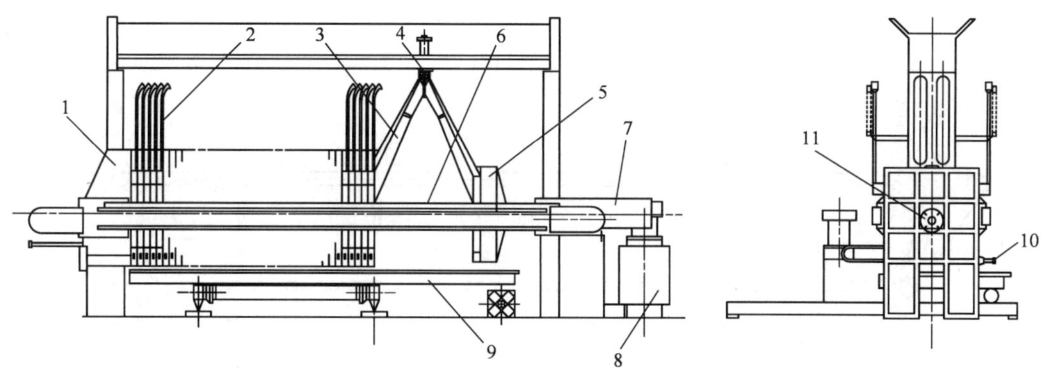

1—止推板；2—滤板组件；3—主滤布；4—滤布振打装置；5—压紧板；6—滤板移动装置；7—压紧装置；8—液压系统；9—滤液收集槽；10—滤液阀；11—进料口。

图 3-23　滤布固定式自动箱式压滤机

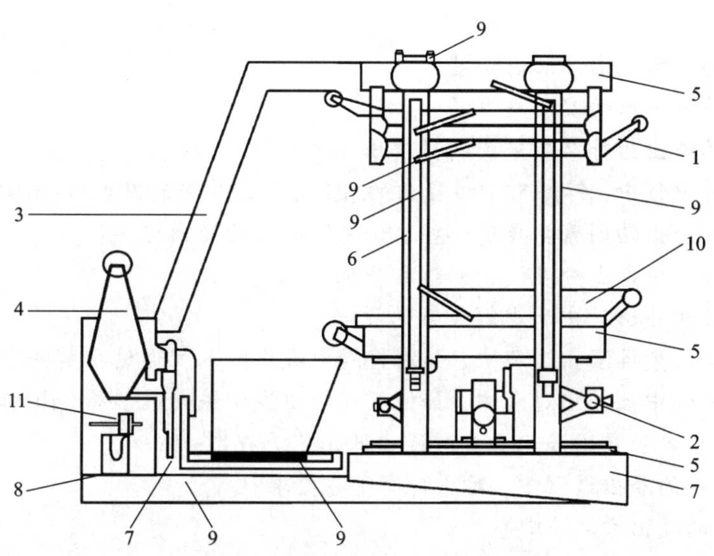

1—压滤板框；2—顶紧装置；3—滤布松紧装置；4—滤布驱动装置；5—压板；6—立柱；7—集水槽；8—机座；9—管路；10—滤布；11—气动装置。

图 3-24　LAROX PF 型压滤机结构

滤布全行走式自动压滤机多为立式，具有压榨压强高、滤饼残余水分含量低、占地面积少、洗涤效率高、洗涤液耗量和循环量少、能耗低、全自动操作等特点。

(3)带式过滤机。

水平带式真空过滤机是一种高效固液分离设备，其结构如图 3-25 所示。它利用环形胶带、滤布在固定的真空箱上运动，沿传送带式滤布的不同区段部位加料、过滤、淋水洗涤和吹气干燥、自动卸载滤饼和清洗滤布连续自动进行，并能实现多段逆流洗涤。过滤机面积为 18~63 m^2，滤布带速可调，移动速度为 1~7 m/min；生产能力强，达 100~150 kg/(m^2 · h)；滤渣可进行有效洗涤，渣含水 30%。该机具有自动化程度高、可大幅度减轻操作人员劳动强度和提高劳动生产率等优点，缺点是占地面积大、投资高。

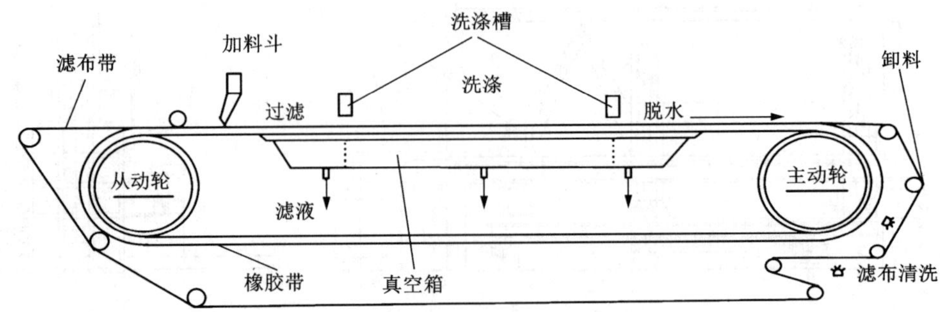

图 3-25　水平带式真空过滤机结构

思考题

1. 湿法炼锌的常用浸出方法有哪些？
2. 简述湿法炼锌浸出的实质与目的。
3. 锌焙烧矿的浸出为什么多采用两段浸出工艺？
4. 在湿法炼锌过程中，锌焙砂中性浸出的 pH 为什么要控制在 5.0~5.4？
5. 影响锌焙砂浸出的因素主要有哪些，如何提高锌的浸出速率？
6. 简述锌焙烧矿中各成分在浸出的过程中的行为。
7. 简述锌焙烧矿浸出时中和水解除杂的原理。
8. 在锌焙烧矿的中性浸出过程中，如何将浸出液中的 Fe^{2+} 通过水解法除去？
9. 在锌焙烧矿的中性浸出过程中，如何实现浸出液中铁与硅、砷、锑的共同沉淀？
10. 分别画出锌焙砂常规浸出和热酸浸出的工艺流程图。
11. 在锌焙烧矿的浸出过程中，对原料有哪些要求？
12. 氧化锌矿的浸出方法有哪些？
13. 如何避免或阻止胶体在氧化锌矿的酸浸过程中形成？
14. 简述从氧化锌粉脱除氟、氯的方法及其原理。
15. 浸出矿浆液固分离的方法有哪些？
16. 简述影响矿浆浓缩和过滤的主要因素。

第 4 章　锌浸出渣的湿法处理

4.1　概述

目前，硫化锌精矿焙烧-浸出-电积生产金属锌的常规湿法炼锌工艺是主流锌冶炼方法。由于硫化锌精矿焙烧过程生成的铁酸锌不溶于稀硫酸，在常规浸出过程的中性浸出(终点 pH 为 4.8~5.2)和弱酸性浸出(终酸为 1 g/L~5 g/L)两段浸出工艺过程中，焙烧矿中大部分的 ZnO 溶解进入中性上清液；而铁酸锌溶解率低(一般小于 3%)，造成约 20%的锌留在浸出渣中，导致常规湿法炼锌工艺锌的浸出率较低。另外，锌浸出渣不仅含有焙烧矿中一部分的锌、铜，而且还富集了焙烧矿中绝大部分的铟、锗、银、铅、铁等有价金属。锌浸出渣中有价金属的综合回收与锌、铁的分离是常规湿法炼锌工艺中的难点和关键点。为提高锌及伴生有价金属的回收率，须对浸出渣进行专门处理，处理方法包括火法处理工艺和湿法处理工艺。

锌浸出渣的火法处理工艺是利用金属锌沸点较低的特点来实现锌与杂质成分分离。在高温条件下，利用焦炭、煤粉等还原剂将锌浸出渣中的铁酸锌还原分解为金属锌与铁氧化物(或金属铁)。利用金属锌沸点低、易挥发的特点，将锌以金属蒸气的形式挥发进入气相。进入气相的锌金属蒸气被空气中的氧气氧化为氧化锌，在收尘系统以氧化锌粉尘的形式将锌加以回收。随着生产企业对资源综合回收、环保及能耗要求的日益严格，锌浸出渣的火法处理工艺的应用受到了一定限制。

锌浸出渣的湿法处理工艺是将锌焙烧矿在中性浸出-弱酸浸出常规工艺产出的酸性浸出渣经高温、高酸浸出，使弱酸中难以溶解的铁酸锌及少量其他尚未溶解的锌化合物得到溶解，进一步提高锌的浸出率。

高温高酸(热酸)浸出工艺通过强化浸出条件，不仅有效提高了锌浸出渣中有价金属浸出率，而且减小了固体渣质量，将锌浸出渣中铅、银等不溶金属富集于高温高酸浸出渣中，为后续工艺中铅、银的回收创造了有利条件。

湿法浸出技术可以有效溶解铁酸锌，将锌、铁、铟、铜等一同浸出到溶液中。由于铁酸锌的分解，浸出液中含铁量较高，需要进行铁的分离。20 世纪 60 年代后期，随着黄钾铁矾[$KFe_3(SO_4)_2(OH)_6$]法、针铁矿(FeOOH)法和赤铁矿(Fe_2O_3)法等除铁方法研制成功，实现了溶液中锌、铁的有效分离，锌浸出渣的湿法处理工艺得到广泛推广应用。其工艺流程如图 4-1 所示。

采用热酸浸出(温度 363~368 K，始酸浓度大于 150 g/L，终酸浓度为 40~60 g/L)，使浸出渣中铁酸锌溶解。其反应式为：

$$ZnO \cdot Fe_2O_3 + 4H_2SO_4 = ZnSO_4 + Fe_2(SO_4)_3 + 4H_2O \tag{4-1}$$

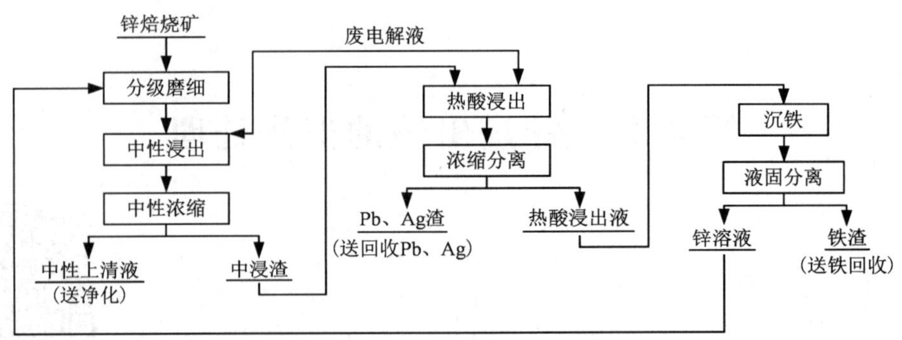

图 4-1　锌浸出渣湿法处理工艺流程

同时利用 Fe^{3+}将渣中残留的 ZnS 溶解，进一步提高锌浸出率：

$$ZnS + Fe_2(SO_4)_3 \xlongequal{\quad} ZnSO_4 + 2FeSO_4 + S^\circ \tag{4-2}$$

热酸浸出工艺可显著提高金属回收率，将铅、银富集于渣中。但大量铁也转入溶液，浸出液含铁达 20～40 g/L。从高浓度 $Fe_2(SO_4)_3$ 溶液中沉铁，Fe^{3+} 的沉淀过程受温度的影响（图 4-2）。低温下，控制一定的 pH 及温度可生成 $Fe(OH)_3$ 沉淀。当温度升高到 363 K 以上时，控制一定的 pH 可生成 α-FeOOH（针铁矿）；当温度升高到 423 K 时，将生成 α-Fe_2O_3（赤铁矿）。

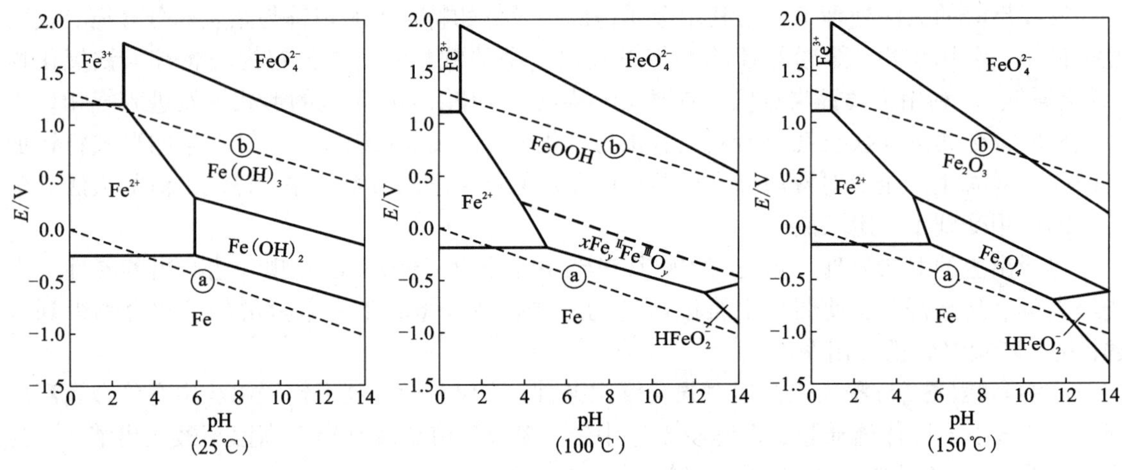

图 4-2　铁-水系电位-pH 图

不同形态铁化合物的形成，与浓度、温度等因素有关。在温度 373 K 时，从低浓度 Fe^{3+}溶液中析出 α-FeOOH（针铁矿）；从高浓度 Fe^{3+}溶液中析出 $[(H_3O)Fe_3(SO_4)_2(OH)_6]$（草黄铁矾）；当提高温度至 423 K 时，从低浓度 Fe^{3+}溶液中析出 Fe_2O_3（赤铁矿），从高浓度 Fe^{3+}溶液中析出的草黄铁矾由于不稳定而分解析出 $Fe_2O_3 \cdot 2SO_3 \cdot H_2O$。用 K^+、Na^+、NH_4^+ 取代 H_3O^+可形成更稳定的黄钾铁矾。提高温度，铁化合物可在酸性介质中稳定存在，即有利于铁的沉出。

各种沉铁方法的基本反应：

(1)黄钾铁矾法。

$$3Fe_2(SO_4)_3 + 2A(OH) + 10H_2O = 2AFe_3(SO_4)_2(OH)_6 + 5H_2SO_4 \tag{4-3}$$

式中：A 代表 K^+、Na^+、NH_4^+、H_3O^+、Ag^+、Rb^+等。

(2)针铁矿法。

$$Fe_2(SO_4)_3 + 4H_2O = 3H_2SO_4 + 2FeOOH \tag{4-4}$$

(3)赤铁矿法。

$$Fe_2(SO_4)_3 + 3H_2O = Fe_2O_3 + 3H_2SO_4 \tag{4-5}$$

4.2 锌浸出渣的高温高酸浸出

4.2.1 锌浸出渣的直接高温高酸浸出

直接高温高酸浸出是在无外加氧化剂或还原剂情况下，直接对锌浸出渣进行高温高酸浸出。我国锌冶炼企业主要采用该方法处理锌浸出渣。

高温高酸(热酸)浸出的实质是在温度 358 K 以上，终酸 50~60 g/L 条件下，对锌浸出渣进行强化浸出。目的是将锌浸出渣中难溶的物相(如铁酸锌等)溶解，从而提高有价金属的浸出率。

锌浸出渣中除了有锌、铁氧化物，还含有其他有价金属(铜、铟、银等)氧化物。Fe_3O_4 稳定区 pH 比 $ZnO \cdot Fe_2O_3$ 稳定区大，Fe_3O_4 比 $ZnO \cdot Fe_2O_3$ 更易于酸浸出；在硫酸溶液中，焙砂中铟、镓等稀散金属氧化物比锌难以溶出。

铁酸锌水系($ZnO \cdot Fe_2O_3-H_2O$ 系)有关反应在 298 K 和 373 K 的平衡条件见表 4-1。

表 4-1　铁酸锌水系($ZnO \cdot Fe_2O_3-H_2O$ 系)有关反应在 298 K 和 373 K 的平衡条件

序号	反应式	平衡条件(298 K)	平衡条件(373 K)
1	$Fe^{3+}+0.5H_2 = Fe^{2+}+[H^+]$	$\varphi_{25}=0.776+0.0591\lg\frac{a_{Fe^{3+}}}{a_{Fe^{2+}}}$	$\varphi_{100}=0.8602+0.0075\lg\frac{a_{Fe^{3+}}}{a_{Fe^{2+}}}$
2	$Fe_2O_3+6H^+ = 2Fe^{3+}+3H_2O$	$pH_{25}=0.2407-\frac{1}{3}\lg a_{Fe^{3+}}$	$pH_{100}=-0.9852-\frac{1}{3}\lg a_{Fe^{3+}}$
3	$Fe_2O_3+6H^++2e^- = 2Fe^{2+}+3H_2O$	$\varphi_{25}=0.7297-0.1773pH-0.0591\lg a_{Fe^{2+}}$	$\varphi_{100}=0.6088-0.222pH-0.074\lg a_{Fe^{2+}}$
4	$ZnO \cdot Fe_2O_3+2H^+ = Zn^{2+}+H_2O+Fe_2O_3$	$pH_{25}=3.3754-\frac{1}{2}\lg a_{Zn^{2+}}$	$pH_{100}=2.3271-\frac{1}{2}\lg a_{Zn^{2+}}$
5	$ZnO \cdot Fe_2O_3+12H^++H_2 = Zn^{2+}+2Fe^{2+}+4H_2O+6H^+$	$\varphi_{25}=0.4702-0.0778pH$	$\varphi_{100}=0.3932-0.0982pH$

锌浸出渣中主要含锌矿物为铁酸锌，锌浸出渣的浸出实质是铁酸锌的分解。根据铁酸锌

水系电位-pH 图(图 4-3)，热力学上，当控制氧化还原电位、pH 在区域(C)内，铁酸锌的锌、铁将分别以 Zn^{2+}、Fe^{3+}形态进入溶液，这是浸出过程发生的主要反应；当控制氧化还原电位、pH 在区域(B)内，铁酸锌的锌将选择性进入溶液，而铁以 Fe_2O_3 形态保留在渣中，这是一种理想反应，在实际浸出过程难以实现；当控制氧化还原电位、pH 在区域(D)内，铁酸锌的锌、铁将分别以 Zn^{2+}、Fe^{2+}形态进入溶液，溶液电位越低，越有利于此反应的进行。即体系氧化还原电位与 pH 越低，越有利于铁酸锌的溶解。在浸出过程中，体系氧化还原电位随着 Fe^{3+} 浓度的升高而逐渐升高；溶液中 H^+的离子活度系数随着 Fe^{3+}浓度的升高而逐渐降低。这将导致铁酸锌的热力学稳定区域逐渐增大，铁酸锌愈发难以溶解。在实际热酸浸出过程，为了充分溶解锌浸出渣中难溶的铁酸锌物相，提高有价金属浸出率，通常需要保证热酸浸出液有较高的终点硫酸浓度。

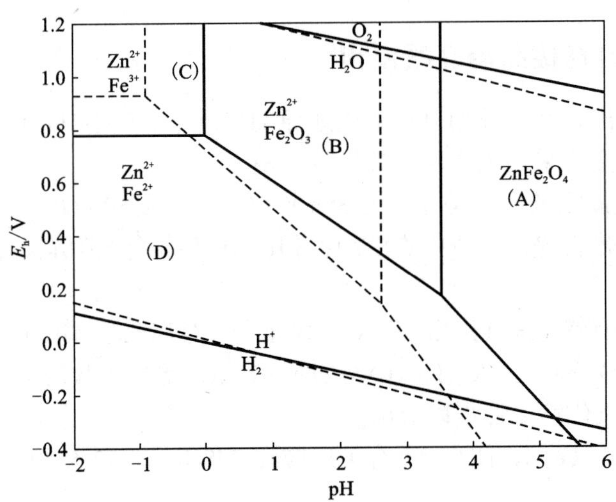

图 4-3　铁酸锌水系电位-pH 图(298 K 实线，373 K 虚线)

在动力学上，锌浸出渣的溶解过程可用“收缩核模型”(图 4-4)描述。受化学反应控制，随着锌浸出渣的溶解，大量 Fe^{3+} 和 Zn^{2+} 进入溶液，导致溶液中 H^+的活度降低，锌浸出渣的溶解速率降低。

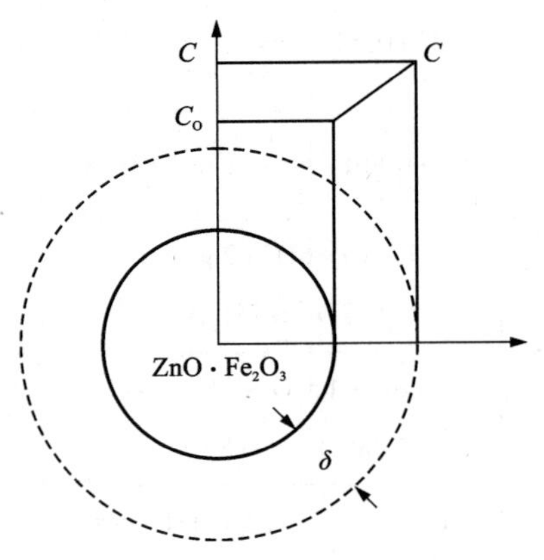

图 4-4　铁酸锌溶解动力学模型

锌浸出渣热酸浸出的宏观动力学方程为：

$$1-(1-\alpha)^{1/3}=0.4442[H^+]^n[Fe^{3+}]^m d_0^{-1}\exp(-45657/RT)t \tag{4-6}$$

式中：n，m 为反应级数；α 为反应的浸出率。

在高酸(pH<0)条件下，铁、锌将同时进入溶液；在较低的酸度(pH=2~3)条件下，可以实现锌、铁的选择性浸出，且降低反应温度对锌、铁的选择性浸出更为有利。铁酸锌的溶解速率与矿物颗粒的比表面积成正比，其反应速率受固体表面的化学

反应控制。矿物粒度对铁酸锌的溶解没有显著影响，但升高温度，提高硫酸浓度则显著提高了锌和铟的浸出效率。

锌浸出渣中的主要物相为铁酸锌，铁酸锌的溶解经过以下三个步骤。

第一步，水分子在铁酸锌固体表面羟基化形成配合物分子：

$$\begin{matrix} | -{}_{s}Fe_{a}^{iii} \\ | -{}_{s}Fe_{c}^{iii} \end{matrix} > O + H_2O - Fe_{b}^{ii}(H_2O)_{5(aq)}^{2+} \rightleftharpoons \begin{matrix} | -{}_{s}Fe_{a}^{iii}OH - Fe_{b}^{ii}(H_2O)_{5}^{2+} \\ | -{}_{s}Fe_{c}^{iii}OH \end{matrix} \tag{4-7}$$

第二步，配合物分子在铁酸锌固体表面的解离与扩散(限制性环节)：

$$| -{}_{s}Fe_{a}^{iii}OH - Fe_{b}^{ii}(H_2O)_{5}^{2+} + H_3O^{+} \rightleftharpoons | -{}_{s}Fe_{a}^{ii}OH_2 + Fe_{b}^{iii}(H_2O)_{6}^{3+} \tag{4-8}$$

第三步，反应产物的解离：

$$| -{}_{s}Fe_{a}^{ii}OH_2 + H^{+} \longrightarrow 2 | -{}_{s}H + Fe_{a}^{ii}OH^{+} \tag{4-9}$$

在这三个步骤中，Fe^{3+}由铁酸锌固体颗粒表面到溶液主体之间的传递过程是整个溶解过程的限制性环节。当溶液中含有大量 Fe^{3+}时，传递过程较慢；溶液中 Fe^{2+}浓度比例增大，传递过程较快。即在溶液氧化还原电位较低的条件下，铁酸锌的溶解速率更快。

在实际浸出过程，随着锌浸出渣中高价铁氧化物的溶解，浸出液中 Fe^{3+}浓度不断升高，溶液的 Fe^{3+}将抑制溶液中硫酸与锌浸出渣的溶解反应，降低有价金属浸出速率，延长浸出反应时间，增大能源消耗量，降低生产效率。

因此，直接高温高酸浸出可以有效溶解铁酸锌及其他锌化合物，使锌浸出率显著提高(97%~98%)，但物料中的铁大量溶出，溶液中铁含量可达 20~40 g/L。从含大量 Fe^{3+}的热酸浸出液中回收铜、铟等伴生金属的工艺流程长、回收率低，故分离回收有价金属之前须先将 Fe^{3+}还原为 Fe^{2+}，避免 $Fe(OH)_3$ 溶胶的生成。

我国采用直接高温高酸工艺处理锌浸出渣的锌冶炼厂较多。工业生产中典型的一段热酸浸出的条件和技术指标为：始酸浓度 100~150 g/L，终酸浓度 30~60 g/L，温度 358~368 K，液固比(6~10)∶1，浸出时间 3~4 h，一般锌的浸出率可以达到 97%。两段浸出一般是在热酸浸出后加一段超酸浸出，热酸浸出时温度为 358~368 K，终酸浓度为 50~60 g/L；超酸浸出时温度为 363 K，终酸浓度为 100~125 g/L，浸出 3 h 后锌的总浸出率可达 99.5%。

4.2.2 锌浸出渣与锌精矿的协同浸出

采用高温高酸浸出锌浸出渣时，同步将溶液中的 Fe^{3+}还原为 Fe^{2+}，不仅能够降低体系氧化还原电位，而且能够提高溶液中 H^{+}的活度系数，达到促进锌浸出渣中难溶铁酸锌物相溶解的目的。

锌浸出渣与锌精矿的协同浸出实际上是将锌浸出渣中锌、铁进行高温高酸浸出的同时，利用锌精矿中硫化物的还原性，将浸出液的 Fe^{3+}还原为 Fe^{2+}，并使精矿中的有价金属转化为简单离子进入浸出液。其主要化学反应方程式为：

$$ZnO \cdot Fe_2O_3 + 4H_2SO_4 = ZnSO_4 + Fe_2(SO_4)_3 + 4H_2O \tag{4-10}$$

$$MeO + H_2SO_4 = MeSO_4 + H_2O \tag{4-11}$$

$$ZnS + Fe_2(SO_4)_3 = 2FeSO_4 + ZnSO_4 + S^0 \tag{4-12}$$

根据有关热力学数据及 373 K 条件下 $ZnO \cdot Fe_2O_3-H_2O$ 系 φ-pH 图，以及硫化锌精矿还原三价铁的 ZnS-Fe 系 φ-pH 图(图 4-5)可知，ZnS 为惰性还原剂。为加速其还原速率，采用接近沸腾的温度条件(368~373 K)。由于还原温度高，Fe^{3+}的稳定性低，为避免 Fe^{3+}的水解，还原过程需要在高酸溶液中进行。

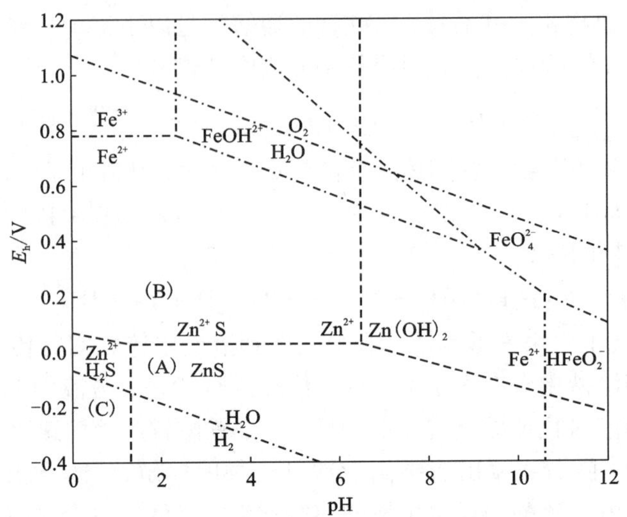

图 4-5　闪锌矿水系电位-pH 图(298 K)

在高温硫酸溶液中，锌浸出渣、锌精矿的溶解及溶液中 Fe^{3+}、Fe^{2+}之间存在密切的转化关系。在协同浸出过程中，锌浸出渣溶解释放的 Fe^{3+}为高铁锌精矿的溶解提供了氧化剂；高铁锌精矿在溶解的同时将溶液中 Fe^{3+}还原为 Fe^{2+}，降低了溶液的氧化还原电位，提高了体系中 H^+的活度系数，促使锌浸出渣与硫酸的溶解反应平衡向正反应方向移动。在协同浸出体系中，利用 Fe^{3+}/Fe^{2+}与 S^0/S^{2-}的氧化还原反应，不仅克服了浸出过程中 Fe^{3+}对铁酸锌溶解反应的不利影响，促进了锌浸出渣的溶解，实现了有价金属的溶出和浸出液中三价铁离子的同步还原，而且实现了锌精矿的同步溶解。

德国达特伦(Datlen)电锌厂曾采用硫化锌精矿进行还原浸出。国内多家单位对锌浸出渣与锌精矿的协同浸出开展了大量研究。

典型的锌浸出渣与锌精矿协同浸出的条件和技术指标为：始酸浓度 120~150 g/L，终酸浓度 20~40 g/L，温度 358~368 K，液固比(8~10)：1，浸出时间 2~3 h，锌、铁、铜的浸出率可以达到 96%以上。为进一步提高浸出率，将协同浸出渣进行高酸浸出，条件为：始酸浓度 150~180 g/L，终酸浓度 80~120 g/L，温度 358~368 K，液固比(10~12)：1，浸出时间 3~4 h，经两段浸出后锌的总浸出率可达 99%以上。

4.2.3　锌浸出渣的二氧化硫还原浸出

在高温高酸浸出过程中，铁酸锌溶解导致溶液中三价铁离子含量过高，使溶液中的电位偏大，H^+活度降低，铁酸锌难以完全分解。

锌浸出渣的二氧化硫还原浸出是在硫酸溶液中通入二氧化硫，使铁酸锌在溶解的同时，利用二氧化硫作为还原剂，将三价铁离子还原为二价铁离子。这样可有效降低溶液中三价铁离子浓度，降低溶液电位，促进铁酸锌分解，最终达到使铁酸锌有效分解的目的。其主要化学反应方程式为：

$$ZnO \cdot Fe_2O_3 + 6H^+ + SO_2 \xlongequal{} Zn^{2+} + H_2SO_4 + 2Fe^{2+} + 2H_2O \tag{4-13}$$

在 373 K 时，式(4-13)的 Δ_rG 为-42 kJ/mol，反应具有较大的热力学推动力。

二氧化硫还原分解 $ZnFe_2O_4$ 涉及氧化还原，物种的氧化性强弱与反应体系 pH 存在密切关系。

二氧化硫在硫酸溶液中还原分解 $ZnFe_2O_4$ 是气-液-固三相反应，因此可以采用 SO_2-$ZnFe_2O_4$-H_2O 系的 E-pH 优势区图对反应(4-13)进行描述。不同温度下 SO_2-$ZnFe_2O_4$-H_2O 系的 E-pH 优势区，如图 4-6 所示。$ZnFe_2O_4$ 在酸性条件下的分解机制有两种。在非还原条件下，$ZnFe_2O_4$ 第一步反应分解成 Fe_2O_3 和 Zn^{2+}，第二步反应 Fe_2O_3 分解成 Fe^{3+}；在还原条件下，$ZnFe_2O_4$ 反应分解成 Fe^{3+} 和 Zn^{2+} 后，Fe^{3+} 被还原成 Fe^{2+}。当控制氧化还原电位在(B)区域内，$ZnFe_2O_4$ 中锌以 Zn^{2+} 形态进入溶液，铁以 Fe_2O_3 形态保留在渣中。当控制氧化还原电位在(D)、(E)、(F)区域内，$ZnFe_2O_4$ 中锌和铁分别以 Zn^{2+} 和 Fe^{2+} 的形态进入溶液。

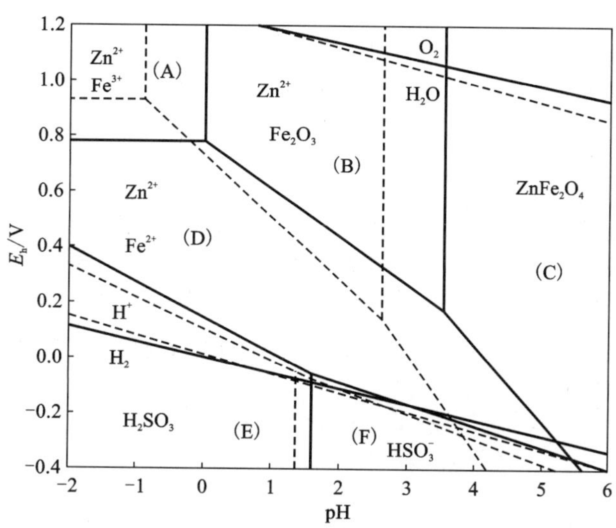

图 4-6　$ZnFe_2O_4$- SO_2-H_2O 系的电位-pH 图(298 K 实线，373 K 虚线)

根据 $ZnFe_2O_4$-SO_2-H_2O 三元系相图，二氧化硫还原浸出锌浸出渣的控制区域为铁酸锌溶解的区域，以及二价铁、锌离子、硫酸根离子共同存在的区域。在还原浸出过程中，前期反应以(A)区域铁酸锌的溶解为主，氧化还原电位控制在此区域，铁酸锌中的 Zn^{2+}、Fe^{3+} 进入溶液；(B)区域为锌离子与三氧化二铁共同存在的区域，此区域为反应过程中的理想状态，既达到锌的浸出，又将锌铁分离，这在实际生产反应过程中很难实现；实际生产中主要是以(D)区域的反应为主，其 pH 为 0~1，电位越低有利于 Zn^{2+}、Fe^{3+} 进入溶液。因为保持溶液电位处在低电位的阶段能够有效分解铁酸锌，提高有价金属的浸出率。在硫酸溶液通入 SO_2 的条件下，二氧化硫将溶液中的 Fe^{3+} 还原为 Fe^{2+}，降低了溶液电位，促进了铁酸锌分解；同时降低了溶液中的氧化还原电位，促进铁酸锌彻底溶解为 Fe^{2+}、Zn^{2+}、SO_4^{2-}。根据热力学数据计算和生产实践，在 373 K 左右时，通入 SO_2 更有利于铁酸锌溶解反应的进行，铁酸锌中的锌基本全部被浸出。

日本饭岛(Iijima)锌厂于 20 世纪 70 年代成功采用二氧化硫进行锌浸出渣的还原浸出，

获得了含铁 30~40 g/L(其中三价铁小于 1 g/L)的还原浸出液，成为世界第一家采用该技术的锌冶炼厂。

国内某厂采用二氧化硫还原浸出、赤铁矿沉铁工艺，于 2018 年建设了规模为年产锌锭 12 万 t 的湿法炼锌工厂，成为世界第二家、国内第一家采用二氧化硫还原浸出工艺处理锌浸出渣的工厂。

典型的还原浸出技术条件及技术指标为：始酸浓度 100~130 g/L，终酸浓度 20~40 g/L，温度 368~383 K，液固比(7~9)：1，SO_2 分压 0.1~0.15 MPa，浸出时间 2~3 h，锌、铁、铜的浸出率可以达到 96%以上，浸出液中三价铁离子浓度小于 1 g/L。为进一步提高浸出率，将还原浸出渣进行高酸浸出，条件为：始酸浓度 120~150 g/L，终酸浓度 80~120 g/L，温度 358~368 K，液固比(10~12)：1，浸出时间 3~4 h，锌浸出率大于 99%、铟浸出率大于 98%、铜浸出率大于 98%，渣含锌小于 3%(质量分数)。

4.2.4 锌浸出渣的高温高酸浸出工艺比较

高温高酸浸出能够有效分解中性浸出渣的铁酸锌，使锌、铁进入溶液。直接高温高酸浸出时，溶液中的铁多数以 Fe^{3+} 的形式存在，还原浸出工艺可以解决溶液中 Fe^{3+} 对锌浸出渣溶解过程的抑制作用，促进锌浸出渣中金属氧化物的溶解，提高有价金属浸出率；同时，可以获得一个 Fe^{3+} 含量低的溶液。

采用硫化锌精矿进行协同浸出，由于锌精矿未经脱杂处理，会引入精矿中 F、Cl、As 等杂质，对后续工艺产生负担。同时，硫化锌精矿协同浸出渣中含有大量的单质硫，需要对含硫黄的浸出渣进行处理。

采用二氧化硫作为还原剂可避免杂质的引入，不会给浸出系统带入其他种类的杂质离子。二氧化硫与 Fe^{3+} 反应后生成的硫酸根离子，使浸出液中硫酸根离子浓度增加，整个湿法炼锌系统酸不平衡。因此，需要对还原浸出液的酸进行中和处理，通常采用石灰石中和法产出石膏。

4.2.5 锌浸出渣酸浸液中除铁

锌浸出渣的湿法浸出技术可以有效溶解铁酸锌，由于铁酸锌的分解，锌浸出的同时铁亦被浸出。锌、铁、铟、铜等一同浸出到溶液中，使得浸出液中含铁较高，通常为 20~40 g/L。若采用常规的中性浸出过程使用的中和水解法除铁，则会由于高浓度三价铁的水解而形成体积庞大的 $Fe(OH)_3$ 溶胶，无法浓缩、沉降、过滤。因此需要研究专门的除铁方法，将铁离子以易沉降且易过滤的晶体形式从锌浸出液中分离。

从含高浓度铁离子的溶液中沉铁的方法取决于 $Fe_2O_3-SO_3-H_2O$ 系平衡状态图(图 4-7)。

根据图 4-2 和图 4-7 可知，在高温水溶液中，不同的高价铁浓度范围内，相应温度下的三价铁会形成不同化学组成的化合物。当温度为 373 K 左右，溶液中三价铁离子浓度非常低时($c_{Fe^{3+}}$<1 g/L)，可从溶液中析出 α-FeOOH(针铁矿)；在溶液中三价铁离子浓度较高时($c_{Fe^{3+}}$>20 g/L)，可从溶液中析出 $(H_3O)Fe_3(SO_4)_2(OH)_6$(草黄铁矾)，用 K^+、Na^+、NH_4^+ 取代 $(H_3O)^+$ 可形成更稳定的黄钾铁矾。当提高温度至 423 K 甚至更高时，可使铁离子在酸性溶液中析出，从低浓度 Fe^{3+}($c_{Fe^{3+}}$<15 g/L)溶液中析出 Fe_2O_3(赤铁矿)，从高浓度 Fe^{3+}($c_{Fe^{3+}}$>20 g/L)溶液中析出 $Fe_2O_3 \cdot 2SO_3 \cdot H_2O$(碱式硫酸铁)。因此，从高浓度三价铁溶液中除铁

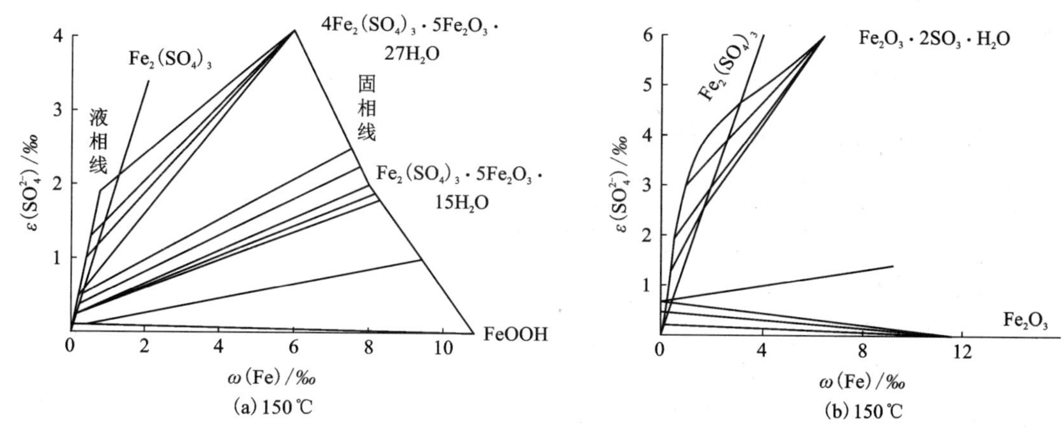

图4-7 Fe_2O_3-SO_3-H_2O 系平衡状态图

时，若采用针铁矿法和赤铁矿法，需要大大降低初始溶液中三价铁的浓度，将溶液中的三价铁还原为二价铁，再进行铁离子的高温氧化沉淀。

4.3 黄钾铁矾法除铁

4.3.1 黄钾铁矾法的起源与发展

20世纪70年代，黄钾铁矾法率先在欧洲和澳洲得到发展。1960年，澳大利亚电解锌公司(Electrolytic Zinc Company of Australia Limited)在里斯顿(Risdon)的锌精炼厂成功开发此种方法。1965年，挪威锌公司(Det Norske Zinc-Kompani)的埃特雷姆(Eitrheim)电锌厂和西班牙阿斯土列安公司(Asturiana de Zinc)也成功开发此方法。研究发现，三价铁离子在较高的温度、常压和添加碱金属离子或存在铵离子的条件下可沉淀出分子式为 $AFe_3(SO_4)_2(OH)_6$ 的三价铁化合物，其中A可以是 Na^+、K^+ 和 NH_4^+ 等。从化学成分、红外光谱及X射线结构分析发现，这种化合物与黄钾铁矾矿物相当，呈菱形结晶体，且易于沉降和过滤。根据其成分及结构特点，将此种除铁的方法称为黄钾铁矾法。

黄钾铁矾法除铁的所有专利技术几乎掌握于 Norzinnk As、Asturiana de Zinc 和 Electrolytic Zinc Company of Australasia Limited 这三家公司中。1983年我国首次将黄钾铁矾法除铁工艺引入国内，并获得良好的工业实验结果和较好的生产技术指标。

黄钾铁矾法在第一阶段采用高温高酸浸出，因而铁酸锌得到溶解，锌浸出率提高到98%以上，并得到可分离的铅银渣。但铁的浸出率也高达70%~90%，所以在第二阶段一般采用锌焙砂中和黄钾铁矾法除铁。在除铁中和时，用于中和的锌焙砂浸出率较低，故沉矾渣须增加酸洗等措施。

为了简化生产工艺流程并同时获得高的锌浸出率，芬兰奥托昆普俄伊(Outokumpu Oy)于1973年发明了转化法。即把高温高酸浸出与黄钾铁矾沉铁在同一个工序完成，又称铁酸锌的一段处理法。此法于1973年2月在芬兰奥托昆普科科拉锌厂(Outokumpu Kokkola Zinc Plant)投入了生产。该法生产过程简单，易于操作，锌的回收率较常规法显著提高。

为了进一步改进黄钾铁矾法工艺，降低铁矾渣中的 Zn、Pb、Ag、Au、Cd 和 Cu 的损失，20 世纪 90 年代澳大利亚电锌有限公司成功研究了低污染黄钾铁矾法，并建成日产 500 t 锌的中间工厂进行了工业试验，取得了良好的结果。

4.3.2 黄钾铁矾法沉铁的原理及工艺

黄钾铁矾法除铁是在一定酸度(pH 为 1.0~1.5)和温度(358~368 K)下，热酸浸出液中的硫酸铁与碱金属或铵根离子相互反应一定时间后，生成难溶的铁矾类化合物 $MeFe_3(SO_4)_2(OH)_6$，其中 Me 代表一价离子，如 K^+、Na^+、Rb^+、Cs^+、Tl^+、Li^+、Ag^+、NH_4^+、H_3O^+等。

其反应方程式如下：

$$3Fe_2(SO_4)_3 + 12H_2O + Me_2SO_4 = 2MeFe_3(SO_4)_2(OH)_6 + 6H_2SO_4 \quad (4-14)$$

黄钾铁矾法除铁过程的电位-pH 图如图 4-8 所示。

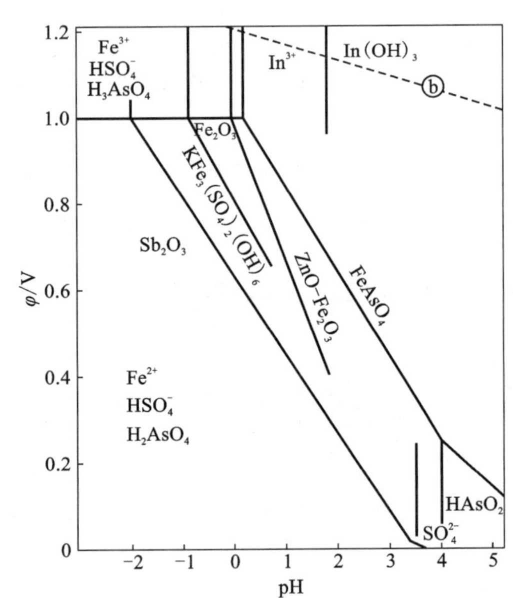

图 4-8 黄钾铁矾法除铁电位-pH 图

在同一条件下，溶液中铁矾形成的难易程度与其一价离子的半径大小有一定的关系。半径接近或者大于 100 pm 的离子比较容易与 Fe^{3+} 反应形成矾的结晶，比如 K^+、Na^+、NH_4^+(离子半径分别为 133 pm、98 pm、143 pm)等，这些离子经常被用作除铁的沉淀剂。黄铁矾晶核的形成较为缓慢，在黄钾铁矾法沉铁过程中为缩短晶核形成的诱发期并有效增加除铁率，须向溶液中加入一定量的晶种。因此，热酸浸出液中的酸度、温度、一价阳离子的种类和半径、晶种等是影响溶液中黄铁矾沉淀形成的主要因素。

沉铁过程发生下列化学反应：

$$3Fe_2(SO_4)_3 + 10H_2O + 2NH_3 \cdot H_2O = \underset{(\text{黄铵铁矾})}{(NH_4)_2Fe_6(SO_4)_4(OH)_{12}} + 5H_2SO_4 \quad (4-15)$$

$$3Fe_2(SO_4)_3 + 12H_2O + K_2SO_4 = \underset{(\text{黄钾铁矾})}{K_2Fe_6(SO_4)_4(OH)_{12}} + 6H_2SO_4 \quad (4-16)$$

$$3Fe_2(SO_4)_3 + 12H_2O + Na_2SO_4 = \underset{(\text{黄钠铁矾})}{Na_2Fe_6(SO_4)_4(OH)_{12}} + 6H_2SO_4 \quad (4-17)$$

$$3Fe_2(SO_4)_3 + 14H_2O = \underset{(\text{草黄铁矾})}{(H_3O)_2Fe_6(SO_4)_4(OH)_{12}} + 5H_2SO_4 \quad (4-18)$$

黄铁矾的沉铁过程本身是一个产酸的化学反应。根据图 4-8 的黄钾铁矾法除铁电位-pH 图，为尽可能地把热酸浸出后液中的铁离子浓度降至最低，溶液的酸度(pH 1.5)应维持在一个稳定的水平。当体系中酸的浓度相同时，黄钾铁矾在溶液中的溶解度随着温度的升高而逐渐降低，即黄铁矾在酸性溶液中的沉淀是吸热过程。因而，在黄铁矾的除铁过程中，溶液的温度几乎处于沸点温度。由各种不同碱金属形成的铁矾中，钾铁矾是最为稳定的。由于价格原因，工业上通常使用含有 NH_4^+、Na^+ 的盐类或碱类作沉铁剂。当硫酸钠作为沉铁剂时，在 363 K 下反应 3~5 h 可使溶液中大部分的铁以黄钠铁矾的形式从溶液中沉淀析出。铁矾中相应的阳离子有可能会被其他杂质离子以类质同象的形式所取代，或者直接被铁矾吸附后与铁一起沉淀进入渣中。黄铁矾沉淀反应进行的程度还与一价阳离子的加入量有关，它的浓度必须达到黄铁矾分子式所规定的原子比，即 $n_{Fe}:n_{Me}=3:1$；进一步增加一价阳离子的浓度，对黄铁矾的沉淀效果影响不大。

生成黄钾铁矾所消耗的碱金属离子可根据化学式计算出来。试剂的理论加入量为铁量的 1/10。由于溶液中含有矿物浸出过程引入的碱金属离子，且在黄钾铁矾沉铁过程中会有草黄铁矾[$(H_3O)Fe_3(SO_4)_2(OH)_6$]生成，故实际消耗量只为沉铁量的 5%~8%。

黄钾铁矾是一种稳定的复杂难溶物质，溶液中 90%~95%的铁可以黄钾铁矾形态沉淀。从生成黄钾铁矾的反应式可知，铁矾化合物在形成的同时会产生一定的酸。为保持沉铁 pH 为 1.5，需要大量中和剂中和沉铁过程产出的硫酸，其中最简单的方法是采用焙砂作中和剂。在沉铁过程中除发生一般浸出的化学反应外，还包括铁酸锌的溶解反应：

$$ZnO \cdot Fe_2O_3 + 4H_2SO_4 = ZnSO_4 + Fe_2(SO_4)_3 + 4H_2O \tag{4-19}$$

但是，焙砂中的铁酸锌不完全溶解，它们会随着铁矾一起沉淀而留在铁矾渣中，致使这一过程所用焙砂的锌浸出率不高，锌的总收回率降低。

对黄钾铁矾滤渣进行酸洗，可提高锌的回收率 1.5%~2.5%，且 Cu、Cd 的回收率亦有所提高。但会使部分杂质再次进入溶液体系。

为使反应进行完全，实际生产中采用 ZnO 粉或含铁低的焙砂或氧化锌烟尘作为中和剂。当可溶性氧化铁与 ZnO 一同存在时，氧化铁同样参加黄钾铁矾的沉淀反应。其反应式如下：

$$ZnO + H_2SO_4 = ZnSO_4 + H_2O \tag{4-20}$$

$$3Fe_2(SO_4)_3 + 5ZnO + 2NH_3 \cdot H_2O + 5H_2O = (NH_4)_2Fe_6(SO_4)_4(OH)_{12} + 5ZnSO_4 \tag{4-21}$$

$$4Fe_2(SO_4)_3 + 5Fe_2O_3 + 6NH_3 \cdot H_2O + 15H_2O = 3(NH_4)_2Fe_6(SO_4)_4(OH)_{12} \tag{4-22}$$

世界各湿法炼锌厂采用的黄铁矾法除铁的工艺流程差别不大，基本的热酸浸出黄钾铁矾法除铁工艺流程如图 4-9 所示。

锌焙砂热酸浸出与黄钾铁矾除铁两部分构成了较为完整的湿法炼锌浸出系统。该流程通常由 5 个过程构成，即中性浸出、热酸浸出、预中和、沉矾和铁矾渣酸洗。经过中性浸出和热酸浸出后，锌焙砂中超过 98%以上的锌会以离子的形式进入溶液。而铁的浸出率也高达 70%以上，浸出渣中锌质量分数在 3%左右。铅、银在热酸浸出渣中得到了富集，成为回收铅、银的原料。

我国西北某铅锌冶炼厂是典型的采用热酸浸出-黄钾铁矾法除铁工艺的湿法炼锌企业，其工艺流程如图 4-10 所示。

其技术条件及技术指标如下。

(1)氧化液的配制。将废电解液与除铁后液按一定比例混合在一个反应槽，向其中加入适量的氧化剂(软锰矿或者阳极泥)，可保证溶液中的二价铁离子充分氧化为三价铁。氧化液的酸浓度控制为 60~90 g/L，最终溶液含铁小于 1 g/L，其中 Fe^{2+} 浓度小于 0.1 g/L。然后将

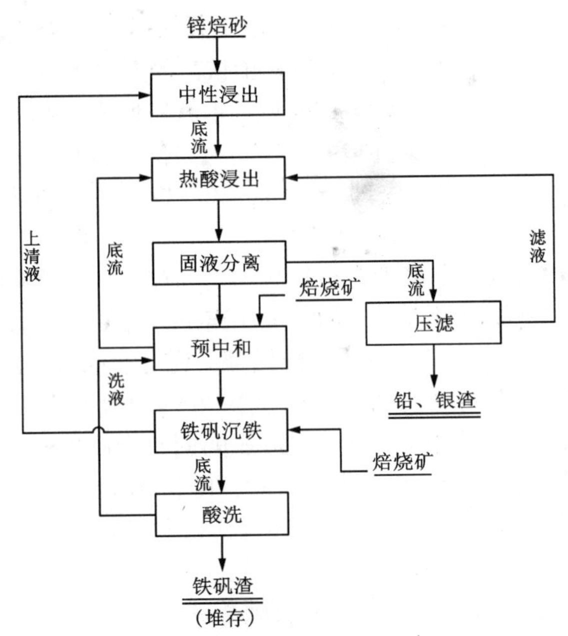

图 4-9　热酸浸出黄钾铁矾法工艺流程

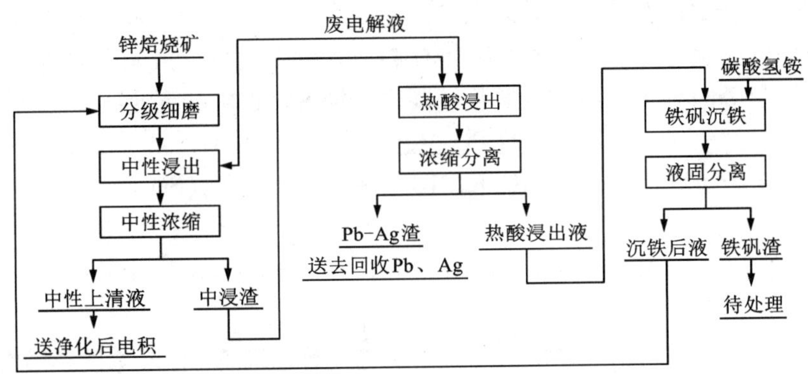

图 4-10　热酸浸出-黄钾铁矾法除铁工艺流程

配制好的氧化液送至中性浸出工序进行锌焙砂的浸出。

（2）中性浸出。将氧化液与锌焙砂混合，在温度 343 K 左右，四槽连续浸出 2 h。将得到的中浸液送净化工序，中浸底流送热酸浸出。

（3）热酸浸出。中浸底流的热酸浸出工序分为两段，即第一段进行低酸浸出，在温度 363 K 左右，四槽连续浸出 3 h，控制终酸浓度为 30~50 g/L，得到的低酸浸出液送预中和。第二段进行低酸浸出底流的高酸浸出，在温度 368 K 左右，四槽连续浸出 4 h，控制终酸浓度为 120~150 g/L。将得到的高酸浸出液返回用于第一段的低酸浸出，高酸浸出底流经过滤后产出铅银渣。

（4）热酸浸出液的预中和。热酸浸出工序产出浸出液含硫酸 30~50 g/L，利用锌焙砂在温度 358 K 左右，两槽连续反应 2 h，将浸出液酸度降低在 15~25 g/L。将得到的预中和底流送至第一段热酸浸出，预中和后的溶液送至黄钾铁矾除铁工序。

(5)黄钾铁矾法除铁。控制温度 368 K 左右，七槽连续反应 6 h。反应时在第一槽和第三槽添加中和剂(氧化锌粉或锌焙砂)，维持 pH 在 1.0~1.5。添加中和剂时要缓慢加入，防止中和剂周围的局部溶液 pH 过高，形成 $Fe(OH)_3$ 胶体。除铁之后的溶液返回配置氧化液，除铁工序得到的铁渣(只浓密不过滤的底流)的 1/3 返回第一槽作晶种，其余进行酸洗。然后再进行过滤，洗涤后铁矾渣含锌约 6%(质量分数)，含铁约 25%(质量分数)。

4.3.3　黄钾铁矾法的特点

(1)主要优点。

①铁矾带走一定的硫酸根，有利于保持酸的平衡。

②黄钾铁矾渣形成固体颗粒，易于沉降、过滤和洗涤。

③黄钾铁矾化合物仅含有少量的 Na^+、K^+或 NH_4^+，因此碱试剂的消耗较少。

④黄钾铁矾法沉淀铁化学反应析出的酸少，pH 控制较低(1~1.5)，因此中和剂消耗少且得到有效利用。

⑤锌及其他有价金属回收率较高。

(2)主要缺点。

①黄钾铁矾的渣量大(渣率约 40%)，渣含锌高(质量分数：3%~6%)，渣中含铁低(质量分数：25%~30%)，难于利用，堆存时其中可溶重金属会污染环境。渣的堆存性能不好，对环境保护不利。例如以年产 10 万 t 电锌的工厂、锌精矿含铁 8%计算，每年产黄钾铁矾渣约 5.3 万 t。

②脱砷、锑的效果不佳，也不利于稀散金属的回收。

③沉铁反应过程伴有中和反应，所得渣实际上是铁矾渣与中和渣的混合渣。

4.3.4　混合型黄钾铁矾法

混合型黄钾铁矾法又称转化法(图 4-11)，其特点是在同一阶段完成铁酸锌的浸出和铁矾的沉淀。即将传统黄钾铁矾法流程中的热酸浸出、预中和及沉铁三个阶段在同一个工序完成，又称铁酸锌的一段处理法。其基本反应包括铁酸锌的浸出及沉铁两种，总反应为：

$$3Fe_2(SO_4)_3 + xA_2SO_4 + (14 - 2x)H_2O = 2A_x(H_3O)_{1-x}Fe_3(SO_4)_2(OH)_6 + (5 + x)H_2SO_4 \quad (4-23)$$

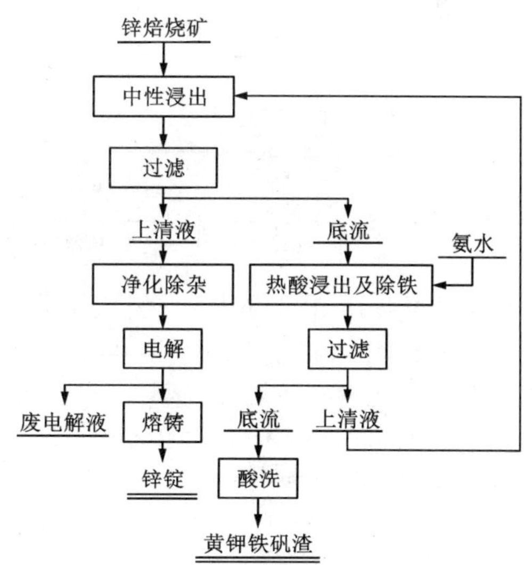

图 4-11　转化法黄钾铁矾法流程

转化法在 1973 年被芬兰的奥托昆普科科拉锌厂应用于实际生产中，并取得了良好的工艺生产指标。其在处理含铁 12%(质量分数)的锌焙砂时，所得黄钾铁矾含锌仅为 1.6%左右(质量分数)，含铁可提高至 30%左右(质量分数)。

优点：转化法的沉铁率可达 90%~95%；流程短，投资省，过程稳定，操作容易。

缺点：由于反应过程将浸出、预中和及沉铁三个过程合并进行，因此实际获得的沉铁渣是浸出渣和沉铁渣的混合渣，无法有效分离出 Pb-Ag 渣，后续仍须进一步处理，只适宜处理含铅、银低的锌精矿。

4.3.5 低污染黄钾铁矾法

为了改进黄钾铁矾法，降低铁矾渣中 Zn、Pb、Ag、Au、Cd 和 Cu 的损失，现已研究出一种在沉矾过程中不加中和剂，减少有价金属在矾渣中的损失并改善矾渣对环境的污染的方法，我们将该方法称为低污染黄钾铁矾法。

低污染黄钾铁矾法的基本原理是在铁矾沉淀前调整溶液的成分，通过低温预中和或中性浸出液作稀释剂，也可以两者结合使用而实现。目的是无须在铁矾沉淀过程中添加中和剂就能达到良好的除铁效果。

该法由澳大利亚电锌公司里斯顿(Risdon)锌厂首先研究成功，并在日产 500 t 电锌的中间工厂进行了试验，并在生产厂改造中逐步引入了低污染黄铁矾生产的关键工序及设备。我国多家单位在 20 世纪 80 年代开展了低污染铁矾法炼锌工艺的研究工作，取得了良好的结果：可使高酸浸液的铁含量由 27 g/L 左右降到 1 g/L 以下，得到了较纯的铁矾渣，实现了无中和剂沉矾过程，2005 年在内蒙古某冶炼厂应用于工业生产。

(1)低污染黄钾铁矾法工艺流程。

在铁矾沉淀之前通过对含铁溶液的稀释及预中和等手段，降低沉矾前液的酸度或 Fe^{3+} 的浓度，避免在沉矾过程中加入焙砂作中和剂，沉淀出纯铁矾渣，减少有价金属在矾渣中的损失，并改善矾渣对环境的污染。低温预中和的流程如图 4-12 所示，用中性浸出液作稀释剂的流程如图 4-13 所示。

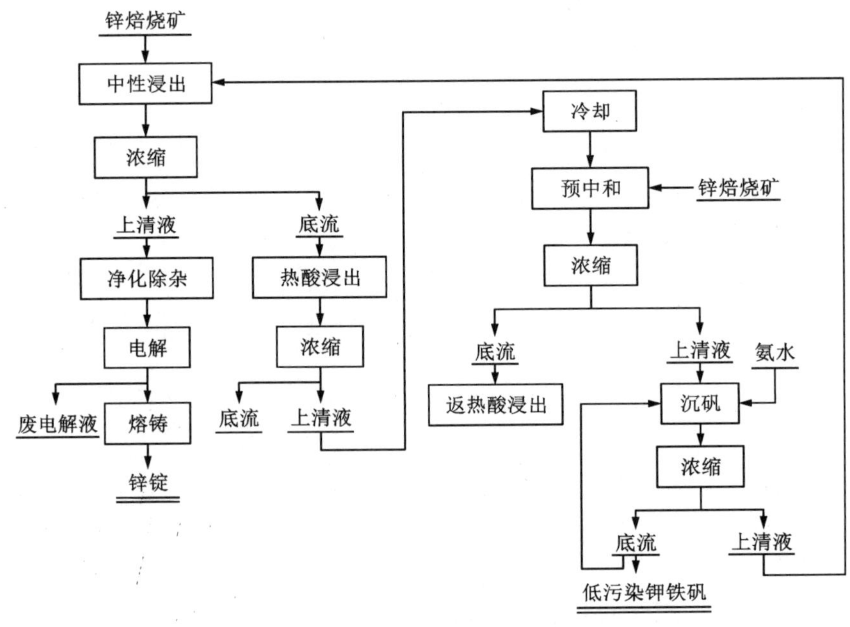

图 4-12 低温预中和低污染黄钾铁矾法流程

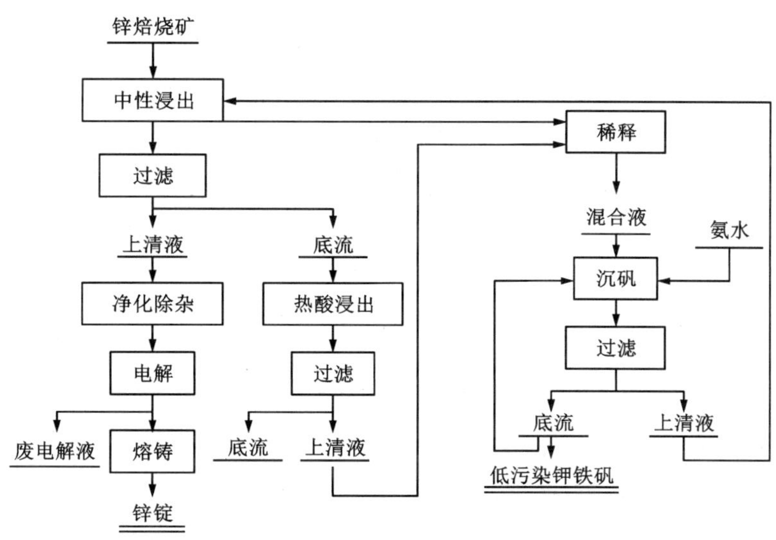

图 4-13　用中性浸出液作稀释剂的低污染黄钾铁矾法流程

(2)常规铁矾法与低污染铁矾法金属回收率和铁矾渣的比较。

采用低污染黄铁矾法产生的铁矾中只含少量的有价金属，如铅、锌、银、金、镉和铜等，其实际杂质含量取决于所处理的精矿中这些金属的含量。表 4-2 列出了低污染黄钾铁矾法及常规黄钾铁矾法金属回收率；表 4-3 列出了两种沉淀法的铁矾渣组成。这些数据均显示出新方法的优越性。

表 4-2　不同铁矾法金属回收率　　单位：%

元素	常规黄钾铁矾法	低污染黄钾铁矾法
Zn	94~97	98~99
Cd	94~97	98~99
Pb	约 75	>95
Ag	约 75	>95
Au	约 75	>95
Cu	约 90	>95

表 4-3　不同黄钾铁矾渣组成(质量分数)　　单位：%

元素	常规黄钾铁矾法	低污染黄钾铁矾法
Fe	25~30	32.4
Zn	2~6	0.25
Cu	0.1~0.3	0.016
Cd	0.05~0.2	0.001

续表4-3

元素	常规黄钾铁矾法	低污染黄钾铁矾法
Pb	0.2~2.0	0.05
Ag	10~15 g/t	<5 g/t
Au	0.6 g/t	<0.1 g/t
Co	0.005	0.002

(3)低污染黄钾铁矾法的特点。

低污染黄钾铁矾法的优点：

①在沉矾过程中无须添加中和剂，避免了沉铁过程伴随的中和反应，以及由中和剂引起的中和渣，可沉淀出较纯的铁矾渣，渣含铁较高，含有价金属较少；

②铁矾渣中有价金属的损失减少，可改善铁矾渣对环境的污染，且金属回收率高。

低污染黄钾铁矾法的缺点：

在进行除铁之前，须将沉铁液稀释，增加沉铁液的处理量，使生产率降低。

4.3.6 黄钾铁矾法的国内外应用实践

1968 年，国外开始将黄钾铁矾法应用于工业生产，随后有 20 多家工厂采用此法，如澳大利亚里斯顿(Risdon)锌厂、挪威锌公司电锌厂、荷兰布德尔(Budel)锌厂、加拿大提明斯(Timmins)冶炼厂、西德鲁尔(Ruhrstahl)电锌厂等。

例如澳大利亚里斯顿锌厂在含硫酸 15 g/L 的锌酸浸液中加入质量分数为 25%的氨水，并加入锌焙砂维持 pH 在 1~1.5，保持 4~5 h，进行黄氨铁矾法除铁。除铁后液铁离子浓度为 0.5~1.5 g/L，所得黄氨铁矾渣中锌质量分数为 3.5%、铁质量分数为 32%。挪威锌公司电锌厂采用焙砂预中和法将热酸浸出液的酸浓度降低至 pH 1.0 左右，添加钾离子进行黄钾铁矾法除铁，在 363 K 下高温酸洗沉铁渣，进一步降低除铁渣中含锌量，使锌质量分数保持在 2.5%以下。

1983 年广西某冶炼厂率先进行了黄钾铁矾法的工业试验，并于 1985 年应用于工业生产，获得了良好的工业试验结果和较好的生产技术指标，之后在我国推广应用。现该方法在我国企业仍大规模应用。

广西某冶炼厂采用碳酸氢铵进行黄钾铁矾法除铁的主要技术工艺条件如下：

(1)除铁工艺。除铁前液含铁 10~25 g/L(主要取决于锌焙砂含铁量的高低)，硫酸浓度 15~25 g/L，反应温度 368 K，反应时间 2~4 h(以除铁后液铁小于 1 g/L 为准)，除铁后液硫酸浓度 5~10 g/L。除铁过程以锌焙砂作为中和剂，锌焙砂中锌浸出率约 80%。

(2)铁矾渣的酸洗。在温度 363~368 K，利用废电解液与工艺洗水调整硫酸浓度为 100 g/L 左右的酸洗液，洗涤 2 h，洗涤后液硫酸浓度降至 50 g/L 左右。酸洗渣经压滤后得铁矾渣含锌约 4.5%(质量分数)。

热酸浸出-黄钾铁矾工艺的优点是工艺成熟可靠，易于操作控制，生产技术指标较为完善，投资成本低；锌浸出率相对火法炼锌大幅提高，一定程度上减少了有价金属的损失；黄铁矾是沉淀颗粒较大的晶体，较容易沉降过滤分离，铁矾渣沉降时会开路一部分的 F、Cl 离子，使电解液中的这两种杂质离子的含量降低，对锌电积过程有利；在处理含硫酸盐高的锌焙砂过程中，循环系统的硫酸根过量时，铁矾的生成会使溶液中硫酸盐保持平衡。

热酸浸出-黄钾铁矾工艺过程中产生的一些稀散金属如铟、镓、锗会进入铁矾渣，形成难以浸出的矾共结晶，造成稀散金属的损失；铅银渣与铁矾渣共存，使得铅银渣量大，渣中铅银含量较低，不利于铅、银等有价金属的综合回收；铁矾渣量大，渣含铁低，难以经济利用，且渣中含有多种有毒有害元素和可溶性重金属(Cd、As、Zn)，对环境存在危害，需要进一步进行无害化处理。

4.4 针铁矿法除铁

4.4.1 针铁矿法的起源与发展

1965—1969 年，比利时老山公司(Vieille Montagne)研究成功了针铁矿法除铁工艺，简称 V. M. 法。该法采用 ZnS 精矿将硫酸锌溶液中的 Fe^{3+} 还原为 Fe^{2+}，再用空气将 Fe^{2+} 缓慢氧化为 Fe^{3+}，以针铁矿形式沉淀。1971 年，比利时老山公司巴伦(Balen)厂率先采用针铁矿法投产，取得了较好的效果。随后该技术在全世界范围大规模推广应用。全世界应用针铁矿法除铁工艺(包括类针铁矿法)的锌厂有：比利时奥尔佩特(Overpolt)厂，法国的维威埃(Vivier)厂和维斯姆港(Vesme)锌电解厂，美国巴特勒斯维尔(Bartlesville)厂，意大利 Porto Vesme SAMIM 公司维斯姆港锌电解厂，以及韩国温山(Onsan)制炼所(1985 年由黄钾铁矾法改为针铁矿法)，等等。随着 V. M. 针铁矿法的深入研究，还采用 $ZnSO_3$、SO_2、PbS 等作为还原剂进行了大量的研究工作，并取得了较好的试验结果。

20 世纪 70 年代，澳大利亚电锌公司(Electrolytic Zinc)研究一种新的针铁矿法，简称 E. Z. 法。该方法是将高浓度 Fe^{3+} 溶液均匀缓慢地加入至不含铁的溶液中(要求沉铁溶液含 Fe^{3+} 浓度小于 1 g/L)，使 Fe^{3+} 以针铁矿沉淀，又称为稀释法。

我国对针铁矿法进行了广泛研究。1973 年以来，国内多家单位开始进行针铁矿法试验研究，获得了较好的试验结果。该法于 1975 年在湖南某冶炼厂投入工业生产，生产规模为 2×10^4 t/a 电锌。

4.4.2 针铁矿法沉铁的原理及工艺

根据 Fe_2O_3-SO_2-H_2O 系的平衡图(373 K)(图 4-14)可知，只有当 Fe^{3+} 浓度很低时，溶液中才会有针铁矿(α-FeOOH)沉淀产生。针铁矿法的实质是将溶液中的铁以 α-FeOOH 的形式去除。在较低酸度(pH 3~5)、低 Fe^{3+} 浓度(<1 g/L)、较高温度(353~373 K)的条件和晶种作用下，浸出液中的铁可以稳定的化合物针铁矿($Fe_2O_3\cdot H_2O$ 或 α-FeOOH)形式析出。

针铁矿是一种比较稳定的晶体，反应平衡时溶液中 Fe^{3+} 浓度与 pH 的关系为：

$$FeOOH + H_2O = Fe^{3+} + 3OH^- \qquad \lg[Fe^{3+}] = \lg K - 3\lg[pH] \tag{4-24}$$

硫酸溶液中 FeOOH 沉淀反应的平衡 pH 和 K 值见表 4-4。

湿法炼锌过程中的热酸浸出液含铁量为 10~30 g/L，其中大部分为 Fe^{3+}，同时含有少量的 Fe^{2+}。为了防止在针铁矿沉铁的 pH 范围(3~5)内有其他杂质如胶状的氢氧化铁 [$Fe(OH)_3$] 和碱式硫酸铁 [$Fe_4SO_4(OH)_{10}$] 生成，获得较为纯净的针铁矿渣，必须将溶液中

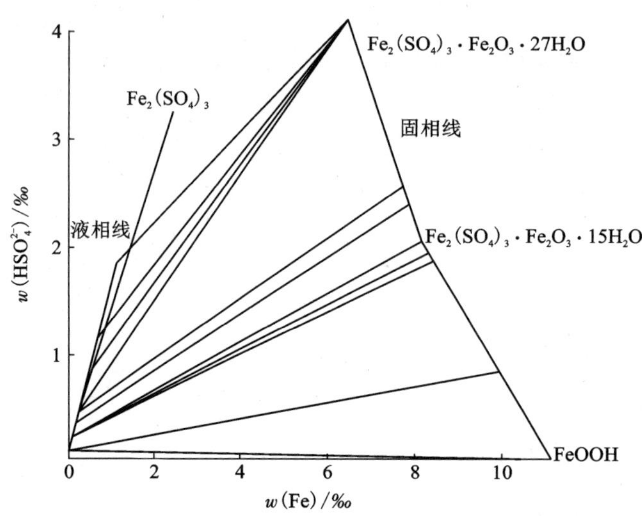

图 4-14　Fe_2O_3-SO_2-H_2O 系的平衡图(373 K)

Fe^{3+}浓度保持在 1 g/L 左右。

表 4-4　硫酸溶液中 FeOOH 沉淀反应的平衡 pH 或 K 值

反应类型	化学反应	$pH_{25}^{\ominus}$	$pH_{80}^{\ominus}$	$pH_{100}^{\ominus}$
固/固反应	① $6Fe(OH)_3+4SO_4^{2-}+8H^+ = 2(H_3O)Fe_3(SO_4)_2(OH)_6+4H_2O$	4.923	4.643	4.526
	② $3ZnO \cdot Fe_2O_3+4SO_4^{2-}+14H^++2H_2O = 2(H_3O)Fe_3(SO_4)_2(OH)_6+3Zn^{2+}$	1.882	1.550	1.453
	③ $3Fe_2O_3+4SO_4^{2-}+8H^++5H_2O = 2(H_3O)Fe_3(SO_4)_2(OH)_6$	0.762	0.8025	0.8144
	④ $6FeOOH+4SO_4^{2-}+8H^++2H_2O = 2(H_3O)Fe_3(SO_4)_2(OH)_6$	0.5939	0.6892	0.7171
	⑤ $Fe(OH)_3 = FeOOH+H_2O$	$K=3.715\times10^{11}$	$K=3.613\times10^{10}$	$K=1.862\times10^{10}$
	⑥ $Fe_2O_3+H_2O = 2FeOOH$	$K=0.3572$	$K=0.4986$	$K=0.5495$
固/液反应	⑦ $Fe(OH)_3+3H^+ = Fe^{3+}+3H_2O$	1.617	0.8657	0.6554
	⑧ $Fe_2O_3+6H^+ = 2Fe^{3+}+3H_2O$	−0.240	−0.8036	−0.9908
	⑨ $FeOOH+3H^+ = Fe^{3+}+2H_2O$	−0.3152	−0.8704	−0.9525
	⑩ $(H_3O)Fe_3(SO_4)_2(OH)_6+5H^+ = 3Fe^{3+}+2SO_4^{2-}+7H_2O$	−1.0425	−2.1429	−2.4657

热酸浸出-针铁矿法工艺流程包括焙烧矿中性浸出、低酸浸出、高酸三段逆流浸出，其中高酸浸出产出铅银渣。热酸浸出液采用针铁矿除铁，除铁后液返回中性浸出。其基本的工艺

流程如图 4-15 所示。除铁过程中，无须添加任何碱金属离子，就可有效分离过滤性较好的沉铁渣及铅银渣，同时除铁后液中的 F、Cl、Si 等离子因进入针铁矿渣中而被开路除去。

由于针铁矿的析出条件是溶液中含 Fe^{3+} 低，为了从高浓度的 $Fe_2(SO_4)_3$ 溶液中直接沉淀析出 α-FeOOH 晶体，必须先将溶液中 Fe^{3+} 降低至 1 g/L 左右。为此，针铁矿法除铁有两种实施途径，即 V. M. 法和 E. Z. 法。

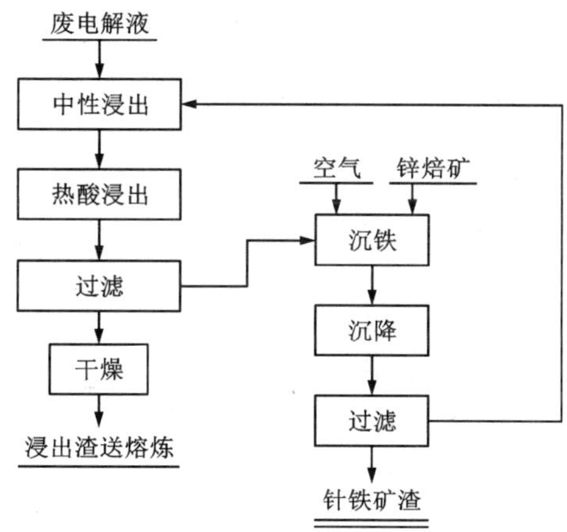

图 4-15　针铁矿法处理锌浸出渣的基本流程

4.4.3　还原-氧化法沉铁原理及工艺

还原氧化法，即 V. M. 法。首先将溶液中的 Fe^{3+} 用 SO_2 或 ZnS 还原成 Fe^{2+}；然后加 ZnO 调节 pH 为 3~5；最后用空气缓慢氧化，使其呈 α-FeOOH 形式析出。

针铁矿法沉淀铁包括 Fe^{3+} 的还原及 Fe^{2+} 的氧化两个关键作业。

(1) Fe^{3+} 的还原。目前工业生产中采用高质量的硫化锌精矿(ZnS)及亚硫酸锌($ZnSO_3$)作还原剂。选用还原剂时首先考虑还原剂的电位小于 Fe^{3+}/Fe^{2+} 的还原电位，且差距越大越好。以 ZnS 为例推算 Fe^{3+} 被还原的程度，ZnS 还原 Fe^{3+} 的反应式如下：

$$2Fe^{3+} + ZnS \xlongequal{} Zn^{2+} + 2Fe^{2+} + S^0 \downarrow \tag{4-25}$$

阴极反应：　$Fe^{3+} + e^- \xlongequal{} Fe^{2+}$　　$E_{Fe^{3+}/Fe^{2+}} = 0.77 + 0.061 \lg \dfrac{a_{Fe^{3+}}}{a_{Fe^{2+}}}$

阳极反应：$Zn^{2+} + S + 2e^- \xlongequal{} ZnS$　　$E_{Zn^{2+}/ZnS} = 0.26 + 0.031 \lg a_{Zn^{2+}}$

当 Fe^{3+} 被 ZnS 还原的反应达平衡时，则 $E_{Fe^{3+}/Fe^{2+}} = E_{Zn^{2+}/ZnS}$，于是：

$$0.77 + 0.061 \lg \frac{a_{Fe^{3+}}}{a_{Fe^{2+}}} = 0.26 + 0.031 \lg a_{Fe^{3+}} \tag{4-26}$$

如果某热酸浸出液含锌 60 g/L，约为 1 mol/L，此时锌的活度系数为 0.043，则 $\lg a_{Zn^{2+}} = -1.37$。代入式(4-26)得：

$$\lg a_{Fe^{3+}} / a_{Fe^{2+}} = -9.19 \tag{4-27}$$

$$a_{Fe^{2+}} = 10^{9.19} a_{Fe^{3+}} \tag{4-28}$$

以上计算说明，溶液中的 Fe^{3+} 被 ZnS 还原得很彻底。但实际上还原过程非常缓慢。为了加快反应速度，采用近沸腾温度(363~368 K)，硫酸浓度高于 50 g/L，ZnS 的过剩量为 12%~20%，还原时间 3~6 h。Fe^{3+} 的还原率达 90%，溶液中残存 1~2 g/L Fe^{3+}。

(2) Fe^{2+} 的氧化针铁矿法普遍采用空气氧化剂，其氧化反应为：

$$4H^+ + 4Fe^{2+} + O_2 \xlongequal{} 4Fe^{3+} + 2H_2O \tag{4-29}$$

在 298 K 下氧的电位、氧分压及溶液 pH 之间的关系为：

$$E_{O_2/H_2O} = 1.23 + 0.0148 \lg p_{O_2} - 0.06pH \tag{4-30}$$

从式(4-30)可以看出，随着氧分压下降及溶液 pH 升高，氧电位相应下降。针铁矿的氧化过程是在氧分压为 21 kPa 和溶液 pH 为 4~4.5 的条件下进行的，这时 $E_{O_2/H_2O} = 0.98$ V。

Fe^{3+}被还原至 Fe^{2+}的限度 $a_{Fe^{3+}}/a_{Fe^{2+}}=10^{9.19}$，其电位 $E_{Fe^{3+}}/E_{Fe^{2+}}=0.23$ V，$\Delta E=0.75$ V。可见，空气氧化 Fe^{2+}是很彻底的。实际生产过程中 $a_{Fe^{3+}}/a_{Fe^{2+}}=10^{-4}$，$\Delta E$ 为 0.45 V。

空气氧化低铁是通过溶解在溶液中的氧来实现的。

依据研究所得的不同反应机理的结果，在温度为 293~353 K，pH 为 0~2 的条件下，Fe^{2+}氧化为 Fe^{3+}的氧化速度为：

$$\frac{1}{4}\frac{d[Fe^{3+}]}{dt}=1.32\times10^{11}\frac{[Fe^{2+}]^{1.84}[O_2]^{1.01}}{[H^+]^{0.25}}\exp\left(\frac{-1.76\times10^{3}}{RT}\right) \tag{4-31}$$

式中：单位时间 dt 内 Fe^{2+}氧化的数量 d[Fe^{3+}]，随溶液中[O_2]的增加而增加。

为此，实践中采用特殊设备，如循环风管机械搅拌器、叶轮搅拌器、透明搅拌器及高效氧化反应器等，将空气以分散式加压喷射溶液，产生极细小的气泡，增大空气中氧与溶液的接触面。Fe^{2+}的氧化速度反比于$[H^+]^{0.25}$，当溶液的酸度愈低，即 pH 愈大时，Fe^{2+}的氧化反应速度愈大。当 $pH<1.9$ 时，溶液中的 Fe^{2+}几乎不被空气中的 O_2 所氧化。

实践证明，当 pH 为 3~5 时，氧化反应迅速且彻底。温度升高有利于氧化反应进行，但空气中的氧在溶液中的溶解度随之下降，实践中仍需大于 353 K。

溶液中存在 Cu^{2+}对 Fe^{2+}的氧化过程具有良好的催化作用。当 $pH>2.5$ 时能加速 Fe^{2+}的氧化过程，其反应为：

$$2Fe^{2+}+2Cu^{2+}+H_2O = 2Fe^{3+}+Cu_2O+2H^+ \tag{4-32}$$

当溶液 pH 愈高时，温度愈高，二价铜离子的催化作用愈强。生产实践中一般要求 $c_{Cu^{2+}}>0.4$ g/L，加入晶种能加速针铁矿的水解沉淀。

针铁矿氧化除铁工序包括紧密相连的两个反应，即低铁的氧化和高铁的水解。氧化沉淀总反应为：

$$2FeSO_4+0.5O_2+3H_2O = 2FeOOH+2H_2SO_4 \tag{4-33}$$

为了维持沉铁的 pH 条件，必须边加焙砂边中和氧化。沉铁总反应为：

$$2FeSO_4+0.5O_2+2ZnO+H_2O = 2FeOOH+2ZnSO_4 \tag{4-34}$$

硫酸盐体系中得到的沉淀为 α-针铁矿。

4.4.4 稀释法沉铁工艺

由比利时巴伦锌厂发展和应用的针铁矿法称为氧化-还原法(即 V. M 法)。该方法的动力消耗大，设备复杂，操作较麻烦。为了简化工艺，澳大利亚里斯顿锌厂发展应用的针铁矿法称为部分水解法(即 E. Z. 法)，是采用稀释法除铁工艺。其作业程序是将含大量三价铁的弱酸性浸出液，用喷淋的方式洒入搅拌均匀的、含铁低于 1 g/L 的近中性溶液，并不断加入中和剂，保持溶液 pH 为 3.5~5.0，即可得到良好的针铁矿沉淀。其反应式为：

$$Fe_2(SO_4)_3+xH_2O+3ZnO = Fe_2O_3\cdot xH_2O+3ZnSO_4 \tag{4-35}$$

与 V. M. 法相比，E. Z. 法的优点是不需要对高浓度 Fe^{3+}溶液进行还原处理。

将高浓度 Fe^{3+}的溶液与中和剂一道均匀地加入加热且强烈搅拌的沉铁槽中，Fe^{3+}的加入速度等于针铁矿沉铁速度，故溶液中 Fe^{3+}的浓度低。其得到的铁渣组成为 $Fe_2O_3\cdot xH_2O\cdot ySO_3$，称为类针铁矿。

4.4.5 针铁矿法的特点

针铁矿法与黄钾铁矾法相比，不需要消耗碱或铵试剂，渣量少、渣含铁高，含锌 6%~8%

(质量分数)，但铁渣仍不能利用。

V. M. 法需要对铁进行还原−氧化过程，操作麻烦，沉铁过程产生大量酸，需要较多的中和剂，设备复杂。与 V. M. 法相比，E. Z. 法工艺流程短，无须氧化−还原工序，可直接从硫酸锌溶液中把铁脱除，其设备简单、投资少、产渣量少、比较容易实现系统的酸平衡。其主要缺点是稀散金属容易进入针铁矿铁渣，有价金属损失较大。E. Z. 法水解产酸较多，中和剂(锌焙砂)消耗量也随之增加，金属锌损失加大。

(1)针铁矿法沉铁的优点。

①铁沉淀完全，溶液中最后 $c_{Fe^{3+}}<1$ g/L；

②铁渣为晶体结构，过滤性能好；

③沉铁的同时，可有效除去 As、Sb、Ge，并可除去溶液中大部分(60%~80%)氯；

④有利于稀散金属的回收。

(2)针铁矿法沉铁的缺点。

①针铁矿含有一些水溶性阳离子和阴离子(即 12% SO_4^{2-} 或 6% Cl^-)，有可能在渣堆存时渗漏而污染环境；

②对沉铁过程 pH 的控制要比黄钾铁矾法严格。

③渣中锌、硫含量较高，须返回火法处理。

④基建投资和经营费用较黄钾铁矾法高。

4.4.6　针铁矿法的国内外应用实践

针铁矿沉铁技术条件：358~363 K，pH 3.5~4.5，分散空气，添加晶种，Fe^{3+}初始浓度 1~2 g/L，反应时间为 3~4 h。

比利时巴伦锌厂热酸浸出−针铁矿的工艺流程如图 4−16 所示，处理锌精矿含 Zn 50%~54%(质量分数)，Fe 5%~10%(质量分数)。其工艺技术参数见表 4−5。

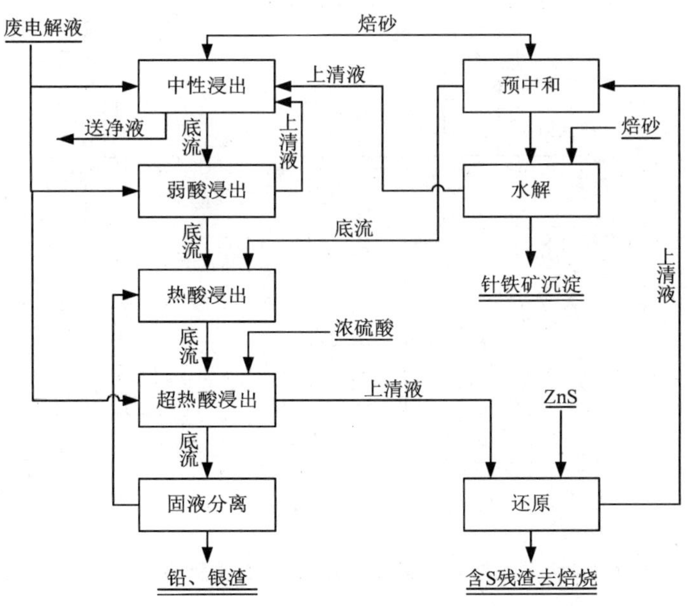

图 4−16　比利时巴伦锌厂热酸浸出−针铁矿的工艺流程

表 4-5　巴伦锌厂针铁矿法工艺技术参数

项目	机械搅拌槽容积/m^3	阶梯串联浸出槽数/个	温度/K	终酸浓度/($g \cdot L^{-1}$)	时间/h	工艺效果
中性浸出	80	7	333	pH 5~5.2	2	ZnO 浸出率 99.9%
低酸浸出	80	2	333	pH 3.5	2	$ZnO \cdot Fe_2O_3$ 浸出率 98%
热酸浸出	200	3	358	50~60	6	ZnS 浸出率 90%
超酸浸出	200	4	363	120~150	3	总浸出率 99.5%
还原	200	5	358	50~60	7	铁还原率>90%
中和	60	3	333~343	3	1	
沉铁	80	9	343~353	pH 2.4~3.5	6	铁沉淀率>90%

意大利维斯麦(Samim)公司威丝曼(Vesme)港铅锌冶炼厂采用一段中性浸出，中浸渣用 E. Z. 法进行处理，所得沉铁渣的主要组成为 $Fe_2O_3 \cdot 0.64H_2O \cdot 0.2SO_4$，除铁后液含铁离子浓度小于 1 g/L。其工艺流程如图 4-17 所示。其基本流程是将含铁溶液连续加到 4 台并列的反应槽中，同时加入中和剂保持 pH 为 3.0~3.5。在强烈搅拌的条件下，适当地控制含铁溶液的加入量，控制混合液中 Fe^{3+} 小于 1 g/L，并在相对高的 pH 下迅速水解，得到易澄清过滤的、组成为 1 mol Fe_2O_3、0.64 mol H_2O、0.2 mol SO_3 的类针铁矿残渣。其化学成分(质量分数)为：Zn 4%~8%，Pb 1%~2%，Cu 0.3%~0.5%，Fe 35%~42%，硫酸盐 5%~15%。该渣与石灰混合，很易处理。

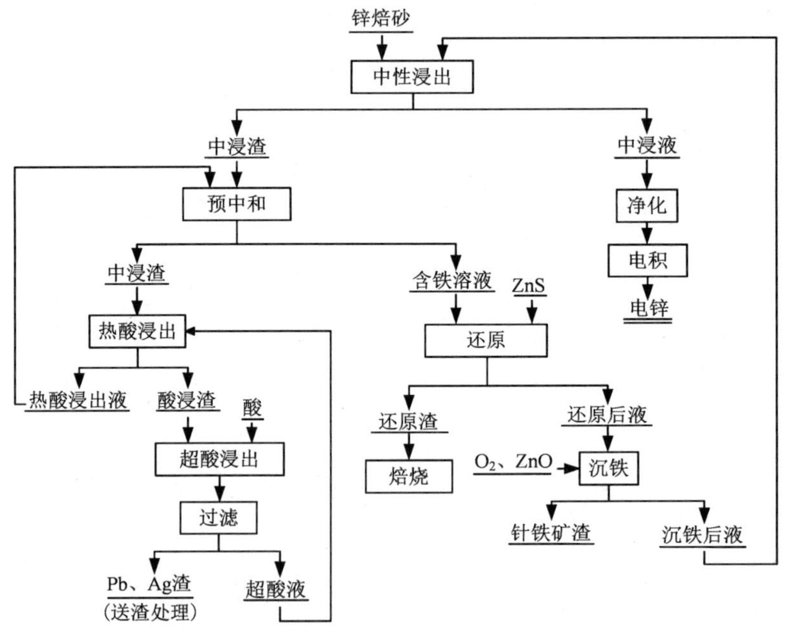

图 4-17　意大利维斯麦(Samim)公司 E. Z. 法针铁矿除铁工艺流程

我国江苏某研究所与浙江某冶炼厂合作研究了喷淋除铁法，其原理同 E. Z. 法。1985 年在冶炼厂投产，获得了良好结果。其工艺流程如图 4-18 所示。

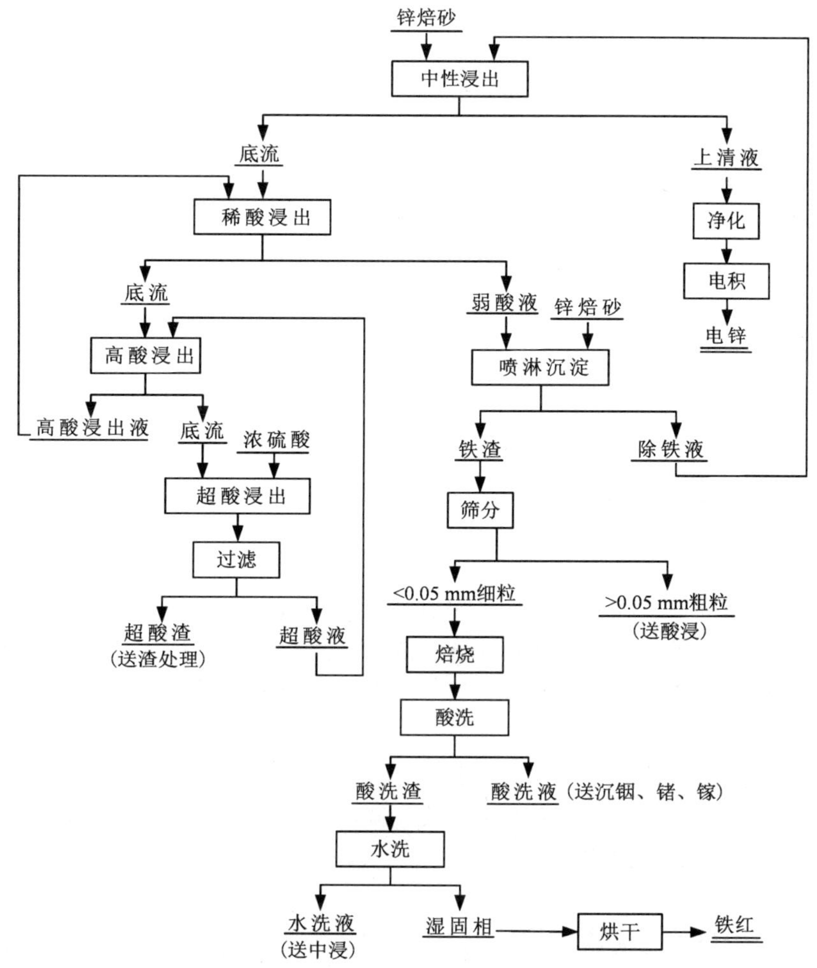

图 4-18　浙江某冶炼厂喷淋法除铁工艺流程

其工艺条件为：

除铁反应温度 353 K，pH 3.5~4.5；中和沉淀铁水解生成的硫酸，采用理论中和反应所需焙砂的 1.5~2.0 倍进行中和。

技术指标为：

除铁后液含铁小于 1 g/L，含砷小于 0.2 mg/L，有效达到同步脱砷的效果；铁沉淀率大于 95%；所得除铁渣经分级处理后，粗渣含锌大于 30%(质量分数，下同)，返回热酸浸出系统，细渣含锌约 6%，细渣经水洗后含锌小于 4.5%，含铁大于 35%。

除此之外，韩国温山冶炼厂在针铁矿法除铁基础上，采用奥斯麦特炉进行了火法处理针铁矿渣的工业生产实践。针铁矿渣经无害化处理，不仅提高了锌的回收率，并且产出稳定可外销的铁渣。该厂的热酸浸出后的渣量较少，渣中铅、银品位相对提高，有利于回收渣中铅和银。

4.5 赤铁矿法除铁

4.5.1 赤铁矿法的起源与发展

1968—1970 年，日本同和矿业公司成功研发赤铁矿法除铁工艺，并于 1972 年在日本饭岛(Iijima)炼锌厂投入生产。20 世纪 80 年代，世界上第二个赤铁矿法炼锌厂(Datlen 冶炼厂)在西德建成，但由于种种因素，该厂于 1994 年停产。因此，长期以来，全世界只有日本饭岛冶炼厂一家企业应用赤铁矿法除铁工艺进行湿法炼锌溶液除铁。

21 世纪初期起，国内的多家科研院所和企业单位对赤铁矿法除铁技术开展了大量细致、系统的研究工作。

我国高铁闪锌矿资源丰富，昆明理工大学等高等院校和企业联合开发了湿法炼锌赤铁矿除铁新工艺，于 2018 年在云南省某厂建成投产，成为国内第一家以赤铁矿法除铁工艺为核心技术的湿法炼锌工厂。其技术经济指标处于国际领先水平，开创了我国赤铁矿除铁技术的新篇章。

4.5.2 赤铁矿法除铁的反应

赤铁矿法除铁是将湿法炼锌溶液中的铁在高温(473 K 左右)下水解沉淀，使之生成固相的三氧化二铁，这是实现锌、铁清洁高效分离的有效途径。赤铁矿除铁过程可根据溶液性质分为三价铁离子直接赤铁矿法除铁和亚铁离子氧化水解赤铁法除铁。

(1)硫酸铁的水解沉淀。

硫酸铁的水解沉淀过程为直接水解沉淀。Umetsu 等的研究指出，高温条件下硫酸铁水解产物随反应的进行而发生改变，反应过程生成的硫酸对沉铁渣物相组成有显著影响。

反应初期低酸浓度下的水解产物是 Fe_2O_3：

$$Fe_2(SO_4)_{3(aq)} + 3H_2O = Fe_2O_{3(s)} + 3H_2SO_4 \tag{4-36}$$

体系中产出一定量的硫酸后，由于湿法炼锌溶液含有钾、钠等离子，将生成铁矾渣：

$$3Fe_2(SO_4)_{3(aq)} + K_2SO_{4(aq)} + 12H_2O = 2KFe_3(OH)_6(SO_4)_{2(s)} + 6H_2SO_4 \tag{4-37}$$

伴随硫酸浓度的进一步增加，将发生硫酸的弱电离，生成碱式硫酸铁：

$$Fe_2(SO_4)_{3(aq)} + 4H_2O = 2Fe(HSO_4)(OH)_{2(s)} + H_2SO_4 \tag{4-38}$$

(2)硫酸亚铁的氧化水解沉淀。

硫酸亚铁的水解沉淀过程为氧化水解沉淀，且高温条件下的硫酸亚铁溶解度较低，沉淀过程同时伴随硫酸亚铁的重溶解。其氧化沉淀初期由于溶液中不含酸，故有：

$$FeSO_4 \cdot nH_2O_{(s)} = FeSO_{4(aq)} + nH_2O_{(l)} \tag{4-39}$$

$$2FeSO_{4(aq)} + 1/2O_2 + 2H_2O = Fe_2O_{3(s)} + 2H_2SO_4 \tag{4-40}$$

后期由于沉铁过程产出硫酸，则：

$$FeSO_4 \cdot nH_2O_{(s)} = FeSO_{4(aq)} + nH_2O \tag{4-41}$$

$$2FeSO_{4(aq)} + 1/2O_2 + H_2SO_4 = Fe_2(SO_4)_{3(aq)} + H_2O \tag{4-42}$$

$$Fe_2(SO_4)_{3(aq)} + 3H_2O = Fe_2O_{3(s)} + 3H_2SO_{4(aq)} \tag{4-43}$$

伴随酸浓度的增加，中等酸浓度下水解产物是结晶水系碱式硫酸铁：

$$Fe_2(SO_4)_3 + 4H_2O \xlongequal{\quad} 2Fe(OH)SO_4 \cdot H_2O + H_2SO_4 \tag{4-44}$$

高酸浓度下，水解产物是碱式硫酸铁：

$$Fe_2(SO_4)_{3(aq)} + 2H_2O \xlongequal{\quad} 2Fe(SO_4)(OH)_{(s)} + H_2SO_4 \tag{4-45}$$

当溶液中有 Na、K 离子时，存在反应：

$$M_2SO_4 + 3Fe_2(SO_4)_3 + 12H_2O \xlongequal{\quad} 2MFe_3(SO_4)_2(OH)_6 + 6H_2SO_4 \quad (M = K,\ Na) \tag{4-46}$$

4.5.3　赤铁矿法除铁的原理

(1)赤铁矿法除铁过程的热力学分析。

Fe_2O_3-SO_3-H_2O 系从 323 K 到 473 K 范围内系统的平衡相图如图 4-19 所示。该温度范围内包括以下物相组成：Fe_2O_3；$Fe_2O_3 \cdot H_2O$；$3Fe_2O_3 \cdot 4SO_3 \cdot 9H_2O$；$Fe_2O_3 \cdot 2SO_3 \cdot H_2O$；$Fe_2O_3 \cdot 2SO_3 \cdot 5H_2O$；$2Fe_2O_3 \cdot 5SO_3 \cdot 17H_2O$；$Fe_2O_3 \cdot SO_3$；$Fe_2O_3 \cdot 3SO_3 \cdot 6H_2O$；$Fe_2O_3 \cdot 3SO_3 \cdot 7H_2O$；$Fe_2O_3 \cdot 4SO_3 \cdot 3H_2O$ 和 $Fe_2O_3 \cdot 4SO_3 \cdot 9H_2O$。

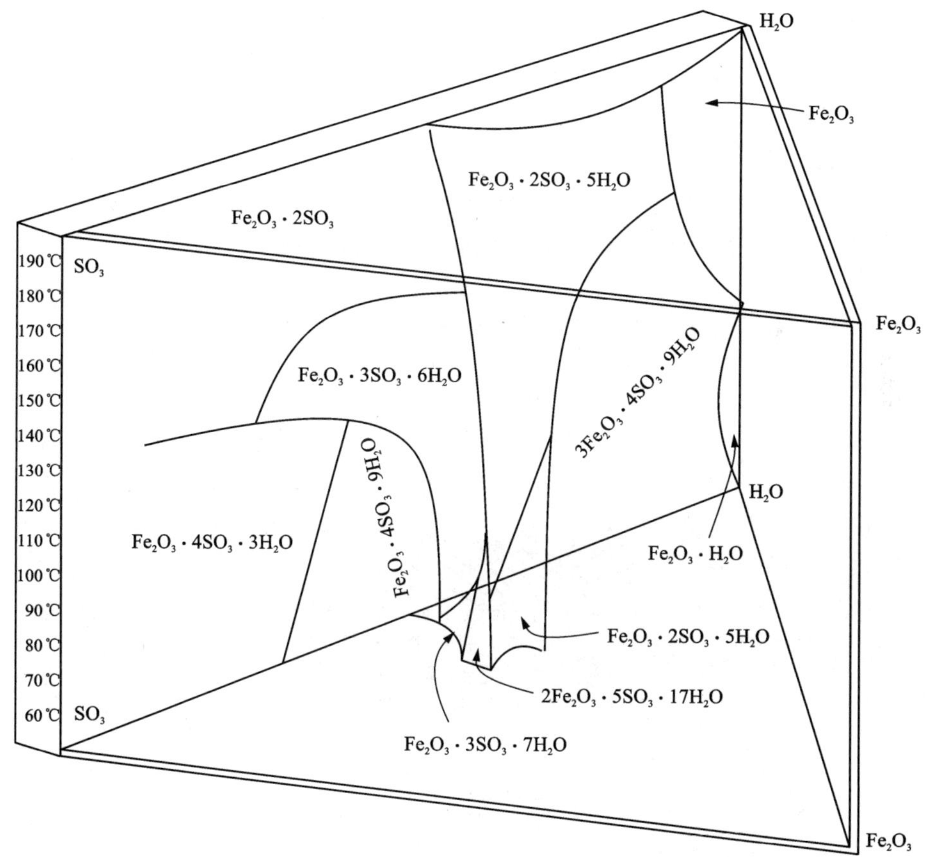

图 4-19　Fe_2O_3-SO_3-H_2O 系从 323 K 到 473 K 的物种分布

根据图 4-19 可知，当赤铁矿稳定存在于溶液时，可以允许的 SO_3 的质量分数最大为 5.58%，其对应的硫酸浓度为 59.6 g/L。随着温度的升高，体系内的平衡共存相逐渐减少。

当温度上升至 493 K 时，溶液内开始析出 Fe_2O_3；随着温度的升高，Fe_2O_3 相的稳定区间也逐渐增大。在溶液温度为 423~493 K 时，当 SO_3 质量分数增大到 20%时，溶液中只有 $Fe(OH)SO_4$ 和赤铁矿可以稳定存在。

当硫酸亚铁溶液被部分氧化时，体系内同时存在 Fe(Ⅱ)和 Fe(Ⅲ)离子。此时 $FeSO_4-H_2O-H_2SO_4$ 和 $Fe_2(SO_4)_3-H_2O-H_2SO_4$ 体系的三元相图如图 4-20 和图 4-21 所示。

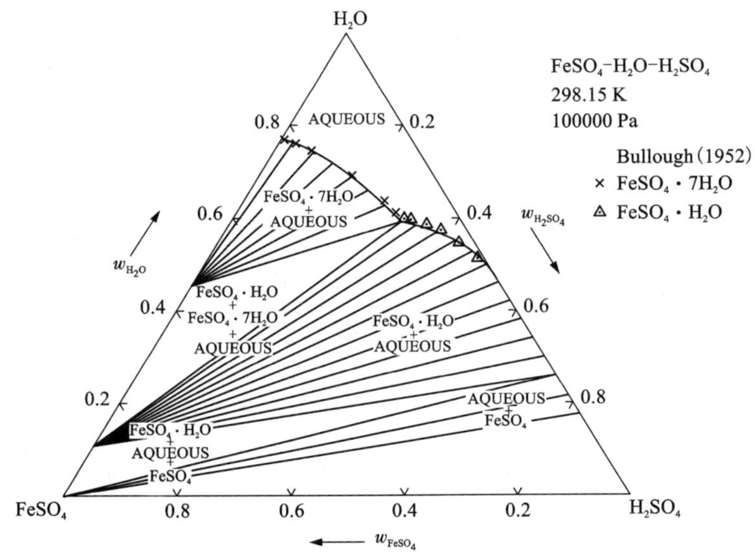

图 4-20　$FeSO_4-H_2O-H_2SO_4$ 系的三元相图(328 K)

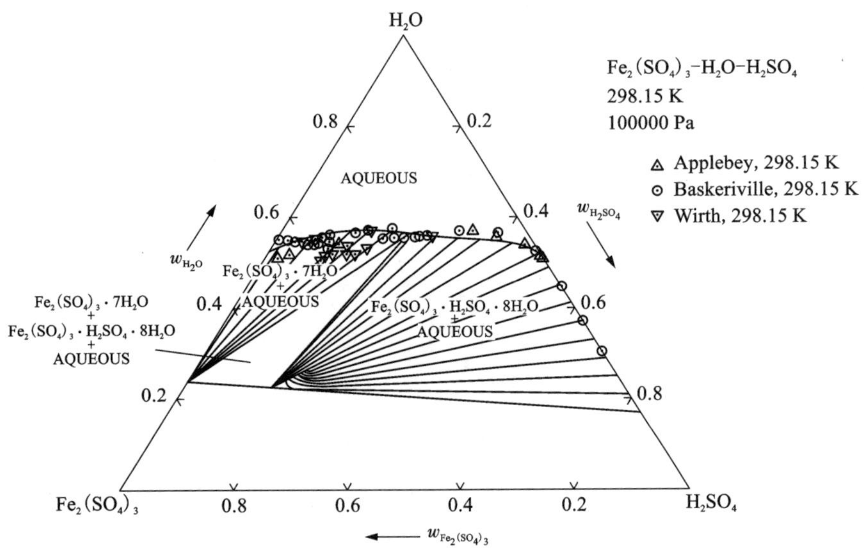

图 4-21　$Fe_2(SO_4)_3-H_2O-H_2SO_4$ 系的三元相图(328 K)

根据图 4-20 和图 4-21，在低温硫酸亚铁和硫酸铁溶液体系内除了硫酸亚铁、七水合硫酸亚铁和 $Fe_2(SO_4)_3 \cdot H_2SO_4 \cdot 8H_2O$，并未生成其他更为复杂的化合物。$Fe_2(SO_4)_3-H_2O-$

H_2SO_4 体系中不存在 Fe(Ⅲ)与 SO_4^{2-} 形成的络合物，如 $FeSO_4^+$、$Fe(SO_4)^{2-}$、$FeHSO_4^{2+}$ 等。

对于硫酸亚铁溶液高温氧化水解的赤铁矿除铁过程，其物种分布随温度升高而发生改变，其平衡相图见图 4-22。

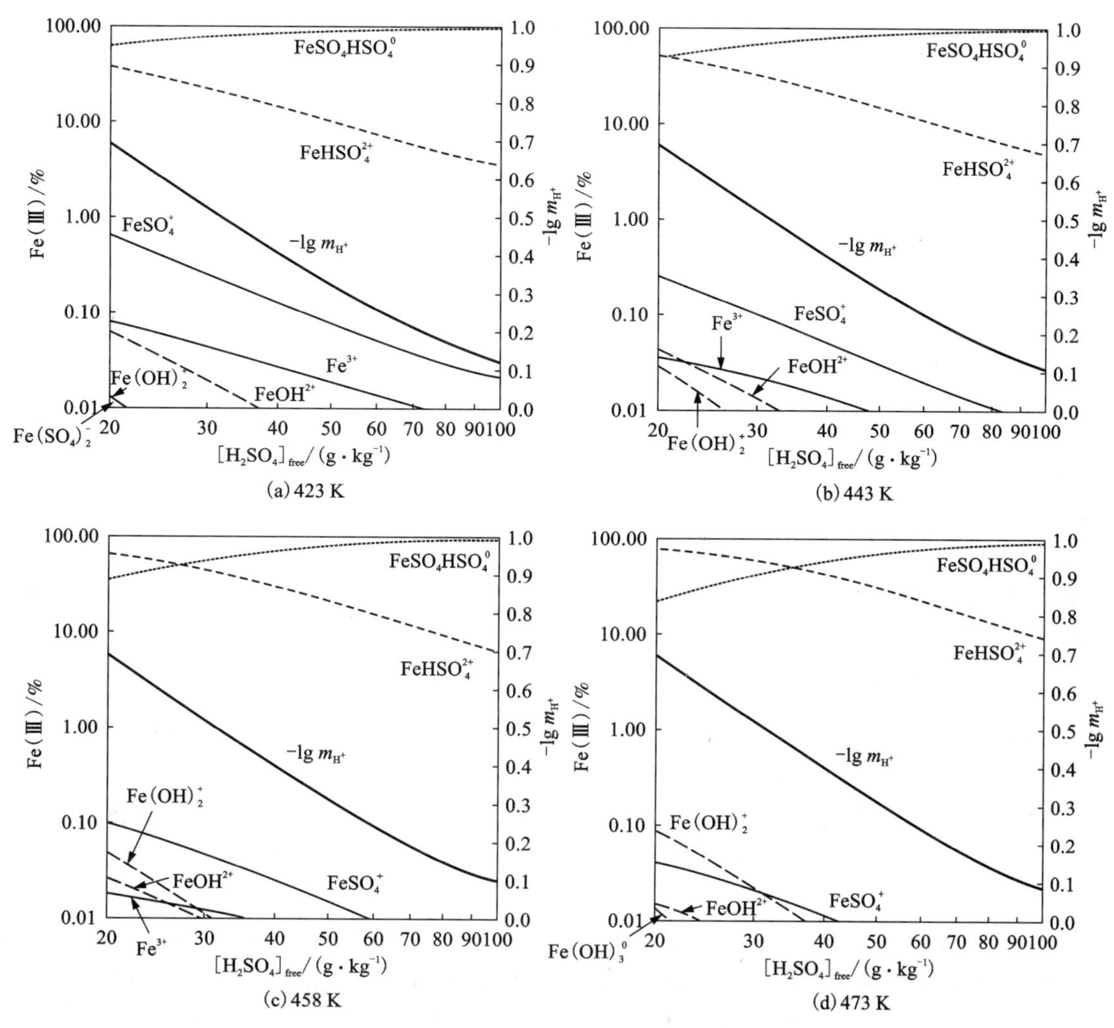

图 4-22　不同温度下物种分布

高温低酸浓度下占主导的是 $FeHSO_4^{2+}$。这些络合物的生成对 Fe^{3+} 在溶液中的化学行为有很大的影响。SO_4^{2-} 和 HSO_4^- 都是良好的金属配位体，能与许多过渡金属离子形成络合物。SO_4^{2-} 能强烈地与 Fe^{3+} 络合，使得 SO_4^{2-} 溶液的沉淀行为更为复杂。因此，减少溶液中 Fe(Ⅲ)的浓度对赤铁矿除铁是有益的。

赤铁矿法除铁过程是一个产酸的反应，因此随着 H^+ 的积累必须考虑赤铁矿的溶解度。湿法炼锌热酸浸出液经还原后溶液的主要成分是 $ZnSO_4$、$MgSO_4$ 和 $FeSO_4$。在赤铁矿法除铁的温度条件下，这些硫酸盐溶解度较低，且随着温度的升高，硫酸亚铁、硫酸锌和硫酸镁的结晶率升高。当温度高于 443 K 时，$FeSO_4$-$ZnSO_4$-$MgSO_4$-H_2SO_4 体系中硫酸锌和硫酸镁的存在可降低硫酸亚铁的结晶率，但每一种硫酸盐对赤铁矿的溶解度的影响大小不同。总体而言，随着硫酸盐含量的增加，赤铁矿的溶解度将降低，赤铁矿的热力学稳定区域扩大，导致体系中物种分布改变。其热力学稳定区如图 4-23 所示，其物种分布如图 4-24 所示。

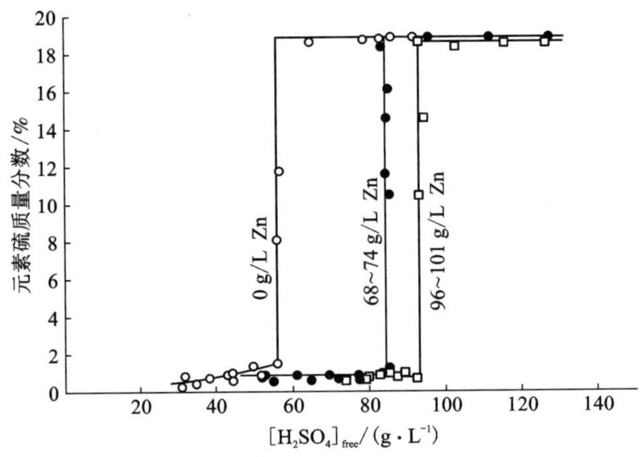

图 4-23　473 K 下产物中的 S 含量与溶液体系的硫酸浓度的关系

根据图 4-24，当溶液中含有 100 g/L 的锌离子时，铁离子在溶液中的存在形态会发生变化。即络合物 $FeSO_4HSO_4^0$ 在溶液中占主导，络合物 $FeHSO_4^{2+}$ 含量显著降低。在此条件下，溶液中的锌离子主要以络合物 $ZnSO_4^0$ 及游离的 Zn^{2+} 状态存在。由此可知，锌离子的引入导致溶液体系中的 pH 急剧升高，促进了反应向右进行，降低了赤铁矿的溶解度。

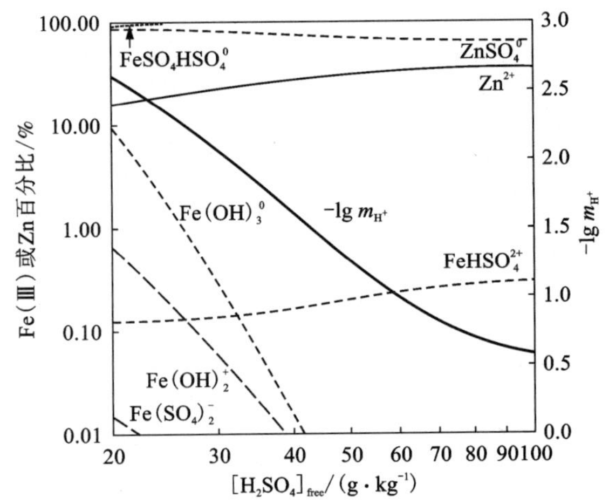

图 4-24　473 K 下体系中含 100 g/L 的 Zn 离子时溶液中的物种分布

对于赤铁矿法除铁溶液中存在铜、镍的等少量金属离子，根据高温 Fe-H_2O 系电位-pH 图(图 4-25)可以很好地解释该过程中离子的分布机理。赤铁矿法可以在强酸性介质中沉淀出 Fe_2O_3 是基于在高温条件下 Fe_2O_3 酸溶的平衡 pH 变负。298 K 时，溶液的 Fe^{3+} 浓度降到 10^{-6} g/L，Fe_2O_3 溶解的平衡 pH = 1.76。当温度升高到 473 K 时，平衡 pH = 0.42。这时 Zn^{2+} 和 Ni^{2+} 的水解 pH 依旧为正值，即高酸性介质中，铁离子以 Fe_2O_3 的形式沉淀出来，Zn^{2+}、Ni^{2+} 和 Cu^{2+} 等仍然保留在溶液中，实现了不加中和剂而使铁与镍、锌、钴分离的目的。

湿法炼锌溶液中 $ZnSO_4$、$MgSO_4$ 的存在对沉铁物相组成亦产生较大影响。无 $ZnSO_4$、$MgSO_4$ 存在时，初始 $Fe_2(SO_4)_3$ 浓度过高是水解过程中产生赤铁矿和碱式硫酸铁的原因；$ZnSO_4$、$MgSO_4$ 的存在能够有效抑制亚稳态相(碱式硫酸铁)的生成。

(2)赤铁矿法除铁过程的动力学分析。

对于硫酸体系下，不同反应条件的 Fe^{2+} 的氧化水解行为进行了研究。使用计算机模拟和

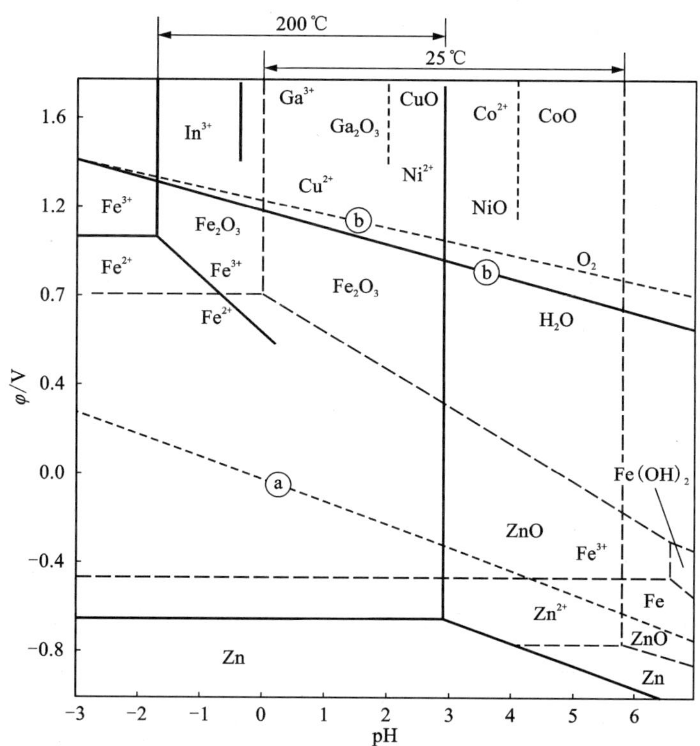

图 4-25　不同温度下赤铁矿沉铁过程的电位-pH 图

实验数据相结合的方法，建立了 Fe^{2+}的氧化速率方程，结果如式(4-47)所示。

$$-\frac{c_{Fe(II)}}{dt} = 4.0 \times 10^9 \left(\frac{-80300}{RT}\right) c^2_{Fe(II)} p_{O_2,\ aq} c^1_{SO_4^{2-}} c^{0.5}_{H_2SO_4} (1.0 + 5.0 c^{0.5}_{Cu^{2+}}) \quad (4-47)$$

式中：$c_{Fe(II)}$为亚铁离子浓度，mol/L；p_{O_2} 为氧分压，Pa；$c^1_{SO_4^{2-}}$ 为溶液中总的 SO_4^{2-} 浓度与硫酸中 SO_4^{2-} 的浓度之差，mol/L；T 为温度，K。

式(4-47)说明硫酸根离子对 Fe^{2+}氧化具有促进作用。硫酸盐的加入使 Zn^{2+}-Fe^{2+}-H^+-SO_4^{2-} 体系中的硫酸根离子增多，导致溶液中二价铁的存在形式由单一 Fe^{2+}为主变为 Fe^{2+}、$FeSO_4$ 共存。$FeSO_4$ 离子对的存在会使亚铁离子氧化速率加快。这主要是由于硫酸盐的加入使溶液中 SO_4^{2-} 增多，更多的 Fe(Ⅱ)会与 SO_4^{2-} 络合形成 $FeSO_4$ 离子对，而 $FeSO_4$ 离子对的氧化能力要强于游离的 Fe(Ⅱ)。$CuSO_4$ 的存在会导致溶液中存在 Cu^{2+}-Cu^+电位，它对亚铁离子具有催化氧化的作用。

高温水溶液中 Fe(Ⅱ)的氧化动力学属于二级反应。测算氧气在溶液中的溶解扩散速率常数可知，氧化反应的限制性环节是氧气的扩散速率。Fe(Ⅱ)的氧化速度随着温度、压力的升高而逐步加快。Fe(Ⅱ)氧化过程的限制因素是 Fe(Ⅱ)与溶液中的氧气逐步络合的速度。其氧化速率方程为：

$$r = a_1 c^2_{Fe(II)} c_O / (1 + a' c_{Fe(II)}) \quad (4-48)$$

式中：a_1、a'为该实验的动力学参数；$c_{Fe(II)}$为溶液中 Fe^{2+}浓度，mol/L；c_O 为氧气在溶液中的溶解量，mol/L。

$Fe_2(SO_4)_3$ 的水解反应是溶液中生成赤铁矿的重要反应步骤之一，$Fe_2(SO_4)_3$ 的水解过程对赤铁矿的形成机理至关重要。对于高温 $Fe_2(SO_4)_3$ 溶液的水解，水解产物与溶液中的酸度、Fe(Ⅲ)浓度、锌浓度等密切相关。溶液中硫酸盐($ZnSO_4$、$MgSO_4$)的不同，对除铁过程产生的影响也不同，但都有助于提高溶液的除铁率，并降低赤铁矿的溶解度。473 K 时，$Fe_2(SO_4)_3$ 水解的速率方程如式(4-49)所示：

$$r_{hyd} = k_{hyd}(c_{Fe(Ⅲ)} - c_{Fe(Ⅲ),eq})^{\beta} \tag{4-49}$$

式中：r_{hyd} 为 Fe(Ⅲ)水解速率，mol/(L · min)；k_{hyd} 为表观动力学常数，min^{-1}；β 为反应级数；$c_{Fe(Ⅲ),eq}$ 为平衡液相中 Fe(Ⅲ)的浓度，mol/L。

除此之外，高温水溶液硫酸盐的结晶对赤铁矿法除铁的反应有着重要影响。不同温度下 $FeSO_4$、$ZnSO_4$、$MgSO_4$ 在水中的溶解度(图 4-26、图 4-27、图 4-28)表明硫酸盐在水中的溶解度随温度升高逐渐增加，并在 328~338 K 达到最大值；温度继续升高，溶解度则迅速降低。温度为 473 K 时，硫酸亚铁几乎全部结晶，析出硫酸亚铁结晶($FeSO_4 \cdot H_2O$)。$FeSO_4 \cdot H_2O$ 晶体的重溶速率比较缓慢，导致赤铁矿法除铁反应过程受到未溶解的 $FeSO_4 \cdot H_2O$ 晶体的限制。其主要原因是硫酸亚铁的溶解度受硫酸浓度及硫酸盐浓度的影响。433~493 K 时，硫酸亚铁的溶解度与硫酸浓度的线性关系见式(4-50)，其溶解度曲线如图 4-29 所示。

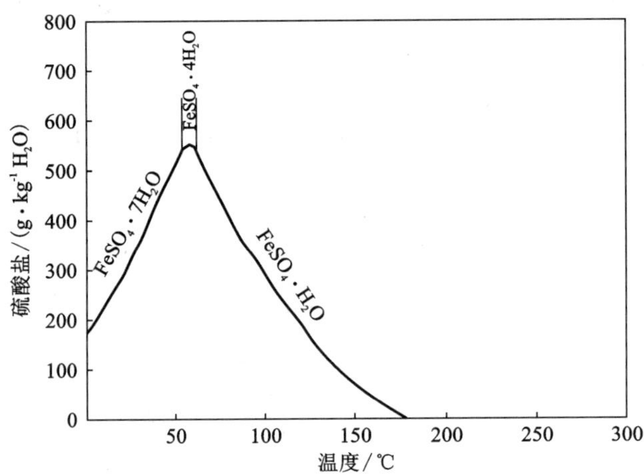

图 4-26　$FeSO_4$-H_2O 体系溶解度图

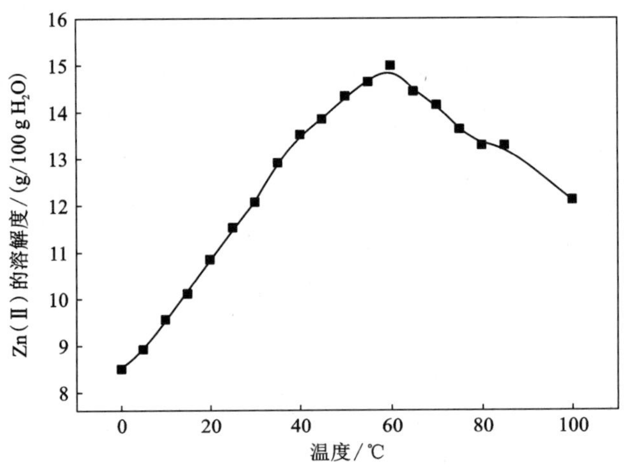

图 4-27　$ZnSO_4$-H_2O 体系溶解度图

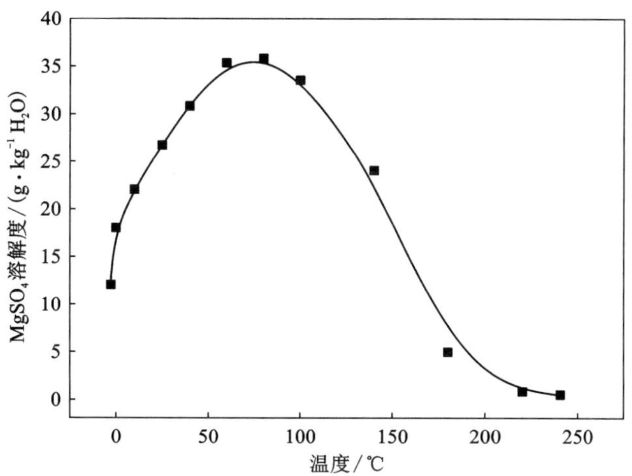

图 4-28　$MgSO_4-H_2O$ 体系溶解度图

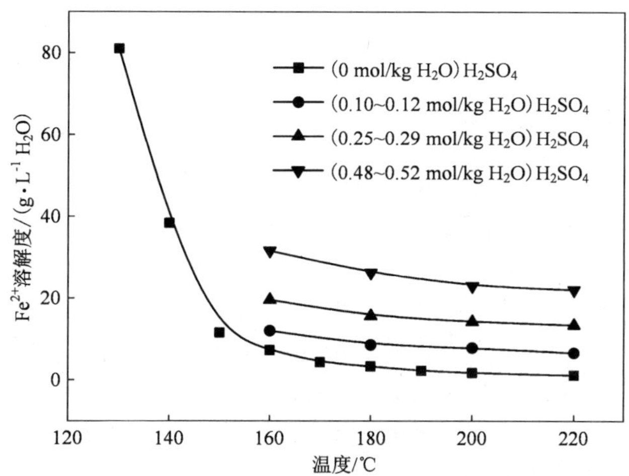

图 4-29　硫酸亚铁在不同硫酸浓度下的溶解度与温度的关系

$$[\mathrm{Fe(II)}]_{\mathrm{eq},\ T}^{0} = A[\mathrm{H_2SO_4}] + [\mathrm{Fe(II)}]_{\mathrm{eq},\ T}^{0} \begin{cases} 433 \leqslant T \leqslant 493\ \mathrm{K} \\ 0 \leqslant [\mathrm{H_2SO_4}] \leqslant 150\ \mathrm{g/L} \end{cases} \tag{4-50}$$

式中：A 为回归曲线斜率；$[\mathrm{Fe(II)}]_{\mathrm{eq},\ \mathrm{T}}^{o}$ 为回归曲线的 y 轴截距。

同时，硫酸亚铁的溶解度与溶液中其他硫酸盐类电解质有关，$ZnSO_4$ 与 $MgSO_4$ 等硫酸盐也会引起硫酸亚铁溶解度降低。不同硫酸浓度下，硫酸亚铁的溶解度与硫酸锌、硫酸镁的关系如图 4-30 所示。

图 4-30 中，在 473 K、30 g/L H_2SO_4 的条件下，体系中的 c_{Zn} 由 0 g/L 增至 20 g/L 时，平衡液相中的 $c_{\mathrm{Fe(II)}}$ 由 14.56 g/L 降至 7.26 g/L；体系中的 c_{Mg} 由 0 g/L 增至 7 g/L 时，平衡液相中的 $c_{\mathrm{Fe(II)}}$ 由 14.52 g/L 降至 4.74 g/L。

由高温硫酸锌溶液中 Fe(Ⅱ)的氧化动力学过程可知，$FeSO_4$ 的氧化反应近似符合动力学二级。高温条件下硫酸亚铁结晶动力学速度相当快，其对二价铁氧化反应具有二级依赖性，

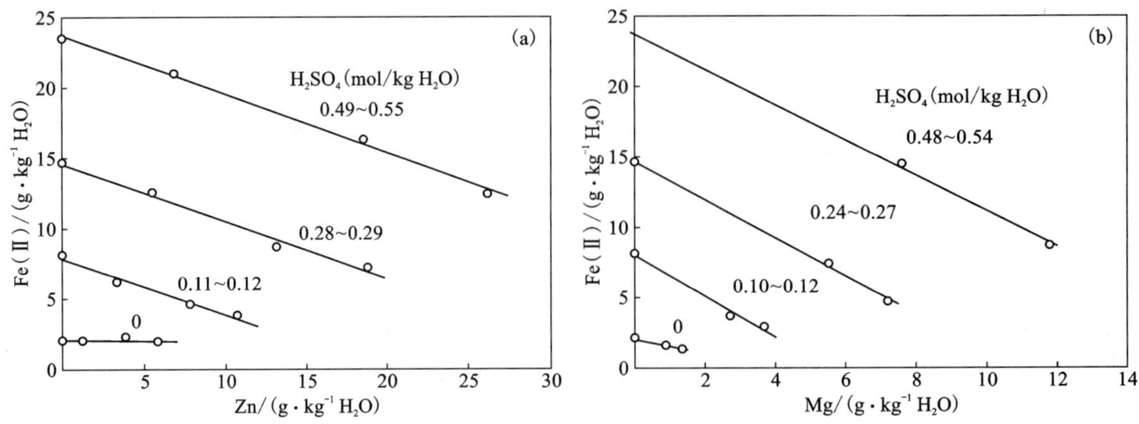

图 4-30 473 K 不同硫酸浓度下硫酸锌(a)和硫酸镁(b)对硫酸亚铁溶解度的影响

而硫酸亚铁的重溶解速率缓慢，导致沉铁反应结束后溶液中出现未溶解的硫酸亚铁。因此，整个赤铁矿法除铁过程的反应速率应为硫酸亚铁晶体的重溶解速率及其氧化水解速率的总和。

4.5.4 赤铁矿法除铁的影响因素

硫酸亚铁离子的氧化反应是赤铁矿法除铁工艺的关键环节。不同温度、亚铁离子浓度和酸度条件下，均存在着硫酸亚铁结晶($FeSO_4 \cdot nH_2O$)的问题。硫酸亚铁在高温下的溶解度较低，其结晶的重溶解是亚铁离子氧化水解沉淀的动力学限制环节。赤铁矿沉铁时首先发生硫酸亚铁的高温结晶，同时伴随亚铁氧化和三价铁沉淀，最后发生的是硫酸亚铁的重溶解。

沉铁前液中的钾、钠含量影响赤铁矿渣中的铁含量，沉铁前液中的硫酸根浓度影响除铁后液中的铁浓度，沉铁前液中的锌浓度影响除铁后液中的亚铁浓度。由于杂质离子存在，赤铁矿沉铁生成大量铁矾，是铁渣含铁低的主要原因，但有利于系统钾、钠的开路与平衡。稳定运行后，钾、钠的影响将消除，同时可维持体系较低的钾、钠浓度。另外，赤铁矿除铁过程可有效促进 F 的平衡。

随着工业湿法炼锌溶液中锌离子浓度的降低，渣含铁升高，含硫和含锌降低，沉铁率提高。降低赤铁矿沉铁前液的 pH，铁渣含铁将降低，沉铁渣中主要是碱式硫酸铁。增加 SO_4^{2-} 浓度，除铁率和渣含铁都会不同程度地降低。升高温度会增加除铁率，渣含铁也会增加，延长反应时间，除铁率和渣含铁都会增加，但当反应时间超过 4 h 时，其变化不明显。

赤铁矿晶体的形貌与晶体的长大速率和聚合速率有关。晶种存在时，赤铁矿晶体的定向长大速率大于晶核聚集的速率。此时晶体颗粒的长大过程占主导地位，因而溶液中的 Fe^{3+} 会扩散至晶种颗粒表面，并在晶种表面定向排列长大，最终形成晶形较大、表面光滑的赤铁矿晶体。

除铁矾中的硫酸根外，渣中其余硫酸盐在赤铁矿表面以不可逆化学吸附形态存在。晶种含量变化可以减少 SO_4^{2-} 在渣中的吸附，主要与赤铁矿渣的物理形貌有关。晶种的存在可以显著改善赤铁矿渣的物理形貌，获得的赤铁矿晶体外观呈明显的纺锤状，颗粒大小均匀，晶体颗粒表面致密且相对光滑。这种物理形貌可有效减少硫酸根离子在晶体表面的吸附作用，降低渣中的硫含量。

4.5.5　赤铁矿法除铁的工艺及设备

日本秋田饭岛(Iijima)锌厂于 1972 年建成，至今已成功运行 40 余年，分别于 1997 年、2006 年扩产，其电锌产量已达 200 kt/a。其工艺流程如图 4-31 所示。

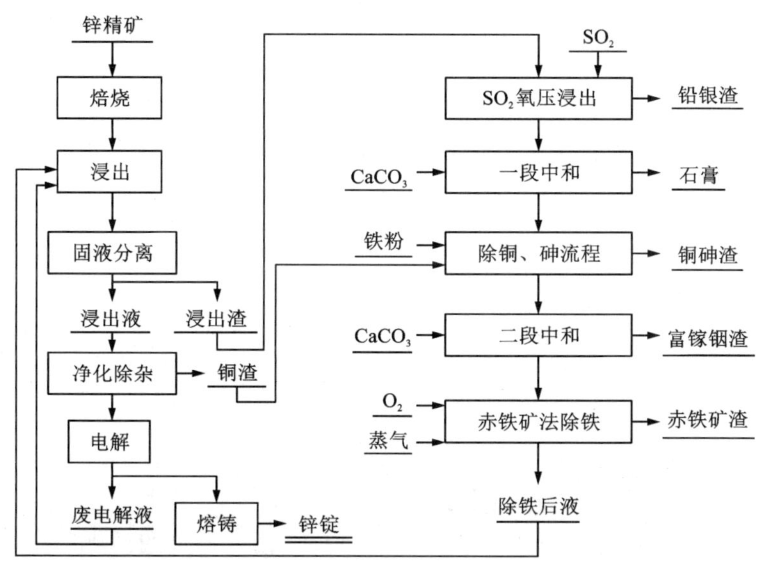

图 4-31　秋田饭岛冶炼厂赤铁矿法除铁工艺流程

日本饭岛冶炼厂采取两段高压处理，第一段为高压 SO_2 的还原浸出，第二段是高压氧化水解除铁。其具体步骤如下。

(1)还原浸出。锌浸出渣经配液系统进入卧式高压釜中。饭岛冶炼厂使用 SO_2(德国鲁尔锌冶炼厂采用磨细的锌精矿)作为还原剂，维持压力为 0.152~0.202 MPa，反应温度为 373~383 K，还原浸出时间 2~3 h。其反应式为：

$$ZnO \cdot Fe_2O_{3(s)} + 2H_2SO_{4(aq)} + SO_{2(l)} = ZnSO_{4(aq)} + 2H_2O_{(l)} + 2FeSO_{4(aq)} \quad (4-51)$$

其中其他有价金属(Cu、Ga、In)或其他杂质金属(Al、As、K)也有相似的浸出行为，锌、铁、镉和铜的浸出率为 90%~95%。

(2)两段中和及铁粉沉铜和砷。饭岛冶炼厂用 $CaCO_3$ 进行第一段中和，将浸出溶液 pH 中和至 1 左右，产生的硫酸钙可以作为石膏销售。随后用铁粉沉铜和砷，产生铜砷渣。第二段中和用 $CaCO_3$ 中和浸出液 pH 至 4，得到富镓铟渣。德国鲁尔锌冶炼厂采用 ZnO 作为中和剂。其反应式如下：

$$H_2SO_4 + CaCO_3 = H_2O + CO_2 + CaSO_4 \quad (4-52)$$

或

$$H_2SO_{4(aq)} + ZnO_{(s)} = ZnSO_{4(aq)} + H_2O_{(l)} \quad (4-53)$$

中和时一些有价金属和大部分的杂质以氢氧化合物或者硫酸盐的形式沉淀下来。通过两段中和后，维持溶液 pH 在 4 左右，因此中和过程没有锌和铁的沉淀物出现。

(3)高压沉铁。经过两段中和及沉铜和砷后送入高压釜，釜内温度 453~473 K。通入氧气，氧化 3 h，硫酸亚铁氧化成硫酸铁，硫酸铁水解沉淀产生赤铁矿沉淀。其反应如下：

$$2FeSO_{4(aq)} + 1/2O_{2(aq)} + H_2SO_4 = Fe_2(SO_4)_{3(aq)} + H_2O_{(l)} \quad (4-54)$$

$$Fe_2(SO_4)_{3(aq)} + 3H_2O_{(l)} = Fe_2O_{3(s)} + 3H_2SO_{4(aq)} \quad (4-55)$$

浸出液一般含铁 30~40 g/L，进入高压釜的除铁前液被加热至 473 K。通入氧气(氧分压 0.25 MPa)把溶液中的 Fe^{2+} 氧化成 Fe^{3+}，并缓慢水解形成赤铁矿沉淀。经过高温和高压沉铁后，浸出液铁浓度降低至 4~6 g/L，H_2SO_4 浓度为 40~60 g/L，溶液再次返回中性浸出工序；铁渣含铁 58%~60%(质量分数，下同)，含硫 2%左右，可以作为水泥或炼铁的原料。

赤铁矿沉铁反应发生在三排并列的高压釜中，每个系列由一个立式高压釜(体积 25 m^3)和一个包含 4 个隔室的卧室高压釜(100 m^3)组成。这种配置有助于减少因高压釜除垢导致故障停工，因为大部分水垢均在立式高压釜中产生。其设备配置如图 4-32 所示。

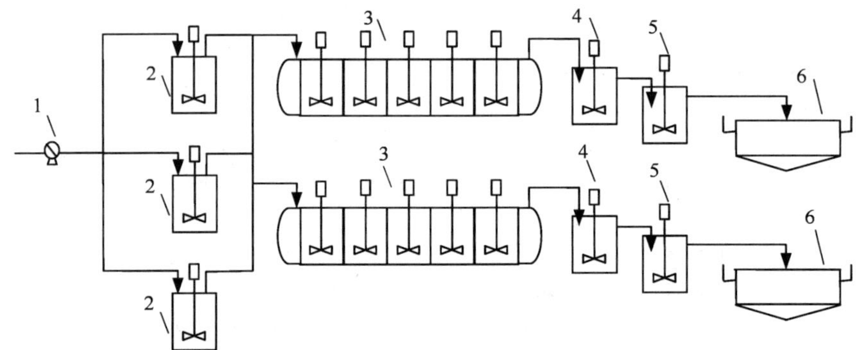

1—给料泵；2—立式高压釜；3—卧式高压釜；4—闪蒸槽；5—沉降槽；6—离心机。

图 4-32　秋田饭岛冶炼厂赤铁矿法工艺流程

赤铁矿除铁主要技术条件及指标：

反应温度 458 K，压力 1.8 MPa；锌精矿含铁 7%(质量分数)；除铁前液含铁 38~46 g/L，除铁后液含铁 3.5~6 g/L；月产铁渣量 4159 t，赤铁矿渣含铁 56%(质量分数)。

4.5.6　赤铁矿法的特点

赤铁矿法除铁工艺与针铁矿法除铁工艺有相似之处，这两种方法都是首先将三价铁还原成二价铁，然后将二价铁氧化成三价铁，最后产生沉铁渣。

赤铁矿法除铁工艺，锌及伴生金属浸出率高、综合回收效果好、产渣量少、渣含铁较高，可直接利用。无论是饭岛冶炼厂还是中国云南云锡文山锌铟冶炼有限公司，都可以实现铁渣的资源化利用，赤铁矿渣被作为水泥或者炼铁的原料，实现含铁渣的零排放。

由于赤铁矿法除铁反应器需用高压釜，蒸气消耗多，技术设备投资高等原因，其在湿法炼锌领域的应用受到质疑。但在提高锌精矿中伴生有价金属回收率、生产无害铁渣并实现铁资源化利用方面存在巨大技术优势。随着环保压力增大，该技术将成为湿法炼锌锌铁分离发展趋势，其工业应用前景广阔。

赤铁矿法除铁工艺对原料的适应性强，操作过程除要求高温外，其酸度宽泛，条件较易控制。同时，赤铁矿法除铁渣含铁高(质量分数为 55%~60%)，具有资源化利用的潜在优势，可实现湿法炼锌工艺铁渣的无害化、减量化和资源化。伴随冶炼行业对环保要求的日益提高，以及我国加压设备设计与制造水平的不断提高，赤铁矿法除铁技术的优势越显突出，开始在我国逐步推广应用。

4.5.7　赤铁矿法的国内外应用实践

(1) 日本同和矿业饭岛冶炼厂。

日本秋田冶炼厂经过几十年平稳运营，其间经过多次技术改造，秋田冶炼厂锌的生产能力由 1972 年的 78000 t/a 增加到 200 kt/a。秋田冶炼厂采用的工艺流程如图 4-30 所示。

该工艺采用 SO_2 在高压釜内于 378 K 中性浸出锌浸出渣。1992 年以前，饭岛冶炼厂在两段中和前使用 H_2S 将溶液中铜以硫化物的形式除去。经研究发现，在 SO_2 还原浸出时加入磨细的锌精矿可以取代 H_2S 除铜，1992 年饭岛冶炼厂停止使用 H_2S 沉铜。1998 年以前，饭岛冶炼厂的赤铁矿渣仅有 50%被卖到水泥行业。为了增加赤铁矿渣的销量，饭岛冶炼厂采取减少赤铁矿渣中的砷和硫作为研究目标。2000 年饭岛冶炼厂取消了在 SO_2 还原浸出时加锌精矿沉铜的步骤，增加了在第一段中和后添加锌粉沉铜和砷的步骤，溶液中 99%的铜和砷以砷化铜(Cu_3As)的形式沉淀除去。为了进一步降低赤铁矿渣中砷的含量，饭岛冶炼厂于 2001 年调整 Cu/As 比为 2.0~3.0，并在同年将赤铁矿渣全部卖给水泥制造业。

为了降低蒸气的消耗量，2006 年饭岛冶炼厂把反应温度由 468 K 降低至 458 K。生产结果表明：温度的降低不影响赤铁矿渣的质量，其中赤铁矿渣中铁和硫质量分数分别稳定在 55%和 4%。

(2) 德国鲁尔炼锌厂。

20 世纪 80 年代，建成了世界上第二个赤铁矿法炼锌厂——德国鲁尔锌冶炼厂。该厂于 1979 年成功投产并运营，每天的电解锌为 135 kt。其工艺在 473 K 和 2000 kPa 压力下吹入氧气，将铁氧化并以赤铁矿沉淀，铁渣经充分洗涤可作副产物出售。

鲁尔电锌厂的工艺流程主要包括：锌精矿沸腾焙烧、高温超高酸浸出中性渣、高价铁离子的还原、中和及赤铁矿沉铁。其工艺流程图见图 4-33 所示。

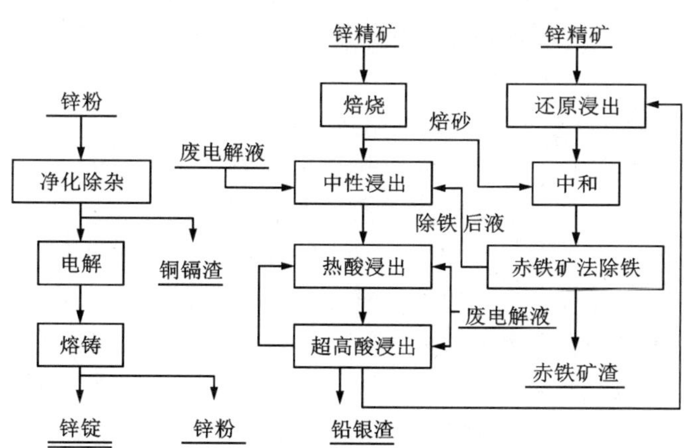

图 4-33　德国鲁尔锌冶炼厂赤铁法除铁工艺流程

该工艺是鲁尔锌厂根据其矿物特点对秋田锌厂的除铁工艺进行部分技术改造后建的。其工艺流程主要包括：中性浸出渣的热酸和超高酸浸出、锌精矿还原 Fe^{3+}、预中和、赤铁矿法除铁。

两厂赤铁矿法工艺流程的主要差别在于：鲁尔锌厂采用了锌精矿作还原剂而非液态的 SO_2，无须建立 SO_2 的液化厂，工艺为先浸出再还原；采用锌焙砂而非石灰石对还原后液进行预中和处理，解决了石膏的问题。

该厂未解决高压釜结垢带来的问题，运行十余年后中止了赤铁矿除铁方法。1991 年该厂增加了一套锌精矿直接加压氧浸装置，锌精矿氧压浸出产出的 Pb-Ag 渣外售。

受市场影响，以及生产成本过高、系统工程化问题多等因素，鲁尔锌厂目前已停产关闭。

(3) 中国云南某锌铟冶炼有限公司。

云南省某锌锡矿，具有含锌低、含铁高、含铟高、含铅低、含铜锡较高、含银一般、有害杂质砷和氟含量高的特点，为典型的高铟铁闪锌矿。为实现高铟铁闪锌矿的高效分离提取与资源综合利用，昆明理工大学等多家单位开展了赤铁矿法除铁的相关研究，开发了“高铁锌精矿还原浸出-赤铁矿法除铁技术”，形成了锌浸出渣还原浸出—铁粉置换沉铜脱砷—预中和—置换沉铟—赤铁矿沉铁为主体的新工艺路线，以及有价金属综合回收和材料一体化新技术。采用烟气余热高效利用清洁能源替代新技术，实现了锌冶炼铁渣的源头控制和资源化利用，达到吨锌能耗行业先进水平；在回收锌的同时，铟、银、铜的回收率达到世界领先水平，建立了浸出渣无害化处理、铁渣源头减排的节能环保湿法炼锌新工艺。2018 年 11 月，采用赤铁矿法除铁技术的年产 10 万 t 锌、60 t 铟的湿法炼锌工厂成功建设并正式投产运营。其工艺流程如图 4-34 所示。

该湿法炼锌工艺是赤铁矿除铁新工艺在中国首次得到大规模工业化应用，成为中国首家、全球第二家正在运行此工艺的湿法炼锌工厂。该工艺将高铁锌精矿中伴生铁转化为赤铁矿产品，从源头避免了铁渣的产生，伴生铟、铜、银等有价金属资源综合回收率提升 20%。

从锌精矿至铅银渣过程中，锌浸出率大于 99%、铟浸出率大于 95%、铜浸出率大于 90%；浸出液中三价铁离子浓度小于 1 g/L，渣含锌小于 3.5%。

赤铁矿含铁高于 58%(质量分数，下同)，含硫低于 3.5%，含锌低于 0.6%，含砷低于 0.01%，品质高于秋田冶炼厂报道的赤铁矿(56% Fe、4.3% S、0.8% Zn、0.04% As，仅作为水泥的原料)。目前赤铁矿已作为炼铁原料外售，实现了湿法炼锌过程中伴生铁的深度分离与资源化利用。

浸出渣还原浸出-赤铁矿法除铁工艺的特点在于：

①开发了湿法炼锌酸性体系下，铁粉直接置换沉铜除砷、溶液预中和体系酸平衡控制、石灰石直接沉铟关键技术，实现了酸性含砷溶液清洁高效回收铜，以及铟及砷的同步分离；铜沉淀回收率达到 97%，铟沉淀回收率为 95%，砷沉淀率为 95%以上。通过铁粉直接置换沉铜除砷，实现了系统砷的开路；通过溶液的预中和有效调控溶液酸度，减少了沉铟渣的量，提高了铟渣品位；预中和过程产出纯度大于 95%的高品质石膏，成功外售。

②开发了硫化矿物流态化焙烧余热替代碳基燃料产生高压蒸气。应用硫化矿物燃烧发热、多相流动和传热特性，采用流态化焙烧余热制备高压蒸气技术，构建了硫化矿焙烧余热生产高压蒸气供热系统；实现了全系统焙烧余热供热，避免了蒸气制备燃料消耗，大幅减少了湿法炼锌过程碳的排放，解决了湿法冶金高温压力反应釜蒸气成本高的问题。湿法炼锌综

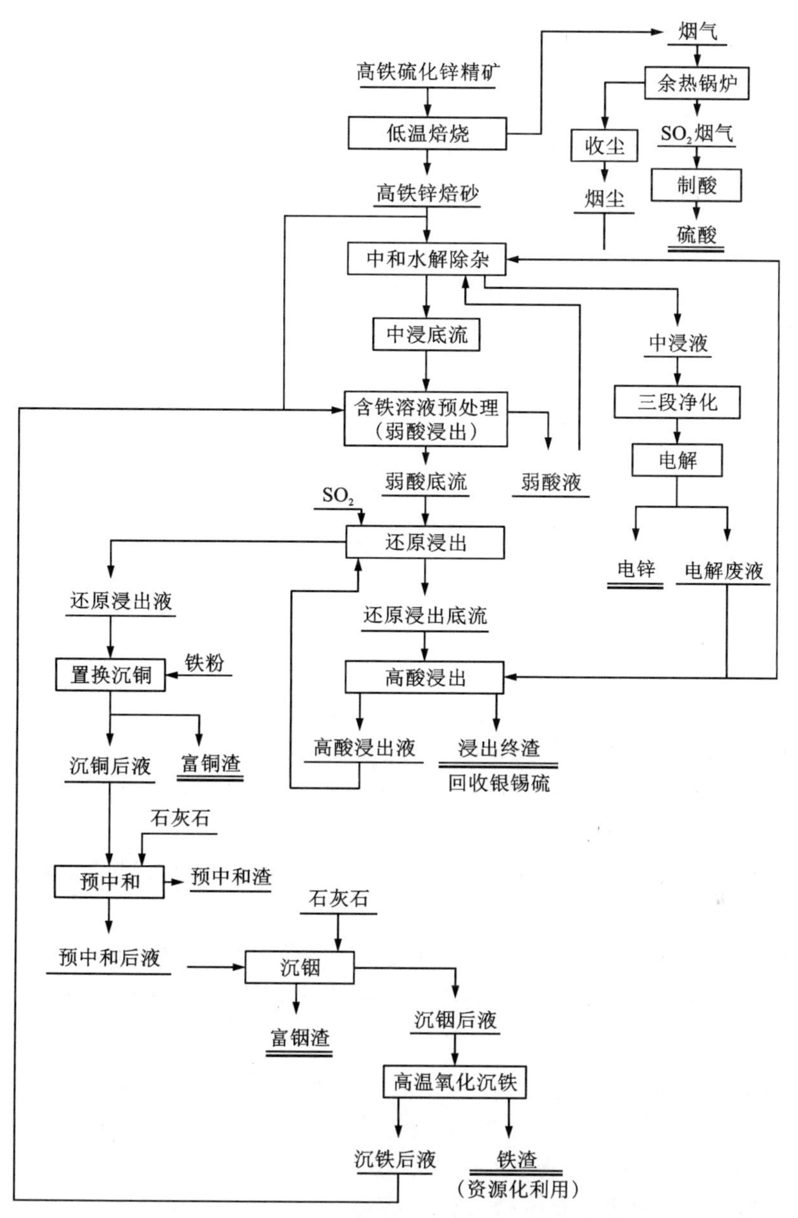

图 4-34　中国云南某冶炼厂湿法炼锌工艺流程

合能耗为 516 kg 标准煤/t 锌锭，远远优于行业准入标准 900 kg 标准煤/t 锌锭。冶炼加工成本低于业内平均水平，成为湿法炼锌行业节能降耗、绿色环保、综合回收有价金属、升级改造的示范性工厂。

该工艺流程的预中和渣主要成分为二水合硫酸钙，其中夹杂了溶液内部分的铟(约 100 g/t)和锌(质量分数约 3%)。将其酸洗水洗，其含铟量降至 50 g/t 以下，锌质量分数小于 0.5%，可获得较纯净石膏用于外售。

4.6 除铁方法比较

(1)黄钾铁矾法的优缺点。

①主要优点。

因铁矾沉淀时带走了硫酸根，有利于维持整个生产流程的酸平衡。

铁矾渣是晶性的固体颗粒，易于沉淀，具有良好的过滤和沉淀性能。

铁矾渣中含有少量的 Na^+、K^+、NH_4^+，仅消耗较少的试剂。

铁矾渣的沉淀反应析出较少的酸，pH 维持在 1~1.5，故不需要太多的中和剂就可得到有效利用。

设备及操作简单，能得到合适的硫酸盐溶液，同时能与现有的电解车间结合，实现了锌、铅、铜等有价金属的高效回收。

②主要缺点。

铁矾渣的生产过程中消耗了大量的硫酸，渣量大；渣中含铁量低，不利于铁矾渣的回收与利用。

因铁矾渣中含有锌、镉、砷等杂质离子，同时铁矾渣不稳定，易造成环境污染。

(2)针铁矿的优缺点。

①主要优点。

较高的除铁效率，良好的过滤效率。

除去溶液中的 Ge、Sb、As 及溶液中大部分的 Cl，比黄钾铁矾法的渣量少且含铁高。

②主要缺点。

V. M. 法需要还原-氧化过程，运营成本较高；E. Z. 法需要较大量的中和剂，同时稀散金属的损失率高。

生产过程中 pH 须控制严格，设备及操作复杂，有价金属回收率低。

工艺效率低，过滤的料液大，动力消耗大，针铁矿渣的部分 SO_4^{2-} 和 Cl^- 在堆存时易渗漏导致环境污染。

(3)赤铁矿法的优缺点。

①主要优点。

锌及伴生金属的浸出率高，综合回收效果好。

赤铁矿法渣量少，含水低，有价金属回收率高。

赤铁矿渣含铁高；赤铁矿的热力学性质稳定，可以作为钢铁行业的原料或水泥行业的添加剂，实现渣的零排放。

②主要缺点。

因沉淀过程中需要高压釜设备，投资及维护费用较高，操作要求较为严格，生产过程中蒸气的消耗高。

三种湿法除铁的比较、各种除铁方法的技术经济技术指标比较分别见表 4-6 和表 4-7。

表 4-6　三种湿法除铁的比较

沉铁方法	黄钾铁矾法	针铁矿法	赤铁矿法
终点 pH	1.5~2	2~4.5	硫酸 50~60 g/L
温度/K	353~373	343~363	453~473
时间/h	3	6~8	3
添加剂	NH_4^+, Na^+, K^+	无	无
残渣量/电锌量	0.8	0.5	0.1(可外售)
除铁率/%	90~95	90	90
渣含铁/%	30	40	58~60
锌回收率/%	97.3	97.7	98.4
渣含锌/%	6	8.5	0.45
铟回收率/%	≤60	70~80	80~85
基建要求	中	较高	高
操作要求	较容易	较难	较难
酸平衡	易平衡	不易平衡	需要中和剂中和
铁渣的过滤性能	很好	很好	很好
铁渣的可能用途	几乎没有	几乎没有	水泥、陶瓷和炼铁的原料或添加剂

表 4-7　各种除铁工艺的技术经济指标比较

工艺名称	渣率/%	元素质量分数/%					浸出率/%			锌回收率/%
		铁	锌	铜	镉	铅	锌	铜	铟	
铁矾法除铁	55~60	30	6.0	0.4	0.05	1.4	93~96	80~82	≤60	91~93
针铁矿法除铁	50~55	41	8.5	0.5	0.05	2.2	93~96	85~92	80~90	92~96
赤铁矿法除铁	35~40	58~60	0.45	—	0.01	—	>98	90~95	85~95	98

按黄钾铁矾法处理锌渣的电锌厂，如锌精矿含铁量按 8%(质量分数)计，年产 100 kt 锌的工厂，每年渣产量约 53 kt。相比之下，若一个年产 100 kt 吨锌的工厂采用赤铁矿法，则其赤铁矿渣量仅为 27 kt。在环境控制愈来愈严格的条件下，渣处理面临的环境压力日益增加，每个电锌厂都必须考虑渣的堆存问题。目前现有的除铁方法中，赤铁矿法无疑是最有潜力成为无废渣除铁的技术之一。

思考题

1. 对于常规湿法炼锌工艺产出的锌浸出渣，采用热酸浸出的原理及主要反应方程式是什么？

2. 对于常规湿法炼锌工艺产出的锌浸出渣，采用锌浸出渣与锌精矿的协同浸出的原理及主要反应方程式是什么？

3. 对于常规湿法炼锌工艺产出的锌浸出渣，采用二氧化硫还原浸出的原理及主要反应方程式是什么？

4. 从含铁高的湿法炼锌浸出渣高温酸浸液中除铁的方法有哪些？其工艺控制过程的关键因素是什么？

5. 论述黄钾铁矾法除铁的原理及其优缺点。

6. 论述针铁矿法除铁的原理及其优缺点。

7. 比较 V · M 法与 E · Z 法两种针铁矿法除铁的优缺点。

8. 论述赤铁矿法除铁的原理及其优缺点。

9. 简述赤铁矿法除铁的影响因素。

10. 从资源综合利用角度和过程控制的难易程度分析比较三种除铁方法中哪种更具有优势。

11. 简述国内企业应用赤铁矿法除铁技术的工艺流程。

第 5 章　硫化锌精矿直接浸出

扫码查看本章资源

5.1　概述

传统湿法炼锌工艺是“焙烧—浸出—电积”工艺，即硫化锌精矿经焙烧后，所得锌焙砂送湿法浸出系统，通常采用一段中性浸出与一段酸性浸出相结合的两段逆流浸出流程。在该工艺中，焙烧工序产出 SO_2 气体用于制取硫酸，硫酸需要储存。硫化锌精矿直接浸出，即氧压浸出和常压富氧直接浸出工艺，采用富氧直接浸出取代传统“焙烧—浸出—电积”中的焙烧工序，大部分硫以单质形态产出。

锌精矿氧压浸出技术需要在高温、加压下使硫化物中的有价金属以硫酸盐形式进入溶液，大部分元素硫被氧化为单质硫。该浸出过程是一个耗酸和放热的过程。锌精矿常压富氧直接浸出技术是利用铁的价态变化实现硫化锌的直接浸出，直接获得浸出液和硫黄。

5.2　硫化锌精矿直接浸出的基本理论及热力学分析

5.2.1　硫化锌精矿直接浸出过程的热力学

通过 $ZnS-H_2O$ 系的 φ-pH 图，研究 ZnS 在水溶液中反应的热力学规律。$ZnS-H_2O$ 系中反应平衡式及 φ-pH 关系式见表 5-1。

表 5-1　$ZnS-H_2O$ 系中反应平衡式及 φ-pH 关系式(298 K)

序号	反应平衡式	φ-pH 关系式
1	$O_2+4H^++4e^- = 2H_2O$	$\varphi=1.229-0.0591pH+0.0149\lg p_{O_2}$
2	$2H^++2e^- = H_2$	$\varphi=0-0.0591pH-0.0295\lg p_{H_2}$
3	$Zn^{2+}+S+2e^- = ZnS$	$\varphi=0.264+0.0295\lg[Zn^{2+}]$
4	$ZnS+2H^+ = Zn^{2+}+H_2S_{(g)}$	$pH=-1.586-0.5\lg[Zn^{2+}]-0.5\lg p_{H_2S}$
5	$S+2H^++2e^- = H_2S_{(g)}$	$\varphi=0.171-0.0591pH-0.0295\lg p_{H_2S}$
6	$HSO_4^-+7H^++6e^- = S+4H_2O$	$\varphi=0.338-0.0693pH+0.098\lg[HSO_4^-]$

续表5-1

序号	反应平衡式	φ-pH 关系式
7	$SO_4^{2-}+H^+ = HSO_4^-$	$pH=1.91+\lg[SO_4^{2-}]-0.5\lg[HSO_4^-]$
8	$SO_4^{2-}+8H^++6e^- = S+4H_2O$	$\varphi=0.357-0.07881pH+0.0098\lg[SO_4^{2-}]$
9	$HSO_4^-+Zn^{2+}+7H^++8e^- = ZnS+4H_2O$	$\varphi=0.319-0.05171pH+0.0074\lg[Zn^{2+}][HSO_4^-]$
10	$SO_4^{2-}+Zn^{2+}+8H^++8e^- = ZnS+4H_2O$	$\varphi=0.333-0.05171pH+0.0074\lg[Zn^{2+}][SO_4^{2-}]$
11	$2Zn^{2+}+SO_4^{2-}+2H_2O = ZnSO_4+Zn(OH)_2+2H^+$	$pH=3.77-0.5\lg[SO_4^{2-}]-\lg[Zn^{2+}]$
12	$ZnSO_4\cdot 2Zn(OH)_2+2SO_4^{2-}+28H^++24e^- = 3ZnS+16H_2O$	$\varphi=0.362-0.0665pH+0.0037\lg[SO_4^{2-}]$
13	$ZnSO_4\cdot Zn(OH)_2+2H_2O = 2Zn(OH)_2+2H^++SO_4^{2-}$	$pH=8.44+0.5\lg[SO_4^{2-}]$
14	$Zn(OH)_2+10H^++SO_4^{2-}+8e^- = ZnS+6H_2O$	$\varphi=0.424-0.0738pH+0.0074\lg[SO_4^{2-}]$
15	$ZnO_2^{2-}+2H^+ = Zn(OH)_2$	$pH=14.24+0.5\lg[ZnO_2^{2-}]$
16	$ZnO_2^{2-}+SO_4^{2-}+12H^++8e^- = ZnS+6H_2O$	$\varphi=0.634-0.0887pH+0.0074\lg[ZnO_2^{2-}][SO_4^{2-}]$
17	$Zn^{2+}+2e^- = Zn$	$\varphi=-0.763+0.0295\lg[Zn^{2+}]$
18	$ZnS+2H^++2e^- = Zn+H_2S_{(g)}$	$\varphi=-0.857-0.0591pH-0.0295\lg p_{H_2S}$
19	$HS^-+H^+ = H_2S_{(g)}$	$pH=8.00+\lg[HS^-]-\lg p_{H_2S}$
20	$ZnS+H^++2e^- = Zn+HS^-$	$\varphi=-1.093-0.0295pH-0.0295\lg[HS^-]$
21	$S^{2-}+H^+ = HS^-$	$pH=12.9+\lg[S^{2-}]-\lg[HS^-]$
22	$ZnS+2e^- = Zn+S^{2-}$	$\varphi=-1.474-0.0295\lg[S^{2-}]$
23	$ZnO_2^{2-}+SO_4^{2-}+12H^++8e^- = Zn^{2+}+S^{2-}+6H_2O$	$\varphi=0.213-0.0709pH-0.0059\lg[S^{2-}]+0.0059\lg[SO_4^{2-}][ZnO_2^{2-}]$
24	$Zn^{2+}+2H_2O = Zn(OH)_2+2H^+$	$pH=6.11-0.5\lg[Zn^{2+}]$
25	$Zn^{2+}+2H_2O = ZnO_2^{2-}+4H^+$	$pH=10.08-0.25\lg[Zn^{2+}]+0.25\lg[ZnO_2^{2-}]$
26	$S+H^++2e^- = HS^-$	$\varphi=-0.06527-0.0295pH-0.0295\lg[HS^-]$
27	$SO_4^{2-}+9H^++8e^- = HS^-+4H_2O$	$\varphi=0.252-0.0661pH-0.00739\lg[SO_4^{2-}]/[HS^-]$
28	$SO_4^{2-}+8H^++8e^- = S^{2-}+4H_2O$	$\varphi=0.0148-0.05911pH-0.00739\lg[SO_4^{2-}]/[S^{2-}]$

根据表 5-1 的平衡式可绘制出 $ZnS-H_2O$ 系的 φ-pH 图(298 K)，如图 5-1 所示。

由图 5-1 可以看出，图中有一个元素硫的稳定区。当电位下降时，pH 为 1.9~8，SO_4^{2-} 被还原成元素硫；当电位降低且 pH<7 时，SO_4^{2-} 被还原成 H_2S；pH>7 时，SO_4^{2-} 进一步被还原成 HS^-。当电位升高且 pH<8 时，H_2S 和 HS^-均可直接氧化成 SO_4^{2-}。

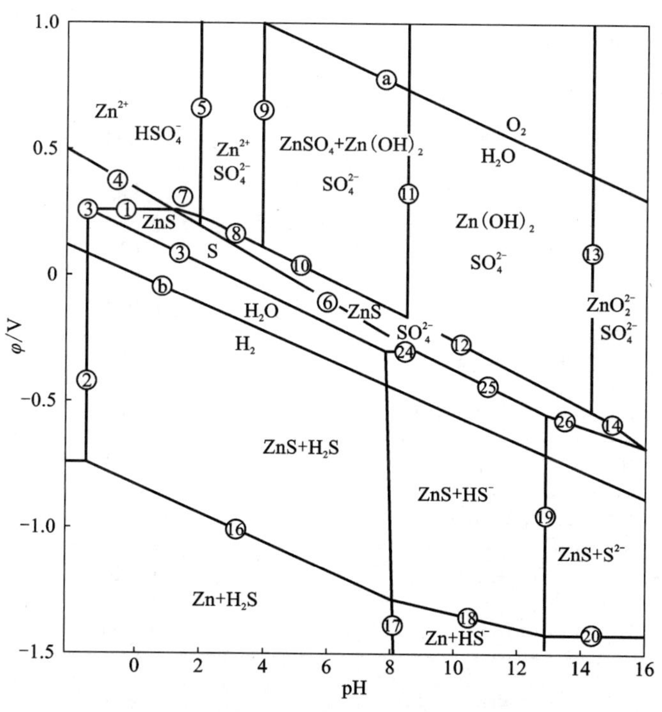

图 5-1　ZnS-H_2O 系的 φ-pH 图(298 K)

5.2.2　硫化锌精矿常压直接浸出基本理论

5.2.2.1　不添加氧化剂的常压酸浸

硫化物在常压下不加氧化剂的直接浸出酸浸反应会产生 H_2S:

$$MeS + 2H^+ \xlongequal{} Me^{2+} + H_2S\uparrow \tag{5-1}$$

为了比较锌精矿中各种硫化物酸浸过程的难易程度，表 5-2 列出了 298 K 时各种有关硫化物按式(5-1)反应的平衡标准 pH$^\ominus$。

表 5-2　各种硫化物常压酸浸反应的平衡标准 pH$^\ominus$

简单酸浸反应	平衡标准 pH$^\ominus$	备注
$As_2S_3+2H_2O+2H^+ \xlongequal{} 2AsO^++3H_2S$	-16.12	pH<-0.3778
$HgS+2H^+ \xlongequal{} Hg^{2+}+H_2S$	-15.59	
$Ag_2S+2H^+ \xlongequal{} 2Ag^++H_2S$	-14.14	
$Sb_2S_3+2H_2O+2H^+ \xlongequal{} 2SbO^++3H_2S$	-13.85	pH>0.872
$Cu_2S+2H^+ \xlongequal{} 2Cu^++H_2S$	-13.45	
$CuS+2H^+ \xlongequal{} Cu^{2+}+H_2S$	-7.008	

续表5-2

简单酸浸反应	平衡标准 $pH^{\ominus}$	备注
$CuFeS_2+4H^+ = Cu^{2+}+Fe^{2+}+2H_2S$	-4.405	
$PbS+2H^+ = Pb^{2+}+H_2S$	-3.096	
$NiS_{(\gamma)}+2H^+ = Ni^{2+}+H_2S$	-2.888	
$CdS+2H^+ = Cd^{2+}+H_2S$	-2.616	
$SnS+2H^+ = Sn^{2+}+H_2S$	-2.028	
$ZnS+2H^+ = Zn^{2+}+H_2S$	-1.586	
$CuFeS_2+2H^+ = CuS+Fe^{2+}+H_2S$	-0.7361	
$CoS+2H^+ = Co^{2+}+H_2S$	+0.327	
$NiS_{(\alpha)}+2H^+ = Ni^{2+}+H_2S$	+0.635	
$FeS+2H^+ = Fe^{2+}+H_2S$	+1.726	
$MnS+2H^+ = Mn^{2+}+H_2S$	+3.296	

从表5-2可以看出，As_2S_3、HgS、As_2S、Sb_2S_3、Cu_2S、CuS、$CuFeS_2$、CdS、ZnS的平衡标准 $pH^{\ominus}$ 为负值，表明它们是很难浸出的。CoS、NiS、FeS、MnS的平衡标准 $pH^{\ominus}$ 为正值，表明它们容易被酸浸出。

由表5-2可知，ZnS在常压下的稀酸浸出是比较难的，但可在高温下采用浓硫酸浸出。由于高浓度硫酸与稀硫酸或中等浓度硫酸不同，它具有氧化性能，按式(5-2)反应可将析出的 H_2S 进一步氧化成S，从而得到满意的浸出结果。将 H_2S 氧化成S的反应不仅避免了有毒的 H_2S 产生，又可回收元素硫。

$$H_2SO_{4(浓)} + H_2S \rightleftharpoons H_2SO_3 + H_2O + S^0 \tag{5-2}$$

实践表明，浓硫酸浸出硫化锌精矿采用的条件：温度423~428 K，硫酸浓度60%~65%，锌回收率可达95%~96%。

尽管ZnS可以用浓硫酸浸出，但上述条件因温度太高，已达到该浓度下硫酸的沸点温度。另外，酸浸过程不能实现废电积液稀酸闭路循环，电积过程的酸无法平衡，故不能应用在工业上。

5.2.2.2 有氧化剂存在的常压酸浸

常压下，硫化锌及其他硫化物在有氧化剂存在时可按式(5-3)进行酸浸反应：

$$MeS + 2H^+ + \frac{1}{2}O_2 = Me^{2+} + S + H_2O \tag{5-3}$$

或

$$MeS - 2e^- = Me^{2+} + S \tag{5-4}$$

常压氧化浸出欲得到元素硫，要求严格控制溶液的pH和电位，以避免元素硫进一步氧化成 HSO_4^- 或 SO_4^{2-}。表5-3列出了各种硫化物按上述反应的标准电位 $\varphi^{\ominus}$ 和 $pH^{\ominus}$ 的上限及下限数值。

表 5-3　硫化物电极反应的标准电位

电极反应	$\varphi_{25}^{\ominus}$/V	$pH_{下限}^{\ominus}$	$pH_{上限}^{\ominus}$
$Hg^{2+}+S+2e^{-}=\!=\!=HgS$	1.093	-15.59	-10.95
$2Ag^{+}+S+2e^{-}=\!=\!=Ag_2S$	1.007	-14.14	-9.7
$Cu^{2+}+S+2e^{-}=\!=\!=CuS$	0.5906	-7.008	-3.74
$2AsO^{+}+3S+4H^{+}+6e^{-}=\!=\!=As_2S_3+2H_2O$ $\varphi^{\ominus}=0.4888-0.397pH$	0.4888	-16.15	-5.07
$2SbO^{+}+3S+4H^{+}+6e^{-}=\!=\!=Sb_2S_3+2H_2O$ ($\varphi=0.4433$ V)	0.4433	-13.85	-3.55
$Fe^{2+}+2S+2e^{-}=\!=\!=FeS_2$	0.423	-4.27	-1.23
$Pb^{2+}+S+2e^{-}=\!=\!=PbS$	0.3543	-3.096	0.946
$Ni^{2+}+S+2e^{-}=\!=\!=NiS_{(\gamma)}$	0.340	-2.888	-0.029
$Cd^{2+}+S+2e^{-}=\!=\!=CdS$	0.326	-2.616	0.174
$Sn^{2+}+S+2e^{-}=\!=\!=SnS$	0.291	-2.03	0.68
$2In^{3+}+3S+6e^{-}=\!=\!=In_2S_3$	0.2751	-1.76	0.764
$Zn^{2+}+S+2e^{-}=\!=\!=ZnS$	0.264	-1.586	1.07
$CuS+Fe^{2+}+S+2e^{-}=\!=\!=CuFeS_2$	0.2147	-0.739	1.79
$Co^{2+}+S+2e^{-}=\!=\!=CoS$	0.152	0.327	2.78
$Ni^{2+}+S+2e^{-}=\!=\!=NiS_{(\alpha)}$	0.1338	0.635	2.96
$3Ni^{2+}+2S+6e^{-}=\!=\!=Ni_3S_2$	0.097	1.24	3.46
$Fe^{2+}+S+2e^{-}=\!=\!=FeS$	0.0654	1.726	3.86
$Mn^{2+}+S+2e^{-}=\!=\!=MnS$	0.023	3.296	5.05

由表 5-3 可以看出，金属硫化物的 $\varphi^{\ominus}$ 值越高(如 CuS、Cu_2S、$CuFeS_2$、FeS_2 等)，$pH^{\ominus}$ 的上限及下限数值就越低。金属硫化物的 $\varphi^{\ominus}$ 值越低(如 ZnS、CdS、NiS、Ni_3S_2 等)，$pH^{\ominus}$ 的上限及下限数值就越高。

要使金属硫化物氧化成硫酸盐，继而溶解在酸浸出液中，则需要有氧存在。在常压酸浸条件下，氧须通过某些中间物质(如 Fe^{3+}/Fe^{2+})才能起作用。Fe^{3+}/Fe^{2+} 的优点是不损害冶金过程。但在硫酸溶液中，亚铁的氧化速率较小，只有在高温高压条件下才能达到工业要求。氯化物氧化虽有较强烈的化学条件，但硫化矿溶解后得到的锌也只能通过沉淀或借助溶剂萃取等方法将锌电解沉积。

总之，硫化锌精矿常压氧化酸浸出的氧化剂必须能被回收和重复利用，并从工艺中完全除去，对过程无害，才能获得工业上的应用。

5.2.3 硫化锌精矿氧压直接浸出基本理论

硫化锌常压酸浸工业化难点很多，而氧压酸浸的情况则不同，其浸出条件要优越得多。其一是可以利用氧作为氧化剂。具体反应如下：

$$ZnS + 2H^+ + \frac{1}{2}O_2 \rightleftharpoons Zn^{2+} + S + H_2O \tag{5-5}$$

反应中酸的作用，实质上是中和 OH^-，保持 Zn^{2+}不水解。其二是可以用浓度较小的稀硫酸溶液或废电积液浸出，实现湿法炼锌过程酸溶液循环。其三是在加压条件下，反应温度允许升高，对反应热力学和动力学都有利。

加压酸浸可以在有氧化剂存在的情况下进行，浸出反应有以下几种情况：

$$ZnS + 2H^+ \rightleftharpoons Zn^{2+} + H_2S \tag{5-6}$$

$$ZnS + 2H^+ + \frac{1}{2}O_2 \rightleftharpoons Zn^{2+} + S + H_2O \tag{5-7}$$

$$ZnS + H^+ + 2O_2 \rightleftharpoons Zn^{2+} + HSO_4^- \tag{5-8}$$

$$ZnS - 2e^- \rightleftharpoons Zn^{2+} + S \tag{5-9}$$

反应式(5-6)无电子转移，只与 H^+有关；反应式(5-7)和反应式(5-8)，既有电子转移，又与 H^+有关；反应式(5-9)只有电子转移，无 H^+变化。

按 5.2.1 节原理，可绘制 $ZnS-H_2O$ 系 φ-pH 图，如图 5-2 所示。

图 5-2 有三个液相区（Ⅰ、Ⅱ、Ⅲ）和一个固相区（Ⅳ）。在不同条件下，ZnS 分别与不同组分的液相保持平衡。从区间Ⅰ转移到区间Ⅱ时，硫化氢将被氧化成元素硫，这一反应伴随着电子迁移，且与 H^+浓度有关，Ⅰ/Ⅱ区间的平衡线是倾斜的。Ⅱ/Ⅳ区间的平衡关系是液固相间的平衡，S^{2-}产生是由于 ZnS 的离解，在有氧化剂存在条件下按反应式(5-9)进行，即有电子迁移，与 H^+浓度无关，平衡线与横坐标平行。Ⅲ/Ⅳ区间平衡关系为反应式(5-8)，硫化锌酸浸产生 HSO_4^-，反应有电子迁移，又与 H^+浓度有关，平衡线为斜线。

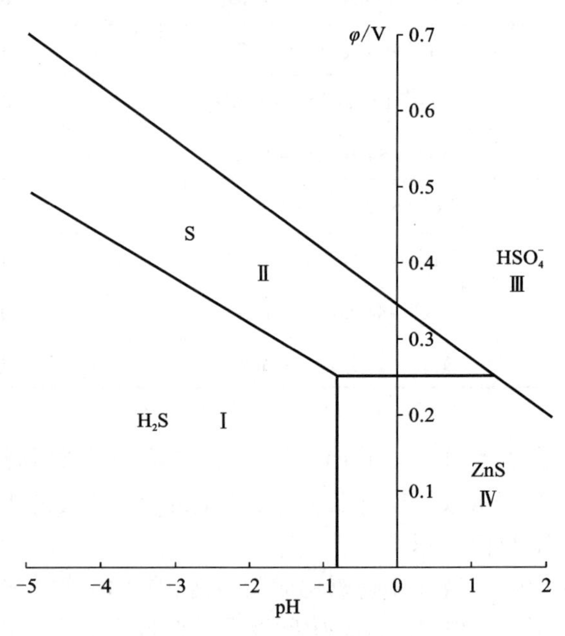

图 5-2 $ZnS-H_2O$ 系 φ-pH 图

由图 5-2 可以看出，加压酸浸时随着溶液酸度减小（pH 增大），平衡由Ⅰ区向Ⅱ、Ⅲ区移动，提高氧分压可使电位增大，取得同样的效果。

为了比较各种硫化物在水溶液中的性质，可以在同一图上绘制一幅多金属的 $MeS-H_2O$ 系 φ-pH 图，如图 5-3 所示。

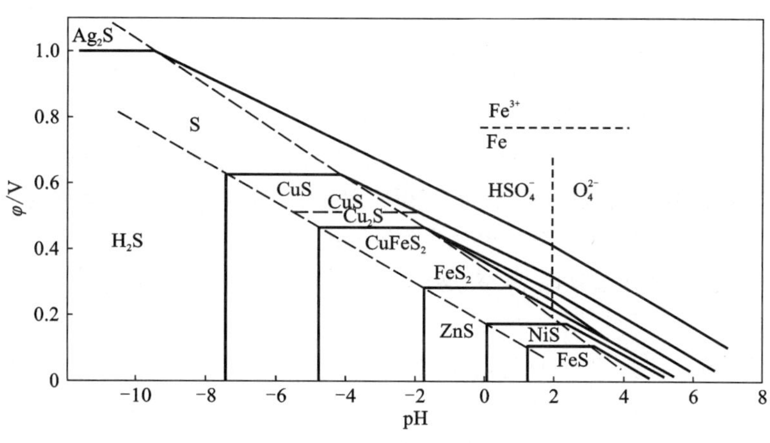

图 5-3　MeS-H_2O 系 φ-pH 图

由图 5-3 可以看出，各种硫化物进行反应的 φ 和 pH，以及各种硫化物相对稳定的程度。

5.3　硫化锌精矿的加压浸出工业实践

经过多年的发展，加压浸出技术已在工业上得到多方面应用。最早是采用拜耳法加压碱浸从铝土矿中提取氧化铝，之后采用加压浸出技术处理铀矿、镍矿、钨钼矿和锌矿等。20 世纪末其高温高压水热过程进一步被用于新材料的制备和合成，以及环境保护和治理方面。近年来，加压浸出所处理的物料已从传统的矿石或精矿逐渐扩展到冶金或化工的各种中间产品，以及再生资源的综合利用等方面，充分显示其在技术上和环保方面的优越性。

5.3.1　硫化锌精矿氧压浸出发展过程

氧压浸出历史较早，工艺也较为成熟。追溯硫化锌精矿氧压浸出技术的发展历程，富沃德(Forward)等于 1961 年最早申请了硫化锌精矿氧压浸出工艺的专利，之后维尔特曼(Veltman)等又相继提出了两级逆流氧压浸出工艺。加拿大舍利特戈登矿业公司最先将氧压浸出技术应用于硫化锌精矿、铅锌混合精矿的处理。20 世纪八九十年代，先后建成 4 个工厂，其中 3 个在加拿大。1981 年，世界上第一个工业规模的锌精矿直接加压浸出工厂在加拿大科明科公司特雷尔锌厂试车投产，其生产能力为 7×10^4 t/a；1982—1983 年，加拿大蒂明斯(Timmins)厂建成投产，生产能力为 1.8×10^4 t/a；1991 年，第三个锌精矿直接加压浸出工厂在德国鲁尔(Ruhr-Zink)达特伦冶炼厂建成投产，生产能力为 5×10^4 t/a，后于 1994 年停止了氧压浸出车间的生产；1993 年，加拿大哈德逊湾矿业公司单独采用氧压浸出工艺的工厂投产，该厂是世界上第一个采用两段加压浸出工艺的锌冶炼厂。哈萨克斯坦铜业公司是国外第五家采用氧压浸出工艺处理锌精矿的工厂，该厂于 2003 年 12 月在哈尔巴什建成投产，年产电锌 11.5×10^4 t。加拿大科明科公司成功运用富氧压力直接浸出工艺，并取得较好的效果，从理论和实践的结合上对锌冶炼富氧直接浸出技术做出极大的贡献。

5.3.2 国外工艺实践

20 世纪 70 年代，加压湿法冶金的最大进展是在锌精矿处理方面。舍利特·高尔登矿业公司的研究表明，采用“加压酸浸—电积”工艺比传统的“焙烧—浸出—电积”工艺更经济。加压浸出的突出优点是能将精矿中的硫转换成单质硫，使锌的生产摆脱了硫酸生产的束缚。1975 年，人们研究发现，添加表面活性剂可以有效解决高温浸出时因熔融硫包覆未反应硫化矿颗粒而导致的闪锌矿分解不完全(锌浸出率仅 50%~70%)、浸出渣易团聚并阻塞管道和容器的问题，使锌浸出率提高至 95%甚至 98%以上。单质硫问题的有效解决是加压浸出工艺发展中最显著的进步。

1977 年，舍利特·高尔登矿业公司与科明科(Cominco)公司联合进行了加压浸出和回收单质硫的半工业试验，并在特雷尔(Trail)建立了世界上第一个锌精矿氧压酸浸工厂。1981 年初，该厂仅有一个高压釜，设计日处理精矿 188 t，锌浸出率 97%，每日产出 88 t 硫酸锌和 54 t 单质硫。经对锌精矿分级系统调整、料酸预热处理、单质硫回收区改造后，锌浸出率和单质硫的回收率进一步提高，产率远远超过了设计标准。1995 年，该厂经加压浸出工艺生产的锌已占总锌产量的 20%。

位于加拿大蒂明斯(Timmins)的基得克里克(Kidd Creek)锌厂(又名 Falconbridge Timmins 锌厂)，其加压浸出工厂于 1983 年投产。自 20 世纪 90 年代初，该厂为延长高压釜的在线工作时间，提高其运转率，对高压釜操作进行了大量卓有成效的改进，主要包括：改进高压釜内衬，显著降低了铅衬腐蚀速率；通过更换排料管材料，安装备用排料管，改变操作工艺参数等方式解决了排料管阻塞的问题；解决了泵的腐蚀问题，延长了泵的使用寿命；更换垫圈材料，从根本上解决了漏气问题；此外，还采取了定期检修维护的措施等。

世界上第三个采用舍利特加压浸出工艺的工厂是德国鲁尔(Ruhr Zink)锌厂。该厂于 1989 年完成加压浸出工业设计，在克服了试运行阶段来自原料与设备方面的主要问题后，于 1991 年实现了稳定生产。1993 年该厂经加压浸出工艺生产的锌占总锌产量的 1/3 以上。受锌市场影响，该厂的高压釜及部分焙烧炉关闭。

在上述三个工厂中，加压浸出工艺与传统的“焙烧-浸出-电积”工艺并存。哈德逊湾(HBMS)的工厂是世界上首家完全采用加压浸出工艺处理锌精矿的工厂。该厂位于加拿大弗林弗伦(Flin Flon)。该厂于 1993 年 7 月 2 日启用两级逆流加压浸出工艺，仅在启动 10 周时间内就取得了额定设计的产率。自完全采用加压浸出工艺以来，该厂减少 SO_2 排放约 89000 t/a，每年能量消耗(煤)降低了 800 吨焦，锌浸出率一直大于 99%。

21 世纪以来，国外一些加压湿法冶金工厂宣布开工或投产。在锌精矿加压浸出领域，2003 年 12 月，哈萨克斯坦铜业公司引进加拿大科明科公司技术，建成并投产年产 11.5×10^4 t 电锌的加压浸出工厂，该厂也是国外第五家锌精矿加压浸出工厂。

(1)特雷尔厂。

加拿大科明科公司的特雷尔厂建于 1981 年，采用加压浸出与传统湿法炼锌相结合的工艺，加压浸出系统与焙烧浸出系统并存。其中，约 70%的锌产自焙烧浸出系统，加压浸出系统锌产量约占 20%，其余 10%来自氧化矿浸出系统。特雷尔厂锌精矿主要来源于科明科公司苏利文矿(Cominco' Sullivan Mine)，为含铁 8.7%的富铁硫化锌精矿，锌浸出率 98%，每日产出 88 t 硫酸锌和 54 t 单质硫。由于矿山逐渐枯竭，1993 年开始用阿拉斯加红狗锌矿精矿取代苏利文锌精矿。由于红狗矿精矿含铁较低，仅为 4.8%（2003—2004 年），故其取代比例逐年增长，最终于 2002 年 11 月 19 日被全部取代。

特雷尔厂加压浸出流程如图 5-4 所示。加压浸出之前，首先对锌精矿进行球磨。在球磨工序，球磨机与一套水力旋流器构成一个封闭的循环系统。水力旋流器出口的上流液在直径为 12.7 m 的浓密机中浓密后，所得矿浆送搅拌贮槽，并在搅拌贮槽中与硫分散剂木质素混合。将矿浆料以一定速率泵入四室卧室高压釜，高压釜直径为 3.7 m，长为 15.2 m。硫酸经加热交换器预热后加入高压釜，可用高压釜排料时闪蒸槽的蒸气进行加热。氧气鼓入高压釜的前三室，维持操作压力 1.25 MPa。高压釜少量连续地排出蒸气，防止釜中某些惰性气体累积。高压釜内矿浆温度约 423 K，排料时矿浆先通过内衬陶瓷的放料阀进入闪蒸槽，其操作温度和压力分别为 390 K 和 0.055 MPa。将矿浆排入调节槽，在此，矿浆中的单质硫将转型生成单斜晶形态。经调节槽，矿浆送入单质硫分离工序。矿浆经水力旋流处理后进入浮选工序，所得浮选尾渣含硫酸锌溶液和黄钾铁矾，可返回锌浸出；浮选精矿含单质硫和未反应完全的硫化矿，浮选精矿经脱水、熔融、热滤后得到纯度为 99.9%的硫黄产品，滤饼中未反应完全的硫化矿可返回焙烧炉。

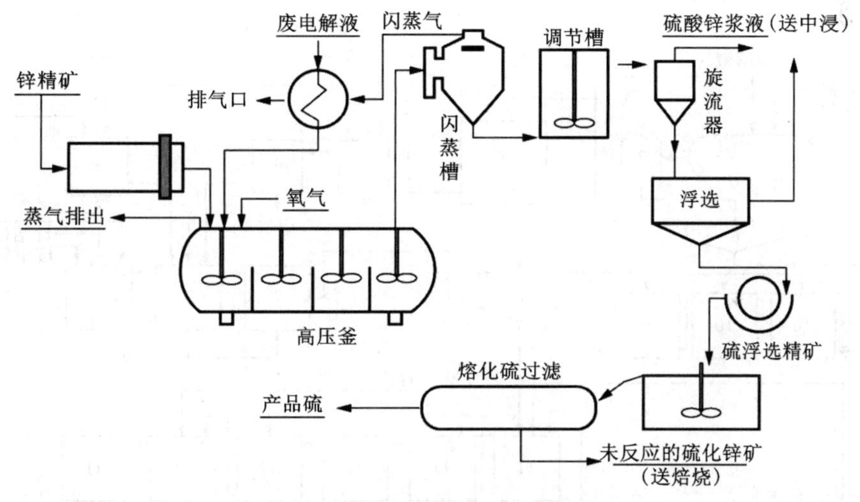

图 5-4　特雷尔厂加压浸出流程

1984 年起，该工厂的生产效率就超过了初始设计值。后经技术改进，1989 年生产效率取得了新纪录，年处理精矿 11.1×10^4 t（折合 376 t/d）。2003 年全部处理红狗矿时，7 月份平均处理能力达 17.3 t/h，2003 年 3 月至 8 月的平均在线作业时间为 96%。

特雷尔厂所做技术改进主要有三方面：①1986 年以后增加了一套新的水力旋流器分级系统，使进入高压釜的锌精矿粒度达到 93%在 44 μm 左右，日处理量约 400 t；②安装一套硫酸预热装置，代替过去的冷酸入釜，以强化浸出过程；③对单质硫回收系统进行改进。图 5-5 为新的硫回收系统，新系统的优点是提高了加压浸出系统锌的回收率，使浸出液和矿浆中的硫含量下降。1990 年以后，硫酸锌溶液和矾类矿浆中单质硫的含量从过去的 0.5 g/L 降低到 0.3 g/L。

（2）蒂明斯厂。

与特雷尔厂类似，蒂明斯厂也是在传统湿法炼锌基础上扩建而成。高压釜于 1983 年投

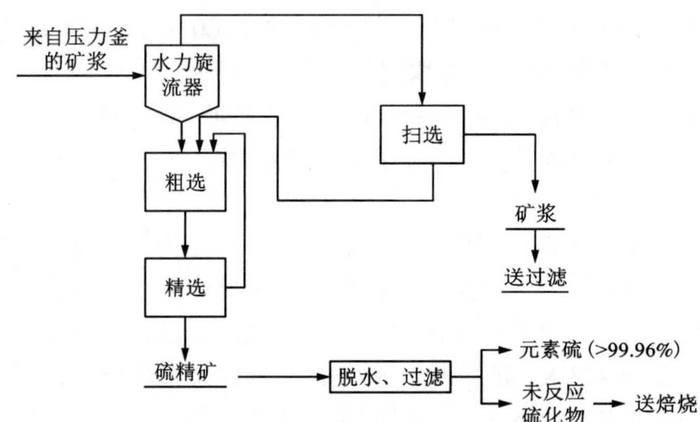

图 5-5　特雷尔厂硫回收系统

产，日处理精矿 100 t，原料仅为来自基得(Kidd)矿山的锌精矿。与特雷尔厂不同，蒂明斯厂采用低酸浸出作业，铁以黄钾铁矾、碱式硫酸铁和水合氧化铁形式沉淀。蒂明斯厂加压浸出流程与既有的传统湿法流程并行的情况如图 5-6 所示。

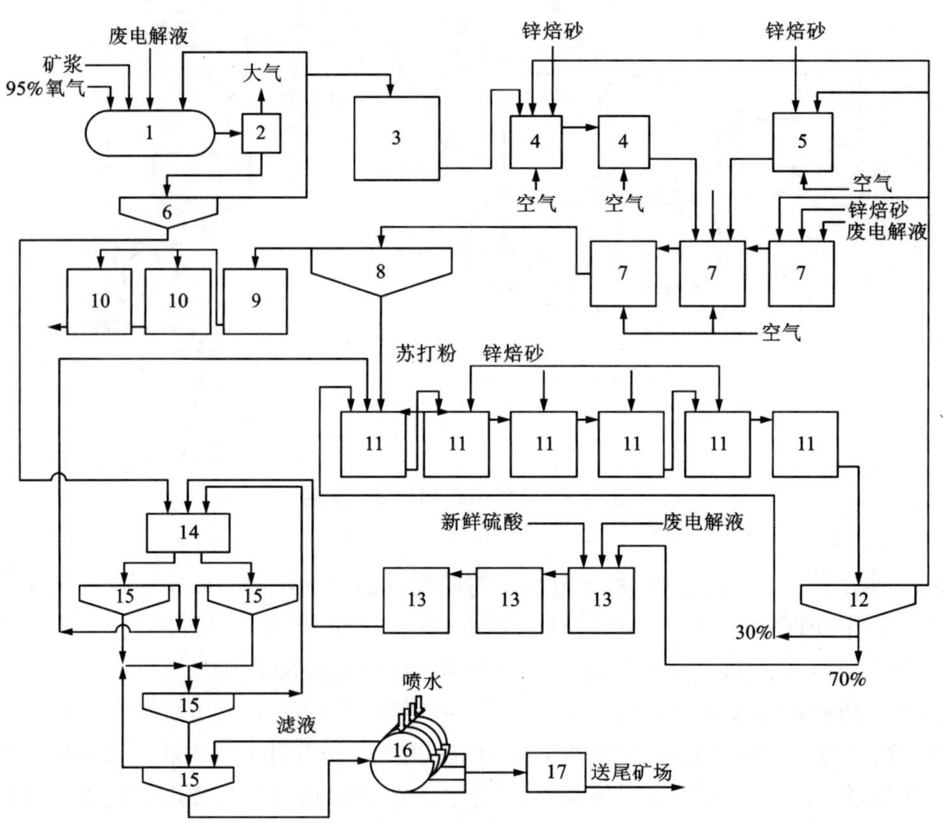

1—58 m^3 高压釜；2—闪蒸槽；3—480 m^3 浸出液缓冲槽；4—35 m^3 氧化槽；5—140 m^3 氧化槽；6—180 m^3 浓密机；7—180 m^3 中性浸出槽；8—1760 m^3 浓密机；9—450 m^3 粗液缓冲槽；10—180 m^3 粗液贮槽；11—180 m^3 铁矾浸出槽；12—1250 m^3 浓密机；13—180 m^3 渣浸槽；14—分流槽；15—550 m^3 浓密机；16—鼓式过滤机；17—废渣处理槽。

图 5-6　蒂明斯厂加压浸出与传统湿法流程并行

(3)鲁尔锌厂。

在加压浸出扩产之前，鲁尔锌厂原工艺流程包括：硫化锌精矿焙烧，中性浸出，中浸渣的热酸和超酸浸出，中浸液净化—电积；热酸浸出液经锌精矿将 Fe^{3+} 还原成 Fe^{2+}；采用赤铁矿法沉铁，还原渣送焙烧处理。其工艺流程如图 5-7 所示。

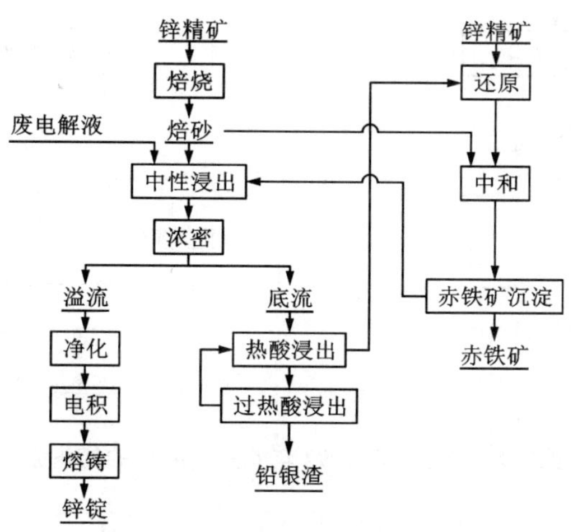

图 5-7　鲁尔锌厂原工艺流程

1991 年 3 月，鲁尔锌厂加压浸出系统投产，当时设计每年增产锌至少 5 万 t。鲁尔锌厂扩建后，加压浸出与传统湿法工艺合并。其工艺流程如图 5-8 所示。

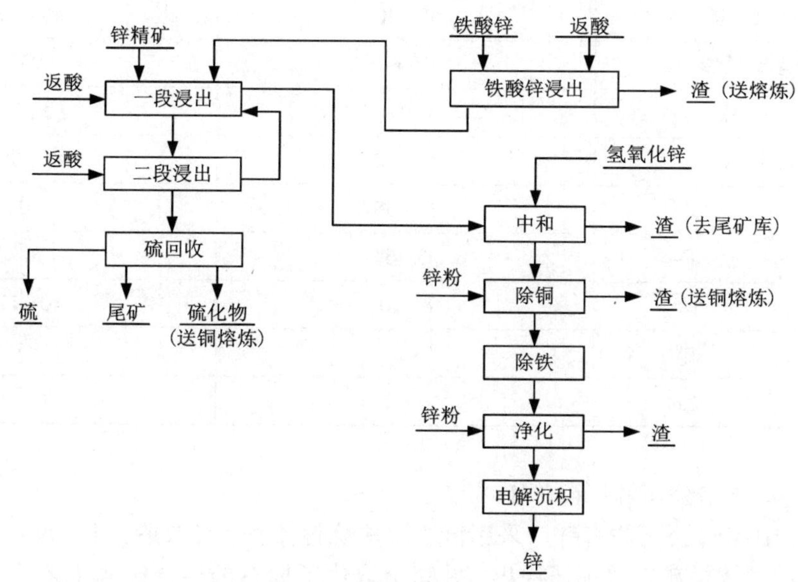

图 5-8　鲁尔锌厂加压浸出系统与原工艺结合的流程图

1993 年 3 月，鲁尔锌厂的锌生产工艺发生了重大变化。由于操作成本高，该厂自 1979 年以来就一直沿用的赤铁矿生产工艺停产。在 1993 年 6 月再开工时，其工艺流程已简化，具体如图 5-9 所示。所处理的原料已不再是含还原渣 40%~50%的混合原料，而是纯粹的锌精矿。由于物料中没有还原渣，锌浸出率平均达 98%，高压釜的运转效率也提高至 95%（表 5-4）。

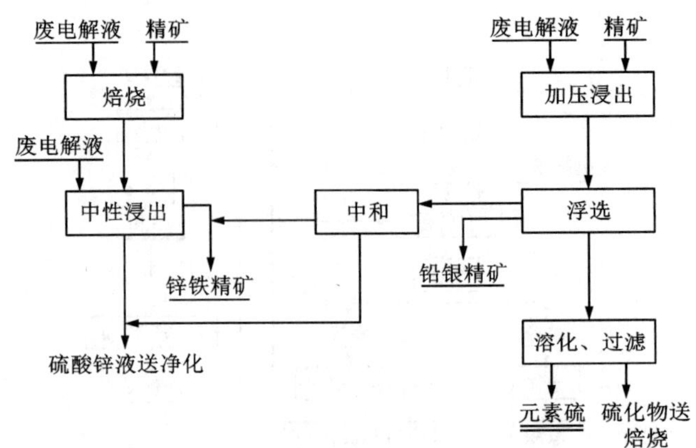

图 5-9　鲁尔锌厂 1993 年 6 月后所用的简化流程

表 5-4　鲁尔锌厂浸出作业指标

项目		1991 年至 1993 年 3 月	1993 年 6 月至 1994 年 5 月
原料（质量分数）/%	精矿	50~60	100
	还原渣	40~50	—
物料含锌（质量分数）/%		30~40	45~50
高压釜运转率/%		95	95
锌浸出率/%		>97	>97
硫回收率/%		85~90	85~90
浮选精矿成分（质量分数）/%	Pb	30~35	20
	Fe	5~6	8
	SiO_2	8~10	10~12
	S^0	<2	<5
	Zn	1~2	1~2

（4）哈德逊湾矿冶公司锌厂（HBMS）。

哈德逊湾（HBMS）公司原有锌厂采用传统湿法炼锌流程，经改造，于 1993 年 7 月 2 日在世界上首次启动了锌精矿二段加压浸出，并完全取代了原有的传统湿法工艺，成为世界上第一个完全采用加压浸出技术的全湿法锌冶炼厂。哈德逊湾（HBMS）公司二段加压浸出流程如图 5-10 所示。

首先将锌精矿送至 535 t 的料仓，再送入 ϕ3.8 m×4.6 m 的球磨机细磨。经 150 mm 旋流器，含精矿粒度 98%约 44 μm 的溢流经筛分后送至 ϕ8 m 浓密机。经浓密至含固量 70%的底

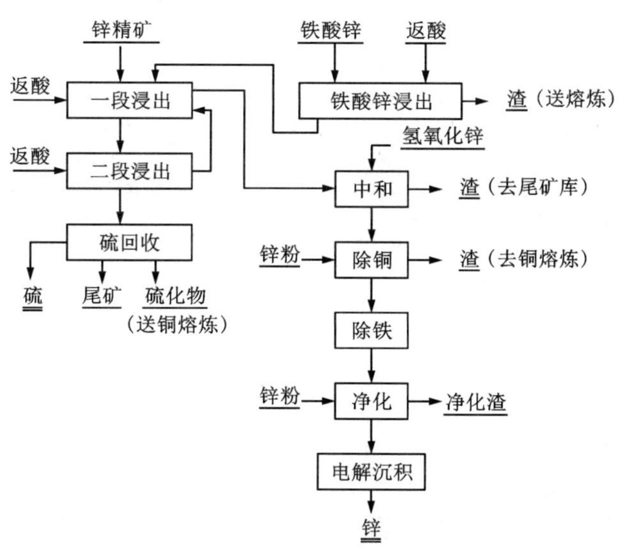

图 5-10　加拿大哈德逊湾(HBMS)公司两段加压浸出湿法炼锌工艺流程

流矿浆，再经高压泵打入高压釜。将第一、两段浸出 3 台闪蒸槽释放的蒸气收集，用于废电解液预热。锌精矿与两段浸出液、废电解液及铁渣浸出液合并泵入高压釜第一室后，保持第一室温度为 418~423 K，时间约 1 h，一段锌浸出率大于 75%。一段浸出矿浆经闪蒸、中间调整槽和浓密，溢流先送往溶液处理工序，再送净化和电积。一段浸出浓密底流泵入二段高压釜，浸出温度同第一段，但酸度更高，锌浸出率达 98%。两段浸出矿浆经闪蒸、调整及浓密后，溢流返回一段浸出。两段浸出浓密底流经两段过滤两段洗涤后，送硫黄回收系统。第一段浸出液含硫酸 8~10 g/L、Fe 1~2 g/L，送净化电积前须中和游离酸及沉淀铁。首先用氢氧化锌泥浆中和溶液至 pH 约 3.5，然后加氢氧化锌至溶液 pH 为 4.4~4.5。鼓入空气氧化中和除铁，除铁后溢流送净化工序，底流回除钙镁工序。

除锌精矿氧压酸浸外，还有铁渣浸出工序。即处理原焙烧浸出系统产出的铁渣，部分废电解液直接浸出铁渣，浸出矿浆再送浓密；底流经过滤得到贵金属含量较高的滤渣，再送铜冶炼系统；溢流含 Fe 15~17 g/L、硫酸 60~70 g/L，与废电解液合并后，送第一段氧压浸出。当堆存铁渣处理完毕后，该浸出工序即可切除。

哈德逊湾(HBMS)公司两段加压浸出所用都是 ϕ3.9 m×21.5 m 四室高压釜。锌加压浸出一直运作良好：1993 年第 3 季度精矿处理能力为 14.9 t/h，第 4 季度达到 20.6 t/h，1994 年四个季度平均处理精矿 20.4 t/h，自高压釜开始运转一年后即达到了设计能力(21.6 t/h)。二段加压锌浸出率超过了 99%。

哈德逊湾(HBMS)公司两段加压浸出的成功运作，证明了氧压酸浸工艺在锌工业生产中是一种安全可靠且适应强的生产方法，尤其在环境保护方面是一项重大进步。

上述各加压浸出工厂工艺参数见表 5-5。

表 5-5　国外各加压浸出工厂工艺参数

名称	科明科	基得克里克	鲁尔锌厂	哈得逊湾
四室高压釜	ϕ3.7 m×15.2 m 釜体为低碳钢，内衬铅、耐酸高温纤维和耐酸砖	ϕ3.2 m×12.2 m 釜体为低碳钢，内衬铅和耐酸砖，内部零件由钛和 904L 不锈钢制成	—	ϕ3.9 m×21.5 m
总压/kPa	1250~1300	1100~1240	1600	1100~1200
温度/K	413~428	403~418	423	413~418
处理时间/min	100	120	90	40~60(第一级) 40~120(第二级)
运转率/%	90	90.2	95	—
锌浸出率/%	98	98	>97	>99
硫回收率/%	83~91	未回收硫	85~90	—

5.3.3　国内工艺实践

20 世纪 80 年代中期以来，我国在锌精矿加压浸出领域开展了大量研究，先后进行了 2 L、10 L 和 300 L 高压釜加压浸出锌精矿的实验，提出了锌精矿低温低压浸出技术。即在温度低于 135℃、氧压低于 0.5 MPa 条件下，锌浸出率达到 97%以上，90%的硫转化为单质硫。1987 年，国内某研究所提出了加压催化氧化法，即以硝酸为催化剂，在温度 383 K 和氧分压 0.2~0.4 MPa 条件下浸出 3 h，锌浸出率达到 97%~98%。通过半工业试验发现，该工艺存在浸出液脱硝困难，电解过程中易出现 NO_3^- 严重腐蚀阳极且产生大量 N_xO_y 毒性气体的问题。为简化硝酸回收和再生流程，2002 年重新进行了不加硝酸的锌精矿直接加压酸浸小型试验和半工业试验。2003 年初，3.24 m^3 高压釜的半工业连续加压浸出实验完成，并于 2004 年 12 月建成投产年产 1 万 t 电锌的一段加压浸出—电积工厂，这也是国内第一家锌精矿加压浸出工业生产厂。2009 年，国内某冶炼厂引进加拿大氧压浸出技术，建成年产锌锭 10 万 t 生产线。2014 年，内蒙古某冶炼厂建成年产 14 万 t 电锌的氧压浸出生产线且启动试生产。2015 年，青海某冶炼厂建设年产 10 万 t 电锌的氧压浸出生产线。2023 年，广西某冶炼厂年产 30 万 t 电锌的氧压浸出生产线建成投产。

(1)广东某冶炼厂。

广东省某冶炼厂 10 万 t 锌氧压浸出镓锗综合回收工程是广东省重点技术改造项目，引进了加拿大舍利特技术，于 2007 年 3 月开工建设，2009 年 7 月建成投产。工程建成的有精矿仓、磨矿、氧压浸出、硫回收、中和置换、除铁、铁渣过滤、净化、锌电积、熔铸等主工艺系统及氧气站、锅炉、变电站等辅助生产系统。工程引进的锌氧压浸出工艺为国内首家大规模运用。其实现了高度的自动化、信息化控制，提高了资源的综合利用水平，实现了环保和节能。10 万 t 锌氧压浸出镓锗综合回收工程达产后，年产锌锭 10 万 t/a，硫黄 4.5 万 t/a，电镓 30 t/a，粗二氧化锗 20 t/a，粗铟 1 t/a。该厂的建成投产大幅提升了该公司铅锌冶炼能力，作为国内首条工业规模锌氧压浸出工艺生产线，对我国现有锌冶炼生产工艺的改造和技术提升有积极的推动作用。

(2)中国青海某冶炼厂。

青海某矿业股份有限公司成立于2006年8月，是以锌冶炼为主的有色金属加工企业，年产锌锭10万t、硫黄4.7万t，并可综合回收铜、镉等有价金属。全湿法氧压浸出环保工艺与常规锌冶炼技术相比，其工艺装备、能效环保水平更高，具有十分突出的社会效益和经济效益。2015年9月，公司10万t/a电锌氧压浸出生产项目建成并投入试生产。

(3)内蒙古呼伦贝尔某冶炼厂。

该公司锌冶炼的主体工艺采用云南某公司的二段富氧加压直接浸出法的全湿法流程，采用两段高温加压酸浸技术，处理含铁15%~20%的高铁硫化锌精矿。第一段为低酸氧压浸出，反应温度135~150 ℃，终点硫酸浓度3~5 g/L。第二段为高酸氧压浸出，反应温度150 ℃，终点硫酸浓度30~40 g/L。生产规模为年产14万t锌，6万t铅。2014年10月，启动试生产。

(4)云南某冶炼厂。

云南某冶炼厂，年生产规模为1万t电锌，处理精矿能力设计值为3.3 t/h，实际处理量为2.5 t/h。由于一段加压浸出工艺主要在传统湿法炼锌厂扩大规模时采用，故加压浸出液用焙砂中和残酸并入原系统进行净化、电积生产电锌(图5-11)。国内采用一段、二段氧压浸出工厂工艺参数见表5-6。

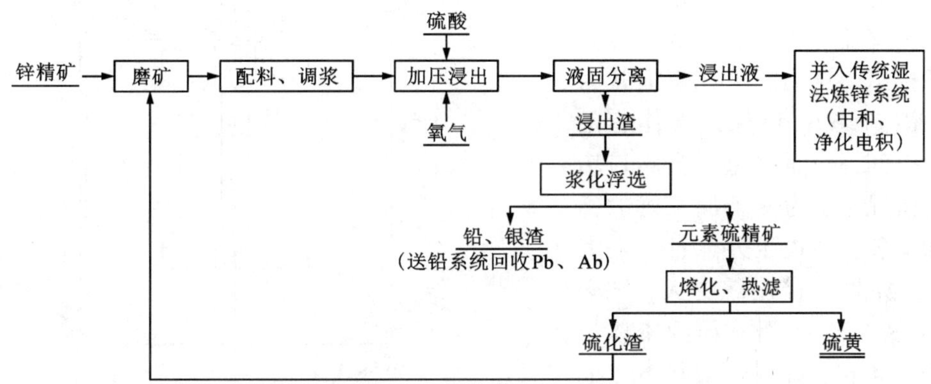

图 5-11　云南某冶炼厂锌精矿一段加压浸出工艺流程

表 5-6　国内采用一段、二段氧压浸出工厂工艺参数

名称	四室 高压釜	总压 /kPa	温度 /K	处理时间 /min	运转率 /%	锌浸出率 /%	硫回收率 /%
云南某冶炼厂(1)	ϕ2.6 m×10.6 m 釜体为低碳钢，内衬铅和耐酸砖，内部零件由钛组成	1200	408~438	90	95	98	70
云南某冶炼厂(2)	ϕ2.6 m×10.6 m 釜体为低碳钢，内衬铅和耐酸砖，内部零件由钛钢制成	1200	423	一段：60 二段：90	90	>98	80

5.3.4 主体设备

加压浸出硫化锌精矿工艺采用的主体设备为高压釜。由于浸出过程中须鼓入氧气作氧化剂，氧分压往往为浸出速率的控制性因素。在某一温度条件下，随着氧分压增大，浸出速率明显增大。相对而言，采用氧气作氧化剂更为有利。因为在相同需氧量条件下，压力釜总压将更低，压力釜设计要求随之降低，压力釜尺寸可以减小。

压力反应容器分为立式压力釜和卧式压力釜两种。图 5-12 为机械搅拌立式压力釜，图 5-13 为机械搅拌卧式压力釜。在重有色金属的加压湿法冶金中，使用最为普遍的是卧式压力釜。从 20 世纪 50 年代第一个加压湿法冶金工厂投产以来，几乎所有的工业生产厂都采用了卧式压力釜。

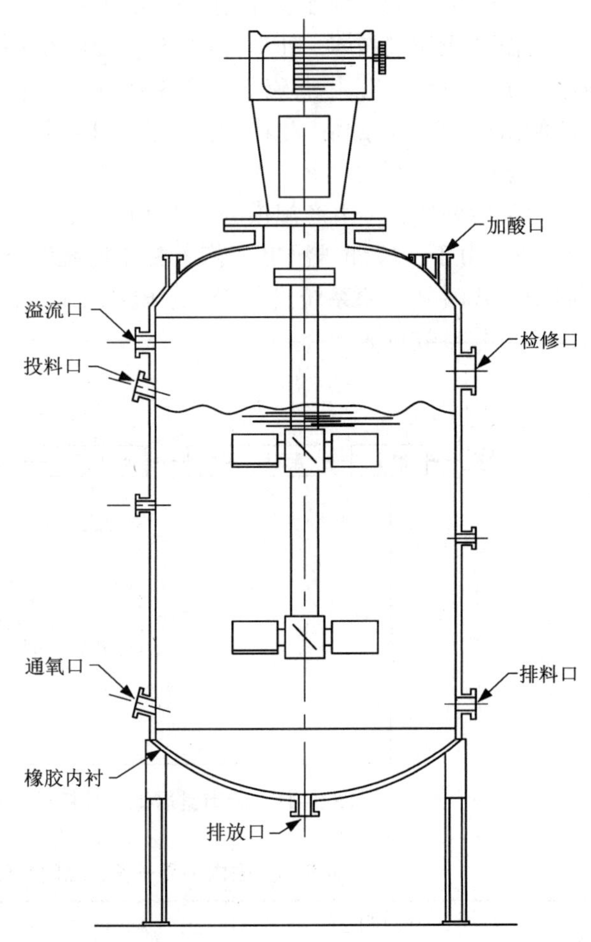

图 5-12 机械搅拌立式压力釜结构

在工业生产中，物料通过加压泵泵入卧式压力釜的一端；矿浆通过 V 形隔墙从一室流入另一室，从压力釜的另一端排出。压力釜填充率通常为 65%~70%（静态），以保证气体有足够的蒸发空间，从而避免安全阀口堵塞。一般情况下，为便于加工好的釜体运输和安装，卧式压力釜直径最大约 3.3 m。如果直径还需更大，则必须就地加工和安装。卧式压力釜体长约为直径的 4 倍，即对于直径 3.3 m 的卧式压力釜而言，其长为 13.2 m。按填充率 65%计算，其静态操作空间为 77.3 m^3。卧式压力釜多设计为四隔室，如果隔室数过多，为保证矿浆在各室间流动所需的静压力，势必会浪费过多空间。各隔室均有电驱动叶轮搅拌（图 5-13）。

由搅拌装置结构（图 5-14）可知，每套搅拌装置由电机、减速机、联轴器、轴承座、搅拌轴、机械密封装置、底座和搅拌器组成。减速机的出轴与搅拌轴依靠弹性块式联轴器连接。为避免搅拌轴在旋转过程中不慎与其他部件发生摩擦而引发安全事故，一般会对容易产生相对运动的部分进行隔离或加固设计。浸出所需的氧气由通入各室的专用氧气管供给。氧气管由外接管和弯管组成，靠上、下支撑固定在釜内支架上；弯管下端水平段氧气管置于搅拌器侧下方，垂直于搅拌轴轴线吹出氧气，氧气在搅拌桨的搅拌下迅速分散并参与反应，同时在底部叶轮某个位置通入以强化搅拌。气体经排气阀不断排出以除去不凝性气体，保证所需的氧分压。为控制浸出反应温度，一般压力釜内都设有冷却盘管。

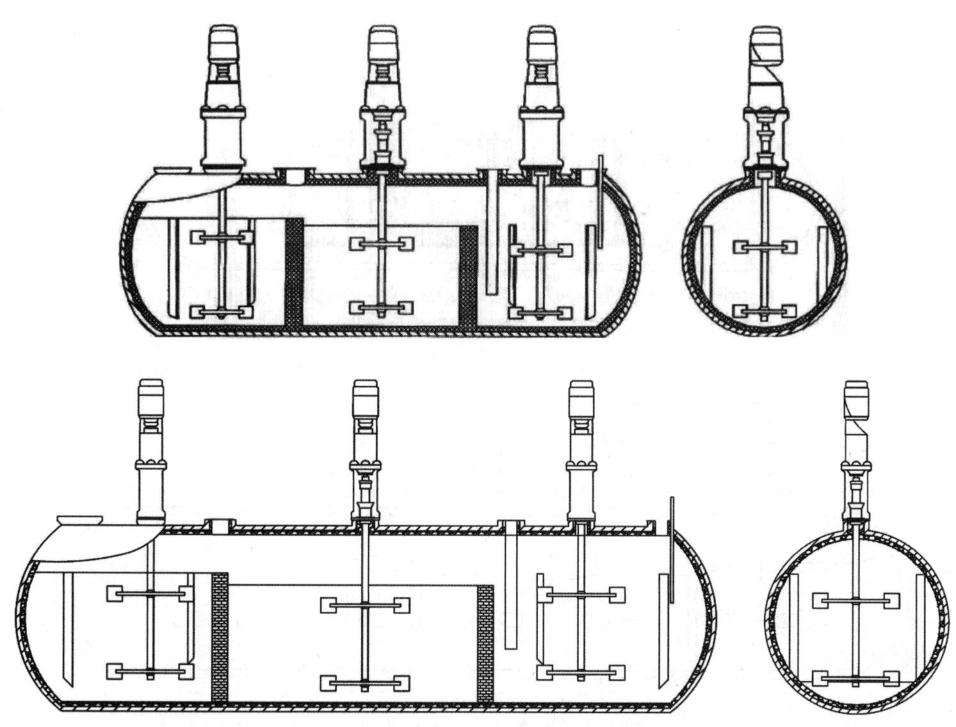

图 5-13　机械搅拌卧式压力釜结构

在加压浸出或氧化时，压力釜内部所接触的矿浆中不仅有固体物料，而且通常含腐蚀性很强的酸溶液。因此应根据具体情况选择合适的内衬材料和接触矿浆的部件。对于卧式压力釜进行高温强酸浸出的情况，最常见的材质设计是碳钢壳体（在约 473 K 操作温度条件下，压力釜外壳碳钢厚度约 60 mm，并与系统压力成正比）、内衬铅（厚度 6～7 mm）或加强纤维乙烯基酯。为了降低衬铅表面温度，通常再衬一层或两层耐酸砖（总厚约 230 mm）。

设置 5 个隔室的卧式压力釜的主体布置如图 5-15 所示。

如图 5-15 所示，在压力釜 5 个分室中各配置了 1 台搅拌机，各轴也都安装了双机械密封垫圈。依次排列的法兰盘上各安装了 1 台搅拌机，这些搅拌机、轴和叶轮可以单独拆除。如果矿石含硫很低，反应热不足以维持所需温度时，可以向釜内导入蒸气以加热矿浆；如果矿石含硫过高，反应热过量，此时也可通入冷却风以控制矿浆温度。

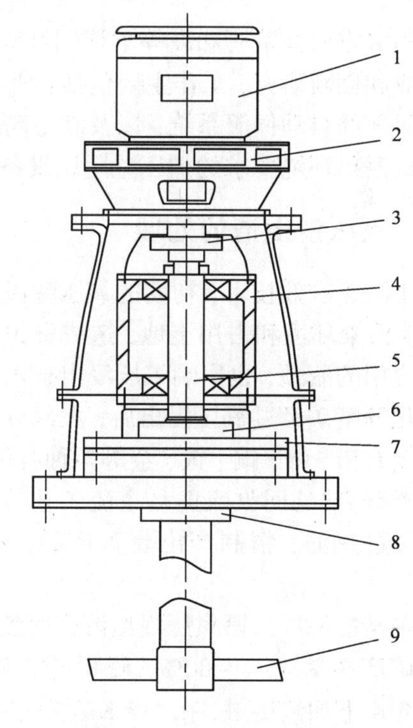

1—电机；2—减速机；3—联轴器；4—轴承座；5—搅拌轴；6—机械密封装置；7—底座；8—冷却水套；9—搅拌桨。

图 5-14　搅拌装置结构

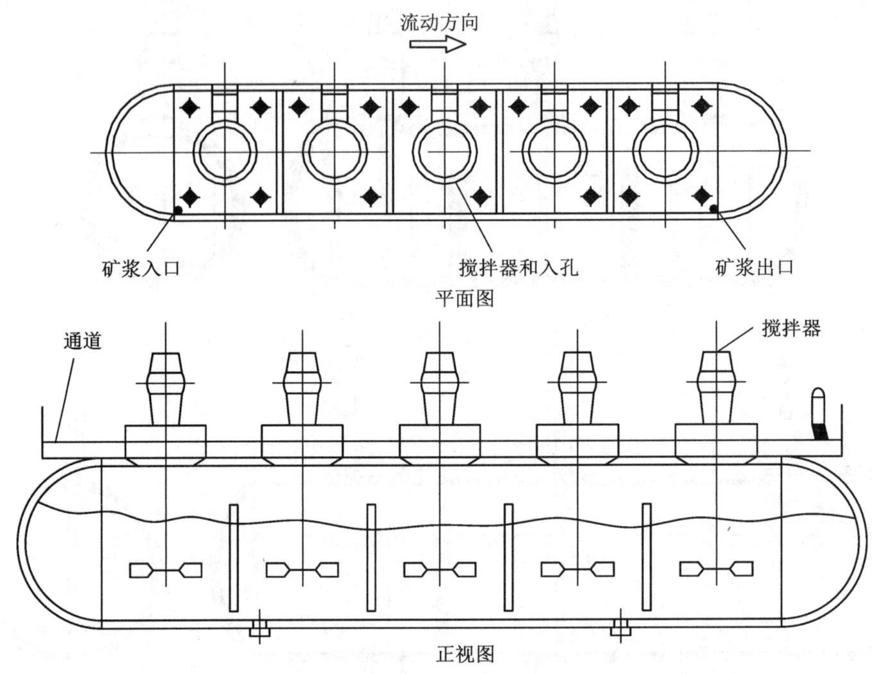

图 5-15　卧式压力釜主体布置

中国多家研究院所和高等学校围绕大型、高温、高压、耐蚀、耐磨的压力釜设备进行了技术集成和创新研究，工作主要包括：研制加压矿浆计量特种泵；开发氧气供应和弥散系统，搅拌密封液的自动伺服系统，以及满足高温、加压、硫酸介质、纯氧气氛、机械搅拌、精矿磨损等苛刻浸出环境要求的加压釜附属设备。

5.3.5　氧压浸出渣的处理

由于缺乏有效技术，初期的氧压酸浸厂所产出的氧压酸浸渣仅进行简单硫黄浮选后再堆存，严重污染环境和占用土地，造成资源的极大浪费。氧压酸浸渣不能高效利用成为氧压酸浸技术应用的瓶颈，也影响氧压浸出技术的应用。

硫化锌精矿经过氧压浸出后，大部分硫转化为单质硫浸出氧压浸出渣中，此外氧压浸出渣中还含有铅、锌、铜、银、金等多种有价金属，以及硫酸钙、二氧化硅等成分。目前，氧压浸出渣浮选-热滤回收硫黄是主流工艺技术，氧压浸出渣经过浮选，产出硫精矿和硫尾矿。硫精矿经过热滤、精制产出硫黄产品，副产热滤渣。硫尾矿和热滤渣送铅冶炼系统协同处置。

广东某冶炼厂二段氧压浸出浓密底流通过粗选、精选、扫选，产出硫精矿和硫尾矿。其中硫精矿产率为 75%～80%，硫精矿含硫 80%～85%，硫回收率为 75%～80%。硫精矿在 408～418 K 下加热熔融，在 413 K 左右进行保温熔融过滤，再经过精硫池精制、造粒，得到硫黄产品。硫黄品位为 99.2%～99.8%。浮选硫尾矿送铅冶炼系统，采用基夫赛特炉进行协同处置，回收铅、锌、铜、铟、金、锗、铟等多种有价金属。

内蒙古某冶炼厂二段氧压浸出渣含硫 40%～50%，对二段浓密底流进行调浆后，经过粗选、扫选、精选，硫精矿的产率约为 55%，尾矿产率约为 45%。硫精矿含硫约为 80%，其中单质硫的含量大于 65%。硫精矿经过粗硫池熔融、热滤、精硫池精制、造粒，得到硫黄产品。浮选硫尾矿送铅冶炼系统，利用奥斯麦特炉、侧吹还原炉、烟化炉三联炉进行协同处理，回收铅、锌、铜、银、金、铟等多种有价金属。

5.3.6　发展前景

近年来，硫化锌精矿氧压浸出技术在国内外得到了长久的发展和推广。随着加压浸出过程的研究和加压设备与工艺的进一步完善，其应用领域将更加广阔。加压湿法冶金将进入一个全新的阶段，会有很好的发展前景。

随着加压浸出技术的产生，以及其在硫化锌矿物中的成功应用，预示着加压湿法冶金技术可开发应用于其他矿物。凭借氧压浸出技术独有的优势，对于资源及能源都是一种节省，如降低了矿物品位的要求、扩大原材料来源、降低二氧化硫的排放等。

5.4　硫化锌精矿的常压富氧浸出工业实践

5.4.1　硫化锌精矿常压直接浸出发展历程

表 5-7 列出了采用常压富氧直接浸出技术主要锌冶炼生产厂家情况。

表 5-7　常压富氧直接浸出技术工业化生产的主要厂家

序号	公司	国家	厂名	规模/$(t \cdot a^{-1})$	建成时间/年
1	新波利顿公司	芬兰	科科拉 Ⅰ	5×10^4	1998
2	新波利顿公司	芬兰	科科拉 Ⅱ	5×10^4	2001
3	新波利顿公司	挪威	澳达	5×10^4	2004
4	韩国锌联合公司	韩国	温山	2×10^5	1994
5	韩国锌业公司	韩国	昂山冶炼厂	4×10^5	2000
6	湖南某厂	中国	湖南某冶炼厂	1×10^5	2008

常压富氧直接浸出是近年来奥托昆普公司开发的新工艺。常压浸出工艺是在氧压浸出基础上发展起来的新技术，它规避了氧压浸出高压釜设备制作要求高、操作控制难度大等问题，并且同样达到浸出回收率高的目的。该技术为芬兰奥托昆普公司发明，1998 年在其下属科科拉(Kokkola)锌厂实现工业化。浸出过程中，来源于锌精矿和转化法除铁渣中的铁作为催化剂，促进浸出过程中氧的传递，加速浸出反应。生产实践表明，锌浸出率达到 99%，回收率达到 98%。铁在浸出中转化为黄钾铁矾沉淀，元素硫采用选矿方法回收后利用或堆存。韩国 Korea Zinc、挪威 Auda 锌厂也先后采用了这一技术。

硫化锌精矿常压氧浸出工艺锌浸出率可达 99%，常压氧浸出过程虽与氧压浸出相近，但常压氧浸出工艺条件较氧压浸出而言要温和得多。因此，在常压氧浸出工艺条件下发生的反应进行缓慢。

由于常压氧浸出工艺需要高压釜设备，因此存在初始投资大、设备材质要求严格、操作安全要求高等缺陷。所以，常压氧浸出工艺有向低温低压方向发展的趋势。

5.4.2 常压富氧浸出的优越性及其在湿法炼锌中的作用

硫化锌精矿常压富氧直接浸出技术是从常压氧浸出工艺的基础上发展而来，相较而言，常压氧浸出系统建设安装费用比氧压浸出系统低得多。目前主要有比利时优美科(Umicore)公司、芬兰奥特泰(Outotec)公司的常压氧浸出工艺得到推广应用。实践证明，常压氧浸出工艺具有高锌浸出率、产渣量少、硫以单质形式回收等优点。随着国内环保标准和要求不断提高，传统炼锌工艺日渐失去优势，各大锌冶炼企业都感到前所未有的压力，对硫化锌精矿常压氧浸出这一新技术的动向给予高度关注。

5.4.3 国外工艺实践

比利时优美科公司于20世纪90年代初申请了硫化锌常压直接浸出与常规浸出联合浸出的工艺专利技术，其工艺流程如图5-16所示。图中实线箭头方向表示气体、液体或稀矿浆的流向，虚线箭头方向表示固体物或浓稠矿浆的走向。

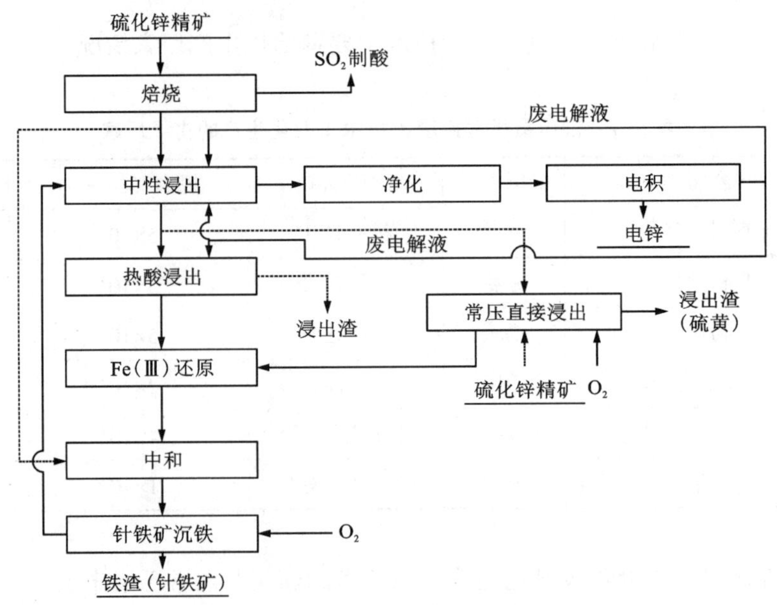

图5-16 优美科硫化锌常压直接浸出工艺流程

由图5-16可见，优美科硫化锌常压直接浸出工艺流程与传统“焙烧—浸出—电积”工艺流程相近，也包含锌精矿焙烧、锌焙砂中性浸出、中性浸出液净化及电积沉锌等工序。但该工艺与处理中性浸出渣的方式有别于传统“焙烧—浸出—电积”工艺流程。将中性浸出渣与部分锌精矿一并在中等强度的硫酸($[H_2SO_4]=55\sim65$ g/L)及略低于溶液沸点($T=363$ K)条件下直接浸出，中性浸出渣中的铁酸锌不断溶解，溶出的Fe^{3+}参与反应：

$$ZnS + Fe_2(SO_4)_3 \xlongequal{} ZnSO_4 + 2FeSO_4 + S^0 \tag{5-10}$$

为保证闪锌矿氧化效果，矿浆中 Fe^{3+} 浓度控制在 2～5 g/L。鉴于 Cu^{2+} 在反应：

$$2FeSO_4 + H_2SO_4 + 0.5O_2 = Fe_2(SO_4)_3 + H_2O \quad (5-11)$$

中具有重要的催化作用，故浸出过程中 Cu^{2+} 浓度要保持在 1 g/L 左右。此外，为保证闪锌矿浸出速率，控制铁酸锌中的锌与硫(闪锌矿及其他可反应硫化物中的硫)的摩尔比不低于 0.3。由于反应：

$$ZnO \cdot Fe_2O_3 + 4H_2SO_4 = ZnSO_4 + Fe_2(SO_4)_3 + 4H_2O \quad (5-12)$$

在强氧化条件下将显著放缓，矿浆电位不得高于 610 mV。当矿浆电位低于 560 mV 时，硫化物直接酸溶并释放出 H_2S。这不仅腐蚀不锈钢反应容器，还将导致铜以硫化物形式沉淀，阻止反应进行。因此，浸出过程中控制矿浆电位为 560～610 mV，中性浸出渣及锌精矿经常压富氧浸出 7.5 h，锌浸出率可达 95%。

浸出液经硫化锌精矿还原处理后，溶液中的 Fe^{3+} 浓度降至 5 g/L 以下。经中和使游离 H_2SO_4 降至 10 g/L 以下，溶液中的 Fe^{2+} 被氧气缓慢氧化，并水解生成针铁矿沉淀，溶液除铁后再返回中性浸出工序。

优美科硫化锌常压直接浸出工艺只是实现部分中性浸出渣与部分锌精矿合并处理，可在一定程度上增大产能(提高了 5%～10%)。若要进一步扩大产能，则可以将全部的中性浸出渣送常压直接浸出处理。

优美科公司还申请了一项两段浸出工艺的专利，如图 5-17 所示。由图 5-17 可见，铁酸锌溶解主要在第一段中完成，耗时 5 h。闪锌矿氧化溶出主要在第二段进行，耗时约 6 h。除第二段的最后一个反应器(即图 5-17 中和槽)外，各浸出槽均须鼓入氧气。在两段浸出过程中，硫酸及 Fe^{3+} 浓度须严格控制。如果硫酸浓度低于 10 g/L，则锌溶出过程将变得非常缓慢。硫酸浓度高于 35 g/L 时，锌焙砂的消耗量又将大大提高，Fe^{3+} 浓度则保持在 0.1～2.0 g/L。Fe^{3+} 浓度高于 2.0 g/L 时，易生成细晶粒铅铁矾，导致浆液澄清和过滤出现问题。经两段浸出，浸出液中的铁主要以 Fe^{2+} 形式存在，中和余酸后可直接送针铁矿沉铁工序。

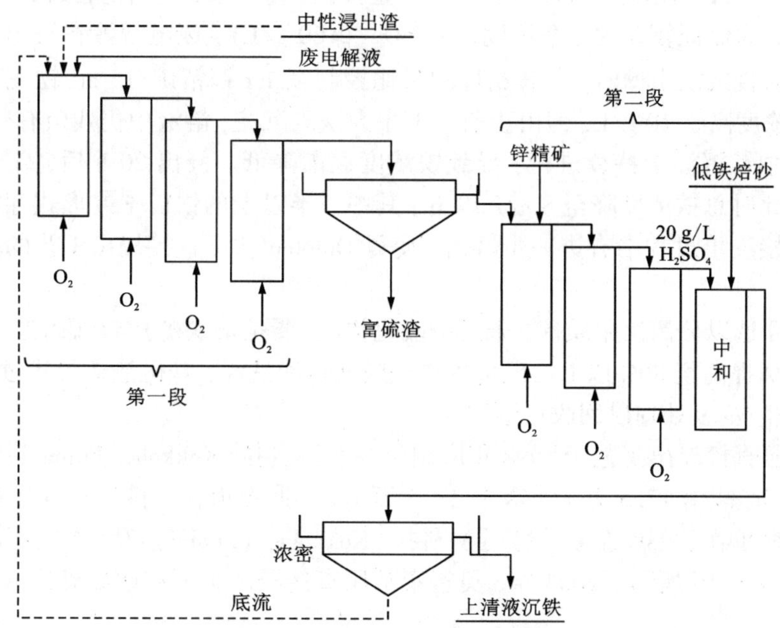

图 5-17　优美科公司硫化锌常压直接浸出两段工艺流程

在两段浸出之间设置了浓密过滤工序用于分离富硫渣。由富硫渣可进一步回收单质硫、铅和银等有价金属。

奥特泰(Outotec)公司前身是奥托昆普(Outokumpu technology)，后独立出来并于2007年4月起改用现名。奥特泰公司于20世纪90年代中期开发了一项锌精矿常压直接浸出工艺，其初衷是保证在常压条件下闪锌矿溶解与铁矾沉淀的同步进行。其工艺流程如图5-18所示。

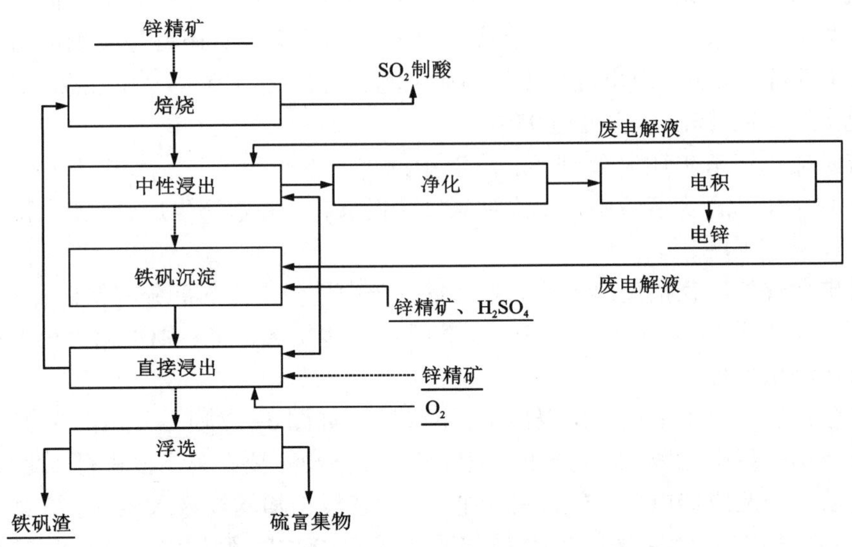

图5-18 奥特泰常压直接浸出工艺流程

该工艺将直接浸出与锌精矿焙烧、锌焙砂中性浸出及浸出液净化、电积等工序合并，取消浸出渣回转窑挥发，浸出渣与锌精矿一并在直接浸出槽中处理。在直接浸出槽，温度控制在373 K左右。为保证较高的始酸浓度([H_2SO_4]≥60 g/L)，废电解液在浸出初期引入。铁矾沉淀渣在进入直接浸出槽时，与锌精矿的料比控制在1 t锌精矿/15 m^3铁矾矿浆。虽然矿浆中初始Fe^{3+}浓度高于10 g/L，但由于前一工序为铁矾沉淀，溶液中仍残余有硫酸铵。因此，直接浸出过程中铁沉淀会持续进行，导致铁浓度逐渐降低。浸出20 h后，硫酸浓度稳定在20 g/L左右。此时总铁浓度降至8 g/L以下，其中一半以上的铁以Fe^{2+}形式存在。由于铁矾渣中的锌在直接浸出过程中有进一步溶出，使得Outotec常压直接浸出工艺的锌浸出率可达98%左右。

浸出渣经浮选以分离出单质硫、未反应硫化物(主要是黄铁矿)与铁矾渣。硫富集物中单质硫品位由20%提高至80%以上。硫富集物经膜式过滤洗涤，铁矾渣送带式过滤洗涤，铁矾渣滤饼进一步经Na_2S处理以回收可溶锌。

奥特泰常压直接浸出工艺于1998年应用于芬兰科科拉(Kokkola, Finland)锌厂的扩产项目，当年该厂锌产能由17.5万t/a增至22.5万t/a。据报道，在科科拉锌厂扩产的前几个月，锌浸出率即可增至98%左右。芬兰科科拉(Kokkola, Finland)锌厂常氧压浸出与常规炼锌组合流程如图5-19所示。2004年，奥特泰常压直接浸出工艺在挪威奥达(Odda, Norway)得到工业应用。

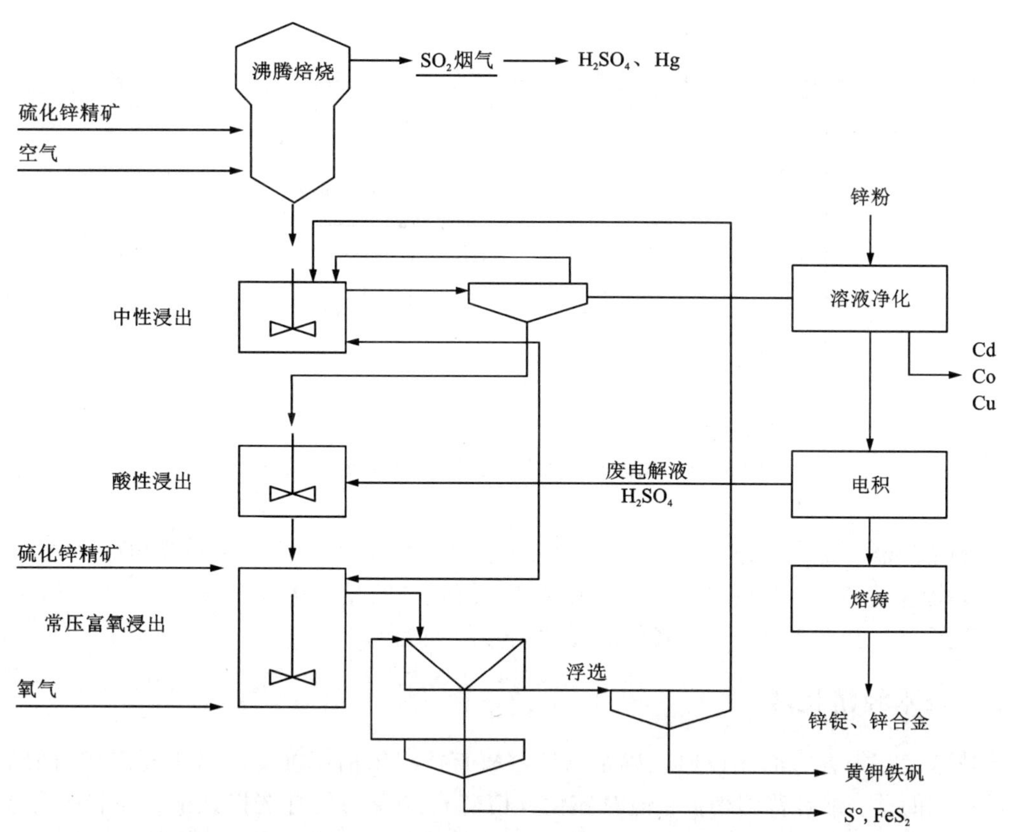

图 5-19 芬兰科科拉(Kokkola, Finland)锌厂常氧压浸出与常规炼锌组合流程

5.4.4 国内工艺实践

近年来,国内陆续开展了针对奥特泰常压直接浸出工艺技术的相关研究,以期通过消化、吸收和创新,使锌精矿常压富氧直接浸出技术在国内有更进一步的发展和应用。

中国湖南某厂引进的奥特泰常压富氧直接浸出工艺流程如图 5-20 所示。由图 5-20 可见,直接浸出采用了两段逆流方式,并搭配以针铁矿沉铁工序,在直接浸出锌精矿的同时还处理浸出渣,并综合回收铟。锌精矿经球磨后与(高酸)浸出液一起制浆,便于锌精矿输送进入常压直接浸出反应器中。制浆 0.5~1.0 h 时,锌精矿中的碳酸盐得以分解,并且浆液中的 Fe^{3+} 也因与硫化物反应而还原成 Fe^{2+}。低酸浸出在 4 个 900 m^3 反应器中进行,浸出温度控制在 373 K 左右。50%~60%的锌精矿经低酸浸出溶解,溶液中硫酸浓度降至 10~20 g/L。溶液中 Fe^{2+} 可以由鼓入的纯氧氧化成 Fe^{3+},但这一过程须严格控制,以免铁在低酸浸出阶段就提前发生沉淀。在高酸浸出阶段,同样在 4 个 900 m^3 反应器中完成,浸出温度 373 K 左右,但为保证中性浸出渣中铁酸锌溶出,浸出液中硫酸浓度保持在 80~100 g/L。

湖南某厂采用的奥特泰公司硫化锌精矿常压富氧直接浸出技术,设计规模新增电锌产量 10 万 t/a,处理锌浸出渣 16 万 t/a,渣中含锌约 3 万 t/a,实际浸出电锌能力 13 万 t/a。其余车间生产能力确定为:净液车间设计能力 32 万 t/a;电解车间设计能力 10.4 万 t/a;最终产

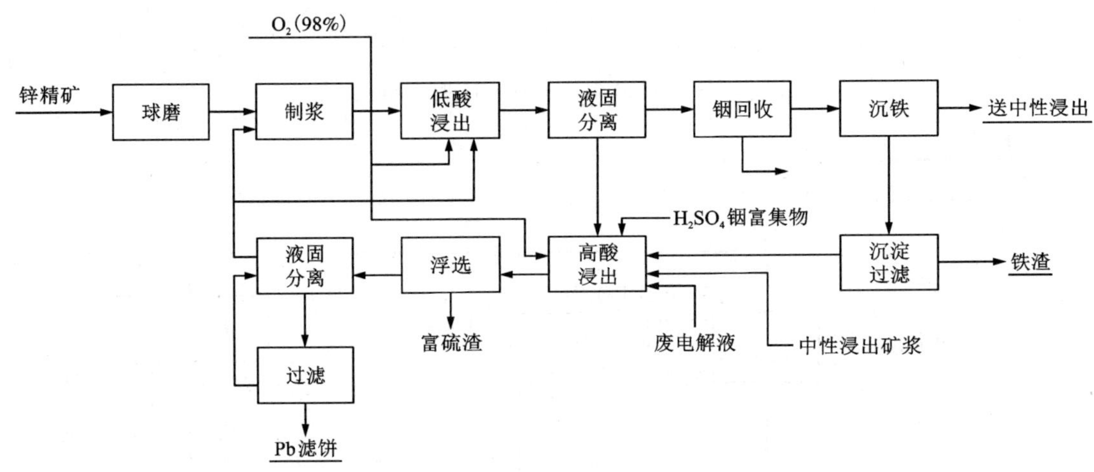

图 5-20　湖南某厂的常压富氧直接浸出工艺流程

品生产镀锌合金，设计镀锌合金规模 15 万 t/a。该项目实施后可大幅削减 SO_2 烟气排放量，锌总回收率达到 97%、铟回收率达到 85%以上；沉铁渣的品位达到 40%左右，资源的综合利用率提高了 15%，达到 88%；年降低能耗约 13 万 t 标准煤。

5.4.5　技术经济比较

从技术经济等各方面比较可以确定常压富氧直接浸出估算投资比氧压浸出相对要低，因其操作控制简单，维修费用稍低；但对硫化锌精矿直接浸出是有选择性的，并非所有原料都适宜，蒸气消耗较高。常压直接浸出工艺的反应器设备庞大，尤其底部搅拌要求密封难度较大，且奥特泰公司控制了技术及关键设备，所以必须引进主要设备，引用费用高；富氧直接浸出占地面积小，反应速度快，但高压反应器设备要求较高，控制系统要求严格，建设投资较常压直接浸出稍高，运行费用也稍高。原料含 F、Cl 较高，采用氧压浸出对脱除 F、Cl 相对困难，压力浸出硫易结块，且 Ag 分散，对回收含 Ag 锌精矿不利。况且富氧直接浸出与氧压浸出两者之间的回收率基本相同。从安全性角度考虑，富氧直接浸出工艺的反应器基本无危险性。

根据多方比较，湖南某厂选用奥特泰公司开发的硫化锌精矿富氧直接浸出工艺，并要求搭配处理浸出渣、回收铟、针铁矿除铁等技术，实现环境治理的目标。

氧压浸出系统在正常的操作时，费用稍低于富氧直接浸出。表 5-8 为富氧直接浸出与氧压浸出工艺的操作费用比较。

表 5-8　富氧直接浸出与氧压浸出工艺的操作费用比较

操作费用项目	富氧直接浸出/美元	氧压浸出/美元
电力	449000	303000
维修	176000	381000
添加剂	195000	76000
磨矿	56000	—

续表5-8

操作费用项目	富氧直接浸出/美元	氧压浸出/美元
蒸气	267000	21000
合计	1143000	781000

氧压浸出的年操作费用比富氧直接浸出系统低约 36 万美元，但是氧压浸出系统作业率相对较低，维修费用较高。另据有关数据资料报道表明，同等规模条件下，氧压浸出系统的建设安装投资费用比富氧直接浸出系统高出 75 万美元左右。

以上的比较并非绝对客观公正，严格来讲，富氧直接浸出与氧压浸出两种工艺流程各有优缺点，不存在哪种工艺具有绝对优势，选择何种工艺流程还须根据具体情况综合考虑研究确定。

5.4.6　主体设备

目前，硫化锌精矿常压富氧直接浸出的工艺已运用于工业实践生产。优美科公司硫化锌常压直接浸出工艺反应器(主体设备)的结构如图 5-21 所示。由图 5-21 可见，该密闭反应器配有进料、氧气鼓入、溢流出料和汲取管式搅拌器等装置。搅拌器或采用轴中空，或采用螺旋涡轮和吸泥套管。优美科公司还曾提出两重搅拌设置：一个搅拌按轴向放置并保持恒定转速，使固体物保持悬浮状态，并起到分散氧的作用；另一个为变速汲取管式搅拌，偏心放置，以循环利用未反应的氧。除上述装置外，该反应器还配备有温控及矿浆氧化/还原电位，氧气流量、搅拌转速的测量装置。

奥特泰公司常压直接浸出工艺反应器为常压搅拌浸出槽(帕丘卡槽)，高达 30 m。在富氧空气搅拌下，借助浆液高度使浸出槽底部压力达到 0.3 MPa，实现只有加压浸出设备才能完成的锌精矿的直接浸出。

硫化锌常压直接浸出工艺反应器如图 5-22 所示。

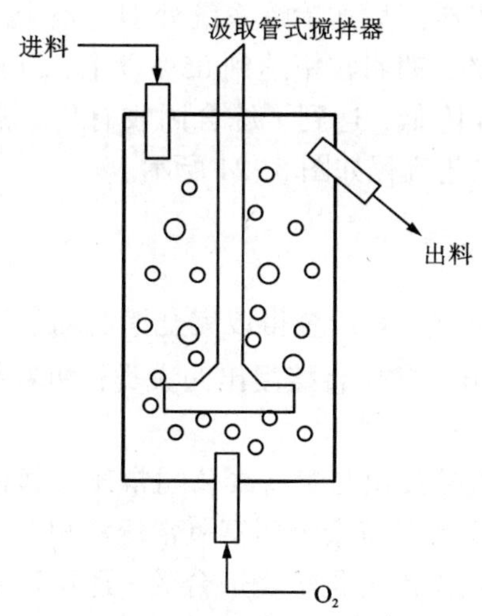

图 5-21　优美科公司硫化锌常压直接浸出工艺反应器结构

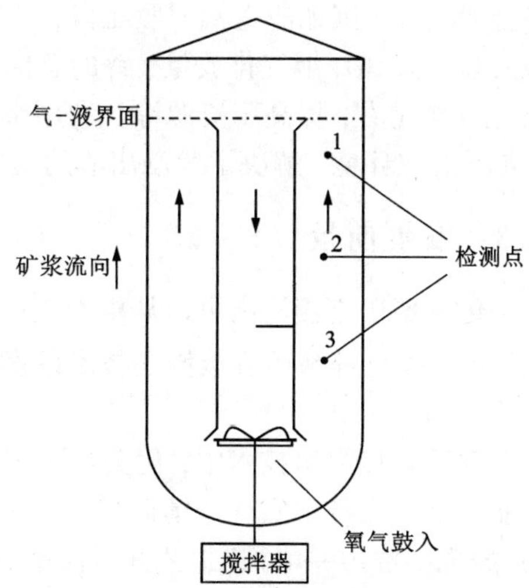

图 5-22　硫化锌常压直接浸出工艺反应器

奥特泰公司设计的新常压直接浸出塔式反应器，利用矿浆静压力制造出加压条件。其结构如图 5-23 所示。由图 5-23 可见，位于反应器底部的是一鼓形槽，其容积约占反应器总有效容积的一半。鼓形槽为锌精矿加压浸出反应提供了充足的空间。为避免反应器初启动或中途因故停运时发生固体颗粒沉降，鼓形槽内还另外配备有搅拌装置。位于反应器中部的是一反应塔，其与底部鼓形槽连接，锌精矿直接浸出所需的压力取决于反应塔的高度。反应塔内有套管，套管内外矿浆流向不同，套管外矿浆向上流动，套管内矿浆向下流动，最终矿浆在反应器上部实现平稳循环。在套管内的氧分散区域，氧气弥散于矿浆中且流向与矿浆相同，但气泡流速明显低于矿浆。由此，气泡在流动过程中易发生振动，气-液质量传输所需的能量得以降低，并且保证了氧利用率的最大化。在位于反应器上部的套管内设置有下吸式搅拌装置。搅拌设置于上部，既有利于日常保养维护，也可以起到矿浆泵的作用，推动矿浆以 1 m/s 的流速向下流动。为防止固体颗粒沉降，套管外的矿浆流速也保持在 1 m/s 左右。

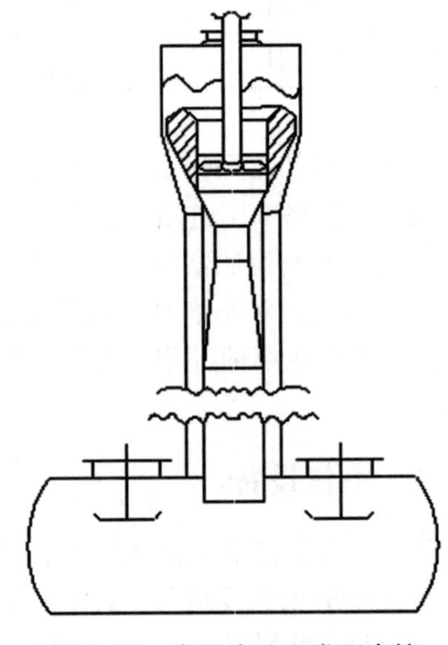

图 5-23 奥特泰公司常压直接浸出塔式反应器结构

就矿浆搅拌方式而言，奥特泰公司常压直接浸出塔式反应器完全不同于传统的机械搅拌。奥特泰公司常压直接浸出塔式反应器能耗低于 0.1 kW/m^3，而传统的机械搅拌反应器能耗高约 1.0 kW/m^3。当然，该塔式反应器毕竟有别于高压釜，反应器内温度低于 373 K，压力最高为 1.0 MPa。因此，该反应器并不能满足高温高压的条件，其应用也有局限。

5.4.7 浸出渣的处理

湖南某厂采用引进的奥特泰公司硫化锌精矿常压富氧直接浸出技术搭配处理浸出渣，同时综合回收铟，沉铟渣送铟回收工段，硫渣与浮选尾矿压滤后送冶炼系统处理。整个工艺过程中大幅消减 SO_2 烟气排放量，锌的总回收率达到 97%，铟回收率达到 85%以上；沉铁渣的品位达 40%左右，提高了资源综合利用率；年能耗明显降低，达到了综合回收有价金属的目的；同时治理环境，解决了锌浸出渣的污染问题。其工艺流程如图 5-24 所示。

5.4.8 发展前景

硫化锌精矿直接浸出可以从根本上回避 SO_2 污染问题，锌冶金得以完全摆脱对制酸的依赖。目前，硫化锌精矿直接浸出技术已发展出加压浸出和常压直接浸出两大类，两者都已实现工业应用。

在常压直接浸出技术中，优美科公司硫化锌常压直接浸出与奥特泰公司常压直接浸出工艺都能在常压设备中实现锌精矿加压浸出。优美科公司或奥特泰公司富氧常压浸出工艺与现有的“焙烧—浸出—电积”工艺并行使用时，不仅可以减少流态化焙烧炉台数，还可以直接处理锌浸出渣，淘汰传统的锌浸出渣威尔兹窑挥发处理工艺。与加压浸出技术一样，常压直接浸出技术已成为现有炼锌系统技术改造、实现扩产及锌浸出渣资源循环利用的优选方案。

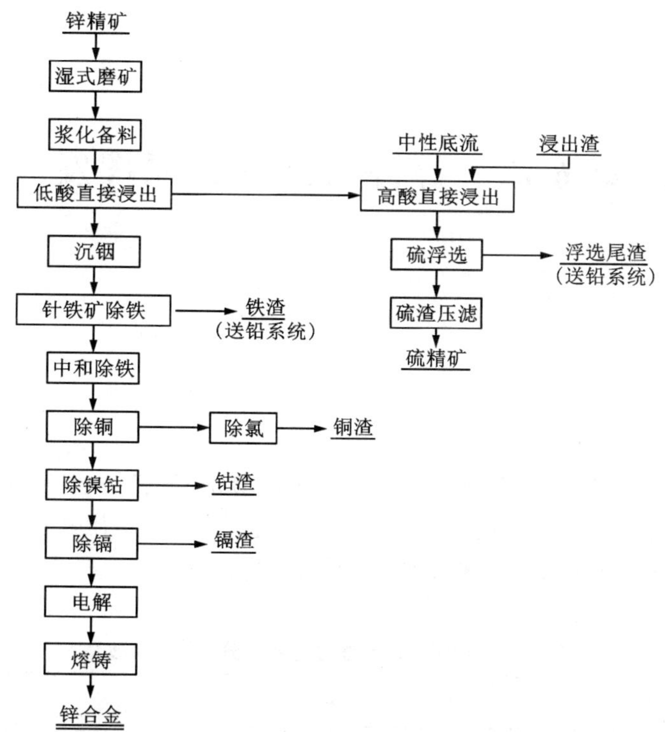

图 5-24　国内湖南某厂常压富氧直接浸出搭配浸出渣炼锌原则工艺流程

思考题

1. 硫化锌精矿的直接浸出方法有哪些？

2. 简述硫化锌精矿直接浸出的实质与目的。

3. 为什么锌精矿直接浸出多采用两段浸出工艺？

4. 在硫化锌精矿直接浸出过程中，常压氧气浸出和加压氧气浸出控制的酸度和浸出时间有什么不同？其原因是什么？

5. 影响硫化锌精矿直接浸出的因素主要有哪些，如何提高锌的浸出速率？

6. 简述硫化锌精矿直接浸出矿中各成分在浸出的过程中的行为。

7. 简述硫化锌精矿直接浸出时硫离子被氧化的原理。

8. 在硫化锌精矿直接浸出过程中，如何利用浸出液中的 Fe^{2+}？

9. 在锌焙烧矿的硫化锌精矿直接浸出过程中，如何控制浸出液中铁离子价态？

10. 分别画出常压氧气浸出和加压氧气浸出的工艺流程图。

11. 在硫化锌精矿直接浸出过程中，对原料有哪些要求？

12. 在硫化锌精矿直接浸出过程中，回收元素硫的方法有哪些？

13. 在硫化锌精矿直接浸出过程中，如何避免或阻止元素硫包裹硫化锌精矿颗粒的形成？

14. 简述从硫化锌精矿直接浸出过程中脱除氟、氯和有机物的方法及其原理。

15. 硫化锌精矿直接浸出矿浆液固分离的方法有哪些？

16. 简述硫化锌精矿直接浸出过程中，常压氧气浸出和加压氧气浸出所采用的设备的特点。

第 6 章　锌浸出渣的还原挥发

6.1　概述

在常规湿法炼锌工艺中，锌焙砂经过中性浸出和酸性浸出后，得到的酸性浸出渣中除含有锌外，还含有铅、铜、金、银、锗等有价金属。因此，必须对浸出渣进行处理，以进一步回收锌和其他有价金属。几种锌浸出渣主要成分见表 6-1。

表 6-1　几种锌浸出渣的主要成分(质量分数)　　单位：%

浸出渣	Zn	Pb	Cd	Cu	Fe	S	Ag	In	Ge	SiO_2
1	18.08	3.27	0.15	0.11	20.02	8.59	0.017	—	0.037	6.41
2	17.21	3.80	0.26	1.23	22.43	5.41	0.027	0.043	0.0026	7.03
3	23.47	4.82	—	1.28	23.47	5.14	—	—	—	11.67
4	16.58	3.89	—	—	28.16	6.61	0.0039	0.20	—	10.10
5	19.25	4.76	0.32	0.41	27.71	4.60	0.024	—	—	7.18

在中性和酸性浸出条件下，锌焙砂中的硫化锌和铁酸锌不被溶出，几乎全部进入浸出渣，这是浸出渣含锌高的主要原因。常规湿法炼锌通常采用高温还原挥发的方法来处理该浸出渣，将渣中的锌和铅还原挥发出来，含尘烟气通过沉降、冷却、收尘后，最终得到氧化锌粉；渣中的铟和锗等部分还原挥发后，随烟气进入氧化锌粉。氧化锌粉通过湿法处理后即可回收锌等有价金属。

高温还原挥发方法具有金属总回收率较高，流程简单等优点；缺点是火法设备维修量大、耐火材料消耗量大、能耗高、操作环境较差、劳动强度高，且贵金属难以回收、还原挥发过程产生的大量低浓度 SO_2 烟气给后续尾气处理带来困难。传统湿法处理的优点是可显著提高锌、铜、镉等有价金属的浸出率，渣率低，铅及贵金属在浸出渣中得到有效富集，有利于后续贵金属的回收，其操作环境及劳动强度相较于火法而言更具有优势；主要缺点是流程较长、湿法处理后的渣未能实现有效固化，易造成二次污染。

还原挥发的冶炼方法有很多，主要有回转窑挥发、烟化挥发、奥斯麦特(Ausmelt)法和侧吹熔炼法等。韩国高丽亚铅公司温山冶炼厂，采用奥斯麦特法，有价金属回收率分别为铅85%、锌 85%、银 75%；同时，可产出少量铅冰铜，处理后的弃渣送水泥厂，实现了清洁生产。国内主要采用回转窑和烟化炉来处理锌浸出渣。

6.2　还原挥发过程的理论基础

常规湿法炼锌过程所得的锌浸出渣含锌一般为 18%~24%(质量分数)，通过高温还原挥发后可回收锌及其他有价金属。为更好理解浸出渣还原挥发过程的原理，必须先弄清楚浸出渣中锌的存在形态。一些工厂浸出渣中锌的物相及分布见表 6-2。

表 6-2　浸出渣中锌在各物相间的分配

序号	锌质量分数/%	锌物相分配比/%					
		$ZnFe_2O_4$	ZnS	$ZnSiO_3$	ZnO	$ZnSO_4$	合计
1	20.4	94.9	—	1.8	2.2	1.1	100.0
2	21.2	76.3	0.78	3.7	5.5	10.8	100.0
3	27.1	68.4	3.5	15.3	5.2	7.6	100.0
4	19.6	55.7	9.6	4.9	6.9	22.9	100.0

从表 6-2 所列数据可以看出，浸出渣中锌主要以铁酸锌形式存在，其分配占 50%以上。这说明，在常规湿法炼锌过程中，不管是中性还是酸性浸出，都不能使铁酸锌溶解，最后进入浸出渣中。若处理含铁高的锌精矿时，浸出渣含锌将会更高。除铁酸锌外，浸出渣中的锌还可能以 ZnS、$ZnSiO_3$、$ZnSO_4$ 及尚未溶解的 ZnO 形式存在。控制锌精矿的焙烧操作以提高锌焙砂质量，可降低浸出渣中硫化锌含量；加强渣的洗涤可降低硫酸锌在渣中的含量。通过上述方式处理后，可使浸出渣中以铁酸锌形式存在的锌含量提高到 90%以上。浸出渣中的铅主要以 $PbSO_4$ 形式存在。

6.2.1　铁酸锌的还原挥发

铁酸锌产生于锌精矿焙烧过程。由于锌精矿中含有较多的铁，焙烧时不可避免地会产生铁酸锌。在常规湿法炼锌浸出过程中，铁酸锌几乎不溶解而残留在渣中。在高温还原过程中，一般采用碳质还原剂。浸出渣与还原剂混合后，固体碳质还原剂将与浸出渣中的铁酸锌发生接触，铁酸锌与 C 的固-固直接还原反应将在此接触点上发生。

铁酸锌的固-固还原反应：

$$3ZnFe_2O_4 + C = 3ZnO + 2Fe_3O_4 + CO \tag{6-1}$$

$$6ZnFe_2O_4 + C = 6ZnO + 4Fe_3O_4 + CO_2 \tag{6-2}$$

$$2ZnFe_2O_4 + C = 2ZnO + 4FeO + CO_2 \tag{6-3}$$

$$ZnFe_2O_4 + C = ZnO + 2FeO + CO \tag{6-4}$$

对固-固两相的反应而言，由于反应物之间相互接触面积有限，制约了反应界面，与铁酸锌接触的 C 反应耗尽以后，固-固反应难以继续进行。实际上，在高温还原过程中，由于 C 的气化反应，起还原作用的主要还是 CO，铁酸锌的还原以气-固还原反应为主。

铁酸锌的气-固还原反应：

$$3ZnFe_2O_4 + CO = 3ZnO + 2Fe_3O_4 + CO_2 \tag{6-5}$$

$$ZnFe_2O_4 + CO \longrightarrow ZnO + 2FeO + CO_2 \tag{6-6}$$

$$Fe_3O_4 + CO \longrightarrow 3FeO + CO_2 \tag{6-7}$$

$$FeO + CO \longrightarrow Fe + CO_2 \tag{6-8}$$

$$Fe_3O_4 + 4CO \longrightarrow 3Fe + 4CO_2 \tag{6-9}$$

对铁酸锌的气-固还原反应而言，可通过图 6-1 来进行分析。

图 6-1 表明，在 473～1273 K，铁酸锌很容易被 CO 还原成 Fe_3O_4 和 ZnO。混合气相中 CO 的体积分数只需达到 0.07，就能使该反应发生。随着 CO 的体积分数的升高，铁还原产物依次转变为 Fe_3O_4、FeO 和 Fe。只有在较高温（>1123 K）和较高 CO 体积分数（>0.97）的条件下，部分 ZnO 可以被 CO 还原成锌蒸气。由此可见，提高温度、增加 CO 分压和降低 CO_2 分压均能促进铁酸锌的分解，但铁氧化物还原成金属 Fe 的可能性亦随之增加。控制适当的温度和气氛，能够实现铁酸锌还原。

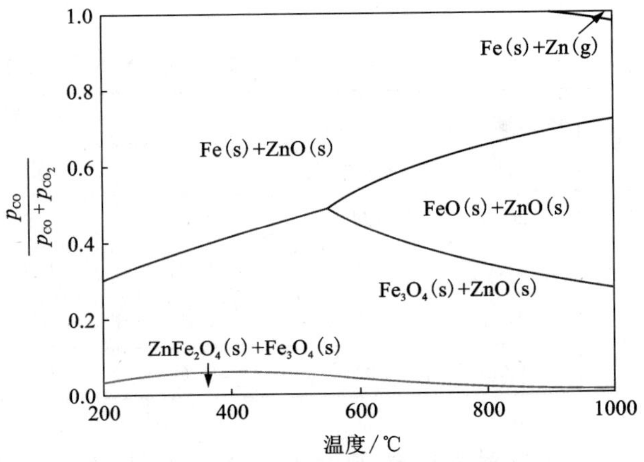

图 6-1　CO 还原铁酸锌的平衡状态图

还原挥发的实际温度通常在 1273 K 以上，铁酸锌的还原反应进行得很快，但也有部分 FeO 被还原成金属铁。金属铁可促进氧化锌和铁酸锌的还原：

$$ZnO + Fe \longrightarrow Zn_{(g)} + FeO \tag{6-10}$$

$$ZnFe_2O_4 + 2Fe \longrightarrow Zn_{(g)} + 4FeO \tag{6-11}$$

一般来说，铁氧化物还原遵循逐级反应的规律，即 $Fe_2O_3 \rightarrow Fe_3O_4 \rightarrow FeO \rightarrow Fe$。因此，还原过程应控制铁氧化物的过还原，防止金属铁的生成，避免炉底积铁而造成炉况恶化。

6.2.2　硫酸锌的分解与还原

硫酸锌是未被洗净而残留于浸出渣的，在高温还原挥发过程发生分解。但该分解反应不能简单地认为按式(6-12)进行：

$$2ZnSO_4 \longrightarrow 2ZnO + 2SO_2 + O_2 \tag{6-12}$$

硫酸锌的分解反应可以依据 Zn-S-O 系 1100 K 下的等温平衡状态（图 2-1）来进行分析。根据图 2-1，反应(6-12)由两个分解反应组成。硫酸锌的分解反应始于 993 K，分解产物为 $ZnO \cdot 2ZnSO_4$。

$$6ZnSO_4 \longrightarrow 2ZnO \cdot 2ZnSO_4 + 2SO_2 + O_2 \tag{6-13}$$

该产物在 1083 K 时开始进一步分解，分解成 ZnO 和 SO_2。

$$ZnO \cdot 2ZnSO_4 \longrightarrow 3ZnO + 2SO_2 + O_2 \tag{6-14}$$

硫酸锌分解压和温度的关系见表 6-3。

表 6-3　硫酸锌分解压与温度的关系

温度/K	949	973	993	1023	1048	1073
分解压/kPa	0.67	0.80	3.19	8.11	14.90	251.37

最终的分解产物 ZnO 被 CO 还原成金属锌，以锌蒸气进入炉气。锌蒸气挥发进入气相被炉气氧化成 ZnO，最终在收尘器中得到收集。

$$ZnO + CO = Zn_{(g)} + CO_2 \quad (6-15)$$

硫酸锌分解产生的 SO_2 也可以被部分还原形成元素硫。

$$2SO_2 + 2C = 2S + 2CO_2 \quad (6-16)$$

$$2SO_2 + 4CO = 2S + 4CO_2 \quad (6-17)$$

部分元素硫将与锌反应形成硫化锌，剩余部分随炉气进入烟道系统。

若高温还原挥发过程条件控制不当，硫酸锌将被 C 和 CO 直接还原成 ZnS。其反应式为：

$$ZnSO_4 + 2C = ZnS + 2CO_2 \quad (6-18)$$

$$ZnSO_4 + 4CO = ZnS + 4CO_2 \quad (6-19)$$

由于 ZnS 挥发性较低，仅在 1451 K 时开始挥发。因此，生成的 ZnS 除少部分挥发进入烟气外，大部分进入渣相，降低了浸出渣中锌的还原挥发回收率。

6.2.3　硫化锌的氧化与挥发

浸出渣中的硫化锌是锌精矿在焙烧过程未被完全氧化，并在中性和酸性浸出过程不溶于稀酸而残留的。要想实现浸出渣中硫化锌的有效回收，必须在氧化气氛下将其氧化成 ZnO。其主要途径是通过与送入反应炉内的空气接触而被氧化，通过还原变成锌蒸气而得以挥发。

除此之外，高温还原挥发过程产生的金属铁及氧化钙均能促使 ZnS 还原成金属锌。

$$ZnS + Fe = Zn_{(g)} + FeS \quad (6-20)$$

$$ZnS + CaO + C = Zn_{(g)} + CaS + CO \quad (6-21)$$

上述两个反应是固-固反应，反应程度有限。通过上述两个反应将 ZnS 转变为金属锌的比例仅占小部分。如果不对 ZnS 进行氧化，由于 ZnS 挥发性差，大部分 ZnS 将残留于渣中，不能实现这部分锌的回收。因此，当处理 ZnS 含量较高的浸出渣时，必须保持炉内具有一定的氧化气氛才能实现硫化锌中锌的回收。

6.2.4　氧化锌的还原挥发

浸出渣中以游离态存在的氧化锌数量很少，是浸出过程中尚未溶于稀硫酸而残留至渣中的。这部分氧化锌将在高温还原挥发过程中被碳质还原剂还原。

$$ZnO_{(s)} + C_{(s)} = Zn_{(g)} + CO_{(g)} \quad (6-22)$$

$$ZnO_{(s)} + CO_{(g)} = Zn_{(g)} + CO_{2(g)} \quad (6-23)$$

表 6-4 为 ZnO 还原反应的 $\Delta G^{\ominus}$ 与 T 的关系式。

表 6-4　氧化锌还原反应的 $\Delta G^{\ominus}-T$ 的关系式

反应方程式	$\Delta G^{\ominus}=A+BT$		开始还原温度/K	$\Delta H^{\ominus}_{298}$
	A	B		
$ZnO_{(s)}+C_{(s)}=Zn_{(g)}+CO_{(g)}$	344348	−281.10	1225	237.57
$ZnO_{(s)}+CO_{(g)}=Zn(g)+CO_{2(g)}$	181557	−113.23	1603	65.14

从表 6-4 看出，反应式(6-22)比反应式(6-23)的开始反应温度要低得多，即 ZnO 与 C 的固-固直接还原更容易进行。提高反应温度不仅使反应式(6-23)的平衡常数急剧增大，而且反应动力学条件也迅速改善。在实际生产中，起还原作用的主要还是 CO。

许多研究证实，反应式(6-23)在 648~698 K 的低温下就能够开始进行，但此时还原反应的速率极小。通常来说，该反应在 873~973 K 时进行得较快，在 1273 K 时能很好地进行。实际工业中，锌浸出渣的还原挥发过程温度通常控制在 1273~1573 K。还原挥发过程之所以需要较高的温度，其主要原因在于氧化锌还原需要较高的温度。

6.2.5　硅酸锌的还原挥发

锌精矿中可能存在硅酸锌(如硅锌矿、异极矿等)的原生矿物。此外，在焙烧过程中也可能形成硅酸锌。硅酸锌能溶解于硫酸溶液，因此，在常规湿法炼锌过程中，通过中性和酸性浸出后，只有少量形成胶体而残留于浸出渣中(见表 6-2)。相对于氧化锌和铁酸锌来说，硅酸锌的还原更难。采用碳质还原剂时，在 1223 K 的温度下，硅酸锌能很好地被还原：

$$ZnO\cdot SiO_2+C=Zn_{(g)}+SiO_2+CO \tag{6-24}$$

$$ZnO\cdot SiO_2+CO=Zn_{(g)}+SiO_2+CO_2 \tag{6-25}$$

硅酸锌被碳质还原剂还原后，生成金属锌蒸气而进入烟气；反应产生的 SiO_2 将以无定形的形式存在。为促进硅酸锌的分解，可加入一些对 SiO_2 结合能力较强的氧化物(如 CaO 和 Fe_2O_3)，以加速硅酸锌的还原分解：

$$ZnO\cdot SiO_2+CaO=ZnO+CaO\cdot SiO_2 \tag{6-26}$$

$$ZnO\cdot SiO_2+Fe_2O_3=ZnO+Fe_2O_3\cdot SiO_2 \tag{6-27}$$

$$ZnO+CO=Zn_{(g)}+CO_2 \tag{6-28}$$

在 1338 K 温度下，硅酸锌也能被金属铁还原：

$$ZnO\cdot SiO_2+Fe=Zn_{(g)}+FeO\cdot SiO_2 \tag{6-29}$$

综上所述，硅酸锌在高温还原挥发过程中能够被很好地还原。

6.2.6　硫酸铅的分解与还原

浸出渣中的铅绝大部分以 $PbSO_4$ 形式存在，仅有少量的 PbS、PbO 和硅酸铅等。铅的还原挥发行为较为复杂，涉及众多的化学反应，包括硫酸铅的分解反应、硫酸铅的直接还原反应、铅化合物的交互反应、氧化铅的还原反应及其他反应。

(1)硫酸铅的分解。

硫酸铅的分解反应并不直接产生氧化铅，而是形成众多的中间产物——碱式硫酸铅(xPbO · $y$$PbSO_4$)，包括 $PbSO_4\cdot PbO$、$PbSO_4\cdot 2PbO$ 和 $PbSO_4\cdot 4PbO$ 等。其分解反应如下：

$$4PbSO_4 = 2(PbSO_4 \cdot PbO) + 2SO_2 + O_2 \tag{6-30}$$

$$\lg k = \lg p_{SO_2} + \frac{1}{2}\lg p_{O_2}$$

$$6(PbSO_4 \cdot PbO) = 4(PbSO_4 \cdot 2PbO) + 2SO_2 + O_2 \tag{6-31}$$

$$\lg k = \lg p_{SO_2} + \frac{1}{2}\lg p_{O_2}$$

$$5(PbSO_4 \cdot 2PbO) = 3(PbSO_4 \cdot 4PbO) + 2SO_2 + O_2 \tag{6-32}$$

$$\lg k = \lg p_{SO_2} + \frac{1}{2}\lg p_{O_2}$$

$$PbSO_4 \cdot 4PbO = 5PbO + SO_2 + 0.5O_2 \tag{6-33}$$

根据1100 K下Pb-S-O系 $\lg p_{SO_2}-\lg p_{O_2}$ 的平衡状态图(图6-2)可知，硫酸铅分解的产物取决于一定温度下的气相组成。对于含 O_2 5.4%、含 SO_2 0.05%的回转窑烟气来说，其对应的 p_{O_2} 和 p_{SO_2} 分别为5471 Pa和50.6 Pa，则其最终的分解产物为PbO。

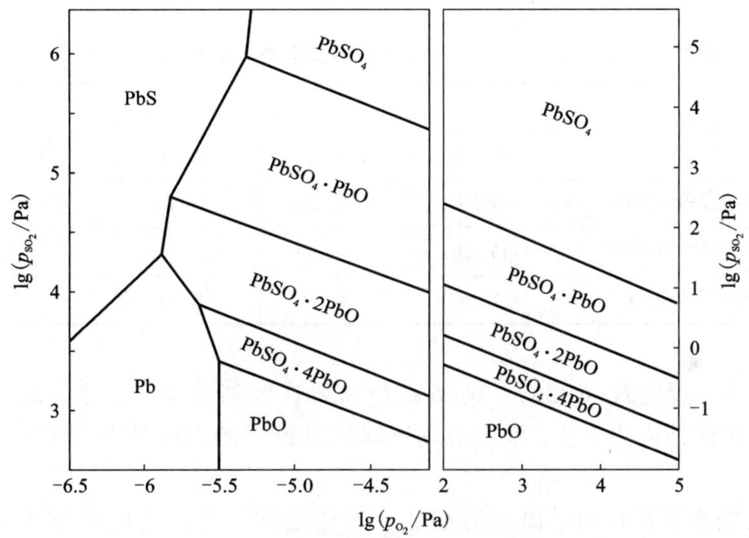

图6-2　1100 K下的Pb-S-O平衡状态图

(2)硫酸铅的直接还原。

硫酸铅可以被C和CO还原，生成硫化铅。其反应式为：

$$PbSO_4 + 4C = PbS + 4CO \tag{6-34}$$

$$\Delta G^{\ominus} = 364080 - 687.84T \quad J/(mol \cdot K)$$

$$PbSO_4 + 4CO = PbS + 4CO_2 \tag{6-35}$$

$$\Delta G^{\ominus} = -321406 + 13.82T \quad J/(mol \cdot K)$$

在标准状态下，反应式(6-34)的理论开始反应温度为530 K，而反应式(6-35)在一个宽泛的温度范围内，反应的 $\Delta G^{\ominus}$ 值为负，且其绝对值较大。这说明在还原挥发过程中，硫酸铅容易被还原成硫化铅。高温下硫化铅具有一定挥发性，其不同温度下的蒸气压见表6-5。

表 6-5　不同温度下硫化铅的蒸气压

温度/K	1123	1213	1253	1268	1321	1381	1494	1554
蒸气压/kPa	0.27	0.80	1.72	2.26	5.33	13.33	53.33	101.33

从表 6-5 可知，硫化铅蒸气压随着温度升高而显著增加。因此，反应生成的硫化铅将部分挥发进入烟气，剩余部分与其他金属硫化物结合形成低熔点锍。

(3)铅化合物之间的相互反应。

铅化合物之间的交互反应非常复杂，涉及的物种较多，包括 PbO、PbS、Pb、$PbSO_4$、$PbSO_4 \cdot PbO$、$PbSO_4 \cdot 2PbO$、$PbSO_4 \cdot 4PbO$。常见的交互反应如下：

$$PbSO_4 + PbS = 2Pb + 2SO_2 \quad (6-36)$$

$$3PbSO_4 + PbS = 4PbO + 4SO_2 \quad (6-37)$$

$$2PbO + PbS = 3Pb + SO_2 \quad (6-38)$$

上述反应的吉布斯自由能变化与温度的关系见表 6-6。

表 6-6　反应式(6-36)~式(6-38)的标准吉布斯自由能变化 $\Delta G^{\ominus}$

常见的交互反应	$\Delta G^{\ominus}/(kJ \cdot mol^{-1})$				
	1100 K	1200 K	1300 K	1400 K	1500 K
$PbSO_4+PbS = 2Pb+2SO_2$	0.35	-8.21	-16.61	-24.85	-32.92
$3PbSO_4+PbS = 4PbO+4SO_2$	17.28	-54.89	-124.06	-191.58	-250.17
$2PbO+PbS = 3Pb+SO_2$	3.28	-1.19	-5.57	-9.85	-14.04

在标准状态下，反应式(6-36)、式(6-37)需要在较高的温度下才能进行。在实际生产实践中，不管采用何种火法工艺，浸出渣的还原挥发过程的温度都在 1273~1573 K，上述反应可能发生。

除上述常见的交互反应外，碱式硫酸铅、硫化铅和氧化铅之间会发生一系列反应，见表 6-7。

表 6-7　涉及碱式硫酸铅的相互反应

相互反应	温度/K	$\Delta G^{\ominus}/(kJ \cdot mol^{-1})$
$PbSO_4+PbO = PbSO_4 \cdot PbO$ ($T<973$ K)	298	-27.0
$PbSO_4+2PbO = PbSO_4 \cdot 2PbO$ ($T<973$ K)	298	-32.8
$PbSO_4+3PbO = PbSO_4 \cdot 3PbO$ ($T<973$ K)	298	-38.3
$4PbSO_4+PbS = PbSO_4 \cdot 4PbO+4SO_2$ ($T<973$ K)	298	46.0
	973	88.0

续表6-7

相互反应	温度/K	$\Delta G^{\ominus}$/(kJ · mol^{-1})
$2(PbSO_4 \cdot PbO)+3PbS = 7Pb_{(l)}+5SO_2$ (1113 K<T<1393 K)	298	825.0
	1073	-8.05
	1273	-159.0
$4(PbSO_4 \cdot PbO)+4PbS = (PbSO_4 \cdot 8PbO)+4SO_2$ (1183 K<T<1393 K)	298	608.0
	1073	39.0
	1273	-97.5
$13(PbSO_4 \cdot 2PbO)+PbS = 10(PbSO_4 \cdot 3PbO)+4SO_2$ (1313 K<T<1393 K)	298	615.0
	1073	23.7
	1273	66.5
$2(PbSO_4 \cdot 3PbO)+5PbS = 13Pb_{(l)}+7SO_2$ (T<1393 K)	298	685.0
	1073	71.5
	1273	76.5
$3(PbSO_4 \cdot PbO)+PbS = 7PbO+4SO_2$(1273 K<$T$<1393 K)	—	—

从表 6-7 可知，在较低的温度下，硫酸铅能够与氧化铅反应产生各种碱式硫酸铅，而碱式硫酸铅与硫化铅的反应通常需要较高的温度。

(4)其他反应。

浸出渣中通常含有一定量的二氧化硅，在高温还原挥发过程中生成的氧化铅能够和二氧化硅反应形成低熔点硅酸铅。

$$SiO_2 + PbO = PbO \cdot SiO_2 \tag{6-39}$$

$$SiO_2 + 2PbO = 2PbO \cdot SiO_2 \tag{6-40}$$

处理含铅较高的浸出渣时，会形成低熔点硅酸铅、金属铅及冰铜(锍)。其渗透能力强，将渗透炉衬而侵蚀衬体材料，使炉料熔化形成炉结，阻碍铅和锌的挥发。因此，在浸出渣高温还原挥发过程中，应尽量避免形成硅酸铅。

不同形态的硅酸铅可以被 C 和 CO 还原。被 CO 还原的反应式为：

$$PbO \cdot SiO_{2(\text{晶体})} + CO = Pb_{(\text{液})} + SiO_{2(\text{无定形})} + CO_2 \tag{6-41}$$

$$2PbO \cdot SiO_{2(\text{晶体})} + 2CO = 2Pb_{(\text{液})} + SiO_{2(\text{无定形})} + 2CO_2 \tag{6-42}$$

上述两个反应的平衡气相中的 CO 含量见表 6-8。为了方便比较，表中给出了 $PbO+CO = Pb+CO_2$ 反应的平衡气相中 CO 含量。

表 6-8　CO 还原硅酸铅时平衡气相中 CO 体积分数

温度/K	平衡气相($CO+CO_2$)中 CO 体积分数/%		
	PbO	$PbO \cdot SiO_2$	$2PbO \cdot SiO_2$
773	1.1×10^{-3}	1.2×10^{-1}	3.4×10^{-2}

续表6-8

温度/K	平衡气相(CO+CO_2)中CO体积分数/%		
	PbO	PbO · SiO_2	2PbO · SiO_2
873	3.7×10^{-3}	3.4×10^{-1}	9.4×10^{-2}
973	8.5×10^{-3}	7.4×10^{-1}	2.1×10^{-1}

由表6-8看到，用CO还原PbO时的平衡气相中所需的CO含量是很低的，说明PbO易于被CO还原。用CO还原硅酸铅(如PbO · SiO_2、2PbO · SiO_2)时的平衡气相中所需CO含量比PbO要高一到两个数量级，说明硅酸铅的还原比PbO(游离态)的还原要困难得多。

6.3 回转窑烟化法

回转窑烟化法又称威尔兹法，该方法于1926年首次在波兰得到应用，最初主要用于处理低品位氧化锌矿和采矿废石。此后，该方法的应用领域逐步拓宽，已成功应用于处理湿法炼锌厂的浸出渣、铅鼓风炉渣和钢铁厂的各种含锌尘泥。

6.3.1 回转窑烟化的基本原理

回转窑烟化处理锌浸出渣的实质是一个碳热还原挥发的过程。即在高温条件下，通过碳热还原，将金属化合物还原成金属；然后通过炉气将其氧化成氧化物，以烟尘形式进行收集。

处理过程是将干燥后的锌浸出渣配以一定量的还原剂，如焦粉或煤粉，物料通过加料管从尾部加入具有3°~5°倾斜度的回转窑内。通过回转窑头部的燃料烧嘴向窑内喷入重油或煤气，重油或煤气燃烧后产生的热量用于维持窑内温度在1373~1573 K。随着窑身的缓慢转动，炉料发生翻转滚动，并从窑尾部逐渐向窑头方向运动；重油或煤气燃烧后产生的烟气从窑头部向窑尾部方向运动，即固体物料和气体作相向运动。在回转窑的预热带、反应带和冷却带发生一系列物理化学变化：物料中的锌、铅化合物被转变成金属氧化物，然后被CO还原成锌、铅蒸气进入烟气，然后再次被炉气中O_2和CO_2氧化成ZnO和PbO固体细颗粒并收集于收尘器中，得到粗氧化锌粉。炉料中的铅可能以PbO和PbS形式挥发；铟、镉和锗也被部分还原挥发，最终以氧化物形式进入烟尘得以回收。炉料中的铁氧化物被还原成FeO或金属铁珠，并进入窑渣。窑渣从窑头落入水池中，最后形成水淬渣。此时的窑渣中铅、锌、铟和锗等有价金属含量很低。回转窑烟化过程如图6-3所示。

回转窑烟化挥发过程可分为三步：

①化合物分解和氧化物还原。炉料中的锌和铅化合物分解成金属氧化物，然后被C和CO还原成Zn、Pb蒸气，挥发进入气相。

②金属蒸气的氧化。气相中的Zn、Pb蒸气被炉气中的O_2氧化成ZnO和PbO。

③氧化物颗粒的收集。ZnO和PbO固体细颗粒随烟气一起进入烟气冷却和收尘系统而被捕集。

由于PbO和PbS均具有较高的挥发性，在回转窑烟化挥发过程中，炉料中的铅将以PbO和PbS形式挥发进入烟尘，同时部分铟和锗也挥发，并随烟气一起被捕集于烟尘中。铜、金

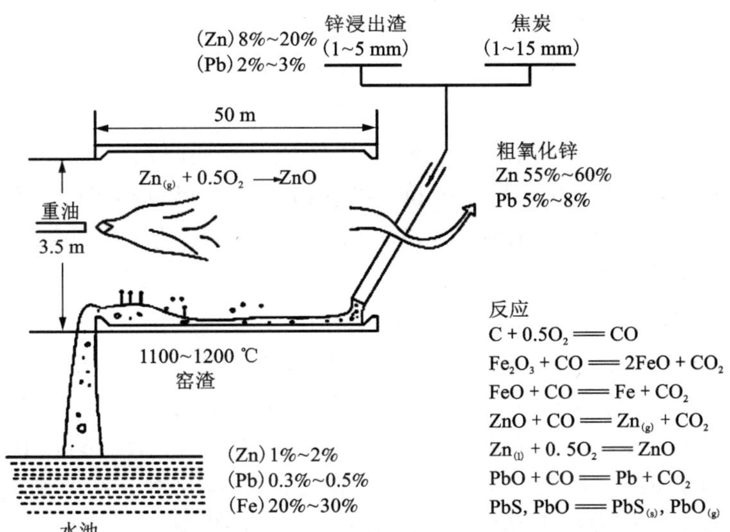

图 6-3　回转窑烟化过程原理

和银的化合物难于挥发，残留在窑渣难以回收，这是回转窑挥发处理锌浸出渣时有价金属综合回收率低的原因。该方法主要用于回收锌和铅，以及部分的铟和锗，有时还加入少量石灰以促进硫化锌向氧化锌转化，起到调节窑渣成分的作用。

6.3.2　回转窑工艺流程及简述

回转窑烟化法广泛应用于处理湿法炼锌的浸出渣，也可处理含有金属氧化物、部分硫化物，以及硫酸盐等形式的铅、锌物料；主要回收的目标金属是锌和铅，其次是铟和锗等。回转窑处理锌浸出渣的原则工艺流程如图 6-4 所示。

(1)锌浸出渣的干燥。

湿法炼锌产生的浸出渣经过过滤后，含水率较高(25%~40%)，不能直接加入回转窑内。其原因如下：

①含水较高将使窑内温度难以提高，预热带易结团；

②导致配料不均匀，使炉料在窑内反应不完全，降低金属回收率；

③造成炉气量增加，并降低炉气的露点，缩短布袋使用寿命，同时降低收尘效率。干燥过程也不宜将物料中的水分含量控制过低。含水量过低，则将产

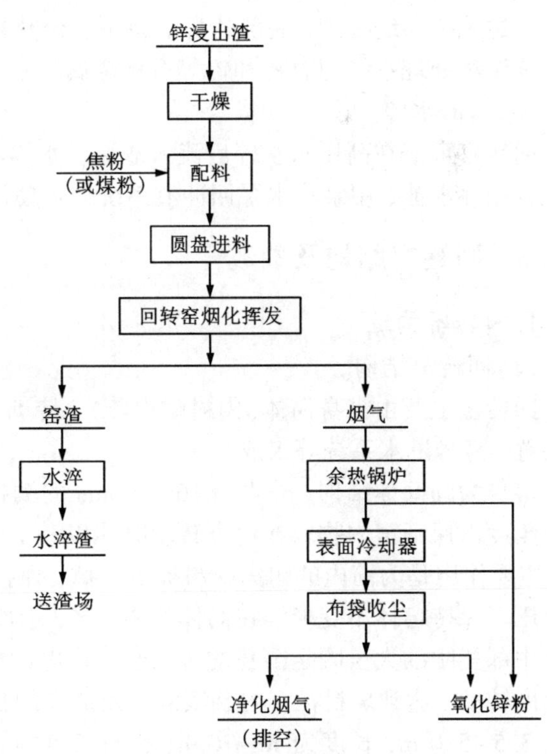

图 6-4　回转窑处理锌浸出渣的原则工艺流程

生大量锌浸出渣粉尘，并随烟气进入收尘器，影响氧化锌粉的品质。因此，一般将锌浸出渣干燥到含水12%~18%较为适宜。浸出渣的干燥通常是在回转式圆筒干燥窑内进行，窑头温度一般控制在1073~1173 K，窑尾温度为523~623 K。

(2)配料。

回转窑处理锌浸出渣一般采用焦粉(或煤粉)作燃料和还原剂。窑内的温度通过焦粉(或煤粉)和锌蒸气的燃烧所释放的热量来维持，当开窑或窑内热量不足时，辅以重油或煤气等辅助燃料。焦粉的配入量为锌浸出渣的45%~55%。近年来，为了降低焦炭耗量、降低成本，很多企业用部分煤粉替代焦粉。

(3)回转窑烟化挥发。

锌浸出渣和焦粉(或煤粉)混合均匀后，从窑尾加入具有一定倾斜度的回转窑内。窑体由电动机带动进行缓慢转动，炉料随之翻滚，从窑尾向窑头流动。燃料产生的高温炉气与炉料流动的方向相反，窑内按照温度梯度分为干燥带(873~1073 K)、预热带(1073~1273 K)、反应带(1273~1473 K)和冷却带(923~1273 K)。在反应带内发生一系列物理化学变化，使炉料中的Zn和Pb被还原挥发进入烟气，被捕集于收尘器中得到氧化锌粉。同时在烟尘中可回收Cd、In、Ge、Ga等有价金属。

(4)烟气处理。

回转窑烟气处理系统一般由余热利用系统、收尘系统、烟气脱硫系统组成。在余热利用系统，回转窑出口烟气温度为(973±50)K，采用余热锅炉回收烟气中的热量；生产的低压蒸汽可并入厂区蒸汽管网，供锌冶炼湿法生产过程使用；余热锅炉出口烟气温度约为623 K。在收尘系统，烟气进入电收尘器中收尘，电收尘后的烟气温度约为573 K。在烟气脱硫系统，收尘后送脱硫系统处理，脱硫达标后排放；余热锅炉和电收尘器收集的烟尘即为氧化锌粉，送后续湿法处理系统回收锌和铅等有价金属。

(5)窑渣水淬。

回转窑窑渣在高压水水碎后流入渣池。水淬渣池设有冲渣池、沉淀池和澄清池。澄清池后设置循环水池，用泵将水泵回冲渣系统循环使用。

6.3.3 回转窑结构及参数

1. 回转窑构造

(1)回转窑结构。

回转窑主要由窑身筒体(内衬耐火砖)、传动装置、液压及润滑系统、PLC控制系统、进料装置、窑身淋水系统等组成。

窑身为圆筒体结构，外壳由16~20 mm的钢板卷制而成。窑身与水平线一般呈3°~5°的倾斜角度以保证窑内物料在窑身转动时能以一定的速度向窑头移动。筒体为回转窑的主体结构，主要作用是为筒内的耐火材料提供支撑，保持窑体的刚性，在窑内耐火材料及窑内物料的重压下保持窑体不变形。在筒体的头、尾、中部分别各有一个托圈，用于承受窑身的重量，靠近中部托圈的大齿圈是窑身的传动装置。电动机通过传动装置带动筒体以0.5~1.0 r/min的速度转动，达到炉料在窑内翻滚混合及流动的目的。用于锌浸出渣处理的回转窑的直径一般为3.5~5.0 m，长度为40~70 m，窑身长度与直径之比(长径比)为(12~15)：1。一般回转窑的构造如图6-5所示。

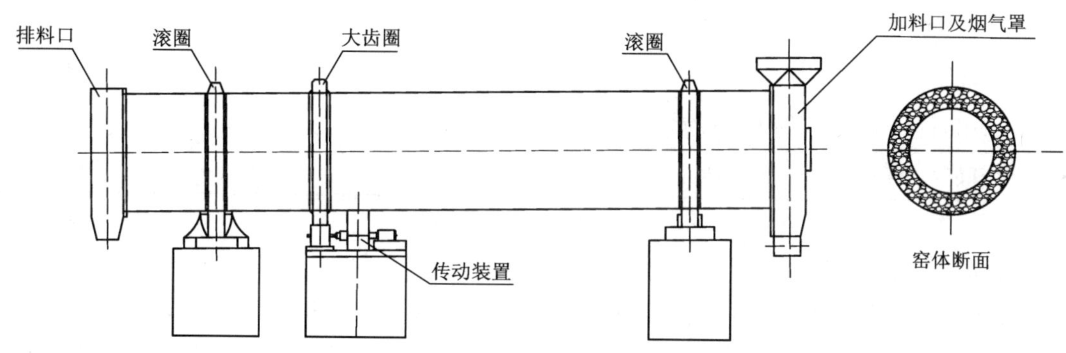

图 6-5　回转窑结构

(2)耐火材料。

回转窑的处理过程是在高温下进行的，尤其是反应带温度达到 1372~1573 K 时。炉料在高温下发生剧烈的物理化学反应，故窑内必须衬入适当厚度的耐火材料。一方面起到对窑身保温的作用，节约能源和减少热污染；另一方面起到承受高温、机械磨损和化学腐蚀的作用，保证整个窑体的使用寿命。

选择窑内衬砖时，须选耐高温、耐高温下化学腐蚀、耐磨损和热振稳定性好的耐火材料。由于浸出渣含碱性金属和碱性氧化物，尤其含铁较高，所以必须选偏碱性材料。常用的耐火材料有镁质砖、高铝砖和铝镁砖等。根据窑内各段在生产中反应温度和所起作用的不同，可采用不同的耐火材料。目前，含铬质镁砖是抗化学腐蚀性较强的碱性耐火材料。

回转窑的作业周期很大程度取决于回转窑内高温段耐火材料的使用寿命，因此，各炼锌厂都非常重视该段耐火材料的选用。目前，国内各炼锌厂的回转窑对高温段耐火材料的选用有所不同。近年来，部分小型回转窑开始使用磷酸盐高铝砖，也有少部分大型回转窑尝试使用铝铬尖晶石砖。目前还没有关于耐火材料选用的确定结论。株洲冶炼厂在回转窑高温段先后选用了铝铬砖、铝铬刚玉砖、铬渣砖、镁铝铬砖、镁铬砖和铝铬尖晶石砖。通过生产实践的验证和性价比的比较，镁铬砖、镁铝铬砖的使用效果较好，这两种耐火材料的寿命稳定在 150 天以上。

2. 回转窑的结构参数

国内外一些企业回转窑的结构参数见表 6-9。

表 6-9　国内外冶炼厂回转窑结构参数

序号	项目	国外某厂	国内某厂 1	国内某厂 2	国内某厂 3	国内某厂 4
1	有效内径/m	3.35	2.90	3.60	2.75	2.95
2	窑长度/m	45.0	52.0	58.6	44.0	52.0
3	有效长径比	13.21	17.93	16.17	16.00	17.63
4	内衬厚度/mm	250	275	275	275	275
5	有效容积/m^3	395	343	592	261	355

续表6-9

序号	项目	国外某厂	国内某厂 1	国内某厂 2	国内某厂 3	国内某厂 4
6	窑体斜度/%	3.8	5	5	—	5
7	窑衬材料	镁尖晶石砖	镁砖、高铝砖	铬渣砖、高铝砖	镁铬砖	铬渣砖、高铝砖
8	处理能力/($t \cdot h^{-1}$)	10.83	15.43	26.64	11.74	16.00

3. 回转窑的配套设施

回转窑的配套设施主要包括传动装置、液压及润滑系统、进料装置、窑身淋水系统等。

传动装置是回转窑的关键部分，是回转窑正常生产的动力来源。正常生产中用主电机作为传动电机，在升温烘窑或挥发窑运行不正常的情况下用事故电机进行传动。挥发窑传动电机的控制使用了变频控制，以满足挥发窑下料量、物料在窑内的停留时间与窑身转速之间合理调整的需要。

液压及润滑系统的主要作用有两个方面，一是控制窑身上、下窜动范围，使窑身轴向位移在轴向一定范围内，以保证传动装置传动的可靠性，同时保证托轮与滚圈的接触面积合理，使受力均匀。二是向各托轮轴承、挡轮、减速机和大齿圈等供机械油保证润滑，各托轮轴承座可采用强制水冷却。挥发窑设备的传动、润滑、液压系统均采用自动控制系统，可实现全自动、半自动和手动控制。

进料装置主要是向回转窑提供生产原料。目前，大多数工厂采用圆盘给料→溜管进料的方式。

窑身淋水系统的主要作用是通过向窑皮表面进行淋水降温，保证窑壳钢板温度不超过 573 K。由于反应带温度高达 1273~1473 K，仅靠窑内衬耐火砖保温和隔热难以避免窑壳钢板的高温变形，使筒体强度降低和筒体寿命缩短。因此，在窑高温段(反应带)设置窑身淋水降温装置，以保证窑皮钢板温度不超过 573 K 并降低滚圈温度。实践证明，窑身淋水装置可以有效延长窑的使用寿命，防止窑体变形。

6.3.4 回转窑烟化法的生产实践

1. 回转窑烟化的原辅料

回转窑处理的原料有湿法炼锌过程的含锌浸出渣、低品位氧化锌矿和各种含锌尘泥。锌浸出渣的典型成分见表 6-1。浸出渣经过干燥后，控制水分在 12%~18%。然后配入 50%左右的焦粉，通过圆盘给料机和溜管，从窑头均匀加入回转窑内(以冷料的形式进入)。

大多数工厂的回转窑用焦粉(或用部分煤粉替代)作燃料和还原剂，对焦粉的粒度和化学组成均有一定的要求。粒度太粗，炉料会过早软化，反应不充分，窑渣含锌高；粒度太细，炉料的透气性差，翻动不充分，窑渣含锌亦高。生产实践表明，焦粉的粒度最好控制在 5~15 mm。

焦粉的成分(质量分数)要求：固定碳大于 75%，挥发分 4%~6%，灰分小于 20%。

用焦粉作还原剂，具有很多优点，如疏松的炉料具有良好的透气性，反应较为完全。但焦粉的价格昂贵，生产成本高；同时焦粉硬度大，对窑内耐火材料的磨损严重，使用寿命短。因此，很多企业采用煤粉替代焦粉，或者用煤粉与煤矸石的混合物代替焦粉作还原剂。这一方法取得了较好的效果，耐火材料使用寿命大幅延长，渣含锌可以控制在 1.0%~2.5%(质量分数)。

2. 回转窑烟化的产物

回转窑烟化的产物包括氧化锌粉、窑渣和烟气。

氧化锌粉是回转窑的主要产品，氧化锌粉的主要成分为 Zn、Pb，同时含有少量的 Ag、In、Ge 和 Cd 等。受原料成分、回转窑和配套系统的工艺参数控制等的影响，氧化锌粉的化学成分和外观颜色差异较大。按捕集点划分，可以分为烟道氧化锌粉和布袋氧化锌粉。布袋氧化锌粉一般比烟道氧化锌粉含锌量高，颜色更白。氧化锌粉成分列于表 6-10。

表 6-10　锌浸出渣回转窑处理后所得氧化锌成分实例

冶炼厂	氧化锌粉尘类别	化学成分(质量分数)/%						
		Zn	Pb	S 或 As	Sb	F	Cl	In
国内某厂	烟道尘	45~56	9~11	<0.5	<0.02	0.07~0.15	0.1~0.2	0.02~0.07
	布袋尘	66~68	8.5~9.5	<0.5	<0.02	0.06~0.1	0.06~0.12	0.03~0.08

回转窑产出的氧化锌粉经多膛炉脱氟氯后，送氧化锌浸出系统。如果氧化锌粉中铟或锗含量较高，则在氧化锌处理流程中增加铟或锗的回收工序，将其回收获得铟或锗的富集料后，送往专门的回收工序。

回转窑窑尾烟气主要成分见表 6-11，其温度高达 923~1073 K，具有很大的余热利用价值。国内外工厂大多进行余热利用，窑尾的高温烟气经余热锅炉和 U 形表面冷却器后温度降至 353~373 K，再送入布袋收尘器。进入布袋的烟气温度必须要控制在 573 K 以下，烟气温度处于露点以下时，会导致布袋板结，透气性变差，使布袋阻力变大，收尘效果降低；布袋上积灰增加了工人的劳动强度，反复的人工清灰也会加剧布袋损坏。目前，国内炼锌企业已将现有的布袋收尘器更换成接受进口烟气温度更高的电收尘器。其允许的烟气温度最高可达 673 K，能有效保证进入收尘系统的烟温高于烟气露点，避免结露及黏结。

表 6-11　回转窑烟气成分实例

序号	烟气组成(体积分数)/%					
	CO_2	H_2O	N_2	O_2	SO_2	HCl
1	15.0	9.7	69.8	5.4	0.08	—
2	16.5	9.3	71.0	3.2	0.03	0.01

回转窑所得窑渣中锌和铅的总含量(质量分数)一般小于 3%(在较好的情况下，Zn+Pb 总质量分数小于 1%)。几种窑渣成分见表 6-12。

表 6-12 几种窑渣的成分

窑渣类别	化学成分(质量分数)/%							
	Zn	Pb	S	As	Sb	C	Ag	In
窑渣 1	0.8~2.5	0.15~0.4	6~8.5	0.7~0.9	0.03~0.07	17~28	0.03~0.04	0.009~0.02
窑渣 2	1.5~2.5	0.3~0.5	4~5	0.4~0.5	0.06~0.1	15~25	0.015~0.02	0.016~0.02
窑渣 3	1.26	0.53	4.83	0.52	0.05	20.35	0.03	0.006
窑渣 4	1.89	—	—	—	—	29.54	0.024	0.009

窑渣中碳含量较高，经过重选回收残碳后可堆存或外售。

3. 回转窑烟化生产过程技术条件的控制

回转窑的技术操作条件主要包括以下几个方面。

(1)烟化温度。

温度是回转窑烟化过程最关键的参数之一，对金属回收率、耐火材料使用寿命、操作过程等有重要影响。窑内温度通过焦粉和锌蒸气燃烧释放的热量来维持；当热量不足时，可通过喷吹重油、煤气和煤粉等辅助燃料控制热量。

回转窑一般被划分为四个温度带，从窑头至窑尾分别是干燥带、预热带、反应带和冷却带。其中反应带最长，温度最高，一般可达 1273~1473 K，窑尾烟气温度为 923~1073 K。以 44 m 回转窑为例，窑内各温度带温度分布如图 6-6 所示。

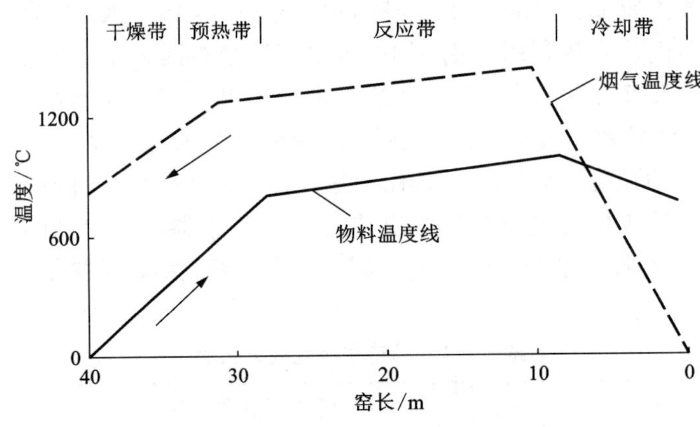

图 6-6 回转窑内的温度分布

烟化温度越高，锌和铅氧化物还原速率越大，挥发越完全。过高的烟化温度，将加剧窑内耐火材料的腐蚀，缩短使用寿命；可能出现炉料的熔化现象，形成炉结，恶化操作，挥发不完全，降低金属回收率。故此，烟化温度应控制适宜的温度，一般根据炉料的熔点及性质而定。

(2)焦粉配比及焦粉质量。

焦粉配比是指加入的焦粉量与浸出渣(干基)之比。焦粉亦可以用部分煤粉代替。加入焦粉的目的是提供热量和形成还原气氛，并使炉料具有一定的透气性。焦粉配比需要控制在合理的范围内，通常为 50%左右。焦比过高，窑内温度高，还原性气氛强，随窑渣排除的剩余焦粉量增加，降低经济性。焦比过低，炉料的疏松性降低，透气性变差，容易使炉料产生黏结，导致锌和铅氧化物还原反应不完全，降低金属回收率。

回转窑烟化过程的焦粉粒度对操作过程有很大影响，焦粉质量要求主要体现在控制合理的挥发分上。挥发分过高不利于反应带的延长，通常要求挥发分质量分数为 4%~6%，固定碳质量分数不低于 75%，灰分质量分数不高于 20%。

(3)窑内负压。

窑内负压是决定强制鼓风的基本条件之一。目前，大多数工厂将窑内负压控制在 50~80 Pa。负压过大，窑内进入的冷空气增多，反应带后移，窑尾温度升高，进料管易损坏，使辅助燃料燃烧不完全，细颗粒被带入烟道，进而影响氧化锌粉质量。若负压过小，窑内空气量不足，反应带前移，还原气氛减弱，窑渣含锌量升高，甚至窑前部分可能出现冒火现象。

(4)炉料粒度和水分。

炉料的粒度与焦粉保持一致，通常控制在 5~15 mm。炉料粒度大，虽确保了透气性，但其与流体反应的表面积减小，影响金属氧化物还原速率。粒度太细，透气性变差，影响还原速率。生产实践表明，炉料中水分质量分数控制在 12%~18%较为适宜。水分过高，窑内温度难以提高，炉料易结团成球，反应不完全，使窑尾温度下降，增加炉气量和炉气含水量，降低炉气露点，影响收尘效率和布袋使用寿命。水分过低，炉料粉尘进入氧化锌量增多，影响氧化锌品质。

(5)强制鼓风。

回转窑挥发过程中，焦粉等燃料的燃烧需要鼓入空气助燃，并促进物料更好地翻动，有利于延长反应带，提高挥发能力，延长窑的使用寿命。实践表明，强制鼓风压力控制在 0.18~2.0 MPa 较为适宜。

(6)窑身转速。

窑身转速决定了炉料在窑内的停留时间，对反应速率及反应完全程度有很大影响。转速过快，炉料在窑内的停留时间短。虽然翻动良好，但较短的停留时间不足以保证反应完全，导致渣含锌较高。转速太慢，保证了较长的停留时间，并使焦粉能够完全燃烧，但炉料易发黏，降低处理量。实际生产中，窑身转速一般控制在 0.7~1.0 r/min。

4. 锌浸出渣回转窑富氧烟化工艺

在传统的锌浸出渣回转窑烟化处理过程中，需要向窑内强制鼓风，使燃料与空气中的氧反应燃烧放热以维持窑温，鼓入的空气量远大于燃烧所需的空气。空气量不足时，易造成缺氧，导致燃烧不完全，造成焦粉浪费。用空气作为助燃气时，空气中氧气仅占 21%，其余不参加反应的成分如氮气等，不仅增加了空气输送、收尘等负担，并且带走了大量显热。

近年来，在回转窑烟化工艺发展过程中，在富氧鼓风的工艺强化方面已取得一些进展。采用富氧供风时，如果单位时间内的鼓风量和焦比(或煤比)保持不变，则系统中的氧碳比提高，气相中 CO_2 含量增加，CO 含量降低，还原能力下降。但富氧鼓风有利于窑温的升高，强化了燃烧和还原反应的速率，提高了回转窑的处理能力。如果保持鼓风量不变，增加单位时间内燃料用量，则可提高气相中 CO 含量、回转窑的还原能力，以及有价金属的挥发速率。

采用富氧供风时，由于助燃空气中氧浓度提高，氮气等不参与反应的成分减少，实际需要的空气量随之减少。如，采用体积分数为 25%或 30%的富氧空气替代空气，所需空气体积分数分别减少16%和30%。可见，提高助燃空气中的氧气浓度，可以显著减少烟气总量，同时降低配套设施等配置。随着烟气量减少，被烟气带出炉窑的粉尘炉料也相应减少，提高了氧化锌粉品质。富氧空气带入的 N_2 等无用气体减少，烟气总量减少，烟气带走的热量减少，有利于节能。

根据以上分析可知，采用富氧空气进行回转窑烟化，可取得以下效果：

①鼓风量降低，烟气总量减少；

②氧化锌粉品质提高；

③增强回转窑的处理能力；

④燃烧完全，燃料利用率高，燃料消耗下降。

国内某厂曾对富氧鼓风烟化处理锌浸出渣进行了工业化试验。在工业试验的基础上，该厂于2015年下半年在富氧浓度30%(体积分数)的条件下，开展了大投料量、较高燃料率的工业实践。通过富氧烟化后，窑渣含锌可以控制在较低的水平(Zn质量分数为1%~2%)，且氧化锌品质(质量分数)可达50%~58%。该厂富氧供风还原挥发锌浸出渣取得了良好的烟化效果。采用富氧烟化可以有效降低燃料消耗(与传统回转窑烟化相比，燃料消耗降低16%以上)，提高氧化锌粉品位，降低生产成本。

国内另一家锌冶炼企业也开展了相关研究并进行了工业化生产，生产试验主要技术经济指标见表6-13。

表6-13　富氧鼓风回转窑烟化工业试验主要技术指标

项目	富氧前	富氧Ⅰ阶段	富氧Ⅱ阶段
富氧浓度(体积分数)/%	20.5	25.0	25.0
焦比/%	44.04	35.50	37.55
处理量/($t \cdot d^{-1}$)	107.28	167.9	180.13
窑渣中Zn质量分数/%	3.43	3.46	1.02
In回收率/%	78.4	72.64	85.86

从表6-13可知，回转窑富氧鼓风烟化处理锌浸出渣后，其技术指标取得了明显提升。富氧浓度由20.5%提高至25%，浸出渣处理能力提高20%~40%，窑渣含锌明显降低，有利于铟的挥发回收，固体燃料率(焦比)可降低5%~6%。

5. 回转窑烟化生产的主要技术经济指标

回转窑烟化过程技术控制条件及指标见表6-14。

表 6-14　回转窑烟化过程主要技术控制条件和指标

项目		国内某厂
主要技术条件	回转窑规格($\varphi_{内} \times L$)	3.6 m × 58.6 m
	焦粉配比	50%~60%
	压缩风压	0.18~0.2 MPa
	最高温度	约 1300 ℃
	窑尾温度	600~800 ℃
	窑尾负压	30~50 Pa
	窑尾烟气量	60000~80000 m^3/h
主要技术指标	窑渣含锌	约 2.5%(质量分数)
	氧化锌烟尘含锌	55%~60%
	锌回收率	90%~95%
	铅回收率	85%~90%
	每吨氧化锌粉焦粉耗量	2000~2500 kg
	氧化锌粉年产量	29000~33000 t
	年工作日	180~230 d

回转窑烟化法的缺点是窑壁黏结造成窑龄短，耐火材料消耗大；因处理冷态物料导致燃料消耗大，成本高。

6.4　烟化炉烟化法

6.4.1　烟化炉烟化的基本原理

锌浸出渣烟化炉烟化过程的实质是还原挥发过程，属于熔池熔炼的范畴。它是在一个反应器中完成气、液、固的多相反应和空间的气-气反应，包括碳燃烧反应、碳的气化反应和金属氧化物的还原反应。将碳质还原剂(煤粉或者其他还原剂)和空气(或富氧空气)的混合物鼓入烟化炉的熔体内，使锌、铅化氧化物还原成锌和铅蒸气，挥发进入炉内上部空间和烟道系统，被补入的空气(三次风)或炉气氧化成 ZnO 和 PbO，然后进入收尘系统被捕集。炉料中的锌主要以 ZnO 形式挥发，铅以 PbO 和 PbS 形式挥发，In、Cd 和 Ge 也将挥发进入烟尘。锌浸出渣烟化炉烟化过程如图 6-7 所示。

高温下(大于 1473 K)，ZnO(PbO)、$ZnFe_2O_4$、$ZnSiO_3$(xPbO · $y SiO_2$)的还原可以进行得比较完全，ZnO 还原需要在较强的还原气氛中进行。当烟化体系中碳与氧化锌分子比(C/ZnO)大于 0.75 时，ZnO 的还原度可达 99.9%以上；当 C/ZnO 为 0.5 时，还原度仅为 72.9%。

通常来说，PbO 比 ZnO 更容易还原。从图 6-8 看到，在确保大量锌被还原的条件下，铅的还原挥发已进行得较为彻底。

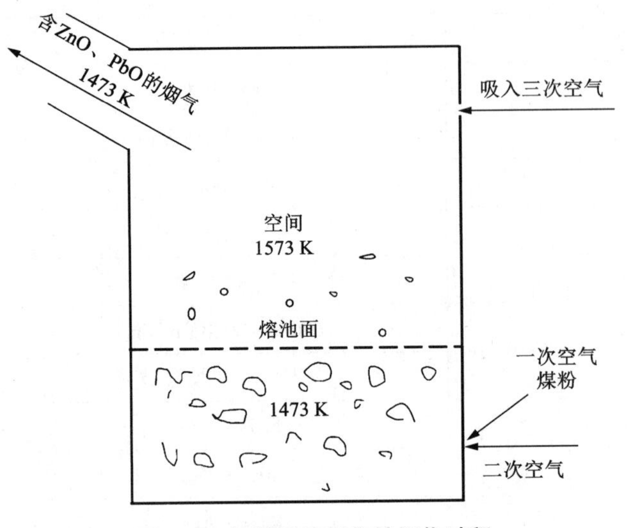

图 6-7 锌浸出渣烟化炉烟化过程

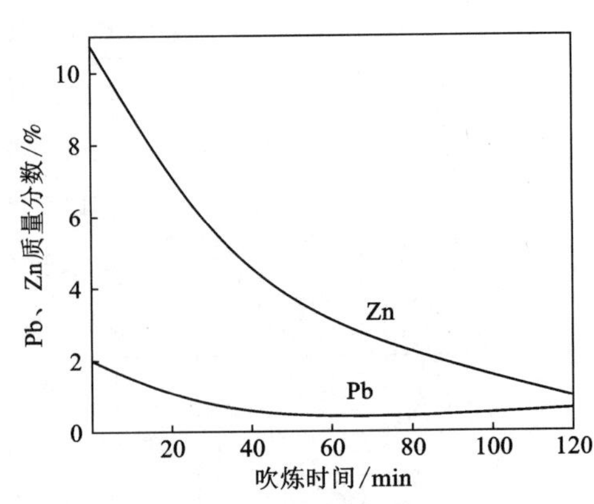

图 6-8 反应时间对烟化炉渣中 Zn 和 Pb 含量的影响

与锌浸出渣回转窑烟化方法不同，烟化炉烟化过程的还原反应主要发生在熔池内，涉及气、液、固的多相反应；回转窑烟化过程的还原反应以气-固反应为主。烟化炉烟化过程主要的反应有熔池反应和空间反应。熔池反应主要以还原反应为主，包括碳燃烧和气化反应以及金属氧化物的还原反应；空间反应以氧化反应为主，包括金属蒸气的氧化燃烧和金属硫化物的氧化反应（表 6-15）。

表 6-15 烟化炉烟化过程反应

烟化炉烟化过程	反应式
熔池反应（还原）	$C+O_2 = CO_2$
	$C+CO_2 = 2CO$
	$ZnO+C = Zn_{(g)}+CO$
	$ZnO+CO = Zn_{(g)}+CO_2$
	$PbO+C = Pb_{(g)}+CO$
	$PbO+CO = Pb_{(g)}+CO_2$
空间反应（氧化）	$2Zn_{(g)}+O_2 = 2ZnO$
	$2Pb_{(g)}+O_2 = 2PbO$
	$2PbS+3O_2 = 2PbO+2SO_2$
	$2CO+O_2 = 2CO_2$

碳燃烧反应又分为浸没燃烧、延续燃烧和二次燃烧，其中浸没燃烧极大影响金属还原。浸没燃烧本质上是碳的气化反应（碳不能完全燃烧为 CO_2），燃烧产生的 CO 和煤中挥发分受

热分解出的 H_2 在风口的射流作用形成强烈搅拌，与熔体发生接触后将熔体当中的金属氧化物还原。烟化炉生产过程为周期性作业，步骤一般可分为加料、升温、还原吹炼、放渣四步，其中还原吹炼的时间占整个生产周期的 60%～70%。粉煤在整个熔炼工艺中起还原和供热双重作用，其在还原熔炼和其他步骤期间的燃烧是不同的。

加料和升温期间开始于粉煤着火，在此阶段粉煤燃烧的首要任务是放热，以提高炉温和熔化物料。为避免烟化炉内残留氧化性气氛，助燃空气系数应小于 1。在实际生产中，空气系数为 0.8～0.9。

还原吹炼期间，粉煤燃烧的主要任务是提供吹炼所需的还原性气氛。在此期间，要向炉内供给更少的助燃空气，空气系数一般控制在 0.6～0.8。尽管鼓入的空气不足以维持完全燃烧，但粉煤空气混合射流流速快，在熔池中停留时间短，空气中部分未来得及消耗的氧从熔体中逸散进入熔池上部空间，然后与炉气中的 CO 反应。同时，被炉气携带的未燃烧小颗粒粉煤也继续燃烧。由于存在继续燃烧放热，炉壁水套吸热对烟气(从熔池上升到炉顶的过程)温度下降的影响较小。完成继续燃烧后，炉气在继续上行的过程中遇到炉壁上所开三次风口吸入的空气，完成氧化反应。此时，过量空气的存在使燃烧完全，称为二次燃烧，烟化炉炉顶温度较高。为避免粉煤输送时爆燃，一次、二次风温度通常控制在 573～673 K，三次风则不受此限制。

6.4.2 烟化炉工艺流程及简述

世界上第一台烟化炉于 1927 年在美国伊斯特・海拉那炼铅厂投入工业化应用，该方法具有金属回收率高、处理能力大、可使用廉价易得的煤作为供热剂和还原剂、生产过程易于控制、余热利用率较高等优点，被广泛应用于处理炼铅炉渣。1957 年，国内某铅锌矿(现归属于云南某股份有限公司)首次从苏联引进烟化炉生产工艺，是我国第一台工业化应用的烟化炉。经过 60 多年的发展，其已广泛应用于铅、锌和锡等金属冶炼渣的处理。随着技术的进步，烟化炉烟化法处理的原料由最初的单一铅锌鼓风炉炉渣，发展到可同时配加一定量的氧化铅锌矿、铁闪锌矿、湿法炼锌浸出渣及各种含锌尘泥等进行生产。

烟化炉烟化法常见于铅锌联合企业，主要用于处理铅锌火法冶炼渣，较少企业直接用于处理锌浸出渣。

国内某厂采用烟化炉同时处理铅熔炼渣和湿法炼锌浸出渣。其工艺流程为：烟化炉烟化—余热锅炉—表面冷却器—收尘—尾气处理。

国内另一家企业采用烟化炉烟化法处理湿法炼锌高酸浸出渣。其工艺流程为：锌浸出渣—回转窑干燥—烟化炉烟化—余热锅炉—高温电除尘—布袋收尘—尾气处理。湿法炼锌产出的高酸浸出渣输送至回转干燥窑进行干燥，然后加入烟化炉内进行熔池冶炼。烟化炉熔炼产出的烟气经余热锅炉降温后，经高温电除尘得到氧化锌烟尘；经电除尘后的烟气再经骤冷和布袋除尘后得到含砷烟尘，含砷烟尘进行单独包装处理；经布袋除尘的含硫烟气再经尾气处理后达标外排。

烟化炉烟化法处理的原则工艺流程如图 6-9 所示。

(1)浸出渣的干燥。

锌系统产出的锌浸出渣通常含水 25%～40%(质量分数)，不能直接将其加入烟化炉内。在进入烟化炉窑之前，必须对其进行干燥处理。含水过高，将增加烟化过程的燃料消耗，增大炉气量；同时易导致配料不均、炉料易结团，在烟化炉内反应不完全，不能保证金属回收率。但也不宜将炉料中的水分含量控制得过低。水分含量过低，大量锌浸出渣粉尘被炉气带走进入氧化锌粉，影响其品质。因此，干燥过程中一般将水分质量分数控制在10%～15%较为适宜，个别工厂将水分控制在18%左右。

(2)粉煤制备。

烟化炉生产过程需要喷吹粉煤，为此，在煤炭进入炉内之前必须对其进行细磨处理。根据烟化炉生产要求，一般将原煤磨成粒度小于0.074 mm的干煤粉。粉煤制备系统可分为中间粉仓式和直接吹入式两种。

目前，大多数工厂采用中间粉仓式系统。该方法是将制成的粉煤储存于中间粉煤仓中，然后按需通过螺旋给煤机匀速地将煤粉输送至炉内。其工艺流程是：原煤通过给煤机送入磨机，同时引入热空气使原煤在磨机中干燥和研磨；产出的煤粉不断被气体带出，经过粒度分级器分级后，粗颗粒返回磨机继续磨细，细颗粒经过收集后进入中间粉煤仓贮存，最后泵送给烟化炉使用。

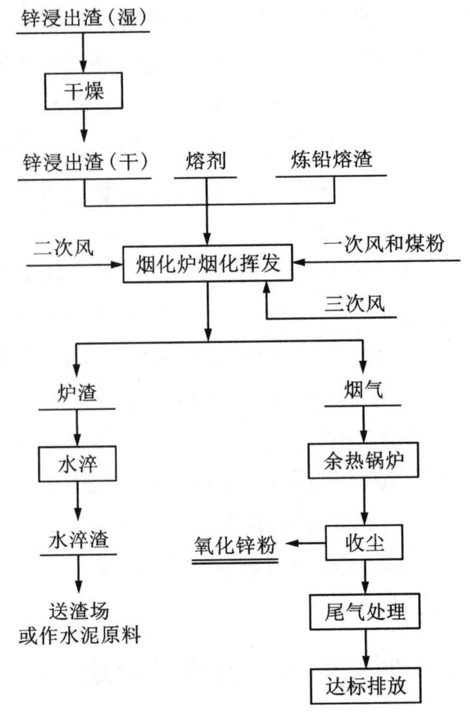

图6-9　烟化炉处理铅锌冶炼渣的原则工艺流程

直接吹入式系统是将磨机制备的粉煤直接供给烟化炉使用。其工艺流程为：原煤经自动秤、给煤机，按燃烧需要，定量、匀速地给入磨机进行研磨，并向磨机内通入热风干燥。产出的煤粉经过分离器分级后，粗粒返回研磨，细粉用粉煤风机经过燃烧喷嘴直接吹入炉内。目前，使用该系统的企业较少，仅瑞典波利顿公司采用。

(3)烟化炉烟化挥发。

干燥后的浸出渣(或浸出渣与铅熔炼渣的混合物)通过皮带运输机运送至烟化炉炉前料仓，经由皮带加入烟化炉内，并配加一定量的熔剂进行熔池熔炼。将空气和粉煤通过燃烧嘴喷入烟化炉内的熔渣中，燃烧产生大量热量和一氧化碳，使熔渣保持高温；熔渣中的锌、铅金属化合物和游离的ZnO及PbO等还原成Zn和Pb的蒸气而挥发，包括化合物分解、熔化、还原、挥发等过程。挥发物上升到炉子的上部空间，遇到CO_2或三次空气中的氧被氧化成ZnO及PbO，这些金属氧化物随烟气进入收尘系统被收集，形成氧化锌粉。

烟化炉生产过程为周期性作业，分为加料、升温、还原吹炼、放渣四个步骤。前一个周期作业完成后，才能进行下一周期作业。吹炼完成后，进行放渣；放渣结束后，打开进料闸门，开始进料；装料完成后关闭进料闸门，进入下一个作业周期。

(4)炉气冷却与收尘。

烟化炉产出的烟气温度高达1373 K以上，含有少量的SO_2，具有很大的余热利用价值。烟气余热回收利用有两种途径，一是采用余热锅炉(或烟化炉身水套改成汽化冷却)生产高压蒸气，用于供暖、生产或发电；二是采用热交换器生产热风，供烟化炉(或鼓风炉)使用。国外工厂一般用余热锅炉或汽化冷却来回收烟化炉烟气余热。通常采用汽化冷却、夹水套冷却或余热锅炉作为一次冷却和初步除尘设备，将烟气温度强制冷却到 673 K 左右；用表面冷却器作为二次冷却，将烟气温度冷却到低于后续布袋收尘器中布袋材质所能承受的最高温度。当含尘烟气进入布袋收尘后，粉尘在惯性力、分子热运动及静电作用下，与布袋表面发生碰撞而沉降下来，最后收集于集灰斗。

(5)尾气处理。

烟化炉采用间歇式操作，不同冶炼阶段产出的烟气量及烟气中 SO_2 体积分数不稳定，在 0.5%~3%波动，致使尾气处理成为技术难题。该低浓度 SO_2 烟气通常采用烟气脱硫技术，该技术适用于处理 SO_2 体积分数小于 1%的烟气。随着烟气中 SO_2 浓度增加，其经济性也逐渐变差。少数工厂采用氨-酸法吸收 SO_2，多数工厂采用 ZnO 法处理低浓度二氧化硫烟。

6.4.3　烟化炉结构

(1)炉型结构。

烟化炉有立式和卧式两种结构，其中立式结构较为常用。立式烟化炉是一种类似于鼓风炉的长方形炉子，其主要部件有炉体、风口装置、熔渣注入装置、炉料加入装置、放渣口、排烟口、水套烟道和支承框架等。炉体由四周的炉墙水套和底部的炉底水套拼装而成。炉底由带冷却水管的铸铁或铸钢构成，其上砌有一层耐火砖(或者用水套并在其上砌耐火砖)，以保护钢板不被侵蚀和高温热振。熔池底部砌有耐火砖以保护炉底水套。水套外侧由骨架上伸出的调节顶杆支撑，以起到紧固炉体的作用。炉膛断面为矩形，下部为熔炼池，熔池两侧相对布置数个风嘴。其结构如图 6-10 所示。

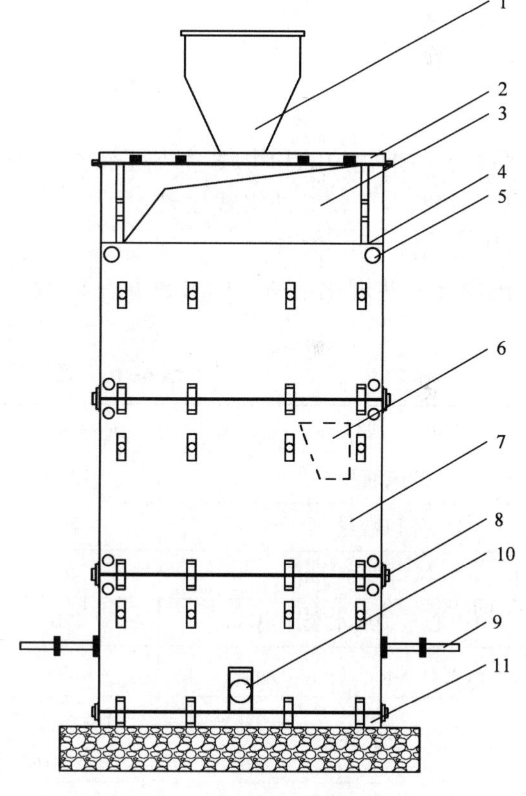

1—冷料加入口；2—炉顶水套；3—排烟口；4—侧水套；5—三次风口；6—熔渣注入口；7—水套；8—箍紧装置；9—风嘴；10—放渣口；11—炉底水套。

图 6-10　立式烟化炉结构

受风口气流向中心穿透能力的制约，烟化炉的宽度一般为 2.0~2.4 m，少数大型烟化炉宽度可达 3 m。烟化炉高度是指熔池底部(炉底水套)至炉顶之间的距离，取决于炉渣中金属含量、炉渣成分和熔池深度，通常为 5.0~7.5 m。为保护水套和降低水套的热损失，水套内壁须附着一层渣壳。风口设在烟化炉两侧最下层水套处，其直径为 30~40 mm，离炉底的距离为 100~250 mm，风口按其中心距 200~300 mm 的方式排列。

粉煤喷嘴是烟化炉的重要部件，它的作用是将一次、二次风与粉煤混合后喷入炉内。其由前部喷嘴、中部连接管和后部风煤混合器三部分组成，如图 6-11(a)所示。前部喷嘴向炉内延伸 60~150 mm；中部为连接管，长度为 150~250 mm；这种结构的喷嘴的特点是，主要部件的材质一般为球墨铸铁(QT500-7)。这种结构的喷嘴段寿命一般为 2~3 个月，中间段为一年，混合段为两年以上。另一种喷嘴结构如图 6-11(b)所示。该类喷嘴也可分为三段，喷嘴段材质一般为球墨铸铁(QT500-7)，寿命为 2~3 个月；中间段和混合段为普通碳钢，寿命可达 2 年以上。

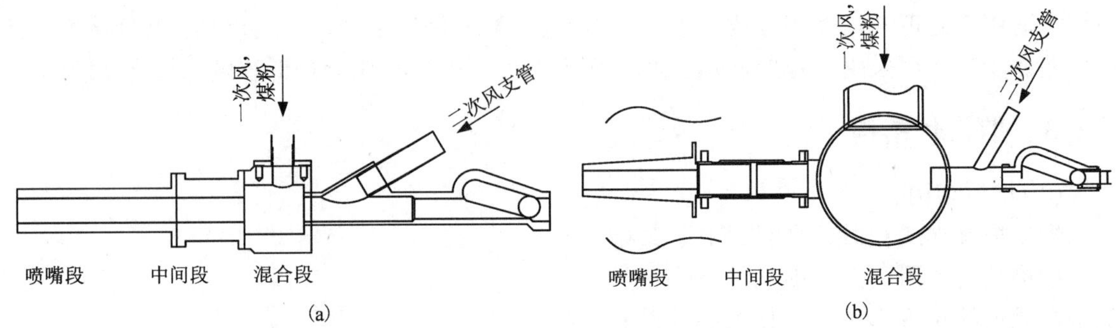

图 6-11 两种喷嘴结构

目前，在烟化炉的粉煤喷嘴结构和水套结构优化、耐磨复合材料的选择等方面均有较大的进展，并取得了较好的实践效果。

(2)烟化炉的结构参数。

国内外一些烟化炉的结构参数见表 6-16。

表 6-16 国内外烟化炉结构参数

项目	国内某厂 1	国内某厂 2	国内某厂 3	国外某厂
炉床面积/m^2	13.6	7.0	8	11.15
风口数量/个	42	24	—	28
风口直径/mm	40	38	—	37
风口中心至炉底水套距离/mm	470	540	—	140
鼓风强度/[$Nm^3 \cdot (cm^2 \cdot min)^{-1}$]	0.90	0.93	—	0.83~0.91
处理渣型	铅鼓风炉渣 锌浸出渣	铅鼓风炉渣	锌浸出渣	铅鼓风炉渣 (15%冷料)
处理能力/($t \cdot d^{-1}$)	400~500	180~200	166	450~500
鼓风量/($m^3 \cdot min^{-1}$)	340~350	200	188	390
床能率/[$t \cdot (m^2 \cdot d)^{-1}$]	19~21	25~29	—	40.9
操作温度/℃	1200~1300	1200~1250	1250~1300	1070~1175
渣含锌(质量分数)/%	≤2.8	≤1.5	≤6.0	—

6.4.4　烟化炉烟化的生产实践

1. 烟化炉烟化的原辅料

烟化炉处理的物料多种多样，且处理方式灵活多变。既可以单独处理铅熔渣，也可以配加其他含铅锌物料(如氧化矿、锌浸出渣和含锌尘泥等)。国内已有工厂直接将其用于锌浸出渣的处理。

典型的铅冶炼厂的热熔渣成分见表 6-17，锌浸出渣的成分见表 6-1。

表 6-17　典型铅冶炼厂热熔渣的成分(质量分数)实例　　单位：%

工厂	Pb	Zn	Fe	SiO_2	CaO	MgO	Al_2O_3	冶炼工艺
国内某厂 1	2.9	9.9	21.5	31	8.3	3.2	7.7	鼓风炉化矿
国内某厂 2	0.7~1.0	6~7	28~30	19~23	18~21	1	4.5~5.5	ISF
国内某厂 3	2.8	5~7	29.6	30	12.4	—	1~3	烧结-鼓风炉
国外某厂 1	5	15	20.7	19.3	13.2	—	—	QSL
国内某厂 2	4	9	20.2	22	20	—	—	Kivcet

与回转窑处理冷态固体物料不同，烟化炉主要处理热态固体物料，亦可配入适量冷料。一般先将热熔渣加入烟化炉内，然后再加入冷料。加入冷料的目的是尽可能提高综合回收率。但冷料加入量不宜多，否则会增加燃料消耗，延长吹炼时间，降低烟化炉的处理能力，使炉子作业的经济性变差。为了有效回收湿法炼锌浸出渣中的锌，国内某厂投入的冷料量甚至高达 61%~64%(质量分数)，取得了较好的效果。受此影响，国内另一家企业采用烟化炉烟化法在不配加热熔渣的条件下直接处理锌浸出渣，采用全冷态固体物料入炉的方式，拓展了烟化炉的应用范围。

目前，大多数工厂采用烟化炉生产时一般使用廉价的煤炭作为还原剂和燃料，对煤质无严格的要求，这也是烟化炉吹炼的优点。煤炭中挥发分受热分解后产生 H_2 等还原性气体，能够促进金属氧化物的还原。因此，煤中较高的挥发分有利于烟化过程。但烟化过程对煤的粒度有要求，粒度对挥发效果和氧化锌粉质量有很大影响。一般粉煤的粒度要求小于 0.074 mm 的占 80%~85%，其中 0.02~0.05 mm 粒级的颗粒应占大多数。同时为了便于输送和储存，粉煤中水的质量分数不超过 1%。烟化炉用粉煤粒度和成分实例见表 6-18。

表 6-18　烟化炉用粉煤粒度和成分实例

工厂	粒度/mm	占比/%	水分质量分数/%	成分(质量分数)/%		
				固定碳	挥发分	灰分
国内某厂 1	小于 0.074	70	<1	≥50	—	<40
国内某厂 2	小于 0.074	85	1	52~56	7~24	23~25
国内某厂 3	小于 0.074	85	1	53.06	19.82	27.12

续表6-18

工厂	粒度/mm	占比/%	水分质量分数/%	成分(质量分数)/%		
				固定碳	挥发分	灰分
国外某厂 1	小于 0.074	85	—	57.5	22	20.5
国外某厂 2	—	—	—	49	38	12

2. 烟化炉烟化的产物

烟化炉烟化过程的产物有氧化锌粉、烟气和烟化炉渣。

氧化锌粉是烟化过程的主要产物，含有 Zn、Pb、In 和 Ge 等有价金属。烟尘主要含有 Pb 和 Zn 的氧化物，以及少量金属硫化物和硫酸盐。受入炉原料成分、烟化炉和收尘设备的工艺参数控制等的影响，氧化锌粉物理化学性质差异较大。而且不同收尘设备捕集到的氧化锌粉化学成分差别较大。布袋氧化锌中锌含量比烟尘高，粒度更细，颜色更白。氧化锌粉作为二次资源可以直接外售，亦可以通过湿法处理后回收有价金属。但在湿法处理之前，一般要经过多膛炉或湿法脱氟氯后才能进行浸出。表 6-19 为国内外烟化炉烟尘主要化学成分实例。

表 6-19 国内外烟化炉氧化锌粉主要化学成分实例

工厂	氧化锌粉类别	化学成分(质量分数)/%							处理物料
		Pb	Zn	Fe	Ag	Ge	S	SiO_2	
国内1厂	锅炉尘	5~6	40~43	8~10	0.01~0.02	0.1~0.12	2.5~3	5.5~6.5	铅熔炼渣 锌浸出渣
	表冷尘	9~10	50~55	2~2.5	0.03~0.05	0.15~0.18	4~5	1.5~2	
	布袋尘	10~11	53~55	1~1.5	0.03~0.045	0.15~0.20	3~5	1~1.5	
国内2厂	布袋尘	11~12	61~62	0.4~0.8	—	0.008	1.8~2	0.8~1	铅熔炼渣 锌浸出渣
	烟道尘	12~13	55~57	1~1.5	—	0.005	1.3~2	2.5~3	
国外某厂	布袋尘	9.8	63	0.2	—	—	1.8	—	铅熔炼渣
	锅炉尘	10~14	42~60	2.0~8	—	—	0.7~1.0		

烟化炉产出的烟气温度为 1373~1473 K，国内外工厂常采用余热锅炉将烟气温度冷却至 673 K 左右，再用 U 形表面冷却器或电除尘等设备将温度冷却到布袋收尘器的布袋材质所能承受的最高温度。烟化炉吹炼过程鼓入了大量空气(或富氧空气)，导致烟气量大，SO_2 浓度较低，一般采用尾气脱硫技术净化烟气后达标排放。烟化炉烟气成分实例见表 6-20。

表 6-20　烟化炉烟气成分实例

工厂	炉床面积 $/m^2$	烟气温度 /K	烟气量 $/(Nm^3 \cdot h^{-1})$	烟气含尘 $/(g \cdot Nm^{-3})$	烟气组成(体积分数)/%			
					CO_2	CO	O_2	N_2
国内 1 厂	9.3	1373	21500	96~160	16~16.5	4~4.5	0.3~0.6	78~79
国内 2 厂	7.0	1473	15200	97	12~16	1~3	1~2	78~79
国内 3 厂	13.0	1523	36000	100~200	—	—	—	—

烟化炉渣温度高达 1373~1473 K，含有大量的显热，具有很高的余热回收价值。目前国内烟化炉放渣均采用水淬方式，这种方式的热利用效率较低，仅为炉渣显热的 10%左右。国外某公司采用了炉渣风碎方式，值得借鉴。该方法用渣罐将炉渣运送至风碎处理车间，热态熔渣经过溜槽落下，并由设置在溜槽下部的空气喷嘴以高速空气流(80~300 m/s)进行击碎落入罩式锅炉内，使炉渣变成 3 mm 以下的小颗粒。通过锅炉回收小颗粒的热能，冷却后的渣进一步利用。

经过烟化炉烟化后，炉渣中铅、锌和锗含量分别可降低至 0.1%~0.2%、1.5%~3%和 30~50 g/t，如表 6-21 所示。铜和贵金属金、银等不挥发而留在渣中，对含铜、金和银较高的炉渣，有必要在铅锌等挥发后对该炉渣做进一步处理，以回收金、银，或生产铜铸铁。最终的弃渣可以作为生产水泥的原料。

表 6-21　烟化炉炉渣主要化学成分实例

工厂	化学成分(质量分数)/%							
	Pb	Zn	Ge	Fe	SiO_2	CaO	Al_2O_3	MgO
国内某厂 1	0.011	2.60	0.003	25.50	21.41	10.87	—	—
国内某厂 2	0.48	3.45	0.004	25.86	24.37	9.94	8.43	1.54
国内某厂 3	0.15	1.35	<0.001	29.00	26.00	21.22	6~7	—
国外某厂 1	0.03	2.80	—	27.6	28.00	18.20	—	—
国外某厂 2	0.05	1.40	—	34.20	28.00	—	—	—

3. 烟化炉生产过程技术条件的控制与操作

烟化炉生产过程为分为加料、升温、还原吹炼、放渣四个步骤。吹炼完成后，进行放渣、堵渣口及插入水冷堵枪等作业；打开进料闸门，开始进料；装料完成后关闭进料闸门，进入下一个作业周期。

烟化炉正常生产过程中，通常控制炉内的气氛使单位时间内锌蒸气分压达到最大限值，使锌从炉料中快速还原挥发出来。实践证明，在同等温度下，当系统中 CO 含量增加时，锌挥发速率加快；在同等气氛下，烟化温度提高也有利于加快锌的挥发。因此，一般通过控制给煤量或空气系数(α 值)来控制烟化过程的温度和还原气氛。当 α 值为 1 时，粉煤完全燃烧生成 CO_2，并提供足够的热量。当 α 值为 0.5 时，粉煤不完全燃烧产生大量 CO。此时炉内具有最强的还原气氛。在实际生产过程中，烟化过程不同时期的作用和目的不同，为此需要控制不同的 α 值。

实践操作过程中，可以通过三次风口观察炉内火焰颜色和炉顶温度来判断烟化炉的运行状况。若火焰呈黄白色透明，温度继续上升，说明给煤量不够；火焰不透明，且有强烈蓝白色，说明给煤量适当；火焰不透明、呈暗红色，且有断续蓝白色，三次风口有火星冒出，若用钢钎插入三次风口时附着有黑色斑点，说明给煤量过大。当吹炼 90~140 min 后，从三次风口观察炉内状况。若炉内明亮，能看见对面水套，说明此时锌已基本挥发完毕，可打开放渣口进行放渣作业。放渣完毕后，堵住渣口，插好水冷枪，开始下一周期作业。

烟化炉烟化过程的技术操作条件主要包括以下几个方面。

(1)烟化温度和时间。

烟化温度和时间与金属挥发率呈正相关性。在其他条件一定的情况下，炉料中有价金属 Pb、Zn、In 和 Ge 等的还原挥发速率随着温度升高而增大。升高温度和延长吹炼时间，均可提高有价金属的挥发率。但温度过高(>1623 K)、渣含锌较低时，渣中的 FeO 易被还原成金属铁，产生炉底积铁或形成 Zn-Fe、Sn-Fe 或 Ge-Fe 合金，堵塞放渣口，危害烟化炉正常作业。温度过低，会降低金属氧化物的还原速率和挥发速率，熔渣发黏、流动性变差，放渣困难，甚至形成炉结。生产实践中，烟化过程温度一般控制在 1423~1523 K 较为适宜。为使放渣顺利，在放渣作业期，可将炉渣温度提高至 1573 K，以增加炉渣流动性。

吹炼时间越长，越有利于锌等有价金属的挥发。在生产实践中，处理热熔渣的吹炼时间一般为 90~120 min。吹炼时间过长，则燃料消耗大，锌挥发率增加很小。因此要在锌挥发率和燃料消耗之间取得平衡。加入一定量的冷料后，烟化时间需要延长。如加入质量分数为 30%的冷料，烟化时间需要 150 min；全部处理冷料时则需要 240~290 min。

(2)还原剂种类和供给量。

烟化过程的还原剂可以是固体、液体(燃油)和气体(煤气)，同时兼作燃料。目前，国内外多数工厂采用固体还原剂，一般是粉煤。由于 H_2 比 CO 具有更强的还原能力，采用 H_2 作还原剂锌的挥发速率大。还原剂中氢含量对锌的挥发具有正向影响，含氢越多，烟化效果越好。因此，通常选用挥发分较高的煤作为还原剂。挥发分越高，分解产生的氢越多，越有利于锌的还原挥发。煤中的灰分和发热量对烟化过程影响较小，所以烟化过程对煤质并没有严格要求。

在烟化过程中，煤既是还原剂又是供热剂。粉煤耗量因处理物料的不同而有所区别。当处理热态物料(如铅熔渣)时，其耗量为 14%~26%(质量分数)；处理热态物料配加一定量的冷态物料时，依据所加入冷态物料的多少，煤耗量为 18%~40%(质量分数)；处理全冷态物料(如处理锌浸出渣)时，煤耗量高达 42%~50%(质量分数)。

(3)鼓风量与空气系数 α 值。

鼓风量是影响烟化过程有价金属挥发速率的主要因素之一，直接关系煤炭的燃烧情况。当鼓风量较大($\alpha \geqslant 1$)时，煤的燃烧以完全燃烧为主，燃烧放热量最大，炉温高；此时 CO_2 分压高，CO 分压低，不利于还原挥发。鼓风量较小($\alpha = 0.5$)时，煤的燃烧以不完全燃烧为主，燃烧放热量最小，不利于炉温的提高；此时 CO_2 分压低，CO 分压高，具有最大的还原能力。因此，鼓风量的大小决定了炉内温度、CO/CO_2 比、烟气量及金属蒸气压，还决定了燃料消耗和 α 值。

在实际生产中，一般是稳定鼓风量，通过调整给煤量来控制炉内的还原气氛。在烟化炉的一个作业周期内，α 不是定值。在作业周期的不同阶段，α 值的控制有所差异。在烟化炉加料完成的升温过程，为了使炉料尽快升温，α 值略低于 1(0.8~0.9 较为适宜)，使碳几乎完全燃烧，以提供最大的热量。升温完成后的还原吹炼过程，通常要降低 α 值(为 0.6~0.8)，使碳不完全燃烧产生大量 CO，提高炉内的还原气氛，渣中的金属氧化物还原挥发。

(4)装料量。

装料量较少，熔渣沸腾状况好，有利于气相和液相的充分接触，能够使还原反应进行得充分，提高挥发速率。装料量较少时会降低燃料利用率，使大量粉煤得不到充分燃烧而进入收尘系统。装料量过多，粉煤与熔渣充分接触和反应，有利于提高粉煤利用率；但容易使炉渣沸腾状态变差，使气相和液相接触不充分，降低金属还原挥发速率，延长吹炼时间。因此，对于一定炉床面积的烟化炉，必须控制合适的装料量。

(5)炉渣成分。

烟化炉吹炼过程中，由于金属的大量挥发和粉煤带入的灰分参与造渣，渣中 SiO_2、Fe 和 CaO 等组分的含量将有所升高。如国内某厂曾在热料和冷料比为 2∶1，熔体成分(质量分数)为 Pb 2%~4%、Zn 9%~12%、SiO_2 24%~30%、CaO 12%~16%、Fe 16%~20%，以及一定的操作条件下，吹炼 70~90 min，发现渣中 SiO_2、Fe 和 CaO 质量分数分别提高了 6%~8%、2%~3%、2%~3%。

炉渣成分对锌挥发速率有较大影响，尤以 ZnO、SiO_2、CaO 对烟化过程影响最大。

①熔体中锌含量的影响。入炉料中锌含量越高，锌的烟化回收率越高，产出的氧化锌粉品位越高。要求入炉料中锌质量分数不低于 6%，否则挥发速率急剧降低。烟化炉处理锌质量分数低于 4%的物料时，经济性差；同时烟化后的炉渣中锌质量分数也不应降低至 1%以下，否则经济性差，而且也会使正常操作变得困难。

②熔体中 SiO_2 含量的影响。高硅熔体黏度大，会显著降低铅、锌、铟和锗等的挥发速率。在烟化后期，随着铅锌等的不断挥发，渣中 SiO_2 含量也相应升高，炉渣黏度增大，给烟化操作带来困难。若 SiO_2 质量分数过高(>40%)，烟化过程难以进行(供风和给煤条件被破坏而导致死炉)，即使打开渣口也难以将炉渣顺利放出。某厂的实践经验认为，炉渣中 SiO_2 质量分数最大不应超过 38%。

③熔体中 CaO 含量的影响。适当增加 CaO 含量有助于提高 ZnO 和 PbO 活度，提高锌和铅的挥发速率。当 CaO 质量分数超过 18%，尤其是渣含锌降低至 2%~3%(质量分数)时，在高温还原条件下，会导致 FeO 还原成金属铁，形成炉底积铁，堵塞放渣口，破坏正常作业。

④熔体中 FeO 含量的影响。渣中 FeO 含量对 ZnO 活度的影响不大，对 ZnO 还原挥发影响较小。适量的 FeO 含量可增加炉渣流动性，便于吹炼。

此外，炉料中锌的存在形态对挥发效果也有影响，最容易还原的是 ZnO，然后是 Zn_2SiO_4、$ZnFe_2O_4$，最难挥发的是 ZnS。

(6)熔池深度。

熔池越深越有利于提高粉煤利用率和降低粉煤耗量，但对锌的挥发速率不利，会相应延长吹炼时间，甚至使粉煤不能均匀送入炉渣内，熔渣沸腾状态变坏，破坏正常作业。渣层亦不能太薄，否则降低燃料利用率，增大耗量，使作业不经济。炉中渣层厚度一般控制在风口区以上 700~1000 mm。

4. 富氧烟化炉烟化工艺

随着技术的进步和企业对经济技术指标的追求，烟化炉吹炼技术也在不断地发展和革新。富氧熔炼技术越来越多地使用在有色行业，并取得了一些进展。

富氧吹炼的实质是提高鼓入空气中的氧浓度，加剧粉煤的燃烧反应；增加单位时间内燃烧反应释放的热量，加快冷料的熔化速度，快速提高熔渣温度；在较高的温度下，能有效促进金属氧化物的还原和金属的挥发速率。鼓入富氧空气可强化气-液-固相之间的传质传热效应，加速燃料的燃烧、金属氧化物的还原和挥发过程。在富氧鼓风烟化时，会引起炉内反应过程及气氛发生较大的改变，对炉内粉煤的充分燃烧、吹炼温度控制、升温速度调节、炉内气氛控制、炉况改善、吹炼时间的长短、冶炼效率等方面影响很大。

若单位时间内的鼓风量和焦比(或煤比)保持不变，采用富氧供风可提高系统中的氧碳比，增加气相中 CO_2 含量，降低 CO 含量及还原能力；但富氧鼓风有利于炉内温度的升高，强化了燃烧和还原反应的速率，提高烟化炉的处理能力。与此相反，如保持鼓风量不变，增加单位时间内燃料用量，则可提高气相中 CO 含量，提高还原能力，以及锌和铅的挥发速率。富氧鼓风烟化具有生产效率高、反应速率快、烟气量少和能耗低等优点。

国内外工厂对富氧鼓风烟化工艺进行了大量试验，并将其应用于生产实践。1949 年，加拿大某铅厂首次在 21.6 m^2 的烟化炉中进行了铅熔渣富氧鼓风烟化试验。研究发现，富氧烟化后，可增大处理量，缩短吹炼时间，降低烟化炉弃渣含锌。1962—1963 年，哈萨克斯坦某铅厂在 7.6 m^2 的烟化炉上进行了一系列富氧鼓风烟化工业试验，取得了较好的效果。研究指出，采用富氧鼓风烟化吹炼时，提高粉煤用量的同时必须降低空气系数 α 值。当富氧浓度提高到 30%(体积分数)时，减少鼓风量(减少 20%~30%)以适应该厂的烟气冷却系统的能力，维持正常生产；此时 α 值保持在 0.58~0.66，渣温从 1473 K 提高至 1510 K。当富氧浓度为 24%~25%(体积分数)时，锌回收率从空气吹炼的 73%提高到 82%~84%，燃料消耗降低 22%。

近年来，国内一些厂家也开展了富氧鼓风烟化的工业试验和生产实践。国内某厂将传统鼓风烟化改造为富氧鼓风烟化后的一些参数见表 6-22。

表 6-22　国内某厂采用富氧鼓风烟化后的主要技术参数

项目	传统鼓风烟化工艺	富氧鼓风烟化工艺
热渣加入量/t	20	20
粉煤加入量/t	2.881	2.804
鼓入空气量/($Nm^3 \cdot h^{-1}$)	10892	10406
富氧浓度(氧体积分数)/%	21	24
升温时间/min	15	12
出口烟气量/($Nm^3 \cdot h^{-1}$)	13400	12856
烟尘质量/t	4366	4364
渣中锌质量分数/%	2.0	1.8
吹炼温度/℃	1100~1150	1150~1200

由表6-22可知，采用富氧鼓风烟化后，粉煤耗量和渣含锌降低，粉煤耗量(质量分数)由14.4%下降到14.2%，渣中锌质量分数由2%下降到1.8%。因此，烟化炉熔池熔炼采用富氧吹炼不仅能降低煤耗，还有助于技术指标的优化和提升。富氧吹炼对短时间内提高炉温有很大影响，尤其是对热渣中搭配冷料熔化有显著作用，能缩短熔化时间。所以在吹炼阶段提高富氧浓度，即使提高冷料的投入比例也能够取得较好的技术指标。

烟化炉熔炼采用富氧强化熔炼，能满足现有工艺的要求，具有技术上的可行性和显著优势，主要表现在以下方面。

①增加鼓风氧浓度，提高燃煤的燃烧效率和燃尽速度，可以将炉温迅速提高至熔炼需要的温度，缩短吹炼时间，使炉内炉渣的传质和传热效果得到加强。

②富氧吹炼可以减少烟气量，降低烟气带走的热损失及粉煤消耗。

③在富氧条件下燃料能充分燃烧，炉内温度快速升高，温度场分布更趋于均匀，碳粒燃烧更充分，减少了煤粒的挥发，有利于产品质量的提高。

5. 富氧侧吹工艺

近年来，富氧侧吹工艺在我国得到快速发展和应用。目前已建成投产用于炼铜、铜镍、炼铅、铅锌渣料、有色，以及黑色金属冶金工厂烟灰综合回收的富氧侧吹炉约有十多座。该工艺是长沙有色冶金设计研究院有限公司借鉴苏联瓦纽科夫炉在铜和镍冶炼过程中造锍熔炼的工业生产实践，并在浸出渣富氧侧吹大量半工业试验的基础上研发出的一种新技术。其本质仍然是还原挥发过程，属于熔池熔炼的范畴。

回转窑法和烟化炉烟化法等传统方法均是在一个炉子中完成所有作业，而富氧侧吹工艺采用2台富氧侧吹炉进行锌浸出渣的处理。在第一台炉内对锌浸出渣进行干燥、熔化和造渣；热态渣进入第二台炉内进行烟化挥发，将锌挥发进入烟尘；通过控制合适的炉内气氛，形成含金银的粗铅相或冰铜相。该方法与传统方法相比，一个显著的优势是能够实现锌浸出渣中铜、金、银的有效回收，而传统方法不能有效回收铜、金和银等有价金属。

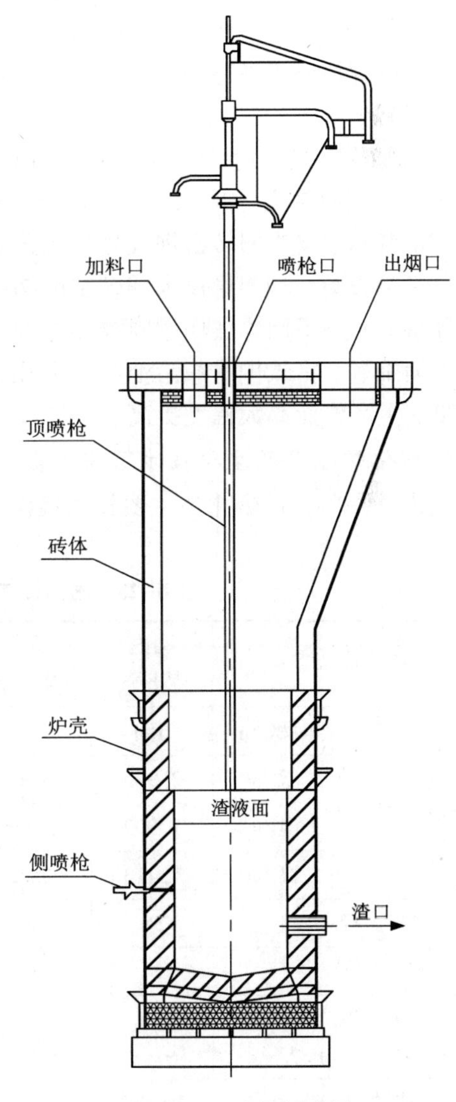

图6-12　富氧侧吹炉

富氧侧吹炉的基本炉型为苏联研制的瓦纽科大炉，可以将富氧侧吹炉看成“带炉缸的烟化炉”，如图6-12所示。它主要由炉缸、炉身和炉顶三部分构成。炉缸用于贮存从熔体中分离出来的金属或锍相等，并通过其下部的排放口放出。炉身由水冷铜水套和钢水套等结构构成。铜水套上设有一次风口，富氧空气由此喷入炉内对炉料进行吹炼。得到的熔体在炉身下部进行分离，金属和锍进入炉缸，炉渣通过虹吸井排出。炉身上部设有二次风口，使还原得到的 CO 充分燃烧，也使 Zn、Pb、In 及其他挥发物氧化进入收尘系统。炉身上部设有熔体加入口，炉顶设有加料口，可加入炉料、熔剂、煤等。烟气从炉顶排烟口进入余热回收装置。

两台侧吹炉均采用富氧鼓风，用碎煤作为燃料和还原剂。

国内某锌厂采用的湿法炼锌工艺为焙烧—热酸浸出—黄钾铁矾法，产出的铅银渣采用顶燃侧吹熔化炉熔化+烟化炉吹炼贫化的工艺流程。将铅银渣、石灰石及块煤运送到配料厂房内，通过定量给料机进行重量配料。混合好的物料经皮带输送机输送到熔化炉车间，然后经炉前皮带输送机由顶部加入熔化炉内。熔化炉顶部设水冷喷枪，熔池段设粉煤喷嘴。顶部喷枪内给入粉煤和富氧空气，以 0.2 MPa 的压力喷入熔化炉内熔池中。熔池段粉煤喷嘴向熔体内喷入粉煤。在喷枪高速气流作用下，熔池剧烈搅动，迅速将固体物料熔化，铅银渣在炉内 1473～1573 K 的高温环境和弱还原性气氛下造渣。粉煤燃烧提供炉内反应所需热量并作为还原剂维持炉内弱还原气氛。此炉的主要目的是熔化炉料，同时有部分锌被挥发，进入烟气回收系统；也有部分铅被还原，沉于炉底，由铅口放出。熔化好的熔体直接进入烟化炉，挥发渣中的铅锌。

富氧侧吹工艺处理锌浸出渣，具有以下几个方面的优势。

①金属回收率高，铜、金、银可得到有效回收；

②能耗低，仅为回转窑挥发处理工艺的 50%；

③环境友好，烟气量仅为回转窑的 20%～30%，SO_2 可有效回收；

④成本低，采用碎煤作燃料和还原剂；

⑤寿命长，富氧侧吹炉熔池部位采用铜水套，炉子寿命可延长至 8～10 年；停产检修成本较低，生产作业率大幅度提高。

6. 烟化炉生产的主要技术经济指标

国内外一些工厂烟化炉主要技术经济指标见表 6-23。

表 6-23　国内外工厂烟化炉主要技术经济指标

指标		国内某厂 1	国内某厂 2	Trail 厂（加拿大）	Kellogg 厂（美国）	East Helena 厂（美国）	Chihuahua 厂（美国）	直岛厂（日本）
烟化炉风口区	面积/m^2	6.0	7.0	22.3	11	8.9	15.4	
	长/m	2.985	3.44	7.3	4.6	3.66	6.4	2.0
	宽/m	1.992	2.116	3.05	2.4	2.44	2.4	
	高/m	7.413	6.85	3.05	1.6	4.57	10	
风口直径/mm		38	40	38	37	38	38	
风口数量/个		24	34	72	28	22	42	
烟化炉生产率/$[t\cdot(m^2\cdot d)^{-1}]$		33.3	30～35	22～26	45.5	37.7	41	28
每周期处理渣量/t		19～22	22～27	60	38	35	45	35

续表6-23

指标		国内某厂1	国内某厂2	Trail厂(加拿大)	Kellogg厂(美国)	East Helena厂(美国)	Chihuahua厂(美国)	直岛厂(日本)
燃料率/%		15~20	20~23	29	17.5	20	17.2	—
烟尘率/%		12	10~15	29	23	18.5	—	—
空气消耗量/[$m^3\cdot t(渣)^{-1}$]		750~1000	1100~1200	1300	1020	—	560	81
挥发率/%	Zn	>72	75~85	86.5	92.8~93.5	86~90	90~92	90
	Pb	>80	85~95	99	98	约100		9.7
在初渣中质量分数/%	Zn	7.43	11.7	18	15~22	15.0		
	Pb	1.47	2.02	2.5	1.8	1.0		
在贫渣中质量分数/%	Zn	<2.5	1.92	2.9	1.4	1.2	2	2.12
	Pb	<0.7	0.12	0.03	0.05	微		1.19
在ZnO产品中质量分数/%	Zn	46~51	55~62	60~70	63	70~75		
	Pb	15~25	11~13	9	10	6	16	

思考题

1. 锌浸出渣的主要化学组分有哪些？浸出渣含锌高的主要原因是什么？

2. 处理ZnS含量较高的浸出渣时，为什么必须保持炉内具有一定的氧化气氛才能实现硫化锌中的锌的回收？

3. 简述高温还原条件下锌浸出渣中硫酸锌的分解与还原步骤。

4. 论述回转窑烟化处理锌浸出渣过程的实质和基本原理。

5. 回转窑烟化过程的燃料和还原剂是什么？其配比各是多少？

6. 回转窑内按照温度梯度可分为几个带？各个带的温度大约是多少？

7. 进入回转窑的原料中水分一般控制在多少？为什么？

8. 回转窑烟化后的产物有哪些？

9. 回转窑烟化法处理的物料是以什么形态存在的(冷态或热态)？

10. 烟化炉烟化法的实质是什么？

11. 简述烟化炉烟化法的基本原理。

12. 烟化炉烟化法的燃料和还原剂有哪些？如果用煤作还原剂和燃料，其粒度有何要求？

13. 烟化炉法的作业周期包括哪些？

14. 从烟化炉内上部空间补入的三次风有什么作用？

15. 烟化炉主要处理热态物料还是冷态物料？

16. 简述烟化炉生产中不同步骤期间的空气系数的控制方式，并解释原因。

第 7 章　中性浸出液的净化

扫码查看本章资源

7.1　概述

湿法炼锌过程是主体金属锌与杂质元素不断分离纯化的过程。锌与杂质元素的分离主要分为三个阶段：

①锌精矿焙烧过程中，在高温下脱除大部分易挥发的杂质元素，如砷、氟、氯、锑等。

②锌焙砂中性浸出过程中，绝大部分硅、钙、铅、银等难溶解元素及其化合物，以及溶液中易发生水解反应的元素如铁、砷、锑等以沉淀的方式生成沉淀，并进入浸出渣，实现与主体金属元素锌的分离。

③中性浸出液净化过程中，残留在浸出液的铜、镉、镍、钴、锗等杂质进一步净化除去，直至满足锌电沉积对杂质元素含量的要求。

锌焙砂中性浸出过程中，随着溶液酸度(pH)的调整，易发生水解反应的杂质元素(如铁、砷、锑等)发生中和水解反应，生成氢氧化铁等沉淀，进入浸出渣，从溶液中除去。在锌中性浸出条件下(338～348 K，pH＝5.2±0.2)，溶液中 Fe^{3+} 发生水解反应，以 $Fe(OH)_3$、FeOOH 和 $KFe_3(SO_4)_2(OH)_8$ 等形态沉淀进入渣中。同时吸附除去部分砷、锑等杂质，但是 Fe^{2+}、Cu^{2+}、Cd^{2+}、Co^{2+}、Ni^{2+} 等杂质离子仍然残留在中性浸出液中。

中性浸出液中残留的铜、镉、镍、钴、锗等杂质浓度相对低，但会显著降低锌电解沉积过程的电流效率、增大电耗，影响阴极锌质量和腐蚀阴极，造成剥锌困难，对锌电解沉积带来严重的危害。因此，在锌电解沉积前，必须对溶液进行净化处理，除去对锌电解沉积有害的铜、镉、镍、钴、锗等杂质元素。中性浸出液净化是湿法炼锌必不可少的工序。此外，虽然这些杂质元素对锌电解沉积有害，但从资源利用的角度，这些元素又是宝贵的有价资源，必须考虑综合回收。因而，净化的目的主要有两个。

①除去对锌电积有害的铜、镉、镍、钴、锗等杂质元素，得到合格的新液。

②将浸出液中这些低浓度杂质元素富集在净化渣中，便于后续综合回收与利用。

大多数湿法炼锌厂对新液的质量要求见表 7-1。

表 7-1　新液质量要求

物质	Zn /(g·L⁻¹)	Mn /(g·L⁻¹)	Fe /(mg·L⁻¹)	Cu /(mg·L⁻¹)	Cd /(mg·L⁻¹)	Co /(mg·L⁻¹)	Ni /(mg·L⁻¹)	Sb /(mg·L⁻¹)	Ge /(mg·L⁻¹)	F /(mg·L⁻¹)	Cl /(mg·L⁻¹)	固体悬浮物 /(g·L⁻¹)
浓度	130～170	3～5	<20	<0.5	<1	<0.8	<1	<0.1	<0.1	<80	<300	1.5

7.2　中性浸出液成分及净化方法

锌焙砂或其他含锌物料(如氧化锌烟尘、氧化锌矿等)经中性浸出得到中性浸出液。在中性浸出过程中控制终点 pH，可使 Fe^{3+}完全水解沉淀，同时吸附除去部分砷、锑等杂质。但是中性浸出液中残存的杂质元素，如铜、镉、钴、镍、氟、氯、砷、锑、锗等对锌电解沉积过程危害很大。根据国内外多家湿法炼锌厂中性浸出液成分统计，中性浸出液的成分及主要杂质离子含量见表 7-2。

表 7-2　中性浸出液成分及主要杂质离子浓度

元素	Zn /(g·L^{-1})	Mn /(g·L^{-1})	Fe /(mg·L^{-1})	Cu /(mg·L^{-1})	Cd /(mg·L^{-1})	Co /(mg·L^{-1})	Ni /(mg·L^{-1})	F /(mg·L^{-1})	Cl /(mg·L^{-1})
浓度范围	120~170	3~7	5~20	250~1200	600~1200	0.5~60	0.5~40	30~200	100~1200
平均浓度	145	5	10	600	800	15	8	100	400

中性浸出液的净化除杂方法按其净化原理可分为锌粉置换法和特殊试剂沉淀法两类。

①加锌粉置换除铜、镉，或在有其他添加剂存在时，在加锌粉置换除铜、镉的同时除钴、镍。根据添加剂成分的不同，该方法又可分为锌粉-砷盐法、锌粉-锑盐法、合金锌粉法等，这些方法统称为锌粉置换法。锌粉置换法可以除去比锌电极电位更正的杂质金属离子，铜、镉是比较容易采用锌粉置换除去的杂质；而镍、钴等因具有较高超电压，难以被锌粉单独置换除去。生产中为了提高镍钴净化效果，通常添加砷盐、锑盐等作为添加剂，降低镍钴超电压，实现镍钴的有效净化。

②特殊试剂沉淀法是利用黄药、β-萘酚等有机试剂与钴形成难溶的化合物沉淀，实现钴的净化分离。通常在锌粉置换除铜、镉后，再添加黄药或β-萘酚等有机试剂除钴。根据添加试剂的不同，特殊试剂沉淀法分为黄药净化法和亚硝基β-萘酚净化法。

7.3　锌粉置换净化法的理论基础

7.3.1　反应热力学

从热力学的角度考虑，任何金属均能按其在电动势序中的位置被更负电性的金属从溶液中置换出来。锌的标准电势较负，加入中性浸出液时，会与电极电位较正电性的铜、镉等金属离子发生置换反应。事实上，锌粉置换过程是无数微电池反应的总和。

锌的标准电势较负，加入硫酸锌溶液时，会与较正电性的金属离子如 Cu^{2+}、Cd^{2+}、Co^{2+}、Ni^{2+}等发生置换反应。

其阳极反应为锌粉的氧化溶解：

$$Zn - 2e^- \xlongequal{} Zn^{2+} \qquad \varphi'_{(1)} = -0.763\ \text{V} \tag{7-1}$$

阴极反应为金属离子的还原析出：

$$Cu^{2+} + 2e^- = Cu \qquad \varphi'_{(2)} = +0.337\ V \tag{7-2}$$

$$Cd^{2+} + 2e^- = Cd \qquad \varphi'_{(3)} = -0.403\ V \tag{7-3}$$

$$Ni^{2+} + 2e^- = Ni \qquad \varphi'_{(5)} = -0.250\ V \tag{7-4}$$

$$Co^{2+} + 2e^- = Co \qquad \varphi'_{(4)} = -0.277\ V \tag{7-5}$$

置换反应进行的次序取决于溶液中金属的还原电势次序，见表 7-3。置换除去的极限程度取决于它们之间电势差的大小，两种金属电势差越大，置换反应越彻底。

$$Zn + Cu^{2+} = Zn^{2+} + Cu\downarrow \qquad \Delta E^0_{Zn/Cu} = +1.10\ V \tag{7-6}$$

$$Zn + Cd^{2+} = Zn^{2+} + Cd\downarrow \qquad \Delta E^0_{Zn/Cd} = +0.36\ V \tag{7-7}$$

$$Zn + Ni^{2+} = Zn^{2+} + Ni\downarrow \qquad \Delta E^0_{Zn/Ni} = +0.51\ V \tag{7-8}$$

$$Zn + Co^{2+} = Zn^{2+} + Co\downarrow \qquad \Delta E^0_{Zn/Co} = +0.49\ V \tag{7-9}$$

从热力学角度分析，锌粉置换铜、镉、镍、钴是可行的。锌与它们的电势差皆为正值，且正值越大，置换反应越容易进行。当有足够的过量锌粉存在时，置换反应将进行到两种金属的电化学可逆电位相等为止。以锌粉置换除铜为例：

$$E^0_{Cu^{2+}/Cu} + \frac{2.303RT}{2F}\lg \alpha_{Cu^{2+}} = E^0_{Zn^{2+}/Zn} + \frac{2.303RT}{2F}\lg \alpha_{Zn^{2+}} \tag{7-10}$$

式中：E^o 为标准状态下的半电池电极电位，V；$\alpha_{Me^{n+}}$为溶液中金属离子的活度；R 为理想气体常数，8.314 $J \cdot K^{-1} \cdot mol^{-1}$；$T$ 为绝对温度，K；F 为法拉第常数，96485.3 C/mol。

式(7-10)可转换为：

$$E^0_{Cu^{2+}/Cu} - E^0_{Zn^{2+}/Zn} = \frac{2.303RT}{2F}\lg \frac{\alpha_{Zn^{2+}}}{\alpha_{Cu^{2+}}} \tag{7-11}$$

假设温度为 298.15 K，可计算得出：

$$\frac{2.303RT}{2F}\lg \frac{\alpha_{Zn^{2+}}}{\alpha_{Cu^{2+}}} = 1.10 \tag{7-12}$$

$$\lg \frac{\alpha_{Cu^{2+}}}{\alpha_{Zn^{2+}}} = 10^{-37.2} \tag{7-13}$$

热力学分析表明锌粉可以完全将铜离子从溶液中置换出来。设已知中性浸出液中锌浓度为 150 g/L(此时锌离子活度取 0.1)，可计算得出置换反应达到平时杂质离子的残留浓度，见表 7-3。

表 7-3　置换过程中不同金属离子浓度的平衡电势　　单位：V

电极反应	φ'	$\varphi_{平衡}$(298 K)
$Zn^{2+}+2e^- = Zn$	−0.763	−0.752(150 g/L)
$Cu^{2+}+2e^- = Cu$	+0.337	−0.752(3.18×10^{-35} mg/L)
$Cd^{2+}+2e^- = Cd$	−0.403	−0.752(2×10^{-7} mg/L)
$Ni^{2+}+2e^- = Ni$	−0.250	−0.752(1.5×10^{-17} mg/L)

续表7-3

电极反应	φ'	$\varphi_{平衡}$(298 K)
$Co^{2+}+2e^- \xlongequal{} Co$	-0.277	-0.752(5×10^{-12} mg/L)
$SbH_3 \xlongequal{} Sb+3H^++3e^-$	+0.51	+0.752(pH=4, p_{SbH_3}=202.65 Pa)
$AsH_3 \xlongequal{} As+3H^++3e^-$	+0.608	+0.752(pH=4, p_{AsH_3}=577.28 Pa)

注：( )内的数字为平衡浓度或分压。

湿法炼锌浸出液中的锌浓度通常为 130～150 g/L，锌的电极反应的平衡电势值为 -0.752 V(表 7-3)。当溶液中的杂质 Cd、Cu、Co、Ni 等离子的平衡电势值达到-0.752 V 时，溶液中的杂质离子浓度是很低的。从热力学上来说，锌粉置换可将铜、镉、镍、钴等杂质净化至很低的程度。但是实际生产中难以达到热力学的平衡。中性浸出液锌粉净化实践表明，锌粉置换除铜容易进行，添加理论用量的锌粉可以除去。置换除镉比除铜困难，需要添加几倍于理论量的锌粉才能除去。单独使用锌粉置换钴、镍却非常困难，添加数十倍甚至百倍于理论量的锌粉，钴也难以达到锌电解沉积要求。生产中需要添加砷盐、锑盐等添加剂或采取特殊试剂除钴、镍。因而，实际生产中净化除钴、镍的方法多且复杂。

7.3.2　反应动力学

置换过程也称为内电解，该机理是沿着原电池理论的发展建立起来的。根据原电池的概念，可视置换金属的溶解即离子化为阳极过程，被置换金属的沉积为阴极过程。也就是说，在与电解质溶液相接触的金属表面上，进行着共轭的阴极和阳极电化学反应。当较负电性的金属放入含更正电性金属离子的溶液，金属与溶液之间立即开始离子交换，并在金属表面上形成了被置换金属覆盖的表面区。随着反应的进行，电子将由置换金属流向被置换金属的阴极区，阳极区则是金属的离子化。

从置换反应动力学角度分析，可认为加入的锌粉作为微电池的阳极溶解进入溶液，继而向溶液深处扩散并参与溶液的对流运动，所余留的电子则自阳极流向阴极；与此同时，溶液中的杂质金属离子通过对流和扩散作用向微电池的阴极表面移动，得到电子并以金属状态在阴极上沉积下来。置换时电的流通在锌粉内部依靠电子流动，在外部即溶液中则依靠离子的迁移来完成。

对置换反应来说，“传质”和“传电”同时发生，或者说，是相辅相成的。电子的流动引起了“质”的传递，而“质”的传递又产生了“电”的流动。向溶液中加入的千万颗锌粉与其表面析出的杂质金属所形成的微电池，犹如千万只电“泵”。它们把电子从一种锌上“抽”出来，并把这些电子转送到杂质金属离子上。此外，在溶液中，有关离子的迁移和扩散也是一个重要方面，它构成电路的外环线。如果缺少这个“传质”环节，整个电路因为无法形成闭路循环而中断。

概括地说，锌粉置换反应可以分为以下两个步骤。

①阳极反应：金属锌被氧化成 Zn^{2+} 转入溶液；

②阴极反应：杂质金属离子还原成金属析出。

如果细致地加以划分，锌粉置换反应包括以下五个不同环节。

①被置换金属(例如铜、镉、钴、镍等)离子自溶液向锌粉表面扩散;

②被置换金属离子在锌粉表面放电,析出金属并与锌形成微电池,锌为阳极,杂质金属为阴极;

③电子自阳极流向阴极;

④锌被氧化成 Zn^{2+} 移入溶液并发生水化作用;

⑤锌离子向溶液深处扩散。

电子的流通速度很大,除非阴阳极之间被某些不导电的物质所隔离,否则不会成为过程的控制性环节。在大多数情况下,如果阳极不发生钝化,且置换金属离子在溶液中的活度又不是很大,则第④个环节不会成为过程的控制性环节。一般来说,第①、⑤两个环节进行的速度最小,特别是第①个环节,因而经常成为过程的控制性环节。例如净化时加锌粉除铜、镉。在某些特殊情况下,离子放电困难,第②个环节也可能成为过程的控制性环节。例如加锌粉除镍、钴。前者通常称为扩散控制,后者可列入化学动力学控制范围。

扩散属于传质过程,在置换反应中又属于离子传电过程。由于搅拌、加热或气体的逸出,置换系统中传质的主要方式是对流。这种运动形式的传质效率很高,因为质点的运动速度很大,一般不会成为过程的控制环节。在溶液的广大区域里,各组分的浓度,例如锌离子及各种杂质金属离子的浓度可以近似地认为是均匀的,并假设等于 C_1。

但是,紧靠着置换金属(锌粉)的表面却存在着另外一个区域,即滞流区或附面层。处在这个区域里的溶液和湍流区有以下两点不同。

①它是不流动的,即不直接参与广大液相区域里的对流循环运动。

②溶液各组分的浓度(例如铜、镉、钴、镍等)是不均匀的,并且有规律地自外向内逐渐降低或升高。例如当最外层,即和湍流区交界处的浓度为 C_1 时,其最内层即金属表面附近的溶液浓度下降或升高为 C_0。

附面层的厚度并不大,但是它的传质效率很差,只能通过分子或离子的浓差扩散方式进行。整个置换过程的控制环节往往在这里,正如在传热过程中决定传热速度的环节会出现在滞流层一样。另外,包括微电池在内的各种电池在放电过程中所产生的浓差极化,也是由于滞流层的存在造成的。

对于任意一个受扩散控制的置换反应来说,反应速度常数 K 取决于扩散系数 D 和滞流层的厚度 δ。减小滞流层即扩散层的厚度 δ 和增大扩散系数 D 都能增大速度常数 K,使置换反应得到强化。增大液-固两相的接触面积 S 和浓度差(C_1-C_0)也同样能增大扩散速度,从而增大置换反应的速度。

已知扩散层的厚度 δ 可以通过加强搅拌或用其他方式(加热、气体的逸出)缩小,但是这种缩小是有限度的,一般厚度只能降低到 10^{-3} cm 左右。对某些电解质溶液来说,极限 δ 值可能还要稍大一些。液-固两相的相对运动速度即置换体系的流体动力学对反应速度常数的影响只能在 δ 值较大的情况下有效,当 δ 缩小到极限值即达到极限边界层厚度时,速度常数 K 不再与搅拌强度有关。

这个极限边界层究竟是怎样形成的?为什么进一步加强搅拌不会使之缩小呢?这些问题可以通过双电层和离子缔合理论加以解释。例如,对于微电池的阴极来说,随着电子的流入和积集,在静电引力的作用下,一层定向的水化阳离子将在它的表面排列开来。这是附面层的第一层,即紧靠固相表面的那层。紧接着这层的可能是有序的水化阴离子,也可能是离子对，甚至还可能出现离子三联体(-+-)。其后的排列则是相似的，大致是一种简单重复。即相互间的引力将随着与固相表面距离的增大而急剧减小，并易为热运动或其他因素(如溶液的流动)所破坏。由于静电引力在近距离内的作用很强，产生了比较稳定而又牢固的附面层。

从反应机理上说，置换过程的速度可能受阴极反应控制，或者取决于电解质中的欧姆电压降。用电化学研究方法测定所得结果表明，若过程受阳极反应控制，在被置换金属表面上测得的电势是向更正值方向移动。相反，若过程受阴极反应控制，则被置换金属的电势向更负值方向移动，并趋近于该原电池反应中负电性金属的电势。

就表观反应速度规律而言，可从大量的研究结果中得到一个判断置换沉积过程的速度是受扩散传质步骤控制还是受电化学反应步骤控制的经验法则，以 φ' 表示置换反应体系即原电池的标准电动势：

若 $\varphi'>0.36$ V，受扩散传质步骤控制；

若 $\varphi'<0.06$ V，受电化学反应步骤控制；

若 0.06 V$<\varphi'<$0.36 V，须辅以其他判据判定反应过程的速率控制步骤。

绝大多数有实用价值的置换沉积体系的 φ' 值均大于 0.36 V。因此，绝大多数置换沉积过程的速度是受扩散传质步骤控制的。这样一来，便可基于扩散传质过程的速度方程导出下列适用于绝大多数置换沉积过程的速度方程：

$$\lg\frac{c}{c_0}=\frac{-kA}{2.303V}\times t \tag{7-14}$$

式中：c_0、c 分别为被置换金属离子的起始浓度和时间为 t 时的浓度，mol/L；k 为扩散速度常数，m/s；A 为反应表面积，m^2；V 为溶液体积，m^3；t 为反应时间，s。

置换沉积过程大多受扩散传质控制，因此，各种类型置换反应器的设计均着重于强化溶液与置换金属之间的相对运动，以增强固-液相之间的传质过程。此外，从速度方程可以看出，采取措施增大反应的表面积，也是提高置换沉积过程速度的重要手段。

7.4　锌粉置换除铜、镉

在生产实践中，采用锌粉置换净化除铜、镉比较容易，且大多在同一过程完成。由于铜与锌的电位相差较大，铜优先于镉沉淀析出，一般使用理论量锌粉的 1.2~1.5 倍就可以将铜彻底除去。置换除镉比除铜要困难，一般使用 3~6 倍于理论量的锌粉才可以将镉除去，生产中多以控制镉合格为标准。

当中性浸出液中铜含量较高，需要优先沉铜保镉时，可向中性浸出液中补加废电解液酸化，使溶液含 0.1~0.2 g/L 的硫酸，再加锌粉除铜和除铜镉。当中性浸出液中铜含量很低时，有时需要补加硫酸铜。保持溶液中[Cu^{2+}]：[Cd^{2+}]=1：3 时，除镉效果最佳。这是由于置换过程形成铜-镉金属间化合物，提高了电位及形成 Cu-Zn 微电池的作用，促使锌不断溶解而保持锌粉一定的新鲜表面，活化了锌粉，改善了净化效果。

锌粉置换除铜、镉过程一般控制反应温度为 318~338 K，过高的温度会促进镉的返溶。因为 313~328 K 时，存在镉同素异形体的转变而增大镉的溶解率。

锌粉置换除铜、镉过程不宜采用过高的搅拌强度，强烈搅拌会带入空气中的氧气并溶解于溶液，引起镉的返溶及锌粉氧化，导致出现钝化现象。此外，净化渣压滤时间过长也会引起镉的返溶。

7.5 锌粉-锑盐净化除钴

单纯从热力学来看，用较负电位的锌去置换较正电位的钴是不成问题的，但事实上很困难。其原因普遍认为，钴在锌金属表面析出时具有相当大的超电位。但是，钴在某些电位较正的金属(如 Sb)表面析出时，其超电位却很低。因此，在锌粉除钴时，需要加入锑盐作为添加剂。根据有关的热力学数据，计算 Co-Sb-H_2O 系电势-pH 图中各平衡线的反应式及计算式见表 7-4。

表 7-4 Co-Sb-H_2O 系电势-pH 图中各平衡线的反应式及计算式

反应式	计算式
$2SbO_2^- + 2H^+ = Sb_2O_3 + H_2O$	$pH = 4.16 + \lg a_{SbO_2^-}$
$Sb_2O_5 + 4H^+ + 4e^- = Sb_2O_3 + 2H_2O$	$\varphi = 0.649 - 0.0591pH$
$2SbO_3^- + 6H^+ + 4e^- = Sb_2O_3 + 3H_2O$	$\varphi = 0.772 - 0.08865pH + 0.02955\lg a_{SbO_3^-}$
$SbO_2^- + 2H_2O + 3e^- = Sb + 4OH^-$	$\varphi = 0.4432 + 0.0197\lg a_{SbO_2^-} - 0.0788pH$
$Co(OH)_2 + 2H^+ = Co^{2+} + 2H_2O$	$pH = 6.4 - 0.5\lg a_{Co^{2+}}$
$2Co(OH)_2 + Sb_2O_3 + 10H^+ + 10e^- = 2CoSb + 7H_2O$	$pH = 0.2649 - 0.0591pH$
$2Co^{2+} + Sb_2O_3 + 6H^+ + 10e^- = 2CoSb + 3H_2O$	$\varphi = 0.1012 - 0.0331pH + 0.01299\lg a_{Co^{2+}}$
$CoSb + 3H^+ + 3e^- = Co + SbH_3$	$\varphi = -0.766 - 0.0591pH + 0.0591\lg p_{SbH_3}$

根据表 7-4，绘制 Co-Sb-H_2O 系电势-pH 图，如图 7-1 所示。

由图 7-1 可知，在锌粉置换除钴过程中，锑与钴形成金属间化合物，提高了锌粉置换除钴的热力学推动力。在硫酸锌溶液中，三价锑的水溶物为 $HSbO_2$ 与 SbO_2^-。当有锌粉存在时，锑化合物被置换成金属锑，并与析出的钴形成金属间化合物 CoSb。其反应式为：

$$Co^{2+} + SbO_2^- + 4H^+ + Zn + 3e^- = CoSb + Zn^{2+} + 2H_2O \tag{7-15}$$

$$Co^{2+} + HSbO_2 + 3H^+ + \frac{5}{2}Zn = CoSb + \frac{5}{2}Zn^{2+} + 2H_2O \tag{7-16}$$

由图 7-1 可知，CoSb 的电势比 Co^{2+}/Co 高 200 mV。因此，提高了锌粉置换除钴的热力学推动力，有利于反应过程进行。净化过程中钴与锑形成金属间化合物，锌以碱式硫酸锌、氧化锌和金属锌等形式存在。

根据砷化物和锑化物的标准吉布斯自由能，分别计算绘制了 298 K 时 Me-Sb-H_2O 系及 Co-Sb-H_2O 的电位-pH 图，如图 7-2 与图 7-3 所示。

当有 Sb_2O_3 存在时，由于还原后能与金属钴生成 $CoSb_{0.85}$ 等稳定的化合物，使钴稳定区的电位和 pH 范围大为扩张。在有 Sb_2O_3 和 As_2O_3 存在时，锌粉置换钴在热力学上具有更大

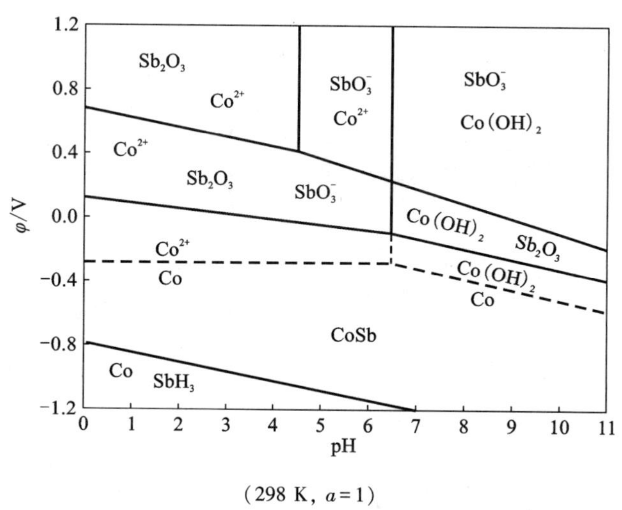

(298 K, $a=1$)

图 7-1　Co-Sb-H_2O 系 φ-pH 图

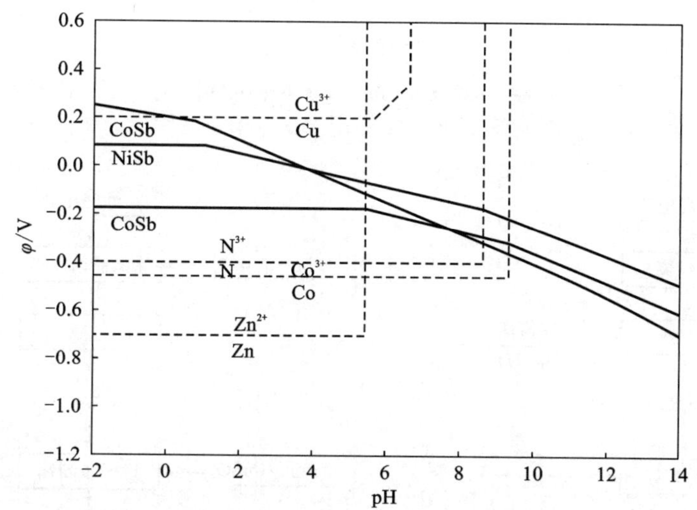

($[Cu^{2+}]=[Ni^{2+}]=[Co^{2+}]=[Sb^{3+}]=10^{-5}$ mol/L, $[Zn^{2+}]=1$ mol/L, $T=298$ K)

图 7-2　Me-Sb-H_2O 系 φ-pH 图

的电动势和更大的平衡常数。

净化过程中使用的含锑的添加剂有三氧化二锑、锑粉或其他含锑物料，如酒石酸锑钾(俗称吐酒石)、锑酸钠等锑盐化合物；也有一些工厂采用含铅 1%～2%(质量分数)，含锑 0.3%～0.5%(质量分数)的 Zn-Pb-Sb 合金锌粉来净化除钴；其实质是 Sb 的作用，统称为锑盐净化法。

锌粉-锑盐净化法的工艺流程主要有两种：一种是先低温除铜镉，再高温除钴镍，即逆锑净化法；另一种是先高温除铜镉钴镍，再低温除残镉，即正锑净化法。两种工艺流程如图 7-4 和图 7-5 所示。

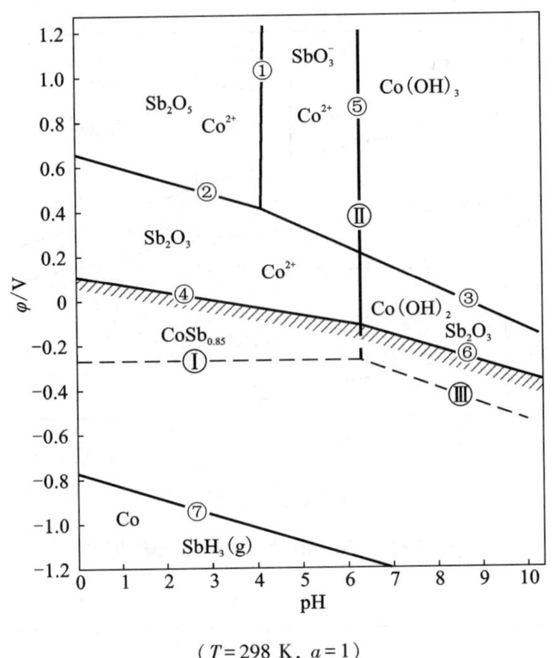

($T=298$ K, $a=1$)

图 7-3　Co-Sb-H_2O 系 φ-pH 图

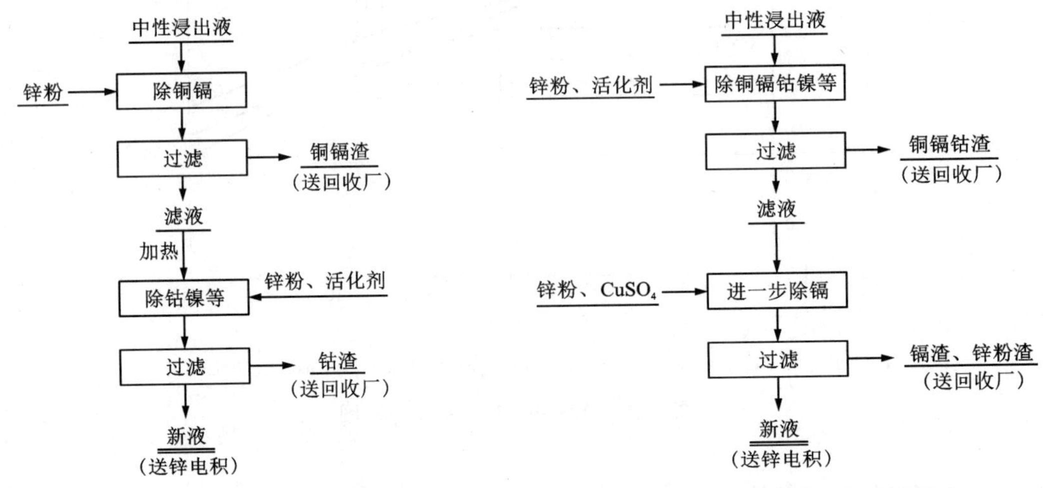

图 7-4　逆锑净化法原则工艺流程

图 7-5　正锑净化法原则工艺流程

逆锑净化法第一段在低温下(328 K)加锌粉置换除 Cu、Cd，第二段在较高温度下(358 K)加锌粉与锑添加剂除钴及其他杂质。与砷盐净化法比较，锑盐净化所采用的高低温度恰恰相反，第一段为低温，第二段为高温，故称逆锑净化法。实际生产中一般采用三段连续逆锑净化：第一段在 313～323 K 时加锌粉除铜、镉，压滤的 Cu-Cd 渣送去提取镉；一段净化后的过滤液在热交换器中加热到 363 K，加入锌粉与 Sb_2O_3，压滤的钴渣送去提取钴；第三段净化加锌粉除残余杂质，得到含锌很高的净化渣返回第一段。采用这种方法净化后的溶液中 Cu、Cd、Co 的浓度都降到 1 mg/L 以下，确保了锌电解沉积过程的顺利进行，并产出高质量的金属锌。

逆锑净化法的优点在于净化效果好，各种杂质都能除到较低的含量，对产品质量及电解电效均能达到满意的效果，同时镉、钴可以分别回收。不足之处在于需要消耗较多的蒸气，生产过程受升温速度制约。

正锑净化法第一段在高温下(358 K)加锌粉与锑活化剂除钴、铜、镉、镍等，第二段在较低温度下(328 K)加锌粉与锑活化剂除复溶镉。正锑净化法的优点是能节省蒸气用量，砷、锑、镍等杂质能达到满意的回收效果；同时二段净化的镉渣可以返回到一段净化，因而锌粉消耗较低。不足之处在于镉、钴不能分别回收，镉工段需要重新除钴。同时，净化过程中钴的复溶要依靠严格控制反应时间和铜离子浓度，给操作带来一定难度。锌粉-锑盐净化法的主要工艺技术条件见表 7-5。

表 7-5　锌粉-锑盐净化法的主要技术条件

净化段数	逆向锑盐净化法	正向锑盐净化法
一段	313~328 K，反应 60 min，添加锌粉、硫酸铜，终点 pH 5.2，除铜和镉	353~363 K，反应 90 min，添加锌粉、酒石酸锑钾，终点 pH 5.4，除铜、镉、钴和镍
二段	353~363 K，反应 120 min，添加锌粉、酒石酸锑钾，终点 pH 5.0，除钴	313~328 K，反应 60 min，添加锌粉、酒石酸锑钾，终点 pH 5.0，除复溶镉
三段	313~328 K，反应 60 min，添加锌粉，终点 pH 5.2，除复溶镉	—

目前，国内外大多数湿法炼锌工厂采用逆向锑盐净化法。为了保证除杂效果，一般增加第三段低温除残镉。我国采用逆向锑盐净化法的湿法炼锌厂较多，有西北铅锌冶炼厂、南方有色、驰宏锌锗、葫芦岛炼锌厂等；采用正向锑盐净化法的有丹霞冶炼厂、西部矿业等。

锑盐净化法与砷盐净化法相比，具有如下优点：

①不需要加硫酸铜，在第一段中已经除去镉，减少了进入钴渣的镉量，镉的回收率比砷盐净化高。

②先除铜镉后，加锑除钴的效果更好。

③由于 SbH_3 较 AsH_3 容易分解，产生毒气的可能性较小。

④锑的活性大，添加剂消耗量小。

7.6　锌粉-砷盐净化除钴

锌粉-砷盐净化除钴镍是在温度为 348 K 条件下，硫酸铜与添加的锌粉发生反应析出单质铜。单质铜附在锌粉表面形成 Cu-Zn 微电池，利用 Cu-Zn 微电池的电位差比 Co/Ni-Zn 微电池的电位差大，使得钴镍容易在 Cu-Zn 微电池阴极上放电还原，形成 Zn-Cu-Co/Ni 合金。该合金是不稳定的，容易复溶。溶液中添加砷盐后，As^{3+}也在 Zn-Cu-Co/Ni 上还原，形成稳定的 As-Cu-Co/Ni(-Zn)合金，使钴镍离子浓度降低到电解允许的范围。

主要的化学反应为：

$$2Co^{2+} + 2HAsO_2 + 5Zn + 6H^+ \Longrightarrow 2CoAs\downarrow + 5Zn^{2+} + 4H_2O \tag{7-17}$$

$$2Ni^{2+} + 2HAsO_2 + 5Zn + 6H^+ \Longrightarrow 2NiAs\downarrow + 5Zn^{2+} + 4H_2O \tag{7-18}$$

$$6Cu^{2+} + 2HAsO_2 + 9Zn + 6H^+ \Longrightarrow 2Cu_3As\downarrow + 9Zn^{2+} + 4H_2O \tag{7-19}$$

可能发生的副反应有：

$$2H_2O + Zn \Longrightarrow H_2\uparrow + Zn(OH)_2 \tag{7-20}$$

$$As_2O_3 + 6Zn + 9H_2O \Longrightarrow 2AsH_3\uparrow + 6Zn(OH)_2 \tag{7-21}$$

其中，CoAs、NiAs 和 Cu_3As 并不是砷化物，而是钴、镍、铜与砷的合金。

在含钴的硫酸锌溶液中，在没有 Cu^{2+} 存在的条件下，加锌粉置换除钴是困难的。加锌粉置换除钴的主要反应因素是 $CuSO_4$ 与锌粉的作用，促进这个作用进行的是亚砷酸。由于铜的电势很正，容易被锌粉置换出来，这样在锌粉表面沉积的铜微粒与锌粉共存，形成微电池的两极，在铜阴极上发生下列反应：

$$As_2O_3 + 12H^+ + 12e^- \Longrightarrow 2AsH_3 + 3H_2O \quad \varphi' = -0.47\ V \tag{7-22}$$

$$Co^{2+} + 2e^- \Longrightarrow Co \quad \varphi' = -0.227\ V \tag{7-23}$$

$$2H^+ + 2e^- \Longrightarrow H_2 \quad \varphi' = 0\ V \tag{7-24}$$

置换出来的钴能与 Cu、As 和 Zn 形成金属化合物。它较纯金属或与 Cu 和 Zn 形成的化合物的电势为正，能有效除去钴。同样，难于置换除去的 Ni 也被置换得很彻底。这时，合金电极和化合物电极的电势将比简单离子电极的电势要正得多。

$$Co^{2+} + As + 2e^- \Longrightarrow CoAs \quad \varphi' = -0.02169\ V \tag{7-25}$$

$$Co^{2+} + 2As + 2e^- \Longrightarrow CoAs_2 \quad \varphi' = 0.245\ V \tag{7-26}$$

$$Co^{2+} + HAsO_2 + 3H^+ + 5e^- \Longrightarrow CoAs + 2H_2O \quad \varphi' = 0.140\ V \tag{7-27}$$

$$2Co^{2+} + As_2O_3 + 6H^+ + 10e^- \Longrightarrow 2CoAs + 3H_2O \quad \varphi' = 0.132\ V \tag{7-28}$$

$$Co^{2+} + As_2O_3 + 6H^+ + 8e^- \Longrightarrow CoAs_2 + 3H_2O \quad \varphi' = 0.232\ V \tag{7-29}$$

在砷盐净化阶段，溶液中的 Cu、Ni、Co、As、Sb 几乎完全沉下，而镉留在溶液中。采用高温(可达 368 K)，则更有利于 Co 和 Ni 沉淀，而镉复溶进入溶液。H_2 的析出反应取决于溶液的酸度，以及在阴极金属上析出的超电压。一般希望 H_2 尽可能地少析出，以减少锌粉消耗。

根据标准吉布斯自由能值，对 Co-As-H_2O 系进行了电化平衡的分析，绘制了 φ-pH 图，如图 7-6 所示。

从图 7-6 可知，当有 As_2O_3 存在时，由于还原后能与金属钴生成 $CoAs_2$ 等稳定的化合物，钴稳定区的电位和 pH 范围大为扩张。在有 As_2O_3 存在时，锌粉置换钴在热力学上具有更大的电动势和更大的平衡常数。

国内外有多家工厂采用锌粉-砷盐净化法。基本的砷盐净化都是二段净化，即第一段在高温(353~363 K)加入锌粉和 As_2O_3 除铜与钴，第二段加锌粉除镉。其原则工艺流程如图 7-7 所示。

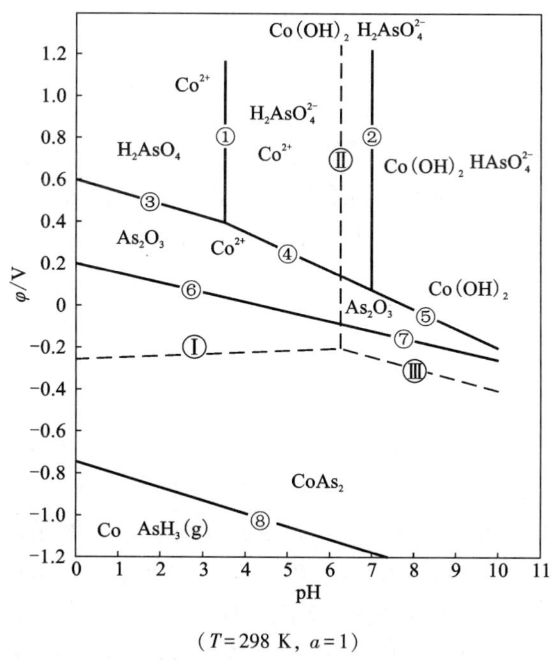

(T=298 K, a=1)

图 7-6　Co-As-H_2O 系 φ-pH 图

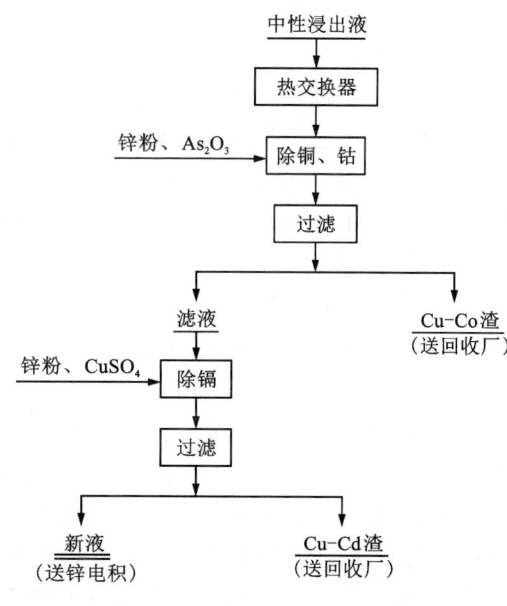

图 7-7　砷盐净化法原则工艺流程

由于各厂的具体情况不同，采用的流程也不一样。表 7-6 为有代表性的国外三家工厂砷盐净化工艺情况。

表 7-6　国外三家工厂砷盐净化工艺情况

净化段数	加拿大埃克斯托尔电锌厂	日本神冈电锌厂	日本秋田电锌厂
一段	368 K，加入大于 0.025 mm 的锌粉和 As_2O_3 除钴和铜	353 K，加入锌粉和 AS_2O_3 除钴和铜	333 K，加入粒度大于 0.246 mm 的锌粉除去 75%铜
二段	348 K，加入小于 0.25 mm 的锌粉和硫酸铜除镉	338 K，加入锌粉和三次净化渣除镉	353 K，加入粒度小于 0.246 mm 的锌粉、As_2O_3 除钴和残铜
三段	—	333 K，加入锌粉除残镉	358 K，加入锌粉和三次净化渣除镉
四段	—	—	353 K，加入锌粉除残镉，滤渣返回第三段

由表 7-6 可看出，日本秋田电锌厂采用了四段净化除杂。这是因为该厂的浸出液含铜高达 1000 mg/L 以上，铜含量在 500 mg/L 以下时无须增加沉铜工序。日本神冈电锌厂的第三段和秋田电锌厂的第四段，是为了保证溶液质量，通过净化渣的返回利用来减少锌粉单耗。因而，基本的砷盐净化就是如图 7-7 所示的二段净化。

砷盐净化法可以保证去除溶液中的 Co^{2+}、Ni^{2+} 至所需程度，得到高质量的净化后液。但是此法仍然存在如下缺点。

①溶液中的铜不足时需要补加铜。

②产出的Cu–Co渣被砷污染，处理难度较大。

③要求353 K以上的高温。

④可能产生剧毒气体AsH_3。

⑤如果不迅速分离钴渣，某些杂质易复溶，致使净化效果不稳定。

砷盐净化法仅在我国少数湿法炼锌工厂得到应用，如株洲某厂、内蒙古某厂。国外采用砷盐净化法的工厂有加拿大埃克斯托尔电锌厂、日本神冈电锌厂、日本秋田电锌厂、芬兰的科科拉电锌厂等。

7.7 合金锌粉净化除钴

采用锌–锑、锌–铅或锌–铅–锑合金锌粉代替纯锌粉，具有较好的净化效果。合金锌粉中一般含锑量小于2%，含铅量小于3%。把含锑、铅的合金锌粉加入中性浸出液时，因锑对钴有很大的亲和力，合金锌粉颗粒中的锑与锌形成局部微电池。其中锑起阳极作用，锌溶解进入溶液，钴沉积在锑的周围。合金锌粉中锑的存在，可以改变钴的析出电位而变正，并抑制氢的放电析出。铅的存在可以防止沉积的钴返溶，因为铅在硫酸锌溶液中不溶解，电化学性质是稳定的。当大部分锌溶解后，铅还包围一些锑与钴，使其不与溶液接触，防止局部锑–钴微电池形成，避免钴返溶，提高除钴效率。

铅–锑合金锌粉的微观组织结构对净化效果有明显的影响。高质量的铅–锑合金锌粉以锌为基体，有微量互溶的固溶体合金。基体上有游离的铅，晶界上的锑主要以锌–锑合金化合物形式存在。铅–锑合金锌粉的金相显微组织如图7–8所示。

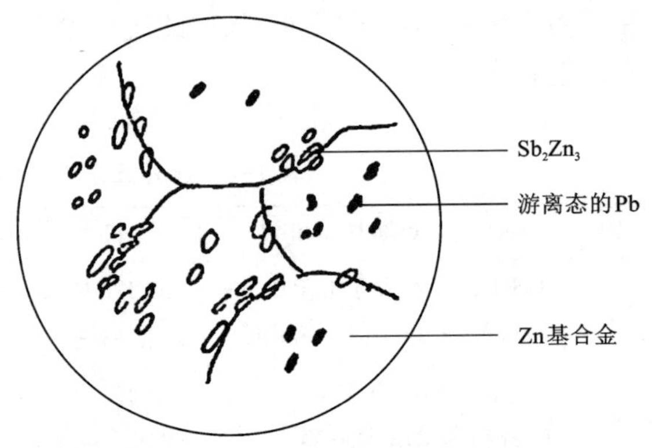

图7–8 铅–锑合金锌粉的金相显微组织

铅–锑合金锌粉可由蒸馏或雾化制得。其除钴的效果主要取决于锑的含量及锌粉的制造方法。在相同组分的情况下，由于合金锌粉的微观组织结构与粒度的不同，其净化效果也不相同。

日本会津冶炼厂净化工段采用铅–锑合金锌粉，其中含Sb 0.02%~0.05%(质量分数)、Pb 0.05%~1.0%(质量分数)。我国一些工厂采用的电炉合金锌粉是利用富氧化锌矿石、锌焙砂或氧化锌烟尘等在电炉内还原挥发、冷凝而制得的一种由多元素组成的蒸馏合金锌粉。其粒度极细，约89.4%通过340目。实践证明，这种蒸馏合金锌粉能有效除去溶液中的钴、铜、镉、砷、锑、锗等有害杂质，降低锌粉消耗，达到深度净化的要求。

7.8 特殊试剂沉淀除钴

特殊试剂沉淀法除钴是利用有机试剂与钴形成难溶的化合物沉淀，实现钴的净化分离。根据添加试剂的不同，分为黄药净化法和 β-萘酚净化法。

7.8.1 黄药净化法

黄药是一种有机试剂，其中乙基黄原酸钾(C_2H_5OCSSK)和乙基黄原酸钠($C_2H_5OCSSNa$)被用于湿法炼锌净化过程除钴。黄药能与许多重金属形成难溶化合物，见表 7-7。

表 7-7 某些金属的黄酸盐的溶度积

黄酸盐	溶度积
$Cu(C_2H_5OCSS)_2$	5.2×10^{-20}
$Cd(C_2H_5OCSS)_2$	2.6×10^{-14}
$Zn(C_2H_5OCSS)_2$	4.9×10^{-9}
$Fe(C_2H_5OCSS)_2$	8×10^{-8}
$Fe(C_2H_5OCSS)_3$	10^{-21}
$Co(C_2H_5OCSS)_2$	5.6×10^{-8}
$Co(C_2H_5OCSS)_3$	$10^{-14}\sim10^{-13}$

从表 7-7 溶度积可看出，比锌的黄酸盐难溶的有 Cu^+、Cd^{2+}、Fe^{3+}、Co^{3+} 的黄酸盐，所以加入黄药可以除去锌溶液中的这些杂质离子。黄药除钴的实质是在硫酸铜存在的条件下，溶液中的硫酸钴与黄药作用，形成难溶的黄酸钴而沉淀。其反应的化学方程式如下：

$$8C_2H_5OCS_2Na + 2CuSO_4 + 2CoSO_4 = Cu_2(C_2H_5OCS_2)_3\downarrow + 2Co(C_2H_5OCS_2)_2\downarrow + 4Na_2SO_4 \tag{7-30}$$

从式(7-30)可知，硫酸铜在除钴过程中起到使 Co^{2+} 氧化为 Co^{3+} 的作用，是一种氧化剂。其他氧化剂如 $Fe_2(SO_4)_3$ 和 $KMnO_4$ 等也可起同样作用。但实践证明，用 $CuSO_4\cdot5H_2O$ 作氧化剂效果最好。因此，生产上多采用硫酸铜。若不在硫酸锌溶液中加氧化剂，便会产生大量白色的黄酸锌沉淀。这说明只有 Co^{3+} 才能优先于黄药作用产生 $Co(C_2H_5OCSS_2)_3$ 沉淀。为了有效地除钴，常向净化槽中鼓入空气。

实践证明，黄药除钴的温度最好控制在 308~313 K。温度过高会引起黄药分解与挥发，散发出一种有臭味的蒸气，使劳动条件恶化；同时会增加黄药的消耗和降低除钴效率。温度过低，会降低反应速度，延长作业时间。生产中为了加速反应进行，所用的黄药都是预先配成 10%的水溶液。溶解黄药时只可用冷水，而且不可以放置过久。这是因为黄药在水中经过足够的时间或在适当的温度中便会进行如下的化学分解反应而失效。

$$C_2H_5OCS_2Na + H_2O = C_2H_5OH + NaOH + CS_2 \tag{7-31}$$

黄药在酸性溶液中也容易发生分解反应。当除钴液的 pH 低时，黄药消耗增加，除钴效率降低。生产实践中的溶液 pH 不应小于 5.2，以 5.2~5.4 为宜。由于溶液中钴含量很低，要使反应迅速且彻底，必须加入过量的黄药。实际的黄药加入量为溶液中钴量的 10~15 倍，一般为 12 倍。硫酸铜的消耗量为黄药量的 1/5。黄药除钴不仅要消耗昂贵的有机试剂，而且净化后的溶液中残钴较高，黄酸钴也很难处理。目前国内很少有湿法炼锌工厂采用此法。

7.8.2 β-萘酚净化法

β-萘酚净化法是 β-萘酚与 $NaNO_2$ 在弱酸性溶液中生成 α-亚硝-β-萘酚，α-亚硝基-β-萘酚与钴反应生成蓬松的红褐色内络盐沉淀。α-亚硝基-β-萘酚不稳定，生产中只能边使用边制备。反应前，β-萘酚按比例在 NaOH 溶液中混合配制。在碱性溶液中配制的原因：一是 β-萘酚溶于碱液而难溶于水；二是 $NaNO_2$ 在碱性溶液中稳定。主要化学反应方程式如下：

$$NaNO_2 + H^+ = Na^+ + HNO_2 \tag{7-32}$$

$$C_{10}H_7ONa + H^+ = C_{10}H_8O + Na^+ \tag{7-33}$$

$$C_{10}H_8O + HNO_2 = C_{10}H_6ONOH + H_2O \tag{7-34}$$

$$Co^{2+} + HNO_2 + 4H^+ = Co^{3+} + NO\uparrow + H_2O \tag{7-35}$$

$$Co^{3+} + 3C_{10}H_6ONOH = Co(C_{10}H_6ONO)_3\downarrow + 3H^+ \tag{7-36}$$

β-萘酚除钴法的优点是除钴反应速度快，除钴非常彻底，对含钴较高(如 50~100 mg/L)的溶液也可将钴彻底除去，工艺条件易于控制。其缺点是综合除杂能力相对较差，浸出液中的其他杂质须用锌粉置换除去，且需要用活性炭吸附除去残余有机试剂。另外，该药剂价格昂贵，消耗量较大，故该法的推广应用受到一定的限制。

β-萘酚除钴法在国外应用较多，如日本彦岛冶炼厂、安中冶炼厂，意大利马尔盖拉港冶炼厂，加拿大的弗林弗朗炼锌厂等；国内的巴彦淖尔紫金有色金属有限公司，四川四环锌锗科技有限公司，云南祥云飞龙有色金属股份有限公司等。

日本安中电锌锌厂采用 β-萘酚四段净化法：第一、第二段加锌粉除铜镉，第三段加 α-亚硝基-β-萘酚除钴，第四段用活性炭吸附有机物。意大利马尔盖拉港电锌厂：第一段加锌粉除铜镉，第二段加 α-亚硝基-β-萘酚除钴，第三段加锌粉除残镉。β-萘酚除钴的作业温度控制在 338~348 K。净化液中残存的 β-萘酚对锌电积电流效率有不良影响，为了消除这一不良影响，在除钴净化后加入活性炭吸附除去溶液中残留的有机物。

7.9 影响净化效果的主要因素

湿法炼锌中性浸出液净化过程受到很多因素的影响，主要包括：温度，搅拌速度，溶液 pH，反应时间，锌粉添加量，锑盐(砷盐)添加量，杂质离子浓度，镁、钠等碱土金属离子浓度，锌粉的成分与粒度，锌粉在溶液中的分散状态等。这些因素不同程度地影响着锌粉置换反应的速率，进而影响净化效果。

(1)温度的影响。

提高温度可适当降低电极过程的浓差极化和电化学极化，适当地提高温度在原则上有助于强化和改善置换过程。但从溶液中置换较负电位的金属离子时，温度的影响非常复杂。锌粉对铜、镉、钴、镍等金属离子的置换反应，都属于放热反应。因此，温度升高可以加速离子的扩散作用，有助于提高置换反应速率，但不利于置换反应的热力学进行。同时，温度上升，锌粉的溶解加剧，过多地增加了锌粉的消耗量。另外，温度过高，会导致镉离子的复溶。锌粉置换除镉的温度一般保持在 45～65 ℃。

实验研究和生产实践表明，无论砷盐除钴还是锑盐除钴，温度越高，除钴反应速度越快，净化效果越好，提高净液温度有助于强化钴的置换净化过程。锌粉置换除钴过程的温度因添加剂和净化工艺流程而有所不同，锌粉–锑盐净化除钴过程的温度一般保持在 353～368 K。

(2)搅拌速度的影响。

中性浸出液锌粉置换净化除铜、镉、钴、镍过程是固液两相反应，提高体系的搅拌速度有利于增加溶液中杂质离子的活性，防止锌粉和其他物质沉于槽底。加强搅拌可以促进沉积在锌粉表面沉积物的脱落，暴露出锌粉的新鲜表面，有助于置换反应的连续进行。同时，搅拌速度加快有利于离子的扩散，增加杂质离子与锌粉颗粒相互接触的机会，加速置换反应的进行。

但是，搅拌速度的加快有一定的限制，超过这个限度，置换反应速率将取决于化学反应速率，而不取决于离子的扩散作用。置换反应的搅拌强度也不宜过大，否则吸入的空气中的氧会使已沉积下来的金属发生返溶现象，加速锌粉的溶解，同时也容易使锌粉表面氧化而出现钝化现象。

(3)溶液 pH 的影响。

中性浸出液锌粉置换净化除铜、镉、钴、镍过程中，硫酸锌溶液的 pH 较高，有利于减小氢离子的活度，降低氢析出速度，促进锌粉置换除杂反应的进行；溶液 pH 较低，则除杂质离子时加入的锌粉会直接溶解置换析出氢气，导致净化效果变差，锌粉消耗量增加。

(4)锌粉添加量和质量的影响。

中性浸出液锌粉置换净化除杂反应是在锌粉表面上进行的，锌粉的表面积越大，溶液中钴、镉离子与锌粉接触的机会越多。因此，锌粉添加量越大，越有利于加速除钴、镉离子的反应。

锌粉质量指锌粉的纯度和粒度。用作净化的锌粉不应带入新的杂质，且避免锌粉被氧化。氧化的锌不仅不能起到置换作用，而且会增加锌粉的消耗量。如果锌粉表面有氧化锌存在，会引起钝化，使置换除杂反应速度变慢。增大锌粉的表面积有利于加快置换反应速度常数，因此锌粉颗粒应该尽可能小。但锌粉过细一方面会造成过滤困难和溶液堵塞下料口，另一方面会漂浮在硫酸锌溶液表面，不利于有效利用锌粉。

(5)净化液成分的影响。

浸出液中含锌浓度、杂质含量及固体悬浮物等会影响置换反应的进行。浸出液中含锌浓度较低时，置换过程中锌粉表面锌离子向外扩散速率较快；若含锌浓度过低则会有氢气析出，加大锌粉的消耗量。杂质离子浓度影响净化除杂的效果，杂质离子浓度高会增加锌粉和锑盐(或砷盐)的用量。

(6)反应时间的影响。

置换除镉离子反应时间不宜过长，否则会导致镉离子复溶；置换除钴离子反应要求的时间较长，要求置换反应进行更加彻底，但也不宜过长。硫酸锌溶液压滤时，压滤时间对镉的复溶影响较大，因此压滤时间越短越好。

(7)锑盐(或砷盐)添加量的影响。

锑盐(或砷盐)是锌粉置换除钴离子反应的活化剂，其需求量较小。如果锑盐(或砷盐)添加量不足，除钴效果会变差。锑盐(或砷盐)添加过量时，钴、镉离子容易"复溶"。因此，必须控制好锑盐(或砷盐)的添加量。

7.10 净化除钙、镁

钙、镁是锌精矿中常见的伴生杂质元素。在湿法炼锌过程中，钙、镁硫酸盐进入溶液，由于硫酸钙、硫酸镁水解沉淀 pH 高，且钙、镁离子的电极电位比锌低很多，不能在锌粉置换净化工段除去，也难以采用水解沉淀法脱除。因而，钙盐、镁盐会在整个溶液中不断循环积累，直至达饱和状态。

7.10.1 钙、镁的危害

钙、镁盐类在溶液中大量存在，给湿法炼锌带来的危害主要有：

①钙、镁盐类进入湿法炼锌溶液系统，相应地增大了溶液的体积密度，溶液的黏度增大，使浸出矿浆液固分离和过滤困难。过滤过程溶液温度降低时，$CaSO_4$ 和 $MgSO_4$ 容易在滤板、滤布上结晶析出，会堵塞滤布毛细孔，使过滤难以进行。

②在含钙、镁盐饱和的溶液循环系统中，当局部温度下降时，以 $CaSO_4$ 和 $MgSO_4$ 结晶析出，在容易散热的设备外壳和输送溶液的金属管道中沉积。这种结晶会不断成长为坚硬的整体，造成设备损坏和管路堵塞，严重时会导致停产，给湿法冶炼带来很大危害。

③锌电积过程电解液中的钙、镁离子浓度升高时，溶液电阻增大，降低锌电积的电流效率，增加电能消耗。

④在湿法炼锌净化工段，钙、镁盐会降低锌粉的反应活性，增加净化除杂过程的锌粉消耗。

基于以上危害，维持湿法炼锌系统中的钙、镁平衡及控制较低的钙、镁离子浓度是湿法炼锌厂遇到的共性问题。

7.10.2 钙、镁的脱除方法

在中性浸出、硫酸锌溶液石灰中和等过程中会有一定量的硫酸钙溶解进入溶液。由于硫酸钙的溶解度较小，湿法炼锌系统中的钙离子始终在相对较低浓度下运行。一般采用降温结晶的方式除去溶液中过量的硫酸钙，维持体系钙的平衡。

相对而言，硫酸镁的溶解度大，在湿法炼锌浸出、净化、电解的溶液循环使用过程中，硫酸镁会持续积累，直至结晶饱和状态，其对湿法炼锌带来的危害比钙更明显。因此，除镁是湿法炼锌工艺长期面临的技术问题。目前，已报道的除镁的方法较多，包括锌精矿酸洗除镁、中和除镁、氟盐除镁、冷冻结晶除镁和电解法除镁等。

(1)锌精矿酸洗除镁。

硫化锌精矿采用稀硫酸酸洗，可以将锌精矿中以碳酸镁、氧化镁形态存在的镁除去，获得低镁锌精矿。该方法于 20 世纪 90 年代在部分湿法炼锌企业使用，但随后因锌损失量大而放弃使用。

(2) 中和除镁。

中和除镁包括中和沉锌和含镁废水处理两部分。向湿法炼锌废电解液中加入石灰、氨水、氢氧化钠等中和剂，调节溶液 pH 为 6~8，使碱式硫酸锌优先沉淀析出，剩余的硫酸镁溶液送废水处理系统进行处理。为了降低运行成本，通常采用石灰作为中和剂。

(3) 氟盐除镁。

氟盐除镁是利用氟离子与镁离子形成溶解度小的氟化镁来实现沉淀分离。其除镁过程包括选择性沉镁、电解液除氟、氟化镁渣处理、氟的循环利用等步骤。通常使用 HF、ZnF_2、NaF 等作为除镁试剂。利用氟化锌从湿法炼锌净化后液中除镁的工艺流程：首先采用氟化锌将溶液中的镁选择性沉淀；然后向氟化镁渣中加入氢氧化钠溶液，使氟化镁转化为氢氧化镁；最后将含有氟化钠的上清液进行隔膜电解，重新生成氟化钠和氢氧化钠溶液，实现含氟试剂的再生利用。

(4) 冷却结晶除镁。

冷却结晶除镁是利用冷却塔将净化液温度由 45~65 ℃降低至 40~45 ℃，部分析出溶液中的硫酸镁和硫酸钙。由于净化液中锌离子浓度高达 150 g/L，净化液冷却结晶产物主要成分为碱式硫酸锌和二水硫酸钙，硫酸镁的含量低。

(5) 电解法除镁。

日本彦岛炼锌厂采用隔膜电解法除镁，当电解液中含镁达 20 g/L 时采用隔膜电解脱镁工艺，包括：①隔膜电解。从电解车间抽出部分尾液送隔膜电解槽，进一步电解至含锌 20 g/L。②石膏回收。隔膜电解尾液含 H_2SO_4 200 g/L 以上，用碳酸钙中和游离酸以回收石膏。③中和工序。石膏工序排出的废液用消石灰中和以回收氢氧化锌，最终滤液送废水处理系统。

为了解决镁对湿法炼锌带来的危害，国外许多工厂都采取了相应的对策。例如澳大利亚电锌厂、芬兰科科拉电锌厂和印度斯坦锌公司德巴里锌厂，每天抽取部分废电解液，添加石灰乳中和沉锌，沉锌后的硫酸镁溶液送废水处理。日本秋田冶炼厂和加拿大哈德逊湾锌冶炼厂采用冷却塔冷却净化液，将溶液温度由 65 ℃降至 42 ℃，得到部分碱式硫酸锌、硫酸镁和硫酸钙的混合结晶，定期清理这些结晶，维持溶液中镁的平衡。

(6) 冷冻结晶除镁。

昆明理工大学研究开发了电解液冷冻结晶除镁技术，在-10 ℃条件下，电解液结晶析出七水硫酸镁和七水硫酸锌的共结晶盐，实现镁的脱除。对得到的除镁产物，采用中和沉淀法回收锌，含硫酸镁溶液进一步采用水热合成制备得到碱式硫酸镁晶须，实现镁的资源化利用。

7.11　净化除氟、氯

7.11.1　净化除氟

氟来源于锌烟尘的氟化物，浸出时进入溶液。氟离子会腐蚀锌电解槽的阴极铝板，使锌片难以剥离。溶液中含氟离子高于 80 mg/L 时，须净化除氟。

目前从溶液中除氟的比较理想的方法尚少，已知的方法有如下几种。

①在浸出过程中加入少量的石灰乳除氟：其原理是氟与钙生成难溶的化合物氟化钙。但是，净化作业在中性溶液中进行，溶液中的氟将与硫酸锌、硫酸镁和硫酸锰作用，生成ZnF^+、MgF^+、MnF^+型配离子，使之难以达到除氟的目的。

②硅胶除氟：其基本原理是在酸性溶液中，氟以氢氟酸分子状态与硅酸聚合，并吸附在硅酸胶体上；在中性或碱性溶液中，氢氟酸不参加硅酸的组成，经水淋洗后即可脱氟，硅胶可再生。

③利用钍的盐类从溶液中除氟：其原理是让氟与钍形成难溶的化合物，以沉淀形式除去。

由于从溶液中脱除氟、氯的效果不佳，株洲冶炼厂采用多膛炉来焙烧次氧化锌，以脱除烟尘中的氟、氯，并同时脱砷、锑，避免氟、氯大量进入湿法炼锌系统。

7.11.2 净化除氯

在湿法炼锌过程处理的锌焙砂、各种烟尘、氧化锌及其他含锌物料(如铸型渣与镀锌渣等)含有一定量的氯，这些氯在浸出时几乎全部进入溶液。同时，由于整个系统使用大量的自来水，故也带入了一定量的氯。溶液中氯的存在会影响锌电积过程，使铅阳极和设备遭受腐蚀。Cl^-半径小，易从阳极保护膜细小孔隙中渗入阳极内部与铅作用，造成阳极腐蚀。阳极腐蚀形式的$PbSO_4$以机械夹杂形式进入阴极锌片，降低析出锌品级率，导致锌返溶。当溶液含氯离子高于100 mg/L时应净化除氯。

在湿法炼锌中除氯的方法较多，其中火法炼锌工艺一般采用多膛炉焙烧法除氯，也可以采用氯化银沉淀法、铜渣除氯法、离子交换除氯法及碱洗除氯法等。

(1)氯化银沉淀法。

氯化银沉淀法除氯是往溶液中添加硫酸银，使其与溶液中的氯离子作用，生成难溶的氯化银沉淀。其化学反应式为：

$$Ag_2SO_4 + 2Cl^- \longrightarrow 2AgCl\downarrow + SO_4^{2-} \tag{7-37}$$

该方法操作简单，除氯效果好。但硫酸银价格昂贵，银的再生实收率低，成本高，在实际生产中受到限制。

(2)铜渣除氯法。

铜渣除氯法，是基于铜及铜离子与溶液中的氯离子相互作用，形成难溶的氯化亚铜(化学式为Cu_2Cl_2)沉淀。通常使用铜镉渣生产镉时产出的海绵铜渣作沉氯剂。其化学反应式为：

$$Cu_{(海绵铜)} + 2Cl^- + Cu^{2+} \longrightarrow Cu_2Cl_2\downarrow \tag{7-38}$$

控制除氯过程反应温度为318~333 K，酸度5~10 g/L。经5~6 h搅拌后，可将溶液中氯离子从500~1200 mg/L降至300 mg/L以下。

(3)离子交换除氯法。

离子交换除氯是利用离子交换树脂的可交换离子，并与电解液中待除去的离子发生交互反应，使溶液中待除去的离子吸附在树脂上，树脂上相应的可交换离子进入溶液。

(4)碱洗除氯法。

碱洗除氯法的基本原理是采用碱液洗涤高含氯物料，使氯进入碱洗液，锌以$Zn(OH)_2$形式进入沉淀，从而得到回收。其化学反应式为：

$$ZnCl_2 + 2NaOH \xlongequal{} 2NaCl + Zn(OH)_{2(s)} \tag{7-39}$$

碱洗除氯的基本工艺条件为：液固比6：1，温度358~363 K，反应时间2 h，控制溶液pH 9~10。

7.12 锌粉置换净化安全问题

锌粉置换净化的中性浸出液中有砷、锑存在，且溶液pH控制不当时会析出剧毒气体砷化氢(化学式为AsH_3)或锑化氢(化学式为SbH_3)。砷化氢和锑化氢在常温常压下具有难闻的大蒜臭味，是无色剧毒性易燃气体，其密度比空气大。锑化氢比砷化氢毒性更大，但锑化氢不稳定，易于分解，因此生产中的危害性比砷化氢要小。

砷化氢为无色带有大蒜气味的气体；微溶于水，溶于酸、碱等，易着火燃烧形成三氧化二砷；易与高锰酸钾、溴和次氯酸钠等溶剂起反应，生成砷的化合物，在水中迅速水解生成砷酸和氢化物。遇明火、高热易燃烧爆炸，温度高于503 K时迅速分解。人体通过呼吸道吸入砷化氢，会引起中毒。

急性砷化氢中毒发病急，病情进展快，潜伏期一般为半小时至数小时，严重影响劳动者身体健康和生命安全。短期内吸入较高浓度砷化氢气体会引起以急性血管内溶血为主的全身性疾病，严重者可发生急性肾功能和肝功能衰竭。中毒程度与吸入砷化氢的浓度密切相关，潜伏期愈短，则临床表现愈严重。

轻度中毒常有畏寒、发热、头痛、乏力、腰背部酸痛，且出现酱油色尿，巩膜、皮肤黄染等急性血管内溶血的临床表现；外周血血红蛋白、尿潜血试验等血管内溶血实验室检查异常，尿量基本正常，可继发轻度中毒性肾病。中重度中毒发病急剧，出现寒战、发热、明显腰背酸痛或腹痛，尿呈深酱色，少尿或无尿；巩膜、皮肤明显黄染，极严重溶血时皮肤呈古铜色或紫黑色，可有发绀、意识障碍；外周血血红蛋白显著降低，尿潜血试验强阳性，血浆或尿游离血红蛋白明显增高；血肌酐进行性增高，可继发中度至重度中毒性肾病或中毒性肾病。

砷化氢中毒的预防措施：

生产操作应严加防止气体泄漏到工作场所。应使用防爆型通风系统和设备，提供充分的局部排风和全面通风。应设置淋浴器、洗眼器、砷化氢气体报警仪。操作人员须经专门培训，严格遵守操作规程。

砷化氢中毒应急救援措施：

有关企业应成立应急救援组织，制定相应毒物中毒事故应急处置预案，定期组织救援演练。确保事故应急救援及时有效。

砷化氢泄漏事故发生后，工作人员要迅速撤离泄漏污染区至上风处，并进行隔离，严格限制出入。应立即切断火源。应急处理人员应佩戴空气呼吸器，穿防毒工作服。尽可能切断泄漏源，合理通风，加速扩散，用喷雾状水稀释、溶解。构筑围堤或挖坑收容产生的大量废水。如有可能，将漏出气体用排风机送至空旷处或装设适当喷头烧掉。漏气容器要妥善处理，修复、检验合格后再用。含砷矿石或废渣可致人体中毒，严禁用水喷洒矿石或废渣，以防其中砷与水接触产生更多砷化氢。消防人员须佩戴过滤式防毒面具(全面罩)或隔离式呼吸器，穿全身防火防毒服，在上风向灭火。应立即切断气源，若不能切断气源，则不允许熄灭泄漏处火焰，应喷水冷却容器后将其从火场移至空旷处。灭火剂采用雾状水、泡沫、干粉。

应将中毒人员脱离现场移至空气新鲜处，如呼吸停止应立即进行现场人工呼吸，并送医治疗。

7.13 净化工艺与工业实践

湿法炼锌中性浸出液的净化方法主要包括砷盐净化法、逆锑净化法、正锑净化法、合金锌粉法、黄药净化法、β-萘酚净化法等，其净化流程可以分为二段净化、三段净化、四段净化等。具体的净化流程的选择，根据溶液中杂质离子含量、试剂来源及成本、技术水平等实际情况确定。常见的湿法炼锌中性浸出液净化除杂方法见表 7-8。

表 7-8 中性浸出液净化除杂方法

净化方法	第一段	第二段	第三段	第四段
砷盐净化法	加锌粉和砷盐除铜、钴、镍	加锌粉除镉	加锌粉除返溶镉，镉渣返回第二段	加锌粉除残镉
逆锑净化法	加锌粉除铜、镉	加锌粉和锑盐除钴	加锌粉除镉	—
正锑净化法	加锌粉和锑盐除铜、钴、镍、镉	加锌粉除残镉	—	—
合金锌粉法	加 Zn-Pb-Sb 合金锌粉除铜、镉、钴	加锌粉除镉	加锌粉	—
黄药净化法	加锌粉除铜、镉	加黄药除钴	活性炭吸附除有机物	—
β-萘酚净化法	加锌粉除铜、镉	加 α-亚硝基-β-萘酚除钴	加锌粉除残镉	活性炭吸附除有机物

根据各个工厂的溶液成分和工厂实际情况的不同，工业实践中各个工厂应选取适合自身特点的净化流程。

7.13.1 锌粉-锑盐净化生产和实践

锌粉-锑盐净化法因工艺成熟，具有安全、净化效果好等特点，为全世界湿法炼锌厂普遍采用。近几年国内多数厂家的技术改造及新建炼锌厂也主要采用此方法。锌粉-锑盐净化法在选用流程上有两段和三段之分，添加剂有锌粉-锑盐和合金锌粉之分，工艺上有正向锑盐和反向锑盐之分。

1. 国内某铅锌冶炼厂锌粉-锑盐净化生产和实践

国内某铅锌冶炼厂中性浸出液净化工序最初设计为两段逆锑净化，于 1992 年 7 月投产。为了达到深度净化，提高产品质量，该厂于 1998 年 7 月—10 月进行了技术改造，改为三段净化。

(1) 两段逆锑净化法。

国内某铅锌冶炼厂采用两段逆锑净化法，其操作条件见表 7-9，各年净化效果见表 7-10。

表 7-9　国内某铅锌冶炼厂两段净化操作条件

净化段数	温度/K	pH	反应时间/min	净化槽
一段	323~338	4.8~5.2	15~22	流态化槽
二段	358~363	5.0~5.4	90~120	机械搅拌槽

表 7-10　国内某铅锌冶炼厂两段净化效果　　单位：mg/L

溶液名称	杂质离子	1993 年	1994 年	1995 年	1996 年	1997 年	1998 年
中浸上清液	Co	5~7	8~14	8~14	8~11	8~10	8~10
	Cd	800~1000	800~1000	500~700	500~800	500~800	500~800
新液	Co	<2.0	<2.5	<2.0	<2.0	<1.8	<1.5
	Cd	<2.5	<3.0	<2.5	<2.0	<2.0	<2.0

两段逆锑净化法具有以下特点：

①具有工艺流程短、设备投资少等优点。

②两段净化对镉的控制不理想。中性上清液含镉较高或者一段净化效果较差时，二段高温净化会发生镉的大量反溶，增加锌粉消耗，影响新液质量，达不到深度净化。

③对钴的控制不理想，主要是由于二段机械搅拌槽的搅拌强度不够，传质条件较差。

(2)三段逆锑净化法。

两段净化存在镉容易复溶、除钴搅拌强度差等缺点。2021 年，国内某锌冶炼厂实施了技术改造，采用美国莱汀公司 QD40 和 QD50 减速机及搅拌装置，将原来二段 6 台机械搅拌槽分为二段 4 台、三段 2 台，增加了三段净化除残镉，取得了很好的效果。三段净化的操作条件见表 7-11，净化效果见表 7-12。

表 7-11　国内某锌冶炼厂三段逆锑净化法操作条件

净化段数	温度/K	pH	反应时间/min	净化槽
一段	323~338	4.8~5.2	45~60	机械搅拌槽
二段	358~363	5.0~5.4	80~100	机械搅拌槽
三段	343~348	5.0~5.4	25~45	机械搅拌槽

表 7-12　国内某锌冶炼厂三段逆锑净化法净化效果　　单位：mg/L

物料名称	杂质离子	2020 年	2021 年	2022 年
中浸上清液	Co	8~10	8~10	20~30
	Cd	500~800	500~800	500~800
新液	Co	<1.2	<0.8	<0.6
	Cd	<1.0	<0.5	<0.5

三段逆锑净化法具有以下特点：

①可以得到杂质含量较低的新液，对提高电锌品级率和降低直流电单耗起到积极作用。

②增加了一段净化，增加了锌粉用量。

③增加了一段净化，延长了溶液的停留时间；三段净化后溶液的 pH 较高，容易生成碱式硫酸锌，影响过滤。

2. 三段锌粉正向锑盐净工艺生产和实践

国内某冶炼厂氧压浸出除铁后液净化工段采用三段锌粉正向锑盐净工艺进行净化处理。其工艺流程图如图 7-9 所示。

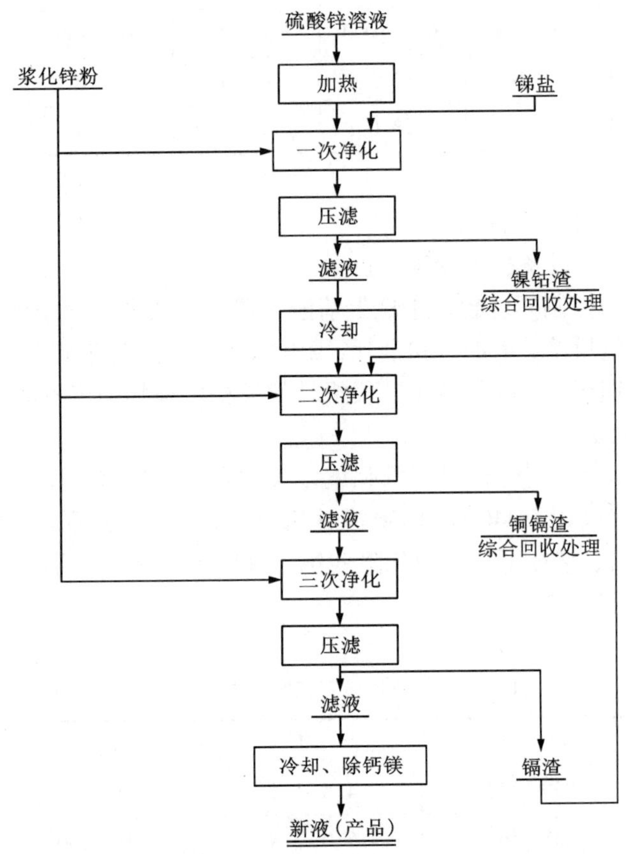

图 7-9　国内某冶炼厂三段锌粉正向锑盐净工艺流程图

采用的三段锌粉正向锑盐净化工艺具体为：一段净化高温除钴、镍；二段净化低温除铜、镉；三段净化除残镉，再利用冷却塔和浓密机降温使 Ca、Mg 结晶析出予以除去。硫酸锌溶液经螺旋板式换热器加热，加热后温度升为 363 K 左右的溶液流入一段连续净化 5 个串联的搅拌槽内，加入经浆化后的锌粉和锑盐进行一段净化除去镍钴，同时部分铜、镉也被锌粉置换出来。净化后的溶液采用厢式压滤机压滤，压滤渣送至综合回收车间。滤液采用鼓风式空气冷却塔降温至 328 K 左右，进行二段连续净化，净化后的料浆采用厢式压滤机压滤，滤渣送综合回收车间。滤液送三段低温净化，除去残留镉。三段净化温度 328 K 左右，反应时间约 45 min。三段净化压滤后液经冷却塔降温至 322 K 左右后进入直径为 21 m 的浓密机，钙镁结晶沉淀，浓密溢流进入新液贮槽，浓密底流压滤产出钙镁渣。

净化后锌成分为：Zn 150～160 g/L，Cu≤0.2 mg/L，Cd≤0.4 mg/L，Co≤0.2 mg/L，Ni≤0.1 mg/L，Sb≤0.12 mg/L，F≤30 mg/L，Cl≤400 mg/L，Fe≤10 mg/L，As≤0.05 mg/L，Ge≤0.03 mg/L。净化段锌粉消耗不超过 45 kg/t·锌片，锑盐消耗不超过 0.048 kg/t·锌片，硫酸铜消耗不超过 0.04 kg/t·锌片，蒸汽消耗不超过 0.515 t/t·锌片，新液合格率不低于 95%。

7.13.2　锌粉-砷盐净化法生产实践

锌粉-砷盐净化除杂质过程主要分为三段，一段加锌粉除铜、氯，二段加锌粉和 As_2O_3 除 Co、Ni，三段单独加锌粉除 Cd。国内某厂锌粉-砷盐净化工艺流程如图 7-10 所示。

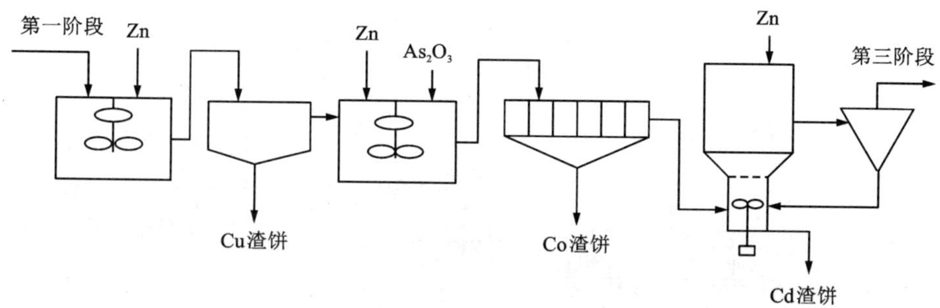

图 7-10　国内某冶炼厂锌粉-砷盐净化工艺流程

国内某冶炼厂锌粉-砷盐净化过程分为三段。中性上清液进入一段，在 348 K 和 pH＝5 的条件下，加锌粉到两台除铜槽除铜，大部分铜以氧化亚铜的形式沉淀。除铜后液进入除铜浓密机，浓密溢流送到第二段除钴、镍工序。除铜后液经过换热器加热后，依次在五个密闭反应器中与砷盐锌粉混合反应。这些反应器产出的悬浮液经过浓缩，其溢流送去过滤。部分浓缩底流返回本沉淀工序的起点，以保证铜、钴和镍的去除。浓缩槽底流的其余部分经过压滤，用水洗涤产出钴渣。三段除镉主要是在温度超过 341 K 的条件下，利用锌的标准电极电位比镉的标准电极电位负的性质，通过向溶液加入锌粉，置换出镉。利用絮凝剂控制一定的反应速度，达到镉从溶液中沉淀分离的目的。

7.13.3　β-萘酚除钴法生产实践

国内某厂以高钴闪锌矿为主要原料进行湿法炼锌，针对中上清含钴长期高达 60 mg/L 的生产情况，经过不断研究完善，两次工业化尝试，该厂于 2013 年 6 月实现了 β-萘酚除钴在湿法主流程的工业化应用。其工艺流程如图 7-11 所示。

本工艺采用 β-萘酚除钴四段净化：锌粉一段除铜、镉；二段 β-萘酚药剂调酸沉钴(镍、残铜可并除)；第三段活性炭浆化后吸附有机物；第四段锌粉残余少量杂质(主要为残镉、残铜)。

工艺技术条件：

①一段净化。反应温度 323～348 K，反应时间 1.5～2 h，锌粉加入量随中上清中铜、镉含

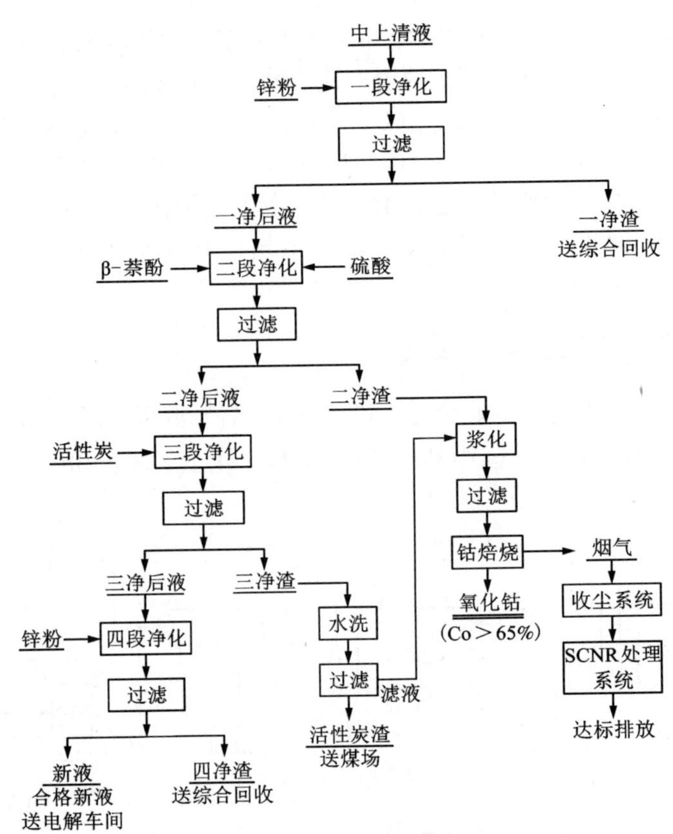

图 7-11 国内某厂锌粉-β-萘酚除钴净化工艺流程

量变化进行调整。

②二段净化。反应温度 328~348 K，沉钴反应时间 1.5~2 h，沉钴 pH 为 3.5(使用硫酸调整)，药剂加入量为钴、铁总量的 9~13 倍。

③三次净化：反应温度为除钴后液的自然温度，吸附时间 1~1.5 h，活性炭加入量 0.5~1 kg/L。

④四段净化：反应温度三段吸附后液自然温度，反应时间 1.0~1.5 h，锌粉加入量 0.5~1 kg/m^3。

在以上工艺技术条件下运行，将净化工序新液中含杂质指标及锌粉、蒸气单耗对比情况列于表 7-13。

表 7-13 国内某厂锌粉-β-萘酚除钴净化效果

运行时间	新液杂质浓度/($mg \cdot L^{-1}$)						消耗/($kg \cdot t_{锌片}^{-1}$)	
	Cu	Cd	Co	As	Sb	Ge	锌粉	蒸气
2014 年 1 月	0.25	0.53	0.26	<0.02	0.028	0.01	43.38	380
2014 年 2 月	0.23	0.52	0.23	0.23	0.029	0.011	48.05	390
2014 年 3 月	0.23	0.52	0.25	0.26	0.022	<0.01	46.51	340

思考题

1. 为什么要对中性浸出上清液进行溶液净化除杂？

2. 从中性浸出上清液中净化除杂的方法有哪些？简述各自的原理。

3. 请论述加锌粉除铜镉的基本原理。

4. 请论述加锌粉除钴和镍的基本原理，并说明在加锌粉除钴和镍的过程中，需要大量过剩锌粉的原因。

5. 请写出两种中性浸出上清液净化流程。

6. 简述特殊试剂法除钴的基本原理。

7. 为什么在加锌粉除钴过程中，需要添加三氧化二锑或者三氧化二砷作为添加剂？

8. 中性浸出上清液净化除杂过程采用了哪些液固分离设备？

9. 为什么在加锌粉除钴和镍过程中需要将温度提高到 358 K 以上？

10. 简述从溶液中除氟、氯、钙、镁和有机物的方法。

第 8 章　硫酸锌溶液的电解沉积

硫酸锌溶液的电解沉积是湿法炼锌的四个重要工艺之一。其技术经济指标不仅反映出整个炼锌工艺的好坏，而且因直接消耗大量电能，在很大程度上影响着电锌的生产成本。

8.1　电解沉积锌的工艺流程

电解沉积锌的工艺流程是将新液与电解废液按一定比例混合，配制成含锌 50～60 g/L、硫酸 140～170 g/L、锰 3～5 g/L 的电解前混合液。混合液冷却后经各溜槽、管道送入电解槽。在直流电的作用下，阴极析出金属锌；阳极发生水分解反应放出氧气，释放氢离子，生成以二氧化锰为主要成分的阳极泥。电积时，阳极释放的氢离子与硫酸根结合生成硫酸。随着电积的进行，电解液中的锌会不断减少，硫酸增加。经过电解沉积后的溶液连续不断地从电解槽的出液端溢出。溢出液中锌浓度降至 45～55 g/L，硫酸浓度为 150～200 g/L 时，此溶液称为电解废液。一部分电解废液与新液混合，经冷却后返回电解槽循环使用；另一部分电解废液送废液罐贮存，供浸出工序使用，维持电解液中锌与硫酸的浓度稳定，以及湿法炼锌系统溶液的体积。电解沉积锌时添加碳酸锶、骨胶等添加剂，以维持锌的正常析出，提高阴极锌质量。每隔 24～48 h，将沉积有金属锌的阴极吊出电解槽，剥下析出的锌片，送熔铸工序熔化铸锭成为可以销售的商品锌锭或配制成锌合金锭出售。电解沉积锌的原则工艺流程如图 8-1 所示。

阴极铝板经清刷平整处理后再装入电解槽中继续电积。极板面积一般为 1.6～3.6 m^2，随着机械化、自动化剥锌技术的应用，新建工厂都倾向于采用大极板。废阴极铝板供配制铝合金锭或熔铸成铝锭回收。废阳极送阳极制造车间配以适量的铅锭和银粉制新阳极。阳极泥含有大量的 MnO_2，送浸出工序作为浸出反应的氧化剂。

按采用的技术条件不同，锌电积过程一般可采用三种方式。表 8-1 为三种方式及其比较。

三种方式的原理相同，只不过是所采用的电流密度和电解液酸度有较大差别而已。增加电流密度，可提高电解槽的锌产量，但电解液必须除去更多的热量，纯度要求也更严格。过去采用低酸低电流密度法的电锌厂较普遍，但产能小，限制了生产过程的强化。因此，现在的电锌厂多使用中酸中电流密度法。在操作良好的条件下，可以获得高于 90% 的电流效率。采用高酸高电流密度法的电锌厂必须在高锌含量下作业，以保证溶液中的锌酸比高于足以避免析出锌返溶的程度。

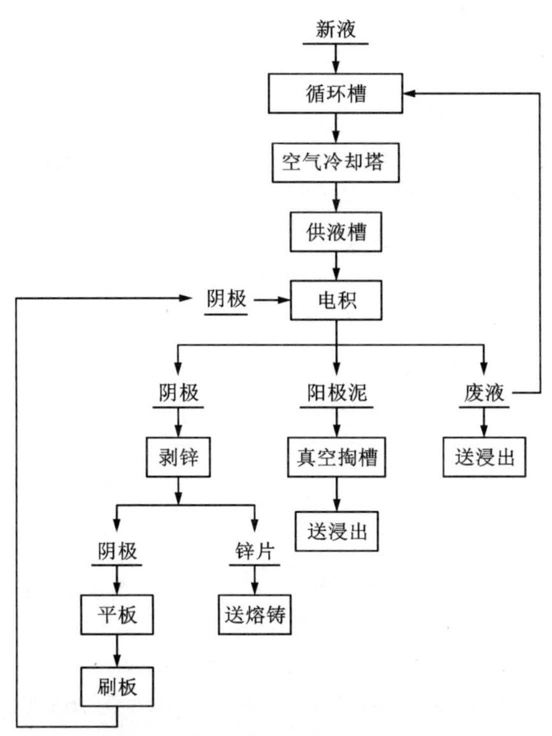

图 8-1　电解沉积锌的原则工艺流程

表 8-1　电解沉积锌的三种方式及其比较

电解沉积方式	电解液含硫酸 /(g·L⁻¹)	电流密度 /(A·m⁻²)	优缺点比较
低酸低电流密度	110~130	300~450	耗电少；生产能力小；基建投资大
中酸中电流密度	130~200	450~600	生产操作比前者简单，生产能力比前者大，但比后者小；基建投资较小
高酸高电流密度	200~300	600~1000	生产能力大；耗电多；电解槽内部结构复杂

8.2　电极反应

锌的电解沉积是将净化后的新液与废电解液的混合液送入电解槽内，用质量分数为 0.5%~1% Ag 的铅板作阳极，压延纯铝板作阴极；将两板联悬挂在电解槽内，通以直流电，阴极上析出金属锌。其阴极反应为：

$$Zn^{2+} + 2e^- = Zn \tag{8-1}$$

在阳极上放出氧气的反应为：

$$H_2O - 2e^- = 2H^+ + \frac{1}{2}O_2 \tag{8-2}$$

电解沉积锌的总反应为：

$$ZnSO_4 + H_2O \xlongequal{} Zn + H_2SO_4 + \frac{1}{2}O_2\uparrow \tag{8-3}$$

由电解沉积锌的反应可知，随着锌电积过程的不断进行，硫酸锌电解水溶液中的锌离子会不断减少，H_2SO_4 会相应增加。为了保持锌电积条件的稳定，必须维持电解槽中的电解液成分不变。因此，必须不断从电解槽中抽出一部分电解液作为电解废液返回浸出。同时相应加入净化后的中性硫酸锌溶液，以维持电解液中锌与 H_2SO_4 的浓度，并稳定电解系统中溶液的体积。电解沉积锌过程反应如图 8-2 所示。

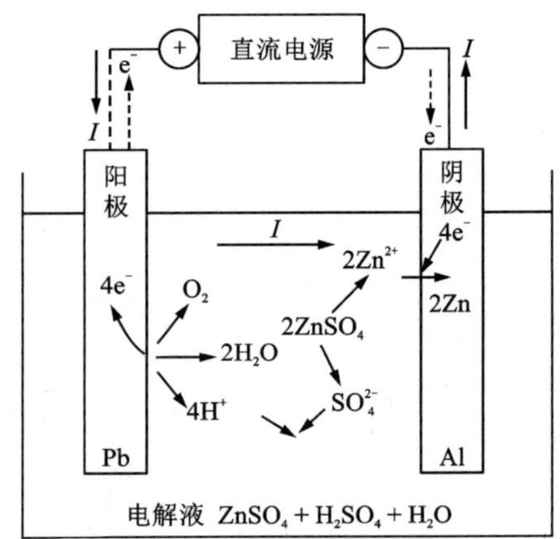

图 8-2 电解沉积锌过程反应

8.2.1 阴极反应

在锌电积的阴极区存在有 Zn^{2+}、H^+、微量杂质金属离子(Me^{n+})。通直流电时，阴极上的主要反应有：

$$Zn^{2+} + 2e^- \xlongequal{} Zn \qquad E^0_{Zn^{2+}/Zn} = -0.763\ \text{V} \tag{8-4}$$

$$E_{Zn^{2+}/Zn} = E^0_{Zn^{2+}/Zn} + \frac{RT}{2F}\ln \alpha_{Zn^{2+}} \tag{8-5}$$

$$2H^+ + 2e^- \xlongequal{} H_2 \qquad E^0_{H^+/H_2} = 0 \tag{8-6}$$

$$E_{H^+/H_2} = E^0_{H^+/H_2} + \frac{RT}{F}\ln \alpha_{H^+} \tag{8-7}$$

在工业生产条件下，若电解液成分为 H_2SO_4 120 g/L，Zn 55 g/L，密度 1.25 g/cm³（相应离子活度 $\alpha_{Zn^{2+}}=0.0424$，$\alpha_{H^+}=0.142$）。313 K 时，其平衡电势分别为：

$$E_{Zn^{2+}/Zn} = E^0_{Zn^{2+}/Zn} + \frac{RT}{2F}\ln \alpha_{Zn^{2+}} = -0.763 + \frac{0.063}{2}\lg 0.0424 = -0.806\ \text{V} \tag{8-8}$$

$$E_{H^+/H_2} = E^0_{H^+/H_2} + \frac{RT}{2F}\ln \alpha_{Zn^{2+}} = 0 + 0.063\lg 0.142 = -0.053\ \text{V} \tag{8-9}$$

氢的平衡电势较锌为正。从热力学的观点看，在阴极上析出的是氢而不是锌。在实际的电积锌过程中，有伴随的极化现象而产生电极反应的超电压(η)。考虑超电压值，锌和氢的析出电压值分别为：

$$E'_{Zn} = E^0_{Zn} + \frac{RT}{2F}\ln \alpha_{Zn^{2+}} - \eta_{Zn} \tag{8-10}$$

$$E'_{H_2} = E^0_{H_2} + \frac{RT}{F}\ln \alpha_{H^+} - \eta_{H_2} \tag{8-11}$$

当电解液中含 H_2SO_4 120 g/L、Zn 55 g/L、密度 1.25 g/cm³，电解温度为 313 K、面积电流为 500 A/m² 时，实际电沉积锌过程中，氢在锌电极上的超电压约为 1.105 V，锌析出的超电压约为 0.030 V，计算得出 $\varphi'_{Zn}=-0.836$ V，$\varphi'_{H_2}=-1.144$ V。可见，由于氢超电压的存在，

氢的析出电压比锌负，锌优先于氢析出，保证了锌电积的顺利进行。

氢的超电压值大小随阴极材料、面积电流、电解液温度、添加剂及溶液成分而变。在锌电积过程中，氢气析出不可避免。为了提高锌电积的电流效率，必须设法提高氢析出超电压。

当电解液中存在电极电位比锌更正的杂质金属离子，如铅、铜、钴、镍等，这些杂质金属也会在阴极析出，降低阴极锌的质量。

8.2.2　阳极反应

锌电积阳极过程产生两个结果：一是氧气的析出，二是电解液酸度的增大。在正常生产条件下，阳极表面主要发生析氧的反应：

$$4OH^- - 4e^- \xlongequal{\quad} O_2 + 2H_2O \qquad E'_{O_2/OH^-} = -0.401\ V \tag{8-12}$$

$$2H_2O - 4e^- \xlongequal{\quad} O_2 + 4H^+ \qquad E'_{O_2/OH^-} = 1.229\ V \tag{8-13}$$

该反应所消耗的电流约占阳极通过总电流的 98%。其次发生 Mn^{2+} 的氧化反应，产生 MnO_2：

$$Mn^{2+} + 2H_2O - 2e^- \xlongequal{\quad} MnO_2 + 4H^+ \tag{8-14}$$

阳极析氧反应的电压包括氧析出的超电压在内的阳极电压，约占整个槽电压的 50%，这对降低槽电压有很大的意义。

在电流作用下，由于氧的超电压(约为 0.5 V)存在，在上述反应出现之前，首先发生铅的阳极溶解，并形成 $PbSO_4$，覆盖在阳极表面上：

$$Pb - 2e^- \xlongequal{\quad} Pb^{2+} \qquad E'_1 = -0.126\ V \tag{8-15}$$

$$Pb + SO_4^{2-} - 2e^- \xlongequal{\quad} PbSO_4 \qquad E'_2 = -0.356\ V \tag{8-16}$$

形成的 $PbSO_4$，一部分溶解于电解液中，其溶解度随温度升高而增大，随硫酸浓度增大而降低。在未被 $PbSO_4$ 覆盖的阳极表面上，铅可直接氧化成 PbO_2：

$$Pb + 2H_2O - 4e^- \xlongequal{\quad} PbO_2 + 4H^+ \qquad E'_3 = 0.655\ V \tag{8-17}$$

随着金属铅自由表面接近完全消失，即发生下列反应：

$$Pb^{2+} + 2H_2O - 2e^- \xlongequal{\quad} PbO_2 + 4H^+ \qquad E'_4 = 1.45\ V \tag{8-18}$$

待铅阳极基本上被 PbO_2 覆盖后，即进入正常的阳极反应。即在阳极上放出氧气，使电解液中的 H^+浓度增加；同时与未放电的 SO_4^{2-} 结合，不断产生 H_2SO_4，其产量约为析出锌量的 1.5 倍。

阳极上放出的氧，消耗于三个方面。

①大部分氧由阳极表面形成气泡，并使吸附的少量的酸和水(微粒)逸出电解槽形成酸雾，让设备腐蚀，劳动条件恶化。

②一部分氧与电解液中的硫酸锰起化学反应生成高锰酸根离子(MnO_4^-)，使无色硫酸锌溶液变成紫红色。同时，高锰酸根继续与硫酸锰作用，生成的二氧化锰一部分沉于槽底形成阳极泥，可返回浸出作氧化剂；另一部分附于阳极表面，形成比较致密的 MnO_2 薄膜，加强了 PbO_2 的强度，保护阳极不受腐蚀。Pb-Ag 阳极板表面覆盖的 PbO_2/MnO_2 层提升了阳极的抗腐蚀性。为此，银-铅阳极必须在 1.9 V 以上的电压下操作，并要求电解液含 Mn^{2+}浓度为 3～5 g/L。

③小部分氧与阳极表面作用，参与形成氧化铅(PbO_2)阳极膜，造成阳极表面钝化，保护阳极不受腐蚀。当溶液中存在氯离子时，其在阳极上氧化析出氯气，污染车间空气，并腐蚀阳极。其反应为：

$$2Cl^- - 2e^- = Cl_2\uparrow \qquad E' = 1.36\ V \tag{8-19}$$

$$Cl^- + 3H_2O - 6e^- = ClO_3^- + 6H^+ \qquad E = 1.39\ V \tag{8-20}$$

$$3Pb + 6H^+ + ClO_3^- = 3Pb^{2+} + Cl^- + 3H_2O \tag{8-21}$$

8.3 主要技术经济指标

8.3.1 电流效率

湿法炼锌厂电解沉积锌工序采用的电流密度确定以后，通过电解槽的电流强度，以及电极面积和数目计算出。通电一定时间后，可以按锌的电化当量计算出锌的析出量，即锌电解车间理论上应该产出的锌量。但是生产实际中产出的锌量要比理论计算的产量少许多。这种实际产锌量与通过同等电量理论上计算析出锌量之比，以百分数表示称为电流效率。其计算式为：

$$\eta = \frac{\text{实际析出锌量}}{\text{理论析出锌量}} \times 100\% = \frac{G}{qItN} \times 100\% \tag{8-22}$$

式中：η 为电流效率，%；G 为在时间 t 内阴极实际析出锌量，g；q 为锌电化当量，1.2195 g/(A·h)；I 为槽电流强度，A；t 为电积时间，h；N 为串联电解槽槽数。

电流效率是湿法炼锌工业生产重要的技术经济指标之一。目前，世界各国湿法炼锌厂的电流效率主要分布在88%~93%。

8.3.2 槽电压

槽电压系指电解槽内相邻阴阳极之间的电压降，此数值可用直流电压表测出。实践中，通常是用所有串联电解槽的总电压降(V_1)减去导电板线路电压降(V_2)，除以串联电路上的总槽数(N)之商来表达。槽电压($V_{槽}$)计算式为：

$$V_{槽} = \frac{V_1 - V_2}{N} \tag{8-23}$$

更简便的表达方式是，忽略了导电板线路电压降。

槽电压是一项重要的技术经济指标，直接影响锌电积的电能消耗。

槽电压是由硫酸锌分解电压($V_{分}$)、电解液电阻电压降($V_{液}$)、阴阳极电阻电压降($V_{极}$)、阳极泥电阻电压降($V_{泥}$)及接触点电阻电压降($V_{接}$)这五项组成。

$$V_{槽} = V_{分} + V_{液} + V_{极} + V_{泥} + V_{接} \tag{8-24}$$

(1)硫酸锌分解电压。

实际的锌电积过程中的硫酸锌的分解电压是阳极电压和阴极电压的算术和，即由硫酸锌的理论分解电压(φ)和超电压(η)组成。硫酸锌的实际分解电势与面积电流、电解液温度及锌、酸含量等有关，一般为2.4~2.8 V。

（2）电解液电阻电压降。

电解液虽然可以依靠离子导电，但与金属导体相比，其电阻要大得多。电流通过电解液时，必然引起电压降。其大小与电流密度、阴阳极间距离、电解液的电阻率成正比，可表示为：

$$V_{液} = IR_{液} = D_k \cdot \rho L \tag{8-25}$$

式中：$V_{液}$ 为电解液电阻电压降，V；D_k 为阴极电流密度，A/m^2；ρ 为电解液的电阻率，$\Omega \cdot m$；L 为阴阳极间距离，m。

表 8-2 列出了 313 K 时，硫酸溶液比电阻随锌浓度（即酸度）的变化。由已知电阻率的数值，可计算出两电极间溶液的电压降。

表 8-2　313 K 时硫酸锌溶液的比电阻　　单位：Ω · cm

硫酸浓度/（$g \cdot L^{-1}$）	溶液中锌浓度/（$g \cdot L^{-1}$）			
	0	60	80	100
100	2.88	3.14	3.47	3.73
120	2.44	2.70	3.00	3.25
140	2.16	2.38	2.65	2.96
160	1.96	2.16	2.39	2.64
180	1.81	1.99	2.20	2.42
200	1.69	1.85	2.04	2.25

（3）阴阳极电阻电压降。

这部分电压降包括极板导电棒，即导电头的电阻电压降。铅银合金阳极板为 0.02～0.03 V，铝阴极为 0.01～0.02 V。若采用铅-银-钙三元合金阳极，可使槽电压降低 30 mV～20 V。

（4）接触点电阻电压降。

这部分电压降大小与接触的面积大小、接触面的清洁程度、接触点的多少及两接触面间的压力有关，一般为 0.03～0.05 V（阴、阳极导电采用夹接法）。西北铅锌冶炼厂和株洲冶炼厂新系统采用压触式搭接法，接触点电压降比夹接法高 20 mV 左右。

（5）阳极泥电阻电压降。

阳极表面生成的阳极膜要消耗一部分电压，阳极上析出的氧气泡的电阻也要消耗一定的电压。定期进行阳极洗刷工作有利于降低和稳定其电压降。阳极泥电阻电压降为 0.15～0.20 V。

工厂槽电压一般为 3.1～3.6 V。表 8-3 为工业生产中槽电压的一般分配情况。

表 8-3 工业生产中槽电压的一般分配情况

槽电压组成	电压降/V	分配比例/%
硫酸锌分解电压	2.4~2.6	75~80
电解液电阻电压降	0.4~0.6	13~17
阳极电阻电压降	0.02~0.03	0.7~0.8
阴极电阻电压降	0.01~0.02	0.3~0.5
接触点电阻电压降	0.03~0.05	1~1.4
阳极泥电阻电压降	0.15~0.20	5~6
槽电压	3.3~3.4	100.00

8.3.3 电能消耗

锌电积的电能消耗一般用直流电单耗表示，生产 1 t 阴极锌片所消耗的直流电量按下式计算：

$$W = \frac{\text{实际消耗直流电量}}{\text{阴极锌产量}} \times 100\% = \frac{V \times n \times I \times t}{I \times N \times t \times q \times \eta} \times 1000 = 820\,\frac{V}{\eta} \quad (8-26)$$

式中：W 为每吨阴极锌直流电单耗，kW · h；I 为电流强度，A；V 为槽电压，V；N 为串联电解槽数目；t 为电积时间；q 为锌的电化当量，1.2195 g/(A · h)；η 为电流效率，%。

阴极锌直流电单耗是湿法炼锌的重要经济技术指标之一。目前，世界大多数湿法炼锌厂电解沉积锌过程能耗：电流效率为 90%±3%，槽电压为(3.30±0.2) V，每吨阴极锌片直流电单耗为 2900~3400 kW · h。这部分能耗占整个生产锌锭的总能耗的 80%左右，占湿法炼锌成本的 20%左右。可见，降低每吨阴极锌直流电单耗是降低生产成本的重要方面，必须采取一切措施降低槽电压，并努力提高电流效率。

8.3.4 超电压

(1) 氧在阳极上析出的超电压。

氧在阳极上析出时超电压的大小与阳极材质、阳极表面状态及其他因素有关。298 K 时，氧在一些金属上的超电压见表 8-4。

表 8-4 298 K 时氧在各种金属上的超电压

金属材料	Au	Pt	Cd	Ag	Pb	Cu	Co	Ni
超电压/V	0.52	0.44	0.42	0.40	0.30	0.25	0.13	0.12

锌电积在不同温度和电流密度条件下的实测阳极电位见表 8-5。

表 8-5　阳极电位与电流密度及温度的关系

电流密度/(A·m^{-2})	铅阳极电位/V			铅银阳极(1%Ag)电位/V		
	298 K	323 K	348 K	298 K	323 K	348 K
200	2.04	1.98	1.90	1.99	1.92	1.88
400	2.07	2.01	1.95	2.02	1.96	1.90
600	2.09	2.02	1.96	2.03	1.97	1.92
1000	2.12	2.05	1.98	2.05	2.00	1.94

注：铅及银-银阳极均预先在 2 mol/L 硫酸溶液中镀膜。

由表 8-5 可知，氧的析出电位比平衡电位要高，且随阳极材质的不同而有所差异。如用 0.7%(质量分数)Ag 和 2%(质量分数)Ca 的铅阳极时，阳极电位比 1% Ag 的铅阳极又可降低 0.12 V，而且腐蚀现象可减少。

工业锌电积的进行始终伴随着在阳极上析出氧气。氧的超电压愈大，电积时电能消耗愈多，因此应力求降低氧的超电压。铅银阳极的阳极电位较低，形成的 PbO_2 较细且致密，导电性较好，耐腐蚀性较强，故被锌电积厂普遍采用。

(2)氢在阴极上析出的超电压。

由于极化作用，氢离子的放电电位会大大地被改变，使得氢离子在阴极上的析出电位值比锌更负而不是更正，故锌离子在阴极上优先放电析出。这就是锌电积技术赖以成功的理论依据。

氢的超电压在锌电积实际生产中具有重要意义。影响氢在阴极析出的超电压的主要因素有：

①阴极材料及其表面状态；

②电流密度；

③电积液温度；

④加入电积液中的添加剂；

⑤电积液中的杂质。

氢气超电压与面积电流、温度及阴极材料的关系由塔菲尔(Tafel)公式描述：

$$\eta_{H} = \alpha + b\lg D_{k} \tag{8-27}$$

式中：D_K 为阴极面积电流，A/m^2；α 为依据阴极材料与温度而定的经验常数值；b 为$\dfrac{2\times2.3RT}{F}$。

对于不同的阴极金属，常数 b 值较接近，即接近于 0.12；常数 α 值为 0.1~1.5 V，相差较大。按 α 值大小，在阴极析出的金属大致分为三类：

高超电压金属(α=1.2~1.5 V)，有 Pb、Cd、Hg、Zn、Sn、Al 等；

中超电压金属(α=0.5~0.7 V)，有 Fe、Co、Ni、Cu、Au 等；

低超电压金属(α=0.1~0.3 V)，有 Pt、Pd 等。

当以铝阴极进行电积时，阴极上很快地覆盖一层很薄的锌，故实际上变成锌阴极。

由塔菲尔公式可见，α 值改变，氢的超电压改变，即氢的超电压随阴极材质而定。此外，随着阴极电流密度的增大，氢的超电压也增大，见表 8-6。

表 8-6　298 K 时氢在不同金属上的超电压　　单位：V

电流密度 /(A·m^{-2})	金属名称							
	Al	Zn	Pt	Cu	Pb	Ni	Cd	Fe
100	0.826	0.746	0.068	0.584	1.090	0.747	1.134	0.557
500	0.968	0.926	0.186	—	1.168	0.890	1.211	0.700
1000	1.066	1.064	0.288	0.801	1.179	1.048	1.216	0.818
2000	1.176	1.168	0.355	0.988	1.235	1.246	1.246	1.256

阴极表面结构状态对氢的超电压大小有间接影响。阴极表面愈不平整，其表面的真实面积愈大。也就是说，真正的电流密度愈小，氢的超电压也愈小。

随着电积液温度的升高，氢的超电压减小。表 8-7 给出在 0.5 mol/L 硫酸溶液中，不同温度条件下氢在锌上的超电压。若电解液中添加胶质，可以使析出锌平整，增大氢超电压。

表 8-7　不同温度条件下氢在锌上的超电压

电流密度 /(A·m^{-2})	温度/K			
	293	313	333	353
300	1.140	1.075	1.050	1.040
500	1.164	1.105	1.075	1.070
1000	1.195	1.145	1.105	1.095

此外，某些杂质对电积过程影响很大。当电积液中存在有较容易析出的杂质(甚至微量)时，这些杂质会随锌一起沉积；而且氢在这些杂质上的超电压较在锌上小，导致氢在阴极强烈地析出，并降低锌的产出率。

氢的标准电极电位比锌要正得多，加上在实际电积过程中影响氢的超电压的因素有很多，因此工业生产时总不可避免地有氢气析出。氢气的析出(工业生产中也称为“烧板”)是工业锌电积中常常遇到的技术难题，严重时甚至不析出锌片。所以锌电积技术的成功运用在很大程度上有赖于设法保持高的氢的超电压，使析氢反应尽可能少发生，以便析锌反应仍具有足够高的电流效率。

金属锌的析出是电结晶的过程，包括新晶核的生成及晶核成长的两个过程。当新晶核生成速度大于晶核成长速度时，可获得表面结晶致密的阴极锌。电结晶过程受温度、面积电流、电解液成分及添加剂等因素的影响。除了锌、氢等阳离子外，工业电解液还含有很多其他阳离子，它们会对锌电积产生很大干扰。这些阳离子中绝大多数的标准还原电压比锌更正，并且它们析出时的超电压较低，所以杂质离子的浓度必须降低到一个很低的水平才能防止它们的析出。生产实践中，为了保证高的氢超电压以达到高电流效率，采用较高的面积电流、较低的电解液温度、较纯净的硫酸锌溶液及添加胶质等重要条件进行电积。

8.3.5　影响锌电积技术指标的因素

电流效率、槽电压及电能消耗等技术经济指标随多种因素而变化，例如：溶液中锌、酸浓度，电流密度，电解液的温度，电解液纯度，阴极的表面状态，电积析出时间，漏电影响，以及添加剂的使用情况等。影响和提高电解沉积锌技术指标的因素及控制方法如下。

(1)准确控制电解液中的酸锌比。

电解液中保持一定的锌离子浓度是正常进行电积的基本条件之一，在 500~550 A/m^2 的电流密度下，维持电解液含锌 45~60 g/L，可以获得不低于 90%的电流效率。通常条件下，随着电解液中锌含量的降低及酸含量的增加，电流效率降低。若电解液含锌过低，则硫酸浓度相对增大，使阴极附近的锌离子浓度发生浓差极化现象，造成阴极上析出锌的返溶。此外，氢的析出电压也随溶液中锌离子浓度的降低而降低，使氢更易析出，进而降低电流效率，增加电能消耗。在其他条件一定的情况下，随着电解液含酸量的增加，电流效率显著降低。这是因为酸度增加，析出锌的返溶加剧，氢在阴极上析出的可能性增大。

在工业实践中，锌电解液中锌、酸含量的控制不能割裂开来考虑，而是将酸锌比作为一个重要技术参数进行控制。例如，通过控制电积废液锌、酸含量来控制酸锌比。一般酸锌比控制在 3.2~3.5。当新液含锌高时，控制溶液含酸不超过 200 g/L，当新液含锌低时，控制废液含锌不低于 45 g/L，从而维持电积过程保持较高的电流效率及较低的电能消耗。

(2)控制合适的电解液温度。

氢的超电压随温度的升高而降低，杂质的危害及析出锌的返溶也随温度的升高而加剧。因此，应采用大循环，即往新液中添加大量废液并经冷却后送电解槽。例如，国内某厂采用的废液与新液配比高达(20~25)：1，混合后经空气冷却塔冷却送电解槽，电解液温度控制在 311~315 K。

(3)采用较高的电流密度。

随着电流密度的增大，氢的超电压增大，对提高电流效率有利。在实际生产中往往遇到相反的情况，即电流密度升高，电流效率反而降低。这是因为提高电流密度时，一方面要求往电解槽中补加硫酸锌的速度加快、加大；另一方面又要求保证电解液的冷却。如果单纯提高电流密度，都满足不了提高电流密度所需要求，则电流效率不但不能提高，反而下降。

为了充分利用发电厂的生产能力，提高电网的安全性，很多国家(包括中国)对用电高峰和低谷时的电价制定了不同的价格。高峰电价高，低谷电价低。这一政策促使各电锌厂纷纷调整锌电积的供电制度。锌电积白天与黑夜的电流密度变化很大，用电高峰时，电流密度仅为 450~500 A/m^2；用电低谷时，电流密度高达 550~580 A/m^2，获得了较多的峰谷电差价利润。但在实际操作中，必须注意控制合理的技术条件，确定合理的供电制度，以保证各项技术经济指标，特别是电流效率和电能消耗波动不致很大。

(4)尽量提高电解液纯度。

电解液中某些微量的杂质离子会显著降低锌电积的电流效率，主要是使 H^+ 容易在锌阴极上析出，加速了锌阴极的返溶及氢的析出，使电流效率降低。

根据其对电流效率的影响程度，这些杂质离子大致分为三类。

第一类为对锌电流效率影响不大，但对析出锌质量影响较大的杂质，例如 Pb、Cu、Cd、Ag 等。

第二类为明显降低锌的电流效率的杂质，例如 Co、Ni、Cu 等。

溶液中的钴离子对锌电积过程危害较大，它在阴极放电析出，并与锌形成微电池，使已析出的锌返溶，工业上称“烧板”。返溶特征是背面有独立小圆孔，严重时可以返溶透。即由背面往正面溶，正面灰暗，背面有光泽，未返溶透处有黑边。当溶液中同时有较高含量的锑和锗存在时，更加剧了钴的危害作用。往电解液中添加适量的胶，可消除或减轻钴的危害作用。如果溶液中锑、锗及其他杂质含量较低，则适量的钴对降低析出锌含铅量有利。实际生产中要求电解液含钴一般小于 1 mg/L。

镍离子与钴离子一样，在阴极上放电析出，也与锌形成微电池。返溶特征是呈现葫芦瓢形孔，由正面往背面烧。当溶液中存在钴和镍时，往电解液加入少许 β-萘酚可以抑制钴、镍的有害作用。实际生产中一般要求溶液含镍小于 1 mg/L。

铜离子在阴极上放电析出，并与锌形成微电池，造成析出锌返溶。返溶特征是圆形透孔，由正面往背面返溶，孔的周边不规则。溶液中铜的来源除净化不彻底使新液中含铜超过允许范围外，电积操作时阴阳极铜导电头的硫酸铜结晶物带入电解液也是溶液中铜的来源之一。因此，必须在操作时引起高度重视。一般要求电解液含铜小于 0.5 mg/L。

溶液中的铁离子反复在阴阳极上还原氧化，降低电流效率。特别是溶液温度升高时，更有利于以上两种反应进行。因此，降低电解液温度，加强浸出液的中和除铁，是消除铁对电积过程有害作用的有效措施。在实际生产中要求电解液含铁小于 20 mg/L。

第三类为对降低电流效率最为剧烈的杂质离子，例如 As、Sb、Ge 等。

砷、锑都能在阴极上放电析出，并引起析出锌返溶。砷引起返溶时，析出锌表面呈现条沟状，锑引起返溶的特征是表面呈现粒状。为了消除这种现象，要求在浸出工序加强中和水解除砷、锑的操作，控制中性上清液含砷、锑均不超过 1 mg/L；同时强化净液作业，提高锌粉置换反应温度和延长净化时间。降低电解液的温度，可减轻砷锑的有害作用。在实际生产中，当砷锑引起析出锌返溶时，往电解液加入适量的骨胶和皂角粉，也可改善析出状况，减轻析出锌的返溶。

锗是最有害的杂质之一。它在阴极上析出后，造成阴极锌的强烈返溶，电流效率急剧下降。锗引起锌返溶的特征是由背面向正面溶，形成黑色圆环，严重时形成大面积的针状小孔。锗的危害作用，不仅在于它使已析出的锌返溶，而且还在于锗离子在阴极析出后，与氢生成氢化物。这种氢化物继续与氢离子作用生成锗离子，重新在阴极放电。

因此，实际生产中一般要求电解液含 As、Sb 不能大于 0.1 mg/L，Ge 不能大于 0.02 mg/L。

(5)消除或减少漏电损失。

电积过程的漏电损失直接影响电流效率。潜在的漏电点较多，如新电解液、废电解液、槽内冷却水、电解槽对地之间的绝缘不良等。漏电大小与锌电积具体条件及设备状况有关。各种液体漏电中以废电解液最为严重，约占总漏电的 90%。此外，阴阳极之间的接触漏电，与阴阳极寿命及绝缘措施有关。消除或减少漏电损失是提高电流效率的有效措施之一，为此，必须做到：①及时清理绝缘缝，保持现场清洁、干净，防止供电线路及电解槽对地的漏电；②电解液进电解槽之前，或电积废液出电解槽后，采用溶液断流器(如三段虹吸断流器、翻板式断流器、飞溅断流器等)，以减少漏电损失；③切实加强操作管理，加强阴、阳极平整，减少电解槽内阴阳极接触短路的漏电现象。

(6)合理的析出周期。

析出周期与电流效率也有密切的关系。析出周期愈长，锌片愈厚；表面粗糙而长出树枝状的凸形疙瘩，增大了阴阳极间接触短路的可能性；锌的返溶严重；电解液温度升高，杂质的有害作用加剧，降低了电流效率。因此析出周期不宜过长。但析出周期太短又存在出装槽次数增加，阴极板寿命缩短，管理不便等缺点。为便于工厂管理，工业上析出周期一般为 24~48 h。

(7)合理使用添加剂。

在正常情况下，阴极析出的锌按固有的结晶方向进行。在显微镜下观察，可明显看出阴极锌由不同方位长成的六方晶体所组成，表面致密平整，具有灰白色的金属光泽。如果存在杂质或添加剂使用不当，阴极锌的结晶就粗糙，甚至表面被腐蚀或穿孔。此时质量及电流效率均大大降低。

8.4　杂质离子的行为

在生产实践中，常常由于电解溶液含有某些杂质而严重地影响析出锌的结晶状态、电积过程的电流效率和电锌的质量。其中杂质金属离子在阴极放电析出是影响锌电积过程的主要因素。

杂质金属离子能否在阴极上放电析出，取决于其平衡电势的大小。当电解液中锌离子浓度为 55 g/L($\alpha_{Zn^{2+}}=0.0424$)时，按能斯特公式计算某些杂质离子放电的最低浓度。杂质在阴极上的析出不可避免，杂质的析出速度与析出电势有关。溶液中杂质浓度降低到一定程度时，决定析出速度的因素不再是析出电势，而是杂质扩散到阴极表面的速度，即析出速度等于扩散速度。离子的极限面积电流与扩散系数成正比，所以某一离子的析出速度，决定于其极限面积电流。其数学表达式为：

$$D_d = \frac{nFD_iC_i}{\delta} \tag{8-28}$$

式中：D_d 为极限面积电流，A/m^2；n 为参加反应的电子数；F 为法拉第常数；D_i 为离子扩散系数，cm^2/s；C_i 为离子浓度，mol/m^3；δ 为扩散层厚度，cm。

电解液中杂质离子的行为大致分为三类：

第一类是可以在阴极上放电的杂质。包括铜、镉、钴、镍、砷、锑、锗、银等，这些杂质离子对锌电流效率影响不大，但对析出锌质量影响较大。

第二类是在阴、阳极间进行氧化还原的杂质离子。主要包括铁、锰等，明显降低电流效率。

第三类是不放电析出的杂质离子。包括钾、钠、钙、镁等，这些杂质离子含量过多时，会增大溶液黏度，增大电阻，降低电流效率，增加电能消耗。

8.4.1　在阴极上放电的杂质

铜、镉、钴、镍、砷、锑、锗、银等是降低析出锌的表面质量及电流效率的杂质。

钴是一种有害的杂质，有锗存在时危害更甚。由于钴引起阴极锌的腐蚀(即“烧板”)，使锌腐蚀成黑色的斑点，且愈靠近铝板的一面愈严重，形成喇叭形的圆孔。钴对锌阴极的腐蚀是在阴极表面形成局部的微电池所致。在微电池中，氢电极为正极，锌电极为负极。由于氢在钴粒上的超电压较低，从而促进了微电池的反应。

镍的腐蚀作用与钴相似，且由于氢在镍上的超电压比在钴上的还要低，因而它的腐蚀作用比钴更严重。同时，在存在其他杂质(如 Co、Sb)时，腐蚀更甚。钴与镍降低电流效率的原因除了微电池的作用外，还包括氢在钴或镍上的超电压较低。

锑、锗与砷在不同程度上影响电积过程。实践证明，锗最有害，锑次之。它们都能使锌起皱纹，严重时产生蜂窝状或海绵状沉积物。它们的有害影响在于生成了一些挥发性的氢化物。这些氢化物生成之后，立即被电解液分解，产生氢气和相应的离子，这些离子又能重新放电重复上述过程。

同样，Sb 和 As 也发生类似反应，不同的是生成三价氢化物 SbH_3 与 AsH_3。同时由于微小的氢气泡在电极锌表面上吸附，使得继续沉积的锌含有大量的气体，形成疏松发黑状态，易被溶液中的硫酸所溶解，严重地降低阴极锌质量与电积过程的电流效率。

铜是正电性金属，因而容易在阴极上析出。同时它又能与锌形成微电池，使锌复溶，形成呈圆形透孔、周边不规则的“烧板”。由于铜是正电性金属，因而铜在阴极析出后不发生再溶解现象，从而降低了阴极锌的化学质量。

铅与镉这两种金属由于它们的阴极析出电压与锌相比较正，因此能在阴极析出。氢在这些金属上的超电压较高，对电流效率影响不大，但会降低析出锌的化学质量。

8.4.2 在阳极、阴极间进行氧化还原的杂质

铁和锰一般不在阴极析出，不会影响析出锌的物理质量和化学质量，而是在阴阳极之间进行氧化还原反应消耗电能，使锌返溶，降低电流效率。如铁的氧化还原反应如下：

阴极：
$$Fe_2(SO_4)_3 + Zn = ZnSO_4 + 2FeSO_4 \tag{8-29}$$

阳极：
$$4FeSO_4 + 2H_2SO_4 + O_2 = 2Fe_2(SO_4)_3 + 2H_2O \tag{8-30}$$

锰离子的作用类似于铁。另外，七价锰离子的存在对砷、锑危害更严重。

锰离子的存在对电积过程也有有利的一面：生成的二氧化锰黏附在阳极表面上，对阳极起保护作用；可吸附多种金属离子(如 Fe、Co、Cu、Sb、碱土金属及其他金属离子)，使被吸附的这些离子沉于槽底，减少了杂质的危害性。故现代电锌生产都要求电解液含一定量的锰离子，一般是 3~5 g/L。

8.4.3 不放电析出的杂质

比锌呈更负电性的钾、钠、钙、镁等的硫酸盐总量可达 20~25 g/L，其中镁为 5~20 g/L。它们含量过多时，会增大溶液黏度，增大电阻，增加电能消耗。钙、镁含量过高时，易析出结晶，阻塞管道，影响操作，须定时抽出部分电解液脱除这些杂质。

电解液中的氯和氟离子是腐蚀阴、阳极的阴离子杂质。氯离子在阳极氧化成氯酸盐，严重腐蚀阳极：

$$3Pb + 6H^+ + ClO_3^- = 3Pb^{2+} + Cl^- + 3H_2O \tag{8-31}$$

增加溶液中铅含量，使析出锌含铅增加，降低锌的品级，同时缩短阳极寿命。二氧化锰的存在，可抑制 Cl^- 的有害作用：

$$MnO_2 + 4H^+ + 2Cl^- = Mn^{2+} + Cl_2 + 2H_2O \tag{8-32}$$

氟离子能破坏阴极铝板表面的氧化铝膜，析出锌与铝板新鲜表面形成锌铝合金，发生锌铝黏结，使锌片难于剥离。同时也造成阴极铝板消耗增加。

为改善剥锌情况，往电解液中加酒石酸锑钾（俗称吐酒石，化学式为 $K(SbO)C_4H_4O_6$）会发生如下反应：

$$K(SbO)C_4H_4O_6 + H_2SO_4 + 2H_2O = Sb(OH)_3 + H_2C_4H_4O_6 + KHSO_4 \quad (8-33)$$

反应后生成的氢氧化锑胶状物质，略带正电性。其附着在阴极铝板表面上，使锌析出时，避免与铝板表面形成铝锌合金。

8.5 锌电积添加剂

锌电积过程中，使用适当的添加剂可改善析出锌的质量，提高电流效率，降低电能消耗，节约劳动成本，获得好的技术经济指标。按照添加剂对锌电积过程作用的不同，主要分为以下四类。

8.5.1 使析出锌平整、光滑、致密的添加剂

这类添加剂主要是胶及某些表面活性物质甲酚、β-萘酚等。胶类通常使用动物胶（$H_2NCHRCOOH$），它在酸性溶液中带正电荷。电解时，经直流电作用移向阴极，并吸附在高面积电流的点上，阻止了晶核的成长，迫使放电离子形成新晶核，使析出锌呈光滑平整细粒结晶的组织；能减少锑、钴等杂质的有害影响；能增加氢的超电压，抑制氢析出；能阻止杂质在阴极上的微电池作用，减少锌的返溶。其加入电解液中的量为 0.01～1 g/L。动物胶与表面活性物质具有相同的作用。有些工厂采用混合添加剂获得了较好的效果。

8.5.2 提高析出锌质量的添加剂

这类添加剂主要是碳酸锶、碳酸钡及水玻璃等。锌电积过程中，碳酸锶与硫酸反应生产硫酸锶，而硫酸锶与硫酸铅晶格大小相近，形成共晶沉淀，降低了溶液中铅离子的浓度，减少了析出锌的铅含量。

8.5.3 使析出锌易于剥离的添加剂

这类添加剂主要是酒石酸锑钾，其用量以电解液中含锑量不超过 0.12 mg/L 为标准。一般在装槽前 5～15 min 从电解槽的进液端加入。

8.5.4 降低酸雾的添加剂

这类添加剂主要有皂角粉、丝石竹、大豆粉及水玻璃等起泡剂。它们能在电解液表面形成表面张力大且非常稳定的泡沫层，对电解液微粒起过滤作用；能有效地捕集酸雾，使空气中含酸控制在 2 mg/m^3 以下，减少对环境的污染，改善劳动条件，减少电解液的损失及对电解设备和厂房设施的腐蚀。但泡沫层会捕集一定量的 H_2，容易产生“放炮”现象，使工人操作不便。

8.6 电锌质量

《锌锭》(GB/T 470—2008)规定了锌锭的要求、试验方法、检验规则及标志、包装、运输和贮存。锌锭按化学成分分为5个牌号：Zn99.995、Zn99.99、Zn99.95、Zn99.5、Zn98.5。锌锭牌号及所对应的化学成分见表8-8。

表8-8 锌锭牌号及所对应的化学成分

牌号	化学成分(质量分数)/%							
	Zn 不小于	杂质，不大于						
		Pb	Cd	Fe	Cu	Sn	Al	总和
Zn99.995	99.995	0.003	0.002	0.001	0.001	0.001	0.001	0.005
Zn99.99	99.99	0.005	0.003	0.003	0.002	0.001	0.002	0.01
Zn99.95	99.95	0.030	0.01	0.02	0.002	0.001	0.01	0.05
Zn99.5	99.5	0.45	0.01	0.05	—	—	—	0.5
Zn98.5	98.5	1.4	0.01	0.05	—	—	—	1.5

注：数据来源于GB/T 470—2008。

GB/T 470—2008规定每块锌锭上应浇铸或打印上生产厂商和批号。每捆或每块锌锭的一端或一侧应有不易脱落的颜色标志，或由供需双方协商不作颜色标志。

8.6.1 杂质在阴极上的析出

在锌电积过程中，杂质不仅影响锌电积的电化学及结晶过程，而且某些杂质还可能在锌阴极上析出。某一杂质离子能否在阴极上析出，主要取决于杂质离子的电化学性质及其浓度。因此，为了提高电锌质量，降低溶液中铅、铜、镉等有害杂质含量十分重要。

8.6.2 阴极锌含铅的控制

铅是影响电锌质量的最主要的杂质。铅在阴极锌中的含量，随电解液温度的升高而增加，随阴极电流密度的升高而降低。经验表明，当电解液温度升高，铅的溶解度增加，溶液中的铅离子浓度可提高15%~20%。阴极电流密度从200 A/m^2 提高到500 A/m^2，阴极锌中的铅含量便减少四分之三。

由锌电积过程中铅的平衡指出，溶液中的铅离子约有76%进入阴极，其中大约有70%来自铅-银合金阳极。因此，减少阳极铅的溶解和防止电解液中的铅离子进入阴极，便成为提高电锌质量的主攻方向。

为了减少电解液中的铅离子在阴极析出，各工厂均向流入电解槽的电解液中加入锶或钡的碳酸盐。因为 $SrSO_4$ 或 $BaSO_4$ 具有比 $PbSO_4$ 更小的溶解度，铅离子能部分地被取代出来，形成类质同晶共同沉淀。晶体中的 Sr^{2+} 或 Ba^{2+} 并不可能完全为铅离子所取代，故脱铅离子的程度决定于这种碳酸盐的加入量。

电解液中氯、锰的含量控制适当，可以得到含铅较低的阴极锌。一般锌阴极中的铅含量随电解液中氯含量的增加而升高。因此，要求控制电解液中的氯含量在 100 mg/L 以下。但电解液中 Mn 与 Cl 的浓度比大于或等于 3 时，即使电解液中含氯达到 350~1000 mg/L，阴极锌中含铅量仍可小于 0.005%。因此，生产时一般控制电解液的 Mn^{2+} 为 3~5 g/L，以在阳极上生成黏附性好的 MnO_2，有利于阻碍阳极的腐蚀。

8.7　锌电积车间的主要设备

8.7.1　电解槽

电解沉积锌生产用的电解槽是一种长方形槽。一般长 2~5 m，宽 0.8~1.2 m，深 1~2.5 m。阴、阳极板交错装在电解槽内，出液端有溢流堰和溢流口。各锌厂使用的电解槽的大小、数目及制作材料不同，其中电解槽的数目及大小是依据选用的电解参数及生产规模确定。

电解槽尺寸通常由生产规模、机械化程度、选定的电流密度及极间距离确定；槽宽和槽深由阴极面积决定。槽的数目则取决于槽的尺寸。选用的电积参数及车间生产率，通常按下列程序确定：日产析出锌数量；需要的阴极有效总面积；确定每片阴极的有效面积；确定每槽阴极片数；电解槽数量；电解槽内部尺寸；电解槽结构及防腐材料选定。为保证电解液的正常循环，一般阴极边缘到槽壁的距离为 60~100 mm。槽深按阴极下缘距槽底 400~500 mm 考虑，以便阳极泥平静地沉积在槽底。槽底为平底型和漏斗型。电解槽内装入的阴极片数为 12~100 片，阴、阳极挂于导电板上。近年来，由于采用大阴极板和机械化剥锌，电解槽的尺寸也随之增大。图 8-3 为电解槽结构示意。

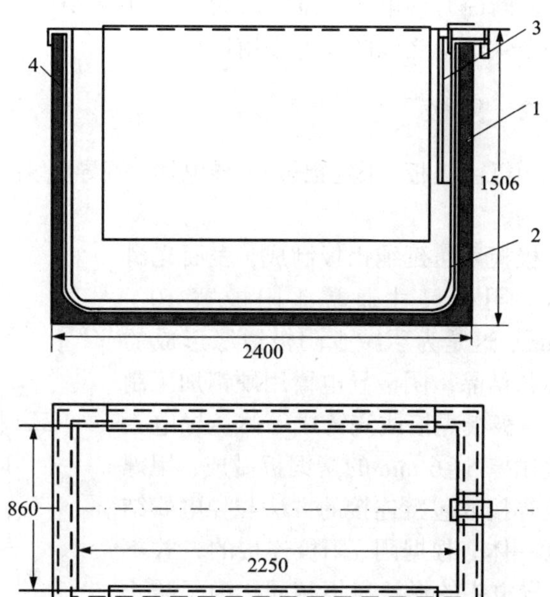

1—槽体；2—软聚氯乙烯衬里；3—溢流坝；4—沥青油毛毡。

图 8-3　电解槽结构(单位：mm)

电解槽按制作材料分类，主要有钢筋混凝土电解槽、塑料电解槽、玻璃钢电解槽等。传统的电锌厂一般采用预制的钢筋混凝土的长方形槽体，其出液端设有溢流堰和溢流口。防腐内衬材料有铅皮、软聚氯乙烯塑料、环氧树脂等。铅衬里的优点是施工容易，修补方便；缺点是消耗大量铅，特别是铅的少量溶解，会影响析出锌的质量。已逐渐改用软塑料或环氧树脂作内衬，它的防腐性能强，绝缘性能好，可减少阴极锌的含铅量。目前国内常用的环氧树脂内衬，使用寿命可达 5 年左右。为了解决钢筋混凝土被电解液侵蚀后难更换、施工和检修较困难等问题，近年来，有工厂使用了全玻璃钢电解槽及钢骨架聚氯乙烯板结构的电解槽、乙烯基树脂整体浇铸电解槽等。乙烯基树脂整体浇注电解槽采用的乙烯基树脂和石英砂骨料均防腐，使用寿命长；生产工艺采用整体浇注，有效解决了拼装槽等的应力收缩、线膨胀问题，使用寿命长；具有较高的强度，可以避免因频繁维护导致的变形、渗漏、修补等问题；可减少因电解槽漏液导致的电解槽附件的腐蚀；维修方便。

电解槽放置在进行了防腐处理的钢筋混凝土梁上，槽与梁之间垫以绝缘瓷砖。槽与槽之间留有 15~20 mm 的绝缘缝。槽壁与楼板之间留有 80~100 mm 的绝缘缝。电解槽一般采用水平式配置，每个电解槽单独供液，通过供液溜槽至各电解槽形成独立的循环系统。

电解槽一般按行列组合，配置在一个水平面上，构成供电回路系统。电路按槽与槽串联，槽内电极以并联的方式连接。一个车间内的电解槽的配置原则：紧凑而便于操作和维修，供电供液线路最短，漏电可能最小。在每一列电解槽内交错装有阴、阳极，同极距 60~70 mm。槽与槽之间依靠阳极导电头与相邻一槽的阴极导电头搭接实现导电。列与列之间设置导电板，将前一列的末槽与后一列的首槽接通。在一个供电回路中，列与列、槽与槽之间是串联电路，每个电解槽内的阴、阳极构成并联电路。

导电板用电阻率为 0.017~0.074 Ω·m 的铜板或电阻率为 0.092 Ω·m 的铝板做成。导电板的断面允许电流密度一般为 1.0~1.2 A/mm^2。通常连接列与列之间的导电板用铜板，电解槽至供电所之间的导电板用铝板。

8.7.2 阴极

阴极由极板(压延铝板)、导电棒、铜导电头(或导电片)和阴极吊环组成。图 8-4 为阴极板结构。

极板用压延纯铝板制成，表面光滑平直。阴极尺寸通常比阳极宽 10~40 mm，这是为了减少阴极边缘形成的树枝状结晶。阴极导电棒用硬铝加工制成，与极板焊接或浇铸成一体。导电头一般用厚 5~6 mm 的紫铜板做成，用螺钉或焊接或包覆连接的方法与导电棒结合为一体。根据阴、阳极连接的方式不同，导电头的形状也不相同。为了防止阴、阳极短路及析出锌包住阴极周边造成剥锌困难，通常阴极的两边缘黏压有聚乙烯塑料条。为了适应机械化剥锌的需要，现在有些工厂在电解槽两侧固定有聚氯乙烯绝缘导向装置，而阴极两边缘无须另外包塑料条。

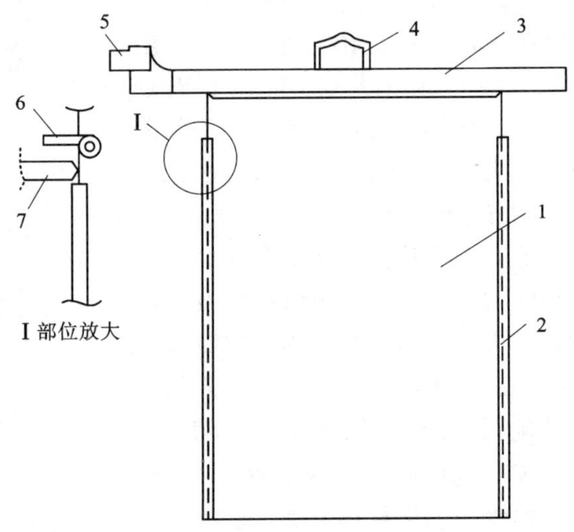

1—阴极铝板；2—聚乙烯绝缘边；3—导电棒；4—吊环；
5—导电片；6—可旋式绝缘边；7—开口刀。

图 8-4 阴极板结构

8.7.3　阳极

阳极由极板导电棒及导电头组成。目前电积锌使用的阳极板有铅银合金阳极、铅银钙合金阳极、铅银钙锶合金阳极等。

目前我国大部分工厂采用铅银合金含银 0.5%~1%(质量分数，下同)阳极，其制造工艺简单，但由于含银较多而造价较高。阳极有铸造阳极和压延阳极。近年来，Pb-Ag-Ca(Ag 0.25%，CaO 0.05%)三元合金阳极和 Pb-Ag-Ca-Sr 四元合金阳极被越来越多的电积锌生产厂家所重视。这种阳极具有强度高、耐腐蚀、使用寿命长、造价低、使用时表面形成的 PbO_2 及 MnO_2 较为致密使得析出的锌含铅低、降低阳极电势即降低电能消耗等优点，但其制造工艺较为复杂。

导电棒的材质为紫铜。为使阳极板与导电棒接触良好，将铜棒酸洗包锡后铸入铅银合金中，再与极板焊接在一起。这样还可避免由硫酸侵蚀铜棒形成的硫酸铜进入电解槽而污染电解液。导电棒端头紫铜露出部分称为导电头，与阴极或导电板搭接。阳极板的两个侧边装有聚乙烯绝缘条或嵌在导向装置的绝缘条内，可加强极板强度，防止极板弯曲发生接触短路。阳极板结构如图 8-5 所示。

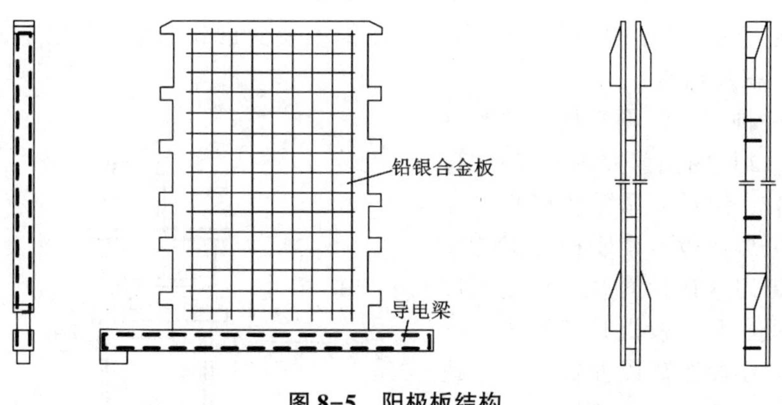

图 8-5　阳极板结构

8.7.4　供电设备与电路连接

锌电积生产的供电设备为整流器，有硅整流器和水银整流器两种。因硅整流器有整流效率高(>98%)、无汞毒、操作维修方便等优点，被多数厂家采用。选择整流器时，必须适应电解槽总电压降和电流强度的要求。

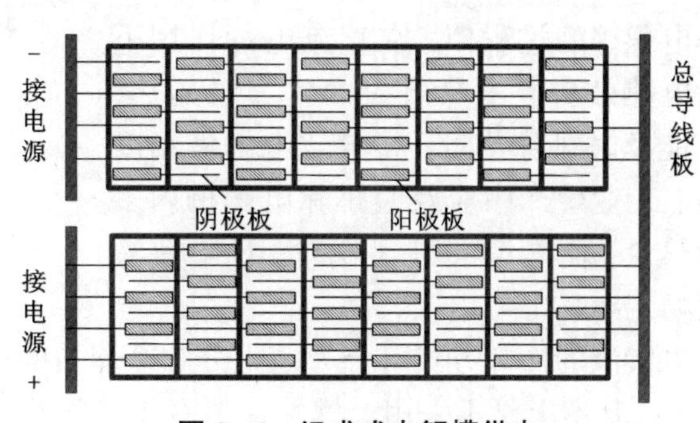

图 8-6　组成式电解槽供电

电解槽按行列组合配置在一个水平上，构成供电回路。一般按双列配置，可为 2~8 列，最简单的配置是由两列组成一个供电系统。图 8-6 所示为两列组成一个供电系统的配置。每列电解槽内交错装有阴、阳极，依靠阳极导电头与相邻一槽的阴极导电头夹接(或采用搭接法通过槽间导电板)实现导电。列与列之间设置导电板，将前一列的最末槽与后一列的首槽相接。导电板的断面按允许面积电流 1.0~1.2 A/mm^2 计算。在一个供电系统中，列与列和槽与槽之间串联，每个槽的阴、阳极之间并联。一般连接列与列和槽与槽的导电板为铜板，电解车间与供电所之间的导电板用铝板或铜板。

目前，我国大多数湿法炼锌厂，采用自动剥锌机将沉积在阴极铝板上的阴极锌剥取下来。剥锌机的出现为减轻劳动强度、减少劳动力创造了良好条件。随着科技发展，采用大阴极进行电积锌生产被愈来愈多的生产厂家所青睐，这就需要有相适应的吊车运输系统及机械剥锌自动化系统。目前，已有四种不同类型的剥锌机用于生产，其工作原理简述如下。

①马尔盖拉(Marghera)港铰接刀片式剥锌机：将阴极侧边小塑料条拉开，横刀起皮，竖刀剥锌。

②比利时巴伦(Balen)两刀式剥锌机：剥锌刀将阴极片铲开，随后刀片夹紧，将阴极向上抽出。

③日本三片式剥锌机：先用锤敲松阴极锌片，随后可移式剥锌刀垂直下刀进行剥离。

④日本东邦式剥锌机：使用这种装置时，阴极的侧边塑料条是固定在电解槽里的。阴极抽出后，剥锌刀即可插入阴极侧面露出的棱边，随着两刀下移完成剥锌过程。每片阴极锌剥离时间为 6~18 s，且剥锌与研磨极板在同一机内完成。

研磨刷板是清刷阴极铝板表面的污物，并使铝板表面重新形成一层致密氧化铝层的过程，以利于锌沉积及剥离。

图 8-7 为一种锌片铲剥机构。开始剥离时，两把铲刀 2 同时向前伸出一段距离，压滚气缸 8 动作，使铲刀紧贴阴极板。此时，另一侧的 V 形挡板 6 使阴极板保持在规定位置上。铲刀从锌片的左上角插入锌片与阴极板之间，阴极板提升气缸 3 将阴极板向上提升一小段距离以便铲开一个缺口。铲刀顺势从一侧向另一侧水平进刀，使锌片的上方全宽上开缝。然后铲刀位置保持不变，利用提升气缸将阴极板继续上提，使锌片从阴极板上完全剥离下来。

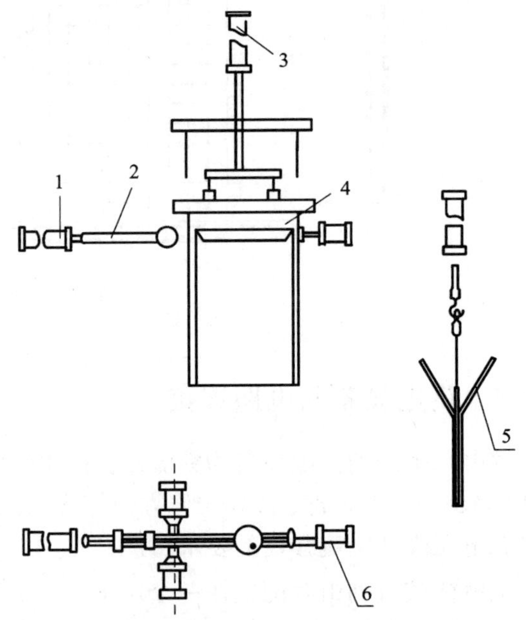

1—铲刀驱动气缸；2—铲刀；3—阴极板提升气缸；4—阴极板；5—锌片；6—V 形挡块气缸。

图 8-7　锌片铲剥机结构

8.7.5　电解液冷却设备

电积锌的过程中，在直流电的作用下产生电热效应。电热效应产生大量的热，若不能及时排除热量，将导致电解液温度升高。工业生产中应及时排除电解槽内多余的热量，使电解液得到冷却，让电解液温度稳定在 311~313 K。

电解液的冷却方式可分为槽内分散冷却和槽外集中冷却。由于槽内分散冷却存在许多缺点，现在基本上已不采用。槽外集中冷却设备大多采用喷淋式空气冷却塔。

目前，国内外湿法炼锌厂多采用空气冷却塔集中冷却电解液。空气冷却塔根据冷却要求和地区气候条件进行设计选型。按通风方式，空气冷却塔可分为自然通风和机械通风（强制通风）两类。按被冷却电解液与空气流动方向，可分为逆流式和横流式两类。按被冷却液喷洒的冷却表面形式，分为点滴式、点滴薄膜式、薄膜式和溅水式四种。按外围结构方式，分为敞开式和密闭式两类；在机械通风中，又分为抽风和鼓风两种。

如溶液含酸具有腐蚀性、含悬浮物、有钙盐和镁盐结晶物析出、冷却幅宽不大、冷却后溶液温度要求比较严格和溶液损失要小等，应采用具有较好捕滴装置的强制鼓风逆流喷水式空气冷却塔。目前，国内各电锌厂采用的冷却塔大都属于此类型。其工作原理是：电解液从上至下通过空气冷却塔，该塔的下部强制鼓风，使空气在与溶液逆流运行的过程中，带走大量蒸发的水分，达到降低电解液温度的目的。

冷却塔是一个中空的长方体槽塔，槽体为内衬环氧树脂玻璃钢的钢筋混凝土结构或钢板焊制结构。玻璃钢槽体内衬软塑料的冷却塔正被愈来愈多的厂家所使用。通常冷却塔高 10～15 m，横截面积为 25～50 m^2。电解液自上而下喷洒成液滴至塔底，大型风扇将冷空气从塔体一侧鼓入，冷空气自下而上与液滴逆向流动，蒸发水分，带走热量，达到冷却电解液的目的。塔顶设置有喷淋及捕滴装置。喷淋装置是将送至冷却塔的电解液经分配后喷洒成小液滴或较小束状液体的装置，种类一般有喷头、小型束管、螺旋式喷嘴等。捕滴装置主要是格栅及尼龙纱网，以便捕集被空气带上来的微小电解液液滴，减少电解液的损失及对环境的污染。某厂将捕滴装置安装至喷淋装置的上部，不仅达到了捕集液滴的目的，而且减少了因液体喷溅至捕滴装置上造成结晶物（$CaSO_4$、$MgSO_4$ 结晶）堵塞捕滴装置的现象，取得了良好效果。塔底为集液池，电解液经冷却后落入集液池，然后流出塔体进入大循环系统。塔底一般设有 ϕ600～1000 mm 的排晶管，以便在清理塔内结晶物时将结晶物运出塔体。工作时，排晶管用聚氯乙烯罩罩住，以防止液体流失。图 8-8 为空气冷却塔结构。

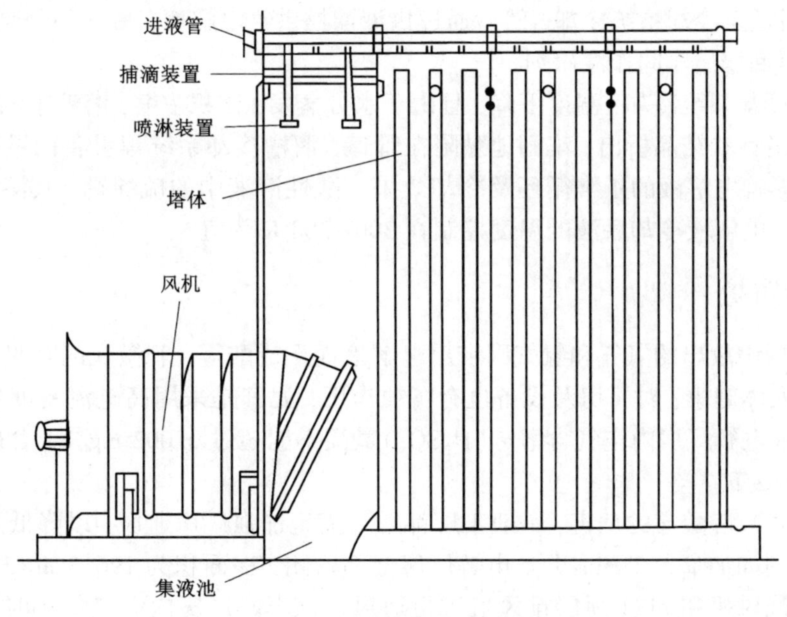

图 8-8　空气冷却塔结构

空气冷却塔安装在室外，应尽可能高出附近建筑物的房顶标高，以免捕滴装置损坏时排出的湿空气可能夹带酸雾影响其他作业区域。冷却后的电解液由集液槽经溜槽分流到电解槽中。

8.8 锌电积过程主要操作

8.8.1 烧板处理

(1)个别烧板。

烧板原因：操作不细致造成铜污物进入电解槽内，或添加吐酒石过量使个别槽内电解液含铜锑升高；循环液进入量过小，槽温升高，槽内电解液含锌过低，含酸量过高产生阴极返溶；阴阳极短路也会引起槽温升高，造成阴极返溶。处理办法是加大该槽循环量，将含杂质高的溶液尽快更换出来，并及时消除短路。这样还可降低槽温，提高槽内锌含量。特别严重时须立即更换槽内的全部阴极板。

(2)普遍烧板。

普遍烧板多是由于供应的新液含杂质超过允许含量。故应立即加强净化液的分析和操作，以提高净化液质量；严重时须检查原料，强化浸出操作，如强化水解除杂质，适当增加浸出前液的铁浓度量等。与此同时，应适当调整电解条件，如加大循环量、降低槽温和溶液酸度也可起到一定的缓解作用。

8.8.2 电解液循环与冷却

现代锌电积生产车间供液多采用大循环制，即从电解槽溢流出的废电解液先汇集于废液溜槽，再流入循环槽及废液槽；一部分废液(循环槽内的废电解液)与新液混合[体积比为(5~25)∶1]后送至冷却系统冷却，然后通过供液溜槽供给电解槽；另一部分废液(废液槽内的废电解液)返回浸出车间作浸出剂。

电解液经冷却系统冷却，温度下降，且由于水分蒸发，体积浓缩，溶液中的硫酸钙、硫酸镁以白色透明的针状结晶析出，牢固地黏附在管道、溜槽冷却系统等设备内壁，形成结构致密的结晶物，影响电解液的正常循环及冷却效果。酸性溶液中的硫酸钙，其溶解度在 302 K 时最低。因此，电解液冷却后液的温度控制在 306~308 K 为宜。

8.8.3 酸雾防护

锌电积过程中放出的氧气和氢气因带出电解液而形成酸雾，刺激人的呼吸道和皮肤，腐蚀牙齿，危害人体健康；对厂房及设备也有腐蚀作用，尤其是采用高电流密度生产的更为严重。因此，要求电解厂房内空气含酸雾(H_2SO_4)最高不能超过 0.002 mg/L，含硫酸锌最高不能超过 0.004 mg/L。

为了预防或减轻酸雾的危害，一般工厂都采取措施加强厂房通风，以降低厂房内空气中的酸雾浓度。例如加拿大 Timins 厂，电解厂房全部密闭，在面积为 196.3 m×36.6 m 的电解厂房内用 3 台鼓风机和 21 个顶层排风机进行通风。该车间厂房内空气每小时全部更换 6.5 次，车间内感觉不到酸雾。另外，为减少酸雾的逸出，可使用特殊添加剂，主要有动物胶、丝石竹、皂角粉等一类起泡剂，在电解液表面形成泡沫层，可有效捕集气体带出的电解液。

8.8.4　槽面管理

槽面管理的主要任务：当面积电流确定后，按技术条件控制电解液的锌酸浓度、电解液的温度及正确使用添加剂。

槽面管理与电解液的循环紧密相关，因此首要任务是控制使各电解槽流量稳定均一，及时清理循环系统结晶物，保证大循环畅通。

每个电解槽内电解液的锌酸含量，一般通过自动分析仪器或人工化验分析电解液中的锌酸含量及酸锌比，并依据分析结果进行控制。有些工厂采用密度计进行测定，当密度增大时，表明电解液含锌高，含酸低，密度降低时则相反。

槽内电解液的温度，冬季控制不超过 313 K，夏季不超过 318 K。如温度普遍升高，应及时增加循环流量并加强冷却效果。如遇个别电解槽温度升高，可适当增大该槽流量并及时消除电解槽中的短路。

锌电积中最常用的添加剂是动物胶和碳酸锶。动物胶的加入须根据析出锌的表面状况及时调整加入量，用较高温度的热水(>353 K)化为均匀溶液后，再均匀不断地加入混合分配槽，随之均匀送入电解槽。碳酸锶的加入须根据电解液含铅量或析出锌含铅量及时调整加入量，用水浆化后均匀不断地加入混合分配槽，随之均匀送入电解槽。为改善剥锌状况，于出槽前向电解槽内加入酒石酸锑钾(吐酒石)。吐酒石预先以温水溶解，并保持电解液含锑小于 0.12 mg/L，不可多加，否则引起锑烧板。

8.9　阴极锌熔铸

电解沉积产出的阴极锌片的化学成分已达标，但物理规格不符合要求，且运输和储存不便。因此，阴极锌片要熔化铸锭才可作为成品出厂销售。

8.9.1　熔铸过程

阴极锌熔铸过程：在熔化设备中加热熔化阴极锌片成熔融的锌液，加入少量氯化铵搅拌，扒出浮渣，将锌液铸成锌锭。锌片的熔化过程会产生浮渣。这是因为从炉门进入的空气、炉内的燃烧废气(CO_2)及锌片带有的少量水分使炉内的锌液氧化。

$$Zn + \frac{1}{2}O_2 \xlongequal{} ZnO \tag{8-34}$$

$$Zn + CO_2 \xlongequal{} ZnO + CO \tag{8-35}$$

$$Zn + H_2O \xlongequal{} ZnO + H_2\uparrow \tag{8-36}$$

生成的氧化锌以一种薄膜状包住一些锌液滴，形成小粒状的氧化锌与锌的混合物，称为浮渣。这种浮渣一般含锌 80%左右。浮渣愈多，熔铸时锌的直收率愈低。因此，熔铸时应尽量地降低浮渣产出率，以提高锌的直接回收率。

浮渣的产出率与熔铸设备、熔铸温度、阴极锌的质量等有关。采用感应电炉熔铸时，由于不用燃料燃烧，炉内锌的氧化少，因而浮渣的产出率比采用反射炉熔铸时要低。熔化时，炉内温度过高，使锌液更易氧化。因此，采用低温操作(稍高于锌的熔点)可以降低浮渣产出率。但温度不能过低，特别是在搅拌、扒渣时温度过低会造成随浮渣带出的锌液量增加，使浮渣含锌量显著升高，降低了锌的直收率。一般熔化温度维持在723~773 K。析出锌片质量对浮渣产出率的影响也很大，熔铸结构致密的优质阴极锌片比熔铸结构疏松、有返溶现象的阴极锌片的浮渣要少得多，直收率高得多。

为了降低浮渣产出率和降低浮渣含锌率，熔锌时加入氯化铵。它的作用在于与浮渣中的氧化锌发生反应：

$$2NH_4Cl + ZnO = ZnCl_2 + 2NH_3 + H_2O \tag{8-37}$$

生成的氯化锌熔点低(约591 K)，因而破坏了浮渣中的氧化锌薄膜，使浮渣颗粒中的锌露出新鲜表面而聚合成锌液。

熔铸锌的直接回收率计算公式：

$$\text{熔铸锌的直接回收率} = \frac{\text{合格锌锭含锌量}}{\text{装入物料含锌量}} \times 100\% \tag{8-38}$$

熔铸锌的直接回收率受阴极锌质量、加料方法、加温方法和操作情况等的影响。如阴极锌结构疏松，含水量高；进炉阴极锌未全部浸没于锌液中，直接与火焰接触，会增加锌的氧化和浮渣量；氯化铵加入不当，搅拌不彻底或扒渣时温度过低都会造成渣锌分离不好，渣带走锌量增多。这些因素均会降低锌的直接回收率。阴极锌熔铸过程的直接回收率一般为96%~97.5%。

8.9.2 熔铸设备

阴极锌的电炉熔铸可采用电阻炉、电弧炉和感应电炉。国内外采用电炉熔铸的工厂大多数采用工频感应电炉。

工频感应电炉是熔炼锌、铜等纯金属及其合金的常用设备，一般分为有芯炉和无芯炉。锌锭熔化浇注使用有芯炉，合金制作使用无芯炉。工频感应电炉具有热效率高、电效率高、金属烧损少、炉温易控制、化学成分易掌握、炉温均一、劳动条件好等优点，但筑炉工艺复杂、更换产品品种时需要洗炉。经过多年实践，筑炉工艺已日趋完善，且采用了单向流动的不等截面熔沟、高温预烧结成型熔沟、可拆卸活动熔沟等筑炉新工艺，使感应电炉的寿命大大提高。一般炉子的容量为40~60 t。

工频感应电炉分为感应器整体结构和感应器装配结构两种，由炉体、电气设备、冷却系统三部分组成。炉体包括炉壳、炉衬、感应线圈等。炉壳由10~12 mm钢板焊成，上部有活动炉盖，方便炉顶加料。熔池以下(包括感应器室)部分捣制炉衬，熔池以上和熔化室与浇铸室间隔墙部分采用普通黏土砖砌筑。炉子熔池两边及后方安装3~6个电炉变压器。

工频感应电炉由炉体、电炉变压器、加料装置、铸锭装置组成。炉体为整体结构，上部有活动炉盖，炉顶加料，熔池以下部分为捣制炉衬，填打料层厚度为120~130 mm，电炉变压器室捣筑要求严格，以防分层断裂漏锌。熔池以上和熔化室与浇铸室间墙部分采用普通黏土砖砌筑。变压器的功率和数量根据熔锌炉容量大小确定，电源有星形和三角形两种接线方式，并应设无级调压装置以便于控制操作温度。

在进料熔化前，应先将阴极锌片吊运到进料翻板上，预热脱水。进料时，每批最好不超过15 cm厚，以保持炉温与熔池锌液液面的稳定，提高热利用率及保护设备和防止“放炮”。进料时，还应特别注意防止铁工具、铝片或阴极导电片等掉入炉内，避免污染锌液。为使锌渣分离，减少浮渣量，进料时，要将少量氯化铵间断地加入炉内。在搅拌扒渣之前，还要加入适量氯化铵，做到边搅边加，使黄红色的松散浮渣漂浮在熔池表面。一般每隔 2 h 进行一次搅拌扒渣。扒渣时，要求动作轻且慢，扒到炉门处，使浮渣稍停静置，以减少锌液随浮渣带出的量。每次扒渣时，要留有 1~2 cm 厚的渣层，保护锌液不被氧化。扒出的浮渣送去进行浮渣处理。

锌液浇铸机有机械浇铸和人工浇铸两种。机械浇铸设备有直线浇铸机和圆盘浇铸机。锌液浇铸时不要溅洒在模外。锌液浇满铸模时，应立即用木耙迅速扒去表面的氧化层(俗称“扒皮”)。扒皮动作要快而稳，一次扒净，并尽量减少锌锭上的飞边毛刺，保证锌锭物理规格符合产品标准要求。

国内某厂所产大锌片尺寸为 1600 mm×1000 mm，质量为 80~95 kg。锌片剥离后通过熔铸生产线铸成锭。熔铸生产线有 1 台工频有芯感应电炉、铸锭机。感应电炉尺寸为 5220 mm×3780 mm×4020 mm，加料口尺寸为 1100 mm×320 mm，炉膛高度 1896 mm，熔化率为 5 t/h，浇铸温度为 763~773 K，以及 3 个额定功率为 240 kW 的感应体作为发热单元为炉子供热。采用陶瓷收尘器净化烟气。

8.9.3　浮渣处理

熔锌炉的浮渣夹带了相当多的金属锌粒及氧化锌、氯化锌，含锌约 80%。因此必须进行处理，分离回收。对于浮渣的处理，人们做了很多研究，大致分为湿法和干法两种处理方法。

(1)湿法处理。

国内各厂大都采用湿法处理浮渣。其过程一般是先手选或筛分出金属粗块，随后将浮渣加入球磨机内注水湿磨。球磨后的矿浆采用摇床进行重力分选，使金属颗粒与湿渣分离。分选出的锌块或锌粒回炉或用以制造锌粉。湿渣经过澄清，渣送焙烧炉焙烧脱氯，用以提锌或生产氧化锌。清液一部分返回球磨机，另一部分送污水处理站处理后排弃。

(2)干法处理。

有的工厂将产出的浮渣送入干式球磨机。此球磨机的壳体钻有许多孔，壳体的四周有圆筒形筛网。球磨机与水平线略成倾斜安装，方便物料装入其中后，由高端向低端移动。浮渣的大块在球磨机内被破碎，使金属锌与氧化锌分开。金属的大粒由球磨机的下部轴颈处排出，细小的锌粒与氧化锌一起通过球磨机壳体的孔落到筛网上，将较小的金属锌粒与氧化锌粉分开。金属锌粒可送去吹制锌粉或铸锭，氧化锌粉送沸腾炉或多膛炉与锌精矿搭配焙烧脱去其中的氯。由于这种氧化锌含氯高，焙烧时烟气含氯高，故会影响制酸过程的正常进行。因此，有的工厂预先水洗脱氯。即将未洗浮渣经过加料斗加至耙式给料机上，通过喷嘴向浮渣喷热水(333~353 K)；耙式给料机连续转动，将已洗过的浮渣带出；含氯废水进一步提取其中的氯化锌。经水洗后的浮渣含氯可降至 0.4%~0.5%。

思考题

1. 写出电解沉积锌的阳极反应和阴极反应，以及总反应。
2. 电解沉积锌的阳极材料是什么？阴极材料有哪些？
3. 请论述电解沉积锌电解液在电解槽中循环的三种方式。

4. 写出电解液中的锰离子在阳极可能产生的氧化反应。

5. 请论述电解沉积锌过程容易引起阳极腐蚀的杂质元素。

6. 电解沉积锌过程导致锌片剥离困难的杂质元素有哪些?

7. 简述阴极锌片中杂质铅的主要来源。

8. 电解沉积锌过程中可以缓解锌片难剥离状况的添加剂有哪些?

9. 电解沉积锌过程中可以降低电解液中的铅含量的添加剂有哪些?

10. 在锌电积车间,列与列和槽与槽之间导电方式是哪种连接?每个槽的阴、阳极之间是哪些连接?连接列与列和槽与槽的导电板是什么材料?

11. 锌与氢的标准电极电位分别为-0.763 V和0.00 V。理论上,在阴极析出锌之前,电位较正的氢应先析出,为什么实际电积锌过程中是锌优先于氢析出?

12. 锌电解液中的杂质离子主要有哪些?这些杂质在锌电解沉积过程中有什么危害?

13. 导致阴极锌片铅超标的原因有哪些?如何降低阴极铅含量,提高阴极锌片质量?

14. 锌电积槽电压包括哪些部分?影响槽电压大小的因素有哪些?

15. 什么是电流效率和电能消耗?影响锌电积过程中的电流效率和电能消耗的因素有哪些?分别写出电流效率和电能消耗的数学表达式。

16. 提高锌电积过程中电流效率的措施有哪些?

17. 锌电积过程添加的添加剂分为几类?其作用分别是哪些?

18. 在锌电积过程中,槽电压(E)和电流效率(η)均随电流密度(D)变化。参考表中所列数据,回答以下问题:

电流密度对槽电压和电流效率的影响

$D/(\mathrm{A\cdot m^{-2}})$	E/V	$\eta/\%$
100	2.5	80
200	2.7	90
500	3.0	94
1000	3.5	96

(1)根据电流密度,分别计算锌电积的电能消耗。(已知锌的电化当量q为1.2195 $\mathrm{g\cdot A^{-1}\cdot h^{-1}}$)

(2)为了使锌电积的成本最优,如何选择电积过程的电流密度?

第 9 章　火法炼锌基本原理和工艺

扫码查看本章资源

9.1　密闭鼓风炉炼铅锌

密闭鼓风炉炼锌是由英国帝国熔炼有限公司研发出来的，称为帝国熔炼法(imperial smelting process)，简称 ISP 工艺。世界上第一座铅锌密闭鼓风炉于 1950 年 9 月在英国阿旺茅斯厂投产，其设计产能为 20 t/d。随后，逐渐在英国、澳大利亚、德国、日本等国家发展并得到应用。我国韶关冶炼厂为处理凡口铅锌矿，于 20 世纪 60 年代初引进英国 ISP 专利技术，是我国第一台铅锌熔炼鼓风炉。

目前世界上有十多个国家采用鼓风炉进行锌的工业化生产(表 9-1)，产出的锌铅量超过世界锌铅总量的 14%，是国内外最主要的、几乎是唯一的火法炼锌方法。

表 9-1　国内外采用鼓风炉炼锌的工厂

工厂	所属国家	炉身面积/m^2	投产年份/年	设计铅锌产量/($kt \cdot a^{-1}$)
阿旺茅斯(Avonmmoth)	英国	27.2	1967	100.0
禅德里亚(Chanderiya)	印度	21.5	1991	
科克尔(Cockle Creek)	澳大利亚	24.2	1961	
科帕萨米卡(Copsa Mica)	罗马尼亚	17.2	1966	
杜伊斯堡(Duisburg)	德国	19.3	1966	90.0
八户	日本	27.3	1969	76.0
播磨	日本	19.4	1966	66.0
维斯麦港(Portovesme)	意大利	19.0	1972	
米亚斯缇库(Miasteczko)	波兰	19.0	1979	
诺伊乐斯(Noyelles Godault)	法国	24.6	1962	
提托其威莱斯(Titov Veles)	马其顿	17.2	1973	
国内某冶炼厂 1(技改后)		18.7	1975	100.0
国内某冶炼厂 2(技改后)		18.7	1996	120.0
国内某有色金属集团有限公司		18.5	2006	90.0

目前，世界范围内铅锌冶炼厂处理的原料90%以上是铅、锌硫化精矿。由于铅锌矿物通常是两者或更多的有价金属元素共生在一起，矿物结构复杂，有些矿石较难将铅与锌分别富集在单一的锌精矿或铅精矿中，导致选出的锌精矿含铅量高或铅精矿含锌量高。硫化铅锌精矿的化学成分见表9-2。

表9-2　铅锌硫化精矿成分(质量分数)实例　　单位：%

精矿种类	Pb	Zn	Cu	Fe	S	SiO_2	CaO	Ag
硫化铅精矿	60.36	3.3	0.02	7.52	24.01	0.28	0.68	0.06
	47.36	7.15	0.27	5.42	20.28	0.61	0.63	—
	53.70	14.00	0.05	3.90	22.10	4.90	0.10	—
	63.10	12.10	1.50	1.90	17.40	0.80	0.10	—
	53.20	11.70	3.10	—	19.20	—	—	—
硫化铅锌混合精矿	19.80	27.85	2.46	11.46	22.54	3.79	0.48	0.097
	19.54	31.96	0.26	7.06	22.82	5.51	1.16	0.044
	15.48	34.62	0.58	8.14	25.49	4.15	2.84	0.049
	11.94	33.65	0.66	6.82	24.03	4.45	3.13	0.043

铅锌混合精矿的化学组分波动较大，相对于单一的铅、锌精矿，铅锌混合精矿的杂质组分中SiO_2含量要略高一些。

加入密闭鼓风炉内的物料包括炉料和燃料。炉料的主要组成是自熔烧结块(占90%以上)，其余为返渣、铁屑、萤石、石英和其他含铅返料。还原熔炼所需的熔剂在炉料烧结焙烧时配入，熔炼时通常不再加入熔剂和其他物料。当烧结块含硫高、熔炼炉渣渣型发生变化及炉况恶化时加入熔剂或其他物料。

密闭鼓风炉只能处理块状物料，其原因是粉状物料加入鼓风炉后，不仅炉内透气性变差，难以将空气鼓入熔池内；而且随炉气带走大量粉状颗粒，金属回收率低。因此，鼓风炉熔炼时必须将粉状物料烧结成块；同时要具有足够的冷、热强度，以及孔隙度，以满足鼓风炉熔炼的要求。

密闭鼓风炉炼锌是火法炼锌中的一项重大技术成就。该方法最突出的优点是对原料适应性强，能够同时生产铅锌。将铅锌冶炼两条独立的生产系统合二为一，在密闭鼓风炉中实现了铅锌的同步生产，简化了工艺流程，既可以处理单一的铅、锌精矿，也能够处理铅锌混合精矿和其他含铅锌的中间物料。

9.1.1　铅锌密闭鼓风炉还原熔炼的理论基础

1. 锌氧化物还原热力学

烧结块中锌主要以ZnO形式存在。此外，还可能存在少量的其他锌化合物，如$ZnO \cdot Fe_2O_3$、$ZnO \cdot SiO_2$、$ZnSO_4$、$ZnO \cdot Al_2O_3$、ZnS等。还原熔炼以焦炭作为还原剂。ZnO的还原存在固-固反应和气-固反应两种。

固-固反应：

$$ZnO + C \xlongequal{} Zn + CO \tag{9-1}$$

当 ZnO 被炭还原时，在较低的温度下形成固体锌或液体锌，此时反应的吉布斯自由能变化为正值，反应难以进行。体系温度在锌沸点(1180 K)以上时，还原产生的锌转变为锌蒸气。这一变化的熵值增加很大，促使标准自由能变化曲线斜率变大。温度为 1223 K 时，反应 $ZnO+C \xlongequal{} Zn_{(g)}+CO$ 的吉布斯自由能变化等于零。超过此温度后，变化一个相当小的温度数值时，锌蒸气的压力会发生较大变化。对于产生 $Zn_{(g)}$ 的固-固反应而言，假定分压 $p_{Zn}=p_{CO}$，$a_{ZnO}=1$，$a_C=1$，则反应平衡常数可简化为：

$$K=\frac{p_{Zn}\times p_{CO}}{a_{ZnO}\times a_C}=p_{Zn}^2$$

973～1373 K 时锌蒸气分压见表 9-3。

表 9-3　ZnO 还原产生的锌蒸气压

温度/K	973	1073	1173	1273	1373
锌蒸气分压/kPa	1	7	37	148	495

从表 9-3 可知，当温度从 973 K 升高至 1373 K 时，锌蒸气压增加迅速。产生的锌蒸气进入气相后，即进入后续锌蒸气的冷凝过程，降低气相中锌蒸气含量，促使反应 $ZnO+C \xlongequal{} Zn_{(g)}+CO$ 进行。

由于反应式(9-1)是固-固反应，除非在极高温度下，否则该反应进行的意义不大。事实上，ZnO 被 CO 还原是主要途径，即以气-固反应为主。

气-固反应：

$$ZnO_{(s)} + CO_{(g)} \xlongequal{} Zn_{(g)} + CO_{2(g)} \qquad \Delta G^{\ominus} = 178020 - 111.67T(\mathrm{J}) \tag{9-2}$$

研究表明，上述反应在较低的温度(648～698 K)下就可以进行，但反应速率非常低。该反应的平衡常数 $K_1=\frac{p_{CO_2}\times p_{Zn}}{p_{CO}}$，$p_{CO_2}=p_{Zn}$，总压 $p_{总}=p_{CO_2}+p_{Zn}+p_{CO}$。当 $p_{总}=10^5$ Pa 时，可计算得到不同温度下的 p_{CO_2}、p_{Zn}、p_{CO}。

不同温度下锌饱和蒸气压为 $\lg p_{Zn}^{\ominus}=-\frac{685}{T}-0.1255\lg T+0.945$，计算结果见表 9-4。

表 9-4　反应式(9-2)在不同温度下的各平衡分压

温度/K	973	1173	1373	1573
$p_{CO_2}=p_{Zn}$/MPa	0.00166	0.01145	0.0327	0.0640
p_{CO}/MPa	0.09668	0.0771	0.0344	0.0077
$p_{Zn}^{\ominus}$/MPa	0.0047	0.0590	0.3410	1.2361

从表 9-4 可知，反应式(9-2)反应平衡时气相中 CO_2/CO 比值随温度升高而增加。随着反应式(9-2)的进行，气相中 CO_2 含量增加。当系统缺乏碳时，由于气体成分达到平衡，反

应式(9-2)将停止进行。在1273~1373 K的还原温度下，ZnO被CO还原反应体系平衡气相中的CO_2/CO比值接近1。高温条件下产生的锌蒸气在降温冷凝过程中会被气相中的CO_2氧化。为防止锌蒸气再氧化，必须维持体系中较低的CO_2含量。当系统中有过量碳元素存在时，反应(9-2)产生的CO_2将与C发生下列反应：

$$CO_2 + C_{(s)} \rightleftharpoons 2CO \qquad \Delta G^{\ominus} = 170460 - 174.43T(J) \qquad (9-3)$$

随着上述反应的发生，气相中CO_2含量逐渐降低，CO含量不断增加。此时保持CO含量高于平衡状态时的含量，可保证反应(9-2)的充分进行。因此，对密闭鼓风炉炼锌来说，要使ZnO被充分还原，必须同时满足反应式(9-2)和式(9-3)的要求。可逆反应式(9-3)在碳过量存在的情况下，不同温度时气相中CO_2与CO比例见表9-5。

表9-5 碳过量时不同温度下CO_2与CO的比例

温度/℃	体积分数/%		温度/℃	体积分数/%	
	CO_2	CO		CO_2	CO
600	70.2	29.8	850	4.3	95.7
650	56.2	43.8	900	2.1	97.9
700	38.4	61.6	950	1.0	99.0
750	18.8	81.2	1000	0.5	99.5
800	9.2	90.8			

从表9-5可知，当过量碳存在时，平衡气相中CO_2含量随着温度升高而降低，对应地，CO含量逐渐升高。即在碳过量时，可通过改变温度来调节气相的组成。

密闭条件下，分析反应式(9-2)可知，在被还原的ZnO中，Zn与O的原子个数是相等的，如用N来表示气相中各成分的分子数，它们之间的化学量关系如下：

$$N_{ZnO} = N_{Zn} = N_O = N_{CO} + 2N_{CO_2}$$

用分压表示即为：

$$p_{Zn} = p_{CO} + 2p_{CO_2}$$

密闭条件下，反应式(9-2)的平衡常数为：

$$K_1 = \frac{p_{CO_2} \times p_{Zn}}{p_{CO}},\ K_1 = \lg\frac{p_{CO_2} \times p_{Zn}}{p_{CO}} = -\frac{17315}{T} - 3.51\lg T + 22.93$$

反应式(9-3)的平衡常数为：

$$K_2 = \frac{p_{CO}^2}{p_{CO_2}},\ K_2 = \frac{p_{CO}^2}{p_{CO_2}} = -\frac{8920}{T} + 9.12$$

将上述p_{Zn}、K_1和K_2的表达式联立求解可得：

$$2p_{CO}^3 + K_2 p_{CO}^2 - K_2^2 \cdot K_1 = 0$$

当温度分别为1200 K、1300 K、1400 K时，可以计算出密闭条件下锌蒸气分压，具体见表9-6。

表 9-6　不同温度下气相中锌蒸气压

温度/K	1200	1300	1400
p_{Zn}/kPa	49.25	295.4	1366.4

从表 9-6 看出，在常压(101.325 kPa)下，ZnO 还原的平衡温度约为 1200 K，此温度即为 ZnO 被 C 开始还原的温度。当体系的总压小于 1.01×10^5 Pa 时，开始还原温度亦随之降低。而密闭鼓风炉炼锌炉内的总压通常为 1.01×10^5 Pa，为使 ZnO 被 C 还原反应的顺利进行，体系温度应控制在 1173 K 以上。如在温度 773 K 以下进行，则总压必须控制在 100 Pa 以下，在密闭鼓风炉炉内维持这样低的负压条件是很难实现的。

生产实践证明，ZnO 的还原在 1273 K 下能很好进行。当温度更低时，气相中 CO_2 含量增加，锌蒸气将被气相中 CO_2 氧化成 ZnO，使还原反应进行不彻底。实际生产中，还原温度应控制在 1273~1473 K。

C 与 CO_2 的反应速率在 1373~1573 K 时比反应式(9-2)要快得多。故此，ZnO 还原的总速率取决于反应式(9-2)。该反应式的速率取决于体系的温度和气相组成，升高温度有利于该反应的进行。这就是 ZnO 还原需要高温的原因。

2. 锌蒸气冷凝的原理

(1)锌蒸气压与温度的关系。

氧化锌的还原通常在 1273 K 的高温条件下才能充分进行，产生的锌呈锌蒸气状态(锌沸点为 1180 K)。液态锌具有强烈的挥发性，不同温度下锌蒸气压的计算式为：

$$\lg p_{Zn} = \frac{-6294}{T} - 0.015\lg T + 8.108 \tag{9-4}$$

式中：T 为温度，K；p_{Zn} 为锌饱和蒸气压，133.3 Pa。

锌饱和蒸气压与温度的关系如图 9-1 所示。

在一定温度和压力下，锌蒸气使所占的空间达到饱和状态，部分锌蒸气开始冷凝，这个开始冷凝的温度被称为露点。当体系处于不平衡状态时，将产生使体系变为平衡的过程。图 9-1 中 A 点位于蒸气压平衡曲线上方，即处于过饱和区域。在此点状态下，体系内自发进行凝结过程，以降低蒸气压，直至蒸气压降至 p_1 为止。对于平衡曲线下方的任一点(如 B 点)来说，其处于未饱和区域内。该点表示此体系内在温度 T_2 时的蒸气压小于该温度下的饱和蒸气压。该体系若存在凝聚相锌液，则锌液将气化，一直进行到体系中蒸气压达到 p_2

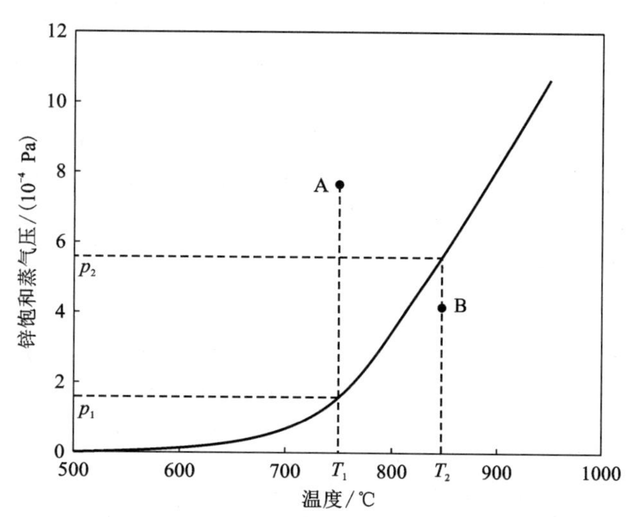

图 9-1　锌饱和蒸气压与温度的关系

为止。当过热的锌蒸气冷却时，蒸气压为 1.01×10^5 Pa 的气相与凝聚相之间的平衡温度为 1180 K，这个温度就是 1.01×10^5 Pa 时的露点。

密闭鼓风炉炼铅锌过程中，产生的气体中含有 Zn、CO 和 CO_2。假设混合气体中锌蒸气分压为 0.5×10^5 Pa，即锌蒸气占混合气体体积的一半，此时锌蒸气露点为 1135 K。若混合气体中锌蒸气分压为 0.34×10^5 Pa，此时的露点为 1083 K。因此，混合气体中锌蒸气的分压越低，其露点越小。锌蒸气开始冷凝的温度降低是不希望发生的现象，因为无论开始冷凝的温度是多少，冷凝结束的温度基本是一定的(略高于锌熔点 692.5 K)。在 692.5 K 以上温度对混合气体进行冷却时，可得到液态锌；在 692.5 K 以下的温度冷却时，锌冷凝成锌粉。因此，开始冷凝温度降低后，缩短了获得液态锌的温度间隔，这对锌的冷凝是不利的。

(2)锌蒸气的冷凝。

若要使锌蒸气开始冷凝，须将其冷却至露点温度。锌蒸气冷凝时，锌液首先形成小的锌液滴，然后汇聚成锌液。曲率半径很小的锌液滴表面的饱和蒸气压比锌液的饱和蒸气压大，故冷凝是非常困难的。因此，锌蒸气的冷凝要在低于露点的温度下进行，即进行过冷。锌液滴越小，其表面的饱和蒸气压越大，越难冷凝。升高温度，锌液滴表面的饱和蒸气压减少，越有利于冷凝。当混合气体中存在微细颗粒时，由于异相成核的作用，锌液比较容易在这些颗粒表面冷凝。

混合气体中含有 Zn、CO，以及具有氧化性的 CO_2 时，在冷凝过程中，必须控制锌蒸气的再氧化。如含 Zn 50%、CO 49%、$CO_2$1%的混合气体(体积分数)冷凝时，有 2%的锌(按质量计)被氧化。在高温(1273 K)和过量碳存在时，将混合气体中 CO_2 含量降低到 0.05%，则仅有 0.1%的锌被氧化。值得注意的是，即使氧化生成 ZnO 的量很少，对冷凝过程也是不利的。由于生成的 ZnO 覆盖在锌液滴的表面，阻碍锌液滴的汇聚，使冷凝效率降低，故密闭鼓风炉炼锌过程有蓝粉产生。该蓝粉是被 ZnO 覆盖的锌液滴。混合气体中 CO_2 含量越高，蓝粉的生成量越多，冷凝效率越低。

假设反应式(9-2)和式(9-3)处于平衡状态，温度降低时，上述两个反应都将进行逆向反应，分别产生 ZnO 和 CO。但 CO 的分解反应，即反应式(9-3)，在 1373 K 时的逆向反应速度很慢；与此相反，反应式(9-2)冷却时的逆向反应速度很快。故此，锌蒸气冷凝时的再氧化主要靠 CO_2 完成。

密闭鼓风炉炼锌所产的混合炉气除含 Zn、CO、CO_2 外，还含有大量的 N_2，导致混合炉气中锌浓度较低。工厂的实际炉气组成(体积分数)通常为：Zn 5%~7%、CO 18%~22%、CO_2 10%~12%。当这种高 CO_2、低锌浓度的炉气冷却时，锌的再氧化是不可避免的。

根据反应式(9-2)的平衡常数 $K_1=\dfrac{p_{CO_2}\times p_{Zn}}{p_{CO}}$ 及 $\lg K_1=-9916.2/T+6.36$，假设混合炉气中 Zn 6%、CO 20%、CO_2 10%，代入公式计算得到 $T=1266$ K。该温度为上述混合炉气中锌蒸气再氧化的开始温度。当温度低于 1266 K 时，锌蒸气将被 CO_2 氧化，发生反应式(9-2)的逆向反应。

根据锌饱和蒸气压与温度的关系式，即式(9-4)，将上述实际炉气中锌蒸气含量为 6%代入公式，计算得到 $T=955$ K。该温度即为实际炉气中锌蒸气的露点。由此可知，上述实际炉气在冷却过程中，锌蒸气在未冷凝为锌液滴之前(未到达其露点)就被氧化。冷却时间越长，被氧化的锌量越多。亦即，上述实际炉气由 1266 K 冷却至 955 K 的过程中，只存在锌蒸气的氧化而无冷凝过程；当锌蒸气从 955 K 继续冷却至冷凝器出口温度 713 K 时，锌蒸气既存在冷凝又存在氧化。因此，混合炉气冷凝时锌蒸气的再氧化是不可避免的。为尽可能降低锌蒸气的再氧化，提高冷凝效率，必须将混合炉气的温度保持在其再氧化温度以上后进入冷凝器，同时急速冷却至露点温度以下。

实际生产中，为防止锌蒸气的再氧化，要求进入冷凝器的炉气温度为 1273 K 以上。但离开鼓风炉料面的炉气温度仅有 1073～1173 K，达不到进入冷凝器的温度要求。为此，在鼓风炉炉顶鼓入一定量的热风，让炉气中的 CO 继续燃烧，提高炉气温度，同时使入炉炉料具有较高的余热温度。锌蒸气冷凝成液态锌后，其再氧化速率大大降低。

9.1.2　密闭鼓风炉还原熔炼生产工艺

1. 密闭鼓风炉炼铅锌生产工艺流程

密闭鼓风炉炼锌是由英国帝国熔炼公司阿旺茅斯炼锌厂于 1939 年开始研究发展起来的火法炼锌工艺，简称 ISP，是 20 世纪火法冶金的一项重大技术进步。世界上第一台密闭鼓风炉于 1950 年 6 月投入生产。ISP 工艺在 20 世纪 60 年代曾有很大的发展，最大优点是在一座炉子内同时实现了金属锌和铅的生产。其工艺流程如图 9-2 所示。

密闭鼓风炉炼铅锌的生产工艺流程可分为如下阶段。

①铅锌硫化精矿、熔剂和其他铅锌物料的焙烧脱硫与烧结成块。

② SO_2 烟气净化后制酸。

③自熔烧结块和其他铅锌团块料配入焦炭后进行鼓风炉还原熔炼。

④粗铅和炉渣在电热前床中澄清分离。

⑤还原产生的锌蒸气在铅雨冷凝器中冷却分离。

⑥粗锌和粗铅通过火法精炼后，得到金属锌和铅产品。

ISP 工艺可以处理不同等级的锌精矿、铅精矿、铅锌混合精矿，以及各种含锌氧化物物料。该方法在锌的生产领域仍然有很重要的地位。

2. 鼓风炉炼铅锌炉内发生的主要反应

炼锌密闭鼓风炉内发生的主要化学反应如下：

$$C + O_2 = CO_2 \tag{9-5}$$

$$2C + O_2 = 2CO \tag{9-6}$$

$$ZnO + CO = Zn_{(g)} + CO_2 \tag{9-7}$$

$$CO_2 + C = 2CO \tag{9-8}$$

$$PbO + CO = Pb_{(l)} + CO_2 \tag{9-9}$$

密闭鼓风炉熔炼时，炉料从上往下移动过程中将发生一系列复杂的物理化学变化。按高度通常将炉子划分为四个带：炉料加热带、再氧化带、还原带和炉渣熔化带。炉内各带的温度变化情况如图 9-3 所示。

(1)炉料加热带。

炉料加热带位于炉内的最上部空间，在风口水平面上 5～6 m 处，是炉料的最上层。加入炉内的烧结块温度约 673 K。在此带内，烧结块吸收炉气中的大量热量，被迅速加热至 1273 K 左右。穿过料面的炉气温度则被降低至 1073～1173 K。随着温度降低，炉气中的锌蒸气将发生再氧化。如前所述的 Zn 为 6%、CO 为 20%、CO_2 为 10%的炉气，其开始氧化温度为

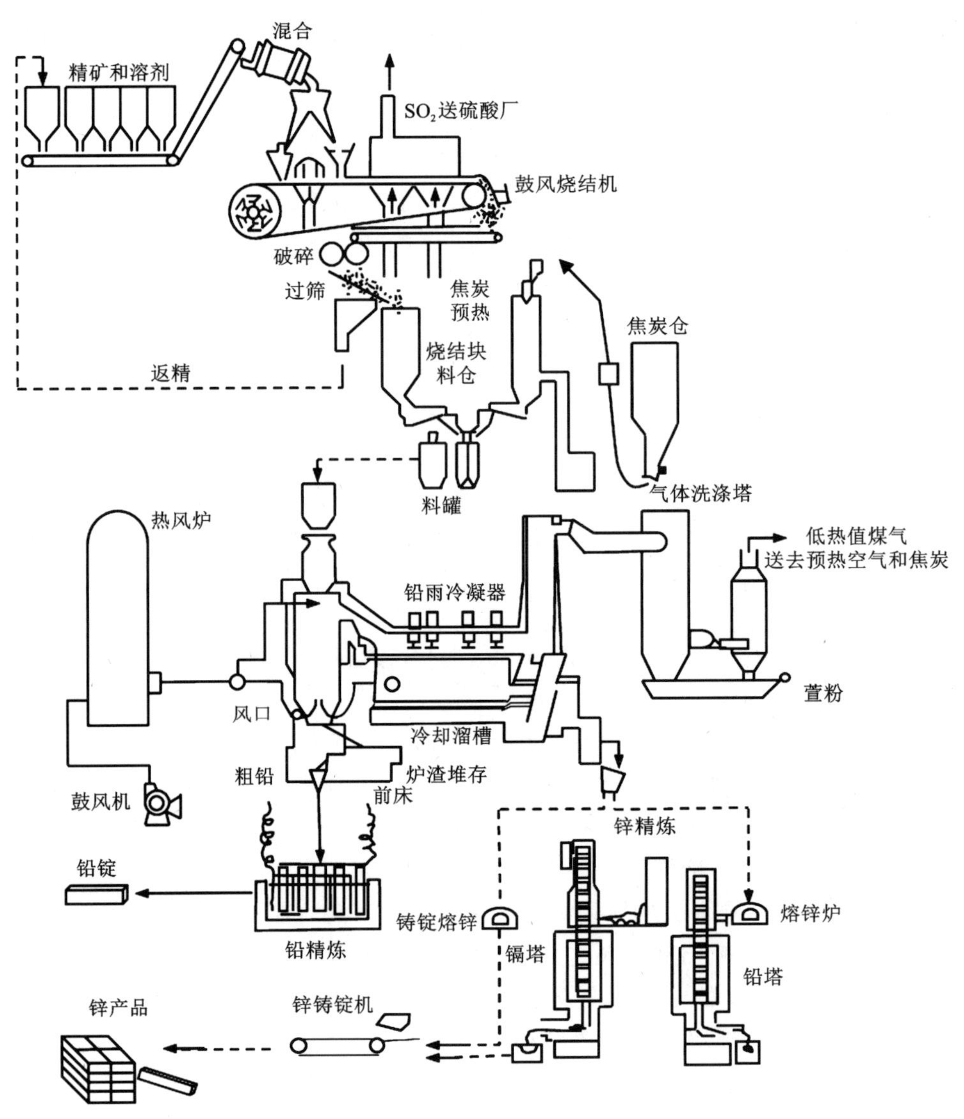

图 9-2　密闭鼓风炉炼铅锌生产工艺流程

1266 K，即发生反应式(9-7)的逆反应，同时氧化反应放出的热量给予炉气。炉料中的 PbO 在此带发生还原反应，亦释放热量，反应式(9-9)向右进行。故此，炉料加热带所需的热量来自炉气的显热、锌蒸气再氧化和 PbO 还原放出的热量。

为防止炉气中锌蒸气的再氧化，在进入冷凝器之前，须维持炉气温度超过反应式(9-7)平衡温度 293 K 左右。需要在料面上的空间鼓入热风(又称二次风)，使炉气中 CO 部分燃烧以放出热量，补偿因加热炉料所消耗的热量，升高炉气温度。生产实践表明，由于温度的变化或温度场分布不均匀等原因，炉气中有少量锌蒸气再氧化并放出部分热量。将炉料加热至 1273 K 所需的热量主要是由 CO 燃烧放热提供。氧化反应产生的 ZnO 随固体物料下降至高温区时，须消耗焦炭来还原挥发。因此，这部分锌的氧化与还原仅起热量传递的作用。

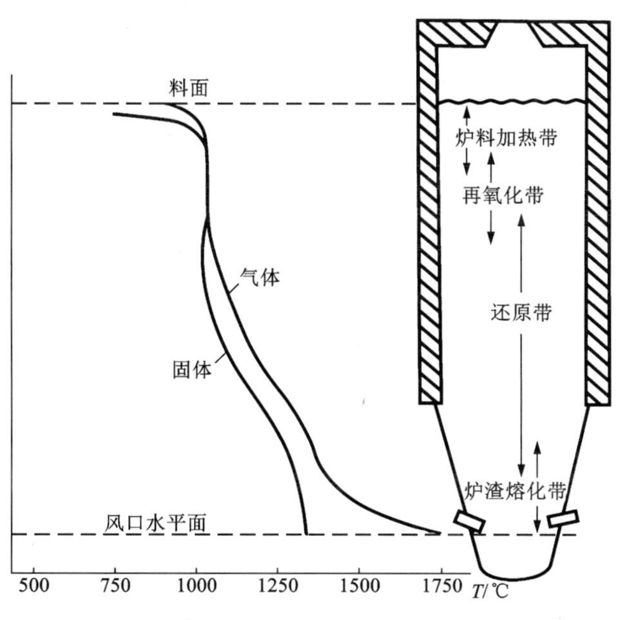

图 9-3　密闭鼓风炉内各带划分

(2)再氧化带。

再氧化带位于风口水平面上 4~5 m 处。主要发生的反应为：炭的气化反应[反应式(9-8)]和部分锌蒸气的氧化反应[反应式(9-7)的逆反应]。锌蒸气在此带内将发生部分再氧化而放出热量给炉气，起热量传递的作用。在此带内，炉气与炉料的温度是一致的，维持在 1273 K 左右。

在此带内，烧结块中的 PbO 被大量还原，$PbSO_4$ 被 CO 还原成 PbS。

$$PbSO_4 + 4CO = PbS + 4CO_2 \tag{9-10}$$

当 PbS 与 PbO 遇到锌蒸气时，可按式(9-11)和式(9-12)进行反应。

$$PbO + Zn_{(g)} = Pb + ZnO \tag{9-11}$$

$$PbS + Zn_{(g)} = Pb + ZnS \tag{9-12}$$

在再氧化带内 1273 K 的温度下，ZnS 是稳定的。一部分随固体炉料下降至高温带，另一部分则沉积在炉壁上形成炉结。

(3)还原带。

还原带位于风口水平面上 1~4 m 处，温度为 1273~1573 K。在此带内，炉料中 ZnO 与炉气中 CO 和 CO_2 达到平衡。即炉料中 ZnO 被大量还原，炉气中锌浓度值达到最大。此带内，主要发生 ZnO 还原[反应式(9-7)]和少量 CO_2 的还原[反应式(9-8)]，这两个反应均为吸热反应，所需热量主要通过炉气的显热来提供。通过此带后，炉气温度降至 573 K 左右。

密闭鼓风炉炼锌过程中，ZnO 以固体状态被还原得越多越好。其原因在于炉料通过此带后，将熔化造渣，ZnO 将溶于熔渣。但熔渣中 ZnO 活度值小，还原变得更困难，最终使得炉渣含锌高。炉渣熔点决定了 ZnO 以固体状态被还原的多少，炉渣熔点高，则 ZnO 以固体状态被还原的量多。因此，密闭鼓风炉炼锌要求造高熔点的炉渣。

通过此带后，炉气中 Pb、PbS 和 As 含量最高。随着炉气上升至低温区时，部分冷凝于较冷固体炉料的表面，剩余部分随炉料下降至高温区时又挥发上升。因此，这些易挥发物一部分将在此带内循环。大量还原产生的铅在此带内溶解其他被还原的金属，包括 Cu、As、Sb、Bi、Au 和 Ag 等，沉积于炉缸形成粗铅。

(4)炉渣熔化带。

炉渣熔化带位于风口水平面以上约 1 m 处，温度在 1523 K 以上。炉渣在此带内完全熔化，发生的主要反应包括：熔于炉渣的 ZnO 的还原、焦炭的燃烧反应，以及脉石成分的造渣反应。

据推算，约 60%的 ZnO 在此带内以液态形式被还原。ZnO 的还原和炉渣的熔化都需要大量的热，所以炉料通过此带消耗的热最多。这些热量主要靠焦炭燃烧和鼓入的热风(一次风)带入的显热来提供，通过维持 1673 K 的高温来确保炉渣熔化与过热。

鼓风炉炼锌的热量主要依赖于焦炭燃烧。对比反应式(9-5)和式(9-6)的热效应控制，为降低焦炭消耗，焦炭的燃烧应尽可能按反应式(9-5)进行。但 ZnO 的还原需要炉气中有较高的 CO 含量，如果采用提高炉料碳锌比的方法，将增加焦炭消耗，同时不利于防止 FeO 还原。为此，预热鼓风是保证熔炼过程获得高温和合适还原气氛的重要举措。在生产上，鼓入炉内的空气可预热到 1073 K 以上，甚至 1373 K 以上。生产实践中，选定适当的碳锌比、鼓风量和热风温度是提高产量的有效方法。

密闭鼓风炉炼锌时，控制风口区(亦即炉渣熔化带)以上的炉气中 CO_2/CO 比值达 0.6~0.7。这种还原气氛弱于蒸馏法炼锌和高炉炼铁的还原气氛，但高于鼓风炉炼铅的还原气氛。

炉渣中 ZnO 的还原约占炉料中 ZnO 总量的 60%，保证渣中 ZnO 尽可能完全还原对密闭鼓风炉炼锌具有重要的意义。在熔化带内，ZnO 溶解于液态炉渣，要想从液态炉渣中还原 ZnO 是比较困难的，需要很强的还原气氛和较高的温度。但 ZnO 的完全还原必然导致 FeO 还原为金属铁，这是密闭鼓风炉炼锌所不希望发生的。生产实践表明，当渣含锌降低至 2%以下时，FeO 被还原成金属铁，使作业变得更困难。

实际生产中，鼓风炉炼锌过程发生的物理化学变化是非常复杂的，上述所分的四个带，仅为叙述方便。在同一冶炼条件下，铅锌及其他金属化合物的反应各不相同，发生的物理化学变化在各带是逐渐过渡的，并无明显的界线。

3. 锌蒸气冷凝控制及铅锌分离

为了防止含锌炉气降温时大量锌发生再氧化，在密闭鼓风炉炼锌生产实践中，常采用高温密封炉顶和铅雨冷凝器两项技术措施。

(1)高温密封炉顶。

采用高温密封炉顶的目的是防止锌蒸气在炉顶降温时发生再氧化。

在密闭鼓风炉炼锌过程中，ZnO 的还原反应即为反应式(9-7)。该反应式一个吸热反应，即升高温度有利于该反应的进行。

对于实际的炉气成分(体积分数)：Zn 6%、CO 20%、CO_2 10%，前述已计算得到该炉气的开始再氧化温度为 1266 K。这表明，当这种成分的炉气温度降低至 1266 K 时，炉气中的锌蒸气将与 CO_2 反应生成 ZnO 和 CO。为使锌蒸气不被再氧化，就必须维持炉气温度高于该炉气的开始再氧化温度。当这种炉气离开鼓风炉料面时的温度低于 1266 K 时，可从鼓风炉炉顶鼓入一定量的热风，使炉气中的 CO 继续燃烧，提高炉气温度。同时还能将入炉炉料预热至 1073 K。炉顶鼓风量大约为风口区鼓风量的 10%。鼓风炉炼锌实际炉气中的 CO 浓度高，可很好地密闭炉顶，防止炉气外泄。

(2)铅雨冷凝器。

竖罐炼锌的锌雨飞溅冷凝器无法从含锌低、含 CO_2 高的炉气中冷凝获得液态锌的，故必须采用铅雨冷凝器。

铅雨冷凝器的优点如下：

①在 823 K 左右的操作温度下，铅的蒸气压低，挥发量很少。

②铅的熔点低(600 K)，随着温度升高，锌的溶解度急增。不同温度下锌在铅液中的溶解度如表 9-7 所示。

表 9-7　不同温度下锌在铅液中的溶解度

温度/℃	946	986	996	1026	1046	1066	1086	1106	1146	1196
Zn 质量分数/%	1.43	2.02	2.17	2.68	3.07	3.05	4.00	4.60	5.90	8.30

③铅密度大(673 K 时为 10.56 g/cm^3)，即用小体积的铅就可得到大的热容量和高的冷凝效率，使炉气急冷下来。前已述及，锌蒸气的冷凝过程越短越好。即锌蒸气快速冷凝对降低锌蒸气再氧化量是有利的。铅雨的运动方向与炉气气流是相对的，这种运动方式下，铅雨和炉气接触充分，能更好地吸收炉气的热量，使炉气温度急冷至 873 K 以下。在冷凝过程中，炉气不断被冷却，离开冷凝器时的温度为 723~733 K。温度为 713 K 左右的铅液(来自回铅槽)从炉气出口端进入冷凝器，在此温度下，铅液中锌的溶解度为 2.02%。通过与炉气进行热交换和对锌蒸气的吸收与溶解，当铅液到达冷凝器进口时，其温度升高至 793~833 K，此时的铅液中锌质量分数为 2.26%(未饱和)，比进入冷凝器时铅液中锌含量提高了 0.24%。高温铅液被连续从冷凝器内泵出，经冷凝分离后，回流到冷凝器中。由此可以计算出，循环的铅量为所要生产锌量的 100/0.24≈417 倍。即为了适当降低炉气温度，铅液循环量必须是冷凝锌量的 417 倍。

4. 铅锌分离

铅锌分离的原理：锌在铅液中的溶解度随温度下降而降低。

当含锌的铅液温度降低后，锌从铅液中析出，上层为含有少量铅的锌液，下层为含少量锌的铅液。锌液含铅量和铅液含锌量均随温度的降低而降低。

从冷凝器的气体入口端泵出的铅液温度为 793~833 K，通过溜槽后，其温度进一步降低，铅锌开始分层。当铅液温度降低至 713 K 时，铅液含锌为 2.02%(质量分数)，锌液含铅 1.2%(质量分数)左右。最终，铅液和锌液在分离槽中依据密度不同而进行分离。

5. 密闭鼓风炉及其铅雨冷凝器的结构

(1)密闭鼓风炉。

锌密闭鼓风炉可同时生产铅和锌，它是生产系统的主体设备，主要由炉基、炉缸、炉身、炉顶、料钟及水冷风嘴组成。炉体横截面积为矩形，两端呈半圆形，其基本构造如图 9-4 所示。

早期的炼锌密闭鼓风炉普遍采用水套结构，随着技术进步，鼓风量不断增加，炉子热负荷逐渐增加，出现了水套易漏水入炉缸、水套间隙易漏渣漏气等问题，给炉子产能提高带来

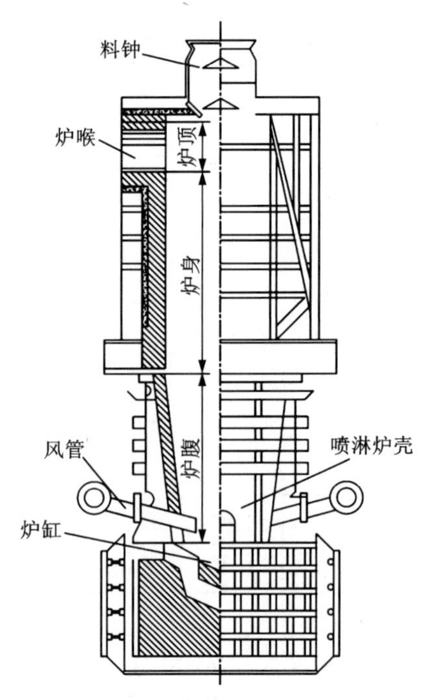

图 9-4　炼锌密闭鼓风炉

困难。为克服上述问题，澳大利亚科克尔-格离克冶炼厂(Cockle Creek)首先采用喷淋冷却炉壳取代水套炉壳；我国于 1982 年将水套式鼓风炉改为喷淋式炉壳。生产实践表明，喷淋炉壳成功消除了上述问题，并同时提高了鼓风量及鼓风炉产能。喷淋炉壳主要有以下优点：①加大了炉缸及风口区的尺寸，提高了产量；②降低了水漏入炉缸的可能性；③减少了炉子冷却水耗量；④采用整体炉壳，避免了水套缝漏渣漏气的危害。整体式喷淋炉壳的材质为锅炉钢板，内壁用铝镁砖砌筑。

熔炼过程需要维持高温炉顶，钢板围成的炉身内衬采用高铝砖砌筑。炉顶上部采用双密封料钟加料。在砌砖与钢板之间内衬一层轻质黏土砖和石棉板，用于保温。在炉顶一侧或两侧(炉喉)设有排气孔，并与铅雨冷凝器相连。为维持炉顶高温，在炉顶设有多个炉顶风口，用以鼓入热风，使炉气中的 CO 继续燃烧。

风口线的下方内壁采用铝铬渣块砌筑，风口线上的内壁用铬渣混凝土捣固。由于鼓入炉内的空气已预热至 1073 K 以上，设置在炉腹的风口是活动的，且供风管用水冷却。

17.2 m^2 的标准炼锌鼓风炉是指炉身上部的断面积为 17.2 m^2，主要参数见表 9-8。

为了提高产量，在标准炼锌鼓风炉的基础上，各冶炼企业对鼓风炉的尺寸进行了扩大，最大的炼锌鼓风炉的上部断面积已达到 27 m^2，铅和锌的年产量分别可达 11 万 t 和 16 万 t 以上。

表 9-8　17.2 m^2 标准炼锌鼓风炉主要参数

参数名称	参数值	参数名称	参数值
风口断面积	11.1 m^2	风口总面积	0.203 m^2
风口区宽度	1595 mm	风口比	2%
风口区最大长度	6050 mm	风口倾角	10°
端部圆半径	1345 mm	相邻风口距	784 mm
风口直径	127 mm	炉缸深度	395 mm

(2)铅雨冷凝器。

铅雨冷凝器的作用是冷却从密闭鼓风炉炉顶出来的高温炉气，并用铅雨将炉气中的锌吸收，通过铅液的冷凝分离出液体锌。它是密闭鼓风炉炼锌的特别设备，可分为锌蒸气冷凝与铅锌分离两个系统。

冷凝系统的主要设备包括冷凝器、转子、泵池、回铅槽和直升烟道。分离系统包括铅泵、冷却流槽、熔剂槽和贮锌槽。

冷凝器与鼓风炉炉喉连接，泵池(通过铅泵)和回铅槽把冷凝器和分离系统首尾连接起来，用于锌蒸气冷凝的铅液在冷凝系统和分离系统中进行闭路循环(图 9-5)。

铅雨冷凝器是一个断面呈矩形的密闭容室，其结构如图 9-6 所示。冷凝器的底部用工字梁承托上铺钢板，外壳用钢板焊接而成。冷凝器的底部用耐热混凝土及高铝黏土砌筑，四周内壁用高铝黏土砖或碳化硅砖砌筑。顶部覆盖一组耐热钢板制成的拱形盖板，上面再铺设一层硅藻土隔热层。盖板上留有转子装入孔。冷凝器两侧和末端均开设有清扫门。正常生产时，用碳化硅砖砌封。

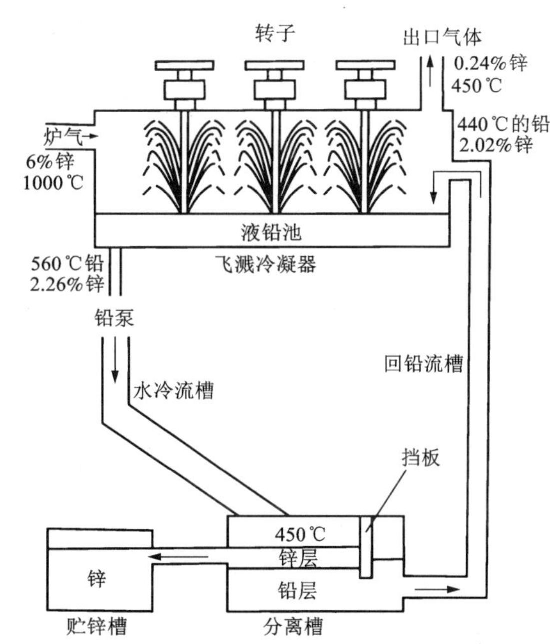

图 9-5　铅雨冷凝器锌回收系统

冷凝器通常装有 8 个转子，分两排布置，每排 4 个，其配置如图 9-6 所示。转子是冷凝器的关键设备，其作用是将铅液扬起形成铅雨，布满铅雨冷凝器的空间内，以冷凝和吸收锌蒸气。此外，转子起搅拌作用，将铅珠表面可能生成的氧化锌熔膜剥裂，同时使铅液温度分布均匀。因此，锌蒸气的冷凝效率与转子的运行情况密切相关。

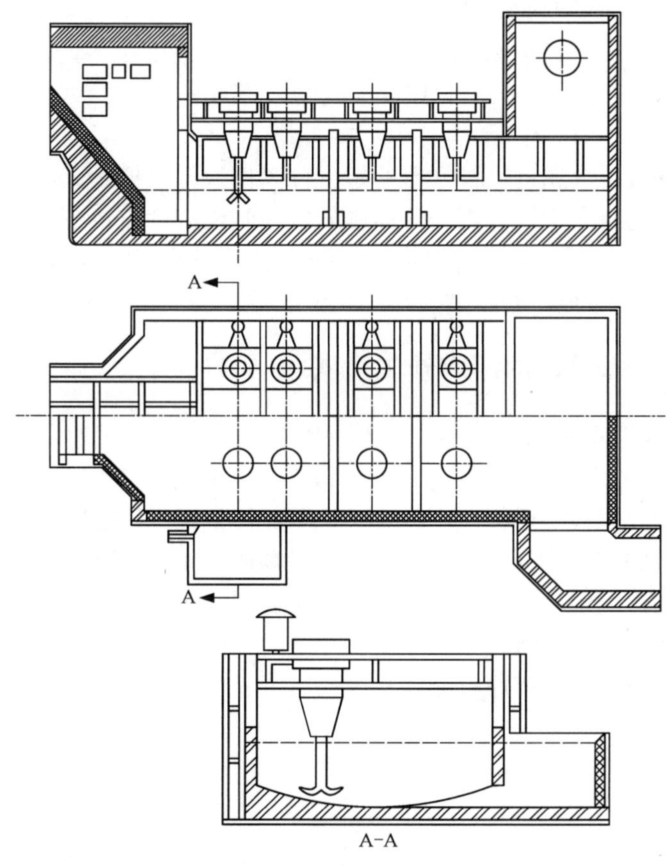

图 9-6　铅雨冷凝器

目前，通常使用的转子是干法密封整体型转子，如图 9-7 所示。转子各部件用金属材料制成，叶片和轴等主要部件采用耐热合金钢制成。转子头由四块正反相对的叶片组成，包括等臂转子头和不等臂转子头(一对正反相对的叶片直径比另一对直径稍大)。转子轴心通水冷却。

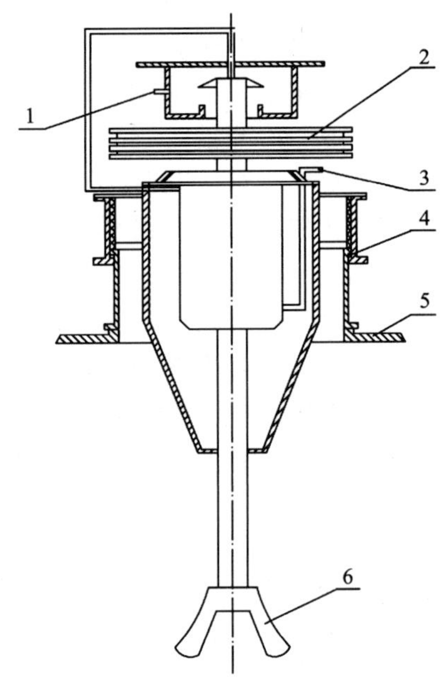

1—出水口；2—大皮带轮；3—进水口；4—石棉密封层；5—冷凝器顶盖；6—转子头。

图 9-7　冷凝器转子结构

泵池是一个内壁用黏土砖砌、外壳用钢板围成的长方形槽，设在冷凝器的进口端一侧。铅液循环依靠铅泵完成，铅泵安装于泵池。泵池中的高温含锌铅液通过铅泵泵送至冷却流槽。冷却流槽为铅液的降温设备，其作用是降低铅液的温度。冷却流槽有两种冷却方式：一是水套冷却，另一种是浸没式冷却。早期的鼓风炉炼锌用的冷却流槽为水套冷却流槽，由于维护和检修困难，已逐渐被淘汰。目前仅日本播磨冶炼厂仍在使用。其余各厂均采用浸没式冷却流槽。该冷却方式的优点：①温度易于调控，冷却速度快，能很好地适应鼓风炉提高产量的要求；②作业率高、事故率低、维修工作量小；③冷凝分离效率比水套冷却流槽提高了 0.5%~1.0%。

经冷却流槽冷却后的含锌铅液，进入熔剂槽。熔剂槽主要用于添加氯化铵。熔剂槽与分离槽相连，其内设一底流板，加入氯化铵，形成的液态熔剂浮渣始终停留在液态金属表面，形成覆盖层。

从熔剂槽流出的液态金属进入长方形的矩形分离槽。分离槽是分离系统中最长的槽，其作用是使铅锌有充分的时间进行分离。分离槽末端一侧设有底流口(与回铅槽相连)，另一侧的溢流口与熔析槽相连。分离后的富铅相从底流口流入回铅槽，富锌相从溢流口流入熔析槽，以进一步分离粗锌中的铅、铁等杂质。

9.1.3　密闭鼓风炉炼铅锌的国内外生产实践

1. 入炉原辅料及其准备

(1)原料。

密闭鼓风炉炼锌对原料的适应性广，可以处理各种含铅、锌物料，如硫化铅锌精矿和氧化物料等。硫化铅锌精矿包括硫化锌精矿、硫化铅精矿和铅锌混合精矿；氧化物料包括有色冶金工厂产出的氧化锌烟尘、钢铁工业产生的含锌尘泥和镀锌渣、湿法炼锌厂的浸出渣，以及火法炼锌厂的各种返粉和浮渣。

日本八户冶炼厂鼓风炉炼锌原料见表 9-9。

表 9-9　八户冶炼厂各物料成分(质量分数)　　单位：%

物料名称	Zn	Pb	Cu	S	Fe	Sn	Cl
硫化锌精矿	36~56	0~7	0.1~2.4	29~35	1~20	—	—
硫化铅精矿	5.4~12.5	55~62	0.4~5.0	16~21	3.5~8.5	—	—
氧化锌物料	21~66	3~12	—	—	3~30	0.0~0.2	0.0~1.0
氧化铅物料	1~28	34~59	0.3~1.5	—	0.3~3.7	0.05~0.5	0.6~2.6
浮渣和硬渣	15~90	11~60	—	—	0.8	—	—

湿法炼锌厂和鼓风炉炼铅厂难以处理上述复杂的原料。目前，世界上的鼓风炉炼锌厂处理的原料中铅加锌的质量分数一般为 45%~60%，单一金属的质量分数应不低于 10%。不管是处理硫化精矿还是氧化物料，在加入鼓风炉之前，必须进行脱硫和烧结成块的备料过程，一般采用烧结焙烧的方法。

近年来，鼓风炉处理再生物料的比例逐年增加。由于烧结过程中处理再生物料的能力受限，如果处理过多的再生物料，将影响鼓风炉炼锌正常生产的顺利进行(如结块率降低)。德国杜伊斯堡(Duisburg)鼓风炉炼锌厂的烧结物料中，硫化精矿占总料量的 57%左右，氧化物料占 43%。该厂的生产实践表明，烧结混合料中(不包括返粉)，氧化物料最多不能超过 30%~40%。为提高二次氧化物料的处理比例，一些工厂对这些物料进行压团后直接加入鼓风炉，不再加入烧结过程。

氧化物料的压团工艺分为冷压团和热压团两种。热压团是在高温高压下使粉料产生塑性变形并部分熔化和凝固，然后将粉料压制成块的方法。热压团块已经得到工业化应用。热压团工艺对物料成分及粒度范围的适应性广，产出的团块强度较大且颗粒均匀性好，加入鼓风炉内熔炼可以使料柱具有良好的透气性。

团块在炉内破裂产生的微小颗粒会随着含锌烟气一起进入冷凝器内，进而降低冷凝效率。因此，热压团工艺产生的团块应具有足够的强度，在熔炼时不会破碎。此外，热压团块加入鼓风炉时，需要注意碱金属和卤族元素化合物对熔炼过程的影响。这些化合物的沸点低，易挥发进入冷凝系统，影响冷凝系统的顺利进行。这些化合物会与铅、锌氧化物形成低熔点化合物，在炉气出口与冷凝器入口处形成炉结；还会使冷凝器中的浮渣变得更黏稠，给操作造成困难。同时，铅雨中夹带这些杂质化合物后，使得转子上黏结浮渣，也将降低冷凝效率。故此，对含卤族元素较高的氧化物料而言，如钢铁厂的含锌尘泥，通常要脱除卤族元素后，再进入鼓风炉处理。

热压团块作为鼓风炉炼锌的原料，一般约占入炉物料总量的 10%左右，如八户、维斯麦(Vesme)港和诺伊乐斯(Noyelles Godault)炼锌厂。但德国的杜伊斯堡(Duisburg)炼锌厂的氧化物料占比达到 30%。

除了氧化物料热压团工艺外，也有一些工厂将粉状氧化物料直接从风口喷入鼓风炉，取得了一定效果。但粉状物料直接喷入炉内的数量有限，如阿旺茅斯(Avonmouth)厂从风口喷入的氧化物料占入炉总锌量的 7%。

(2)焦炭。

焦炭在鼓风炉熔炼过程中的作用：①热量供给；②作为还原剂；③形成料柱。炼锌鼓风炉对焦炭的要求较为严格，一般要求满足以下几点。

①要求固定碳含量越高越好，水分、灰分和挥发分的含量应尽可能低，通常要求使用Ⅱ级以上的冶金焦炭。一般要求灰分质量分数为13%左右，而且要求 $w_{SiO_2}+w_{Al_2O_3}=75\%\sim85\%$，$SiO_2/Al_2O_3=1.0\sim1.5$。焦炭中的残硫量(质量分数)一般要求小于1.0%，挥发分质量分数一般要求控制在0.5%~2.0%。

②要求焦炭有足够的强度。拥有足够强度的焦炭在运输过程中较少形成碎焦或焦粉，避免了碎焦或焦粉被炉气带入冷凝器和在炉顶燃烧。此外，碎焦或焦粉会降低炉内料柱的透气性。一般要求转鼓率 $M_{40}>80\%$，$M_{10}<10\%$。

③要求合适的粒度和均匀性。粒度越均匀，则料柱透气性越好。其粒度要求一般控制在40~100 mm。

④要求焦炭具有较低的反应性。反应性是指在一定的温度下，焦炭中的C与 CO_2 反应生成CO的反应速度。反应性高，焦炭在炉子上部与炉气中的 CO_2 反应激烈，但参与反应的这部分焦炭，既不起还原剂作用，又不能为炉内提高热量，增加了焦炭的耗量。焦炭的孔隙度大，则反应性高。

2. 熔炼产物

鼓风炉炼铅锌的产物主要为：粗锌、粗铅、蓝粉、浮渣、炉渣和煤气等。

(1)粗锌。

粗锌是鼓风炉熔炼的主要产品。一些工厂的粗锌成分见表9-10。鼓风炉产出的粗锌含铅高，不能满足用户要求，需要精炼处理。

表9-10　粗锌成分(质量分数)实例　　单位：%

工厂	Zn	Pb	Fe	Cd	Cu	As	Sb	Sn
1	>98	<1.7	0.03~0.04	0.2~0.3	0.05~0.1	0.01~0.1	0.03~0.2	0.005~0.007
2	98.21	1.47	0.03	0.12	0.02	0.05	0.03	0.03

(2)粗铅。

粗铅是鼓风炉熔炼的另一种产品。熔炼过程中，炉料中的铅被还原形成铅铳。由于铅铳对贵金属具有很好的捕集效果，炉料中的贵金属大部分进入铅铳。该铅铳随着炉渣一起进入电热前床，经分离后得到粗铅。粗铅主要化学成分见表9-11。该粗铅送往精炼处理，以提高纯度并回收其中的有价金属。

表9-11　粗铅成分(质量分数)实例　　单位：%

工厂	Pb	Zn	Cu	As	Sb	Sn	Bi	Ag
1	>98	0.05~0.07	0.3~0.9	0.05~0.10	0.6~1.0	0.004~0.005	0.02~0.03	0.2~0.3
2	98.04	0.13	0.76	0.05	0.65	0.05	—	—

(3)炉渣。

炉渣的主要成分为CaO、FeO、SiO_2，还含有少量 Al_2O_3。在鼓风炉熔炼过程中，炉渣与来自精矿中的脉石成分及铁化合物、焦炭的灰分和熔剂相互反应。随着技术发展，鼓风炉炼锌炉渣成分有了很大变化，主要体现在 CaO/SiO_2 比值不断下降，已降低至 0.6~0.7；炉渣中 FeO 含量逐渐提高，已达 50%左右。由于 CaO/SiO_2 比值的降低，相应减少了渣量。目前，鼓风炉炉渣一般含锌 6%~8%（质量分数，下同），含铅小于 1%。炉渣成分见表 9-12。

表 9-12　一些鼓风炉炼锌炉渣成分（质量分数）实例　　单位：%

工厂	Pb	Zn	CaO	SiO_2	FeO	S	Al_2O_3
1	1.2	8.10	14.16	20.0	35.0	—	—
2	1.5	8.0	14.20	19.1	38.6	—	—
3	2.25	10.91	13.46	17.91	34.34	2.35	7.04

炉渣中除含有一定量的锌和铅外，还可能含有一定量的锗。因此，炉渣需要进一步处理以回收锌、铅和锗等有价金属。其处理方法有直接水淬后堆存、烟化炉处理或贫化炉处理，以及奥斯麦特（Ausmelt）法。我国某厂采用烟化炉处理。日本八户冶炼厂采用奥斯麦特法，处理后的终渣中锌质量分数为 3.5%、铅质量分数为 0.2%。

（4）浮渣。

浮渣包括冷凝器浮渣和熔剂槽含砷浮渣。

冷凝器浮渣来自冷凝器和铅泵池产出的氧化物料和结瘤物。一般主要由铅锌氧化物组成，铅加锌含量达 70%以上。实际生产中，浮渣产率一般控制在 10%~15%。熔剂槽产出的浮渣因含砷高，称为含砷浮渣（或熔剂浮渣）。主要的成分是砷化锌、铅和锌氧化物，以及残余熔剂。浮渣经冷却、破碎后，大块浮渣直接返回鼓风炉，小颗粒浮渣返回烧结配料。典型的浮渣成分见表 9-13。

表 9-13　典型的浮渣成分（质量分数）　　单位：%

浮渣种类	Pb	Zn	S	As	FeO	SiO_2
冷凝器浮渣	34~50	33~43	0.5~2.0	0.1~1.5	0.1~1.5	0.5~2.0
铅泵池浮渣	28~50	28~44	1.0~3.0	0.1~0.5	0.5~1.5	1.5~3.0
含砷浮渣	10~30	40~50	—	1~3	—	—

（5）蓝粉。

由于冷凝过程中锌蒸气的再氧化是不可避免的，因而，蓝粉是鼓风炉炼锌过程的必然产物。蓝粉实质上是被 ZnO 覆盖的锌液滴，其主要成分为 ZnO 和金属 Zn。蓝粉来自炉气洗涤系统，一般返回烧结配料。

除上述产物外，根据处理物料成分的不同，鼓风炉熔炼过程还会产生黄渣。其主要由砷化物和锑化物组成，含有砷、锑、铅、锌和铁等元素。黄渣的熔点随铁含量增加而升高。黄渣随炉渣部分排除，部分留在电热前床。当黄渣熔点较高时，将恶化前床操作。当前床中出现中间隔层（黄渣层），将导致前床中渣和铅的分离效果差，渣含铅高。

鼓风炉炼锌产出的煤气发热值较低，为 2600~3000 kJ/m^3，其成分（质量分数）为 CO

18%~22%，CO_2 10%~12%，O_2<0.4%，N_2 63%~65%。煤气经除尘和脱水后，不仅可供热风炉和焦炭余热器使用，还可用于发电。

3. 密闭鼓风炉炼铅锌的生产过程主要技术条件控制

鼓风炉炼铅锌的技术经济指标直接反映其生产技术水平，生产上的技术操作条件主要包括以下几个方面。

(1)燃碳量。

燃碳量是反映鼓风炉产能的一个重要指标，与鼓风量、热风温度和鼓风的富氧浓度有关，用t/d来表示。燃碳量可用下面的经验公式进行计算：

$$燃碳量 = 耗碳率 \times (0.936 \times 挥发锌量 + 0.217 \times 渣量)$$

燃碳量是基于炉内的碳主要用于还原挥发锌和熔化炉渣的情况下而总结出来的，描述了炉内简单的热平衡，表明了熔化1 t脉石所需要的碳。公式中的耗碳率一般为0.65~0.8，不同的鼓风炉、不同的操作风温和不同焦炭反应性，有不同的值。近年来，鼓风炉炼锌的燃碳量不断提高，已达200 t/d以上。

(2)碳锌比和焦率。

碳锌比是炉料焦炭中固定碳量与含锌量的比值，它表示炉料中还原单位锌量所需的固定碳量，反映了焦率的消耗情况。实际生产中，碳锌比一般控制在0.65~0.9。

焦率是炉料中焦炭与烧结块的质量比，它反映了焦炭消耗情况。炉渣含锌量和烧结块的含锌量是影响焦率的两个主要因素。要降低炉渣含锌，则焦率须相应增加；烧结块含锌增加，焦率亦随之增加。

(3)烧结块中的铅锌比。

炼锌鼓风炉能够处理铅锌比值变化范围较大的物料。烧结块中锌含量没有明确的最佳值，但对铅含量的限度有一定要求。烧结块的含铅一般不超过20%(质量分数)，且不低于16%。含铅过高，将降低烧结块强度。生产实践证明，烧结块中的Pb/Zn比值为0.45~0.5较为适宜。据统计，目前鼓风炉炼锌厂处理的烧结块成分(质量分数)为Zn 41%~45%、Pb 17%~20%、S 0.3%~0.9%、Fe 8%~9%。

(4)冷凝效率与分离效率。

锌冷凝效率指冷凝器内冷凝下来的锌量与鼓风炉内挥发的锌量之比，它反映了冷凝器冷凝效率的高低。冷凝效率与炉气质量、转子运转状态、冷凝器结瘤和冷凝器进出口温度有关。

$$冷凝效率(\%) = 冷凝器内冷凝的锌量(t) / 鼓风炉内挥发的锌量(t) \times 100\%$$

式中：鼓风炉内挥发的锌量=入炉料中的锌量-炉渣中的锌量；冷凝器内冷凝的锌量=挥发的锌量-蓝粉中的锌量。

锌的分离效率指进入粗锌中的锌与冷凝的锌的比值，主要与分离系统的工况(温度、添加剂加入量)、砷的挥发量和浮渣量有关。

$$分离效率(\%) = 粗锌中的锌量(t) / 冷凝的锌量(t) \times 100\%$$

生产实践中，一般将冷凝效率与分离效率合称为总冷凝分离效率，用于衡量冷凝分离系统的工作效率。

(5)金属回收率。

金属回收率是指鼓风炉熔炼回收的锌(或铅)金属量占入炉料中锌(或铅)金属总量的百

分比，可分为金属直接回收率和金属总回收率。

锌(或铅)金属直接回收率是指鼓风炉熔炼过程中进入主产品粗锌(或粗铅)中的锌(或铅)量占入炉料中锌(或铅)总量的百分比。鼓风炉炼锌的锌直收率一般为 85%~87%，铅直收率一般为 86%~89%。

锌(或铅)金属总回收率包含锌(或铅)的直收率，以及进入浮渣和蓝粉等中间产物中锌(或铅)的回收率。

(6)鼓风炉炉期。

从开炉点火到停炉大修的时间称为炉期。随着炉结焦洗技术、烧结块质量、渣型选择和加料方式等方面的技术进步，鼓风炉炉期得到有效延长，部分工厂的炉期已达到 1000 天。

4. 鼓风炉炼铅锌的主要技术经济指标

一些鼓风炉炼铅锌工厂的代表性生产技术指标见表 9-14。

表 9-14　一些鼓风炉炼铅锌工厂的主要技术指标

项目		阿旺茅斯厂	科科拉-Creek 厂	杜伊斯堡	八户厂	维斯麦港厂	诺伊乐斯厂	国内某厂
所属国家		英国	澳大利亚	德国	日本	意大利	法国	中国
开工年份/年		1951/1967	1961	1965	1969	1972	1962	1977
炉床面积/m^2		27.1	17.2	17.2	17.2	17.2	24.6	17.2
炉料成分	Pb : Zn	0.46	0.53	0.45	0.43	0.45	0.41	0.45~0.5
	C : Zn	0.77	0.76	0.74	0.76	0.82	0.67	0.8
渣量：锌锭		0.67	0.90	0.67	0.57	0.66	0.73	—
渣含锌/%		8.4	7.2	6.9	7.1	6.9	8.5	6.33
锌入渣率/%		5.5	6.4	4.4	4.1	4.6	6.0	—
燃碳量(满负荷鼓风)/$(t \cdot d^{-1})$		292	177	206	188	179	224	137
金属产量(满负荷)/$(t \cdot d^{-1})$	锌锭	334	211	245	227	194	283	150.4
	铅锭	144	103	115	105	79	108	69.4
冷凝分离效率/%		87.5	90.6	89.9	92.3	88.7	87.7	90~92
热平衡中耗炭占比/%		73.5	67.3	69.4	73.8	78.4	66.1	—
锌回收率/%		93.0	92.1	93.9	94.7	94.0	93.5	93.9
1989 年产量/kt	锌	8.50	7.12	8.60	9.17	7.55	10.41	5.74
	铅	3.36	2.89	3.58	3.65	3.38	4.34	2.65
炉子扩建以后	炉身截面积/m^2	27.2	24.2	19.3	27.3	19.0	24.6	18.7(2 台)
	炉锌产量/$(t \cdot d^{-1})$				355			
	炉铅产量/$(t \cdot d^{-1})$				172			

近年来，许多工厂将鼓风炉尺寸进行了扩大，产量也得到提升。如表9-14所示，日本八户厂的鼓风炉从标准炉 17.2 m^2 扩大至 22 m^2，于1998年在 22 m^2 的基础上又扩大至 27.3 m^2。炉子锌产量从 17.2 m^2 时的 227 t/d 提高到 27.2 m^2 时的 355 t/d；铅产量从 17.2 m^2 时的 105 t/d 提高到 27.2 m^2 时的 172 t/d。扩建后，炉子的总产量和单位面积产量都有了较大幅度的提升。

近几十年来，除了鼓风炉尺寸扩大以提高产量以外，在生产技术的改进、强化生产过程等方面进行了诸多有益的尝试。主要体现在以下几个方面：①提高烧结块质量；②提高热风温度；③改善空气分布；④改善炉子冷却方式；⑤选用优质耐火材料；⑥改良风口设计。

9.2 竖罐炼锌

火法炼锌，从平罐演变到竖罐再到鼓风炉。竖罐炼锌技术首先在欧美国家快速发展，产量在20世纪60年代达到高峰，曾经一度占到锌总产量的14%。但在20世纪70年代中期以后，受能源、环保等条件的制约，产量缩减。竖罐炼锌具有对原料有较好的适应能力、可以利用较为廉价的还原剂、余热易于综合利用等优点。

我国竖罐炼锌使用的企业不多，某厂开发了高温沸腾焙烧、自热焦结炉、大型蒸馏炉、双层煤气发生炉、罐渣漩涡熔炼挥发炉的技术，改进了竖罐炼锌的工艺，达到世界前列水平。竖罐炼锌的原料是从罐顶加入，残渣从罐底排出，还原产出的炉气与炉料逆向运动，从上延部进入冷凝器。在冷凝器内，锌蒸气被锌雨急剧冷却成为液态锌，冷凝器冷凝效率为95%左右。

竖罐炼锌具有连续性作业，以及生产率高、金属回收率高、机械化程度较高等优点，但也存在制团过程复杂、消耗昂贵的碳化硅耐火材料等问题。

竖罐炼锌的目的是将锌尽可能完全地还原，生成的锌蒸气均衡地导入冷凝器，并最大限度地冷凝为液体锌。因为锌蒸气很容易被氧化，所以，整个过程是密闭的。燃烧室在罐外两侧间接加热。为保证罐内温度达到1373 K，提供蒸馏过程所需全部热量，罐本体用高导热性能的碳化硅砖初筑。空气、煤气经换热室换热，保证煤气充分有效地燃烧。燃烧的高温废气，可用作焦结炉的热源。最后经余热锅炉和收尘装置由风机导出排空。

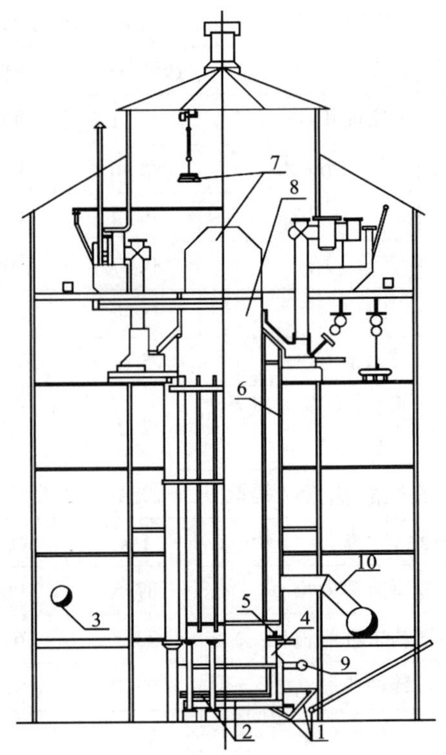

1—渣排出系统；2—排矿辊；3—汽化冷却水套；4—砖套；5—炉梁；6—炉架；7—布料器；8—炉体；9—煤气管；10—废气出口。

图 9-8 竖罐炼锌蒸馏炉

竖罐炼锌蒸馏炉结构如图9-8所示。焦结矿在蒸馏炉顶部加入，经上延部后进入竖罐，开始氧化锌的高温还原。还原过程中矿球自上向下运动，还原出来的锌蒸气向上运动。锌蒸气经倾斜部导入冷凝器，在冷凝器内锌蒸气被转子扬起的锌雨捕集成液体锌。冷凝后的废气经洗涤除尘后导入煤气系统，还原后的渣球由蒸馏炉下延部排出。

由图 9–9 可知，上延部系由小燃烧室和保温套组成，正接于罐本体上口，顶部与加料口相连，前侧接通冷凝器。其作用是使炉料与高温炉气进行热交换，并有脱铅和滤尘的作用。炉气出口经倾斜部与冷凝器相连。下延部正接于罐基下面，由连接部、砖套及水套组成，其内部尺寸与罐基下部完全一致。其底部与水封和排矿机构相连。下延部的作用，除迅速冷却蒸馏炉渣外，还能下部送风进口通道。燃烧室是供给竖罐反应所需热量的燃烧供热装置。燃烧室对称配置在罐体两侧，其长和高与罐本体尺寸基本相同。

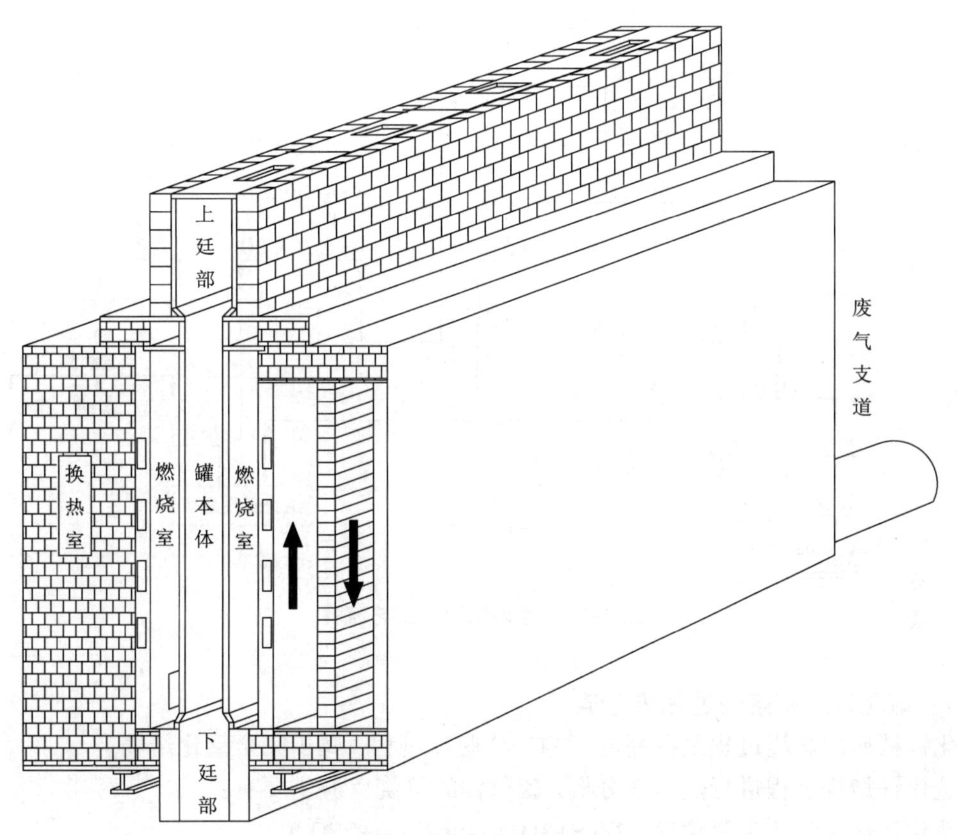

图 9–9　竖罐炼锌蒸馏炉结构(Z112–12 型)

在工业生产中，习惯把冷凝器分为两段。一段冷凝器内，炉气迅速释放热能，降低温度，使锌蒸气迅速冷凝为液体锌。含尘和含锌密度很低的烟气，进入第二段冷凝器(实质为洗涤器)内洗涤收尘，同时提供输送烟气的抽力，对罐内压力进行控制。净化后的炉气含一氧化碳成分很高，可达 70%上，是具有高热值的二次能源。一般送入净化煤气管道内，作为蒸馏炉的燃料。

火法炼锌主要包括焙烧、还原蒸馏、精炼三个过程。其中焙烧的目的是在较高的温度下进行氧化脱硫，以便在下一步竖罐中进行还原。最后采用火法精馏精炼，也可使用熔析法和真空蒸馏精炼。

9.2.1 竖罐炼锌的热力学

由图 9-10 所示的流程可知，竖罐炼锌的入炉原料是焦结矿。焦结矿是精矿烧结后的产品，其成分视矿的来源略有不同，主要成分包含 ZnO、$ZnSO_4$、PbO、Fe_2O_3、Fe_3O_4、$ZnO \cdot Fe_2O_3$。在炼锌的过程中，焦结矿的主要冶炼对象为氧化锌。本部分主要分析氧化锌的热力学条件，并简要分析其他元素对冶炼过程的影响及去向。

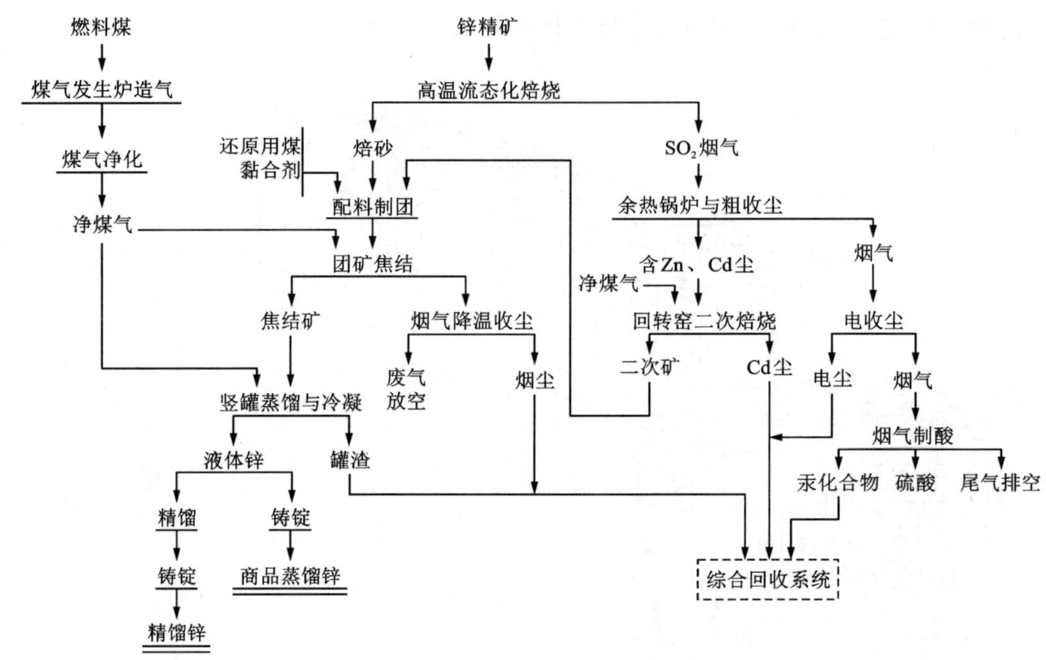

图 9-10 竖罐炼锌的工艺流程

9.2.1.1 硫化锌精矿焙烧过程热力学

硫化锌精矿的焙烧过程是在高温下的一个脱硫过程，属于完全氧化焙烧。

对硫化锌焙烧过程进行热力学分析，硫化锌的焙烧反应主要有：

①硫化锌焙烧氧化为氧化锌：$2ZnS+3O_2 = 2ZnO+2SO_2$；

②生成硫酸锌和 SO_3：$3ZnS+4SO_2+8O_2 = 3ZnSO_4+4SO_3$；

③对含铁矿物，一般还存在氧化锌与氧化铁生成铁酸锌的反应。

由 Zn-S-O 三元系等温状态图可知，焙烧温度一定时，焙烧过程中锌的存在形态取决于气相中氧的含量和二氧化硫的含量。当气相组成不变，改变焙烧温度时，也可改变焙烧产物中锌存在的形态，提高焙烧的温度可以保证硫酸锌的彻底分解。在实际的锌精矿焙烧过程中，通过控制焙烧温度和气相组成控制焙烧产物中锌的存在形态。

9.2.1.2 氧化锌的还原

火法还原锌冶炼发生的主要反应是 ZnO 与 C 的还原反应，由于固体反应物质相互间的接触非常有限，导致固相与固相之间发生的速度是较慢的。这样不利于工业生产，在竖罐的实际工业生产中，受制于反应的速度、温度条件、炉内气体分压等条件。在高温区存在足量碳的条件下，CO_2 无法稳定存在，会与 C 生成 CO。CO 作为一种气体还原剂，气–固反应的速率远大于固–固反应。具体还原过程由下面两个反应式连续进行：

$$ZnO + CO = Zn + CO_2 \tag{9-13}$$

$$CO_2 + C = 2CO \tag{9-14}$$

一般来说，炉内的还原温度远远高于锌的沸点。在工业实践中，还原过程都是在金属锌沸点之上的温度进行，例如竖罐内部温度一般为 1273 K 左右。在这种情况下，反应式(9–13)的自由度为 1。系统的平衡常数由式(9–15)表示：

$$K_p = \frac{p_{Zn} \cdot p_{CO_2}}{p_{CO}} \tag{9-15}$$

对于自由度为 1 的系统来说，根据热力学数据可求出各种不同温度下有关气体的分压。对于自由度为 2 的反应，如果要判断具体的情况，则还要求一个附加条件(方程)。对于自由度为 3 的反应，则要求提供两个这样的附加条件。显然，可以对该方程的条件进行假设。例如，对于该系统，假定开始还原时容器内不存在有二氧化碳和锌蒸气，这样可以得到：

$$p_{Zn} = p_{CO} \tag{9-16}$$

如果假定冶炼过程在一个标准大气压下进行，又可以得到另一个方程：

$$p = p_{CO_2} + p_{CO} + p_{Zn} = 1 \tag{9-17}$$

根据上面两个附加条件及热力学数据，能求出反应的 K_p 值($\Delta G^{\ominus} = -RT\ln K_p$)。已知由式(9–15)可以求得在不同温度下有关气体的分压或它们的体积百分比，即 K_p。表 9–15 所列数据为在不同温度和压力(总压)下的平衡数值。

表 9–15　反应 $ZnO+CO = Zn(g)+CO_2$ 的平衡组成

温度/K	$p=0.1$		$p=1.0$		$p=10$	
	$\varphi_{CO_2}/\%$	$\varphi_{CO}/\%$	$\varphi_{CO_2}/\%$	$\varphi_{CO}/\%$	$\varphi_{CO_2}/\%$	$\varphi_{CO}/\%$
800	0.29	99.42	0.09	99.82	0.03	99.94
1000	4.68	90.64	1.53	96.94	0.49	99.02
1100	24.15	51.70	9.03	81.94	3.06	93.83
1400	43.20	13.60	25.75	48.50	10.49	79.02
1600	49.30	1.40	41.10	17.80	22.73	54.54
1800	50.00	0.00	47.70	4.60	35.40	29.20

从表 9–15 所提供的数据可知：

(1)不论在哪种压力下，CO 的平衡含量都随着温度的升高而下降，CO_2 或锌蒸气的百分含量则随温度的升高而增大。总体来说，整个反应的平衡常数将随温度的上升而不断增大。这点和平衡移动原理是一致的，因为该还原过程是吸热反应。

(2)在相同温度下，尤其在高温下，一氧化碳的平衡含量随着总压的减小而降低。同样，平衡常数也会逐渐增大。这与平衡移动原理相符合，因为反应会放出大量气体增容，减压操作显然有利于还原反应的进行。

(3)在 1173 K 以下和 $p=1$ 大气压时，还原气氛 CO 含量高达 80%以上，CO_2 平衡含量小于 10%，竖罐才能使氧化锌发生还原。因为在这种条件下，混合气体中 CO 的生产须配比数量很大的还原剂(煤)，以建立和保持较强的还原气氛。各种不同金属氧化物的还原趋势与温度有关。

由表 10-1 可知，温度对平衡常数的影响较大，相反，压强对反应的影响较小。竖罐炼锌主要发生自由度为 1 的反应，其影响条件只有一个。同样，选择温度和压强作为研究条件，可以发现发生反应的主要条件是温度。因此在选择合适的物料配比时，合理的温度可以保证反应顺利进行。

9.2.1.3 氧化锌还原过程的温度与压力

反应式(9-13)中标准吉布斯自由能与温度的关系为：

$$\Delta G^{\ominus} = 178020 - 111.67T(\mathrm{J}) \tag{9-18}$$

反应的平衡常数的表达式为：

$$K_1 = \frac{p_{CO_2}p_{Zn}}{a_{ZnO}p_{CO}} \rightarrow \frac{p_{CO_2}}{p_{CO}} = \frac{K_1}{p_{Zn}} \tag{9-19}$$

已知反应平衡常数是温度的函数，温度确定的前提下，标准吉布斯自由能可以当作已知条件，从而得出反应常数。确定 p_{Zn} 后，可由式(9-19)求得反应平衡常数。由式(9-14)和 C 的气化反应，相同地，标准吉布斯与温度的关系为：

$$\Delta G^{\ominus} = 170460 - 174.43T(\mathrm{J}) \tag{9-20}$$

同理，可以得到：

$$K_2 = \frac{p_{CO}^2}{a_C p_{CO_2}} = \frac{p_{CO}^2}{p_{CO_2}} \tag{9-21}$$

该体系中没有外部引入的氧，其目的在于避免再次氧化锌蒸气。其他成分因为含量过少，在反应快速发生时，其内部含氧量不做考虑。假设碳中的氧均来自氧化锌，故：

$$p_{Zn} = p_{CO} + 2p_{CO_2} \tag{9-22}$$

结合 $\Delta G^{\ominus} = -RT\ln K_p$ 和式(9-19)、式(9-21)，则确定分压便可以确定平衡常数，进而依次确定反应达到平衡的条件。

由上述分析可知，Zn 分压一定时，p_{CO_2}/p_{CO} 为定值。改变温度可以得到压强和温度的关系，并以此计算分析反应开始的条件，如图 9-11 所示。

由图 9-11 可以分析竖罐炼锌中氧化锌还原的热力学条件。

由图 9-11 可知，1280 K 时，$p_{Zn}=p_{Zn}^{\ominus}$(饱和蒸气压)，Zn 蒸气开始冷凝；当温度进一步提高后，锌蒸气开始冷凝为液态锌，直到锌蒸气压与饱和蒸气压相等。从该图可以发现能改变的只有温度条件，无法或者很难改变分压条件。

此外，竖罐炼锌还原的必要条件是温度大于 1280 K、总压大于 350 kPa。温度条件要求较高，整个还原过程需要的热量来源是用间接加热的蒸馏法。其使用的燃料来源较为广泛，可以综合考虑经济性。

氧化锌的还原与其他金属氧化物的还原类似：

$$\mathrm{MeO}_n + m\mathrm{X} = \mathrm{Me} + \mathrm{X}_m\mathrm{O}_n \tag{9-23}$$

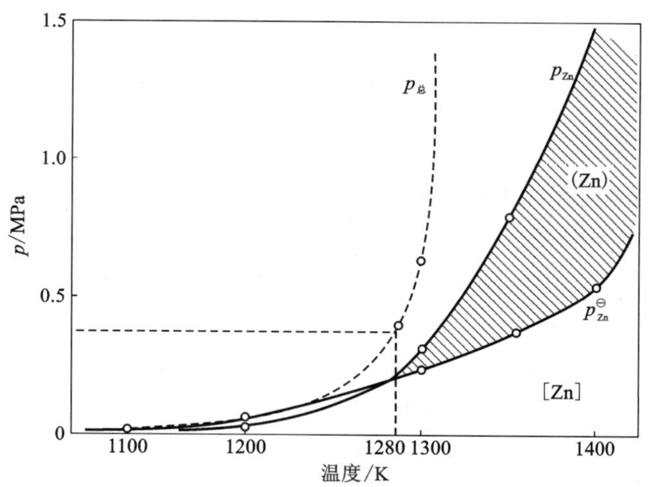

$p_{总}$—总蒸气压；p_{Zn}—锌蒸气压；$p^{\ominus}_{Zn}$—锌蒸气平衡分压。

图 9-11　ZnO 用固体碳还原得出的液体锌所需的温度与压力

式(9-23)中的 X 代表还原剂。通常使用炭、一氧化碳，一般不使用氢气。炭与锌的氧化反应为固相与固相接触，反应速率受到接触面积的影响。实际主要参与还原的是反应过程中产生的 CO。氧化锌主要的还原反应：

$$ZnO + CO = Zn + CO_2 \tag{9-24}$$

$$CO_2 + C = 2CO \tag{9-25}$$

CO 还原 ZnO 的反应在 648~698 K 开始发生，实际上在 1223 K 时才能很快进行。上述反应不仅取决于温度，还与体系中各气体的分压有关。罐内的 CO_2 分压增加时，ZnO 的还原速度减缓，CO_2 的还原速度增加。

要快速还原 ZnO，则须增加 CO 的含量，以加速反应。具体可以采用以下方法：

①提高温度到 CO 的优势区，使温度达到 1273 K 以上，该温度下体系中存在过量的 C 时不存在 CO_2。

②加入过量的炭，使 CO_2 和 C 在合理的温度内反应生成 CO。

③设计合理的炉型保证通气性，使 CO_2 能即时排出。

除了 ZnO 外，还存在部分其他锌的化合物，如硫化锌、硫酸锌、硅酸锌、铁酸锌等。

焙烧矿中的硫化锌含量较少，在整个过程中几乎不参与反应，与其结合的锌几乎全部损失。

硫酸锌在温度较高时分解为 ZnO 与 SO_2。由于体系含有炭，故反应后得到硫单质，最后与 Zn 结合成为 ZnS，同样造成锌损失。

$$ZnSO_4 = ZnO + SO_2 + 1/2O_2 \tag{9-26}$$

$$2SO_2 + 2C = 2CO_2 + 2S \tag{9-27}$$

$$Zn + S = ZnS \tag{9-28}$$

此外，通常情况下会有部分硫酸锌未被完全分解，被炉内的还原剂还原为 ZnS。综上，原料中的硫酸锌在冶炼过程中无法被还原为 Zn，降低 Zn 的实收率。同时气氛中产生 SO_2，故可以认为 $ZnSO_4$ 在竖罐炼锌中是有害杂质，锌精矿焙烧时应该避免。

实践证明，硅酸锌与炭混合，在 1193~1243 K 的温度下，连续加热 2 h，可以较为完全还原。若在还原过程中加入一定量的生石灰(CaO)作为添加剂，则可以加大硅酸锌的分解，强化该过程：

$$2ZnO \cdot SiO_2 + CaO = CaO \cdot SiO_2 + 2ZnO \tag{9-29}$$

$$ZnO + CO = Zn + CO_2 \tag{9-30}$$

锌还以铁酸锌的形式存在于锌精矿中。同样，在实践中发现铁酸锌的温度在大于 1423 K 时，它会以下述反应充分进行。

$$ZnO \cdot Fe_2O_3 + CO = ZnO + 2FeO + CO_2 \tag{9-31}$$

$$ZnO \cdot Fe_2O_3 + 3CO = ZnO + 2Fe + 3CO_2 \tag{9-32}$$

$$ZnO \cdot Fe_2O_3 + 2Fe = Zn + 4FeO \tag{9-33}$$

$$ZnO + CO = Zn + CO_2 \tag{9-34}$$

$$ZnO + Fe = Zn + FeO \tag{9-35}$$

所以，焙烧形成的铁酸锌在还原过程能顺利还原为锌。还原时，铁有可能会形成生铁、冰铜、易熔渣等，这会对罐壁造成损伤。因此，一般认为铁酸锌是有害物质。在实际生产过程中会加入过量的炭，这些炭会形成海绵一样的保护层，达到保护罐壁的目的。

9.2.1.4 在蒸馏过程中其他元素化合物的还原

蒸馏过程中的其他主要组分有 Pb、Cd、Cu、Fe、As、Sb、In、金银和脉石等，它们主要以化合物的形式存在。

铅在体系中以氧化物、硫化物和硫酸盐的形式存在，通常进行以下反应：

$$PbO + CO = Pb + CO_2 \tag{9-36}$$

$$CdO + CO = Cd + CO_2 \tag{9-37}$$

$$PbSO_4 + 4CO = PbS + 4CO_2 \tag{9-38}$$

生成的铅一部分会挥发，并与锌一起冷凝，污染产品。此外生成的硫化铅会把烧结矿包裹起来，造成还原操作困难。

氧化镉较氧化锌更容易发生还原。

$$CdO + C = Cd + CO \tag{9-39}$$

$$CdO + CO = Cd + CO_2 \tag{9-40}$$

镉在竖罐炼锌的温度下，被蒸馏还原为气态，但是只有少量的会随锌冷凝，大部分不冷凝成为液态进入蓝粉。

Cu、Fe 的化合物还原后分别形成 Cu、Fe，若存在部分硫化物，则还有可能形成冰铜。

铜在烧结后，主要以 Cu_2O 和 $Cu_2O \cdot SiO_2$ 的形式存在于焦结矿中。此外，部分以 Cu_2S 形式存在。之后进行竖罐炼锌，Cu_2S 在竖罐炼锌的过程中不发生反应，直接以铜锍的形式进入产物。此外，氧化亚铜会被 CO 还原，生成的铜一部分进入粗铅，另一部分与 ZnS 反应生成铜锍。此外，还可能与砷结合为砷化铜。

砷和锑的化合物以五氧化物和盐类形式存在于焙烧矿中。在蒸馏作业时，这些氧化物被还原成三氧化物和单质金属。还原所得的单质砷、锑和 As_2O_3、Sb_2O_3 等都是挥发性的物质。小部分进入锌锭，大部分进入蓝粉。

铟焙烧后以 In_2O_3 的形式存在于烧结块中，竖罐炼锌高温强还原气氛条件下，焦结矿中的 In_2O_3 被 CO、C 等还原剂还原成单质铟或分解为较低沸点的 In_2O。

$$In_2O_3 + 3C = 2In + 3CO \quad (9-41)$$

$$In_2O_3 = In_2O + O_2 \quad (9-42)$$

In_2O 会随锌一起进入冷凝器，在进入冷凝器时被铅雨冷凝收集下来，In_2O 不稳定分解为单质 In。约 31%的铟进入粗锌，30%的 In 进入烟尘，约 13%的 In 进入蓝粉和浮渣，在熔炼时约有 20%的 In 被还原成进入粗铅(伴生元素)。

银在焙烧矿中呈 Ag、Ag_2O、Ag_2S 和 Ag_2SO_4 等状态。Ag_2SO_4 在低温时易分解，也容易被 CO 所还原。硫酸银在 1203 K 时分解成金属银。这种金属银在蒸馏时溶于熔铅，遗留于残渣内。硫化银被与硫结合力大的金属所分解，例如：

$$2Ag_2S + 2Pb = 2Ag \cdot Pb + Ag_2S \cdot PbS \quad (9-43)$$

这些化合物都遗留于残渣中。

金在焙烧矿中呈单体状态，蒸馏时溶于熔铅而遗留于残渣中。

脉石的主要成分是二氧化硅。当脉石中有碱性氧化物存在时，易形成硅酸盐，侵蚀罐壁。当然，硫酸钡或硫酸钙在高温条件下亦能被 CO 还原，产物存在于残渣中。

$$BaSO_4 + 4CO = BaS + 4CO_2 \quad (9-44)$$

$$CaSO_4 + 4CO = CaS + 4CO_2 \quad (9-45)$$

9.2.2　竖罐炼锌的动力学

9.2.2.1　氧化锌还原动力学分析

ZnO 被 C 还原后的金属锌呈现为气态，不会对还原过程的进行造成影响。从以下化学反应方程可见，其他重金属的还原可以概括为：

$$MeO + CO_{(g)} = Me_{(s)} + CO_{2(g)} \quad (9-46)$$

氧化锌的还原：

$$ZnO + CO_{(g)} = Zn_{(g)} + CO_{2(g)} \quad (9-47)$$

氧化锌被 C 还原后产生锌蒸气，气体扩散优于固体传质。氧化锌被 C 的还原(图 9-12)主要包括：

①吸附在 ZnO 表面的 CO 进行的还原过程。

②C 表面与 CO_2 发生的气化反应。

③ZnO 和 C 的两固相的表面之间的气体扩散。

在 C 与 ZnO 表面间的气体扩散是整个环节的控制过程。增大两固体的比表面积和减小间距有利于加快整个过程的反应速度。

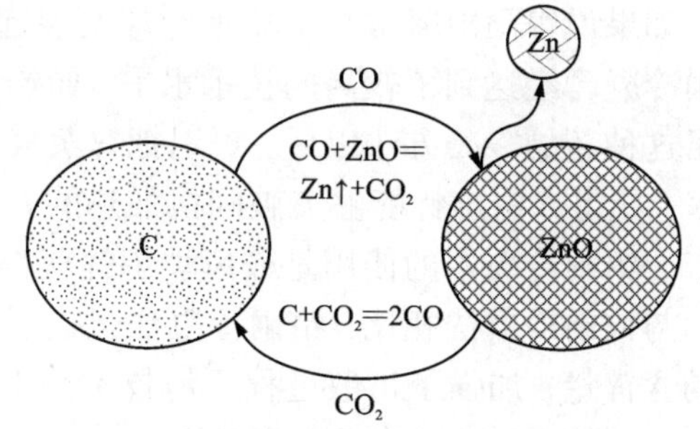

图 9-12　氧化锌被 C 还原反应过程

在氧化锌被 C 还原的反应中，由于产生的是气态锌，可以将氧化锌在竖罐的蒸馏过程视为一种化学气化过程。随着反应进行，两个固体的比表面积减小和相对距离增大，整个过程的反应速度是逐渐减缓。

竖罐炼锌的温度在 1273 K 左右，提高温度是强化冶炼过程即加速氧化锌还原的一种最有效的办法。

在竖罐冶炼过程中，一般控制温度小于 1573 K，以加强炉气流动，强化传热，有利于炼锌。

9.3 锌蒸气的冷凝

间接冷却法的冷凝系统比较简单，土法炼锌的冷凝斗和罐盖、平罐炼锌的冷凝器和延伸器以及竖罐炼锌中的挡板式冷凝器都属于这一类型。炉气的冷却和凝结都是通过罐壁进行的。

这种方法的优点是简单、经济，但是它的缺点也十分明显。即热交换强度很小，金属蒸气的冷却和凝聚都比较缓慢。采用这种冷凝方法时，冷凝温度的控制和调节都比较困难，并且炉气的冷却也很不均匀。在这里，面积有限的罐壁既是传热的介质又是非自发凝结的核心；即使在炉气量很小、炉气成分对冷凝过程非常有利的情况下，采用这种方法也得不到满意的冷凝效率。

9.3.1 锌雨冷凝

锌蒸气从竖罐炼锌的上延部进入冷凝器后，冷凝器中的带轴转子浸入锌池，转子转动形成锌雨。巨大的热交换表面使锌气快速冷却到锌液温度附近。

飞溅式冷凝器的出现是火法炼锌史上的一个重要发展。其能大大提高冷凝效率的主要原因：

①具有很大的热交换面积和良好的扩散条件。

②提供了大量现成的冷凝核心，在过饱和度不大的条件下，其冷凝过程能迅速进行。

③冷凝过程的压力、温度易于控制。

锌雨冷凝法在很大程度上可以看成喷水冷却法的一个变种。但是水被汽化后会导致氧化锌的再氧化，因此不适合作为冷凝的介质。

9.3.2 铅雨冷凝

如果说锌雨冷凝法是从喷水冷却发展起来的，则铅雨冷凝又是从锌雨冷凝发展而来的。锌雨冷凝已经达到了较高的技术水平，而铅雨冷凝又在此基础上大大地向前迈进了一步。采用了这种新的冷凝方法以后，可以把锌蒸气从二氧化碳浓度较高、锌分压很低的炉气中冷凝出来，使得火法炼锌能够突破间接加热的方式，采用高生产率、高燃料利用率的鼓风炉进行生产。铅雨冷凝器的使用是鼓风炉炼锌获得成功的关键性技术措施之一。

与锌雨冷凝法相比，铅雨冷凝法强化了物理凝固过程，减小了氧化趋势，降低了冷凝废气的含锌量，加强了扩散过程。但技术是不断发展的，铅雨冷凝也存在用铅量大等明显的缺点。冷凝技术还有不断发展的空间。

9.3.3 冷凝过程再氧化

在竖罐炼锌的生产工艺中，锌的还原温度超过了炉气中的锌蒸气的露点，因而还原产物只能以气态形式进行回收。所以，锌蒸气的冷凝是火法炼锌生产中的一个重要工序。

锌蒸气的冷凝过程存在两个平衡，即化学平衡和物理平衡。化学平衡是锌蒸气再氧化反应中的平衡，物理平衡是液态锌和锌蒸气的平衡。

$$Zn(g) + CO_2 \longequal ZnO + CO \tag{9-48}$$

为什么在氧化锌被一氧化碳还原的降温过程中会发生逆转？对这个问题做如下解释：

①氧化锌的还原反应是一个强烈的吸热反应，随着温度的降低，平衡将朝着生成氧化锌和一氧化碳的方向移动；

②锌蒸气和二氧化碳的接触不可避免；

③锌蒸气的再氧化限制环节是 ZnO 新相的形成，炉气中的氧化锌给 ZnO 提供了凝结形核条件。

从实际生产意义上讲需要减弱该反应，否则会得到氧化锌，降低冷凝工艺效率。

锌蒸气的冷凝是一种简单的物理过程，在过饱和状态下，冷凝才会发生。其属于一种从不平衡状态趋向平衡状态的相变过程，并不涉及任何成分的变化。锌蒸气的冷凝伴随着新相析出，一般来说，必须经历凝结形核和长大两个阶段。前者是整个过程的重要环节，系统的过饱和度对这个环节的影响也最大。

出于实际考量(自发形核很困难)，在工业生产中，锌蒸气的冷凝是通过非自发形核的方式进行的。采用人为提供非自发凝聚核的办法代替自发形核，不论在热力学或动力学上都大大地有利于冷凝过程的进行。在存在着大量的、半径较大的锌滴时，冷凝在过饱和度不大的条件下就能自发地进行。这就是说，在这种条件下，锌蒸气的冷凝可以在较高温度下开始进行，因为过饱和度和系统的过冷度是紧密相关的。

因为人为提供了非自发核心，因此不存在形核过程，只存在锌液长大的过程。同时，为了避免锌蒸气的再氧化过程，可以减弱二氧化碳平衡分压，或者增强一氧化碳平衡分压。由于体系内 C 和 CO 作为还原剂，且存在过量 C 与 CO_2 反应来保证 CO 的浓度，调节锌蒸气以外的平衡分压较难。目前，一般采用降低锌蒸气的平衡分压来避免锌的再氧化。

9.4　粗锌的火法精炼

粗锌的火法精炼是将粗锌进行精馏精炼得到纯锌的过程。

竖罐炼锌所得的粗锌中含有 Pb、Cd、In、Fe、Cu、As、Sb 等杂质(总质量分数为 0.1%~2%)，这些杂质元素影响了锌的性质，限制了锌的用途。为了获得纯度很高的锌，必须对粗锌进行精炼以提高锌的纯度。目前工业上常采用火法精馏法来精炼锌。

粗锌精炼方法包括熔析法精炼及精馏法精炼。

9.4.1　熔析法精炼

熔析法精炼锌仅部分除去锌中的铅和铁。如图 9-13 所示，熔体状态时铅和锌相互部分溶解。熔析精炼锌时，熔池内分为三层：下层为铅和锌(质量分数 5%~6%)的合金熔体；中层为铁和锌的化合物，呈糊状聚集在铅合金表面，称为硬锌；上层为溶体精炼锌。熔析精炼在反射炉内或精炼锅内进行，粗锌在 703~723 K 融化后静置 24~48 h，以达到熔体必要的分层。所得精炼锌(即上层)约含锌 99%(质量分数，下同)、含铅 0.9%~1.0%、含铁 0.02%~0.03%；下层含铅 92%~94%、含锌 5%~6%；在两层中间的硬锌铁含量约 5%，含有较多的锌。熔析法精炼可得含锌约 99%的精炼锌。锌的回收率仅为 90%。熔析法的缺点是仅能部分地除去杂质铅和铁，锌的回收率低，燃料消耗大，生产率较低。

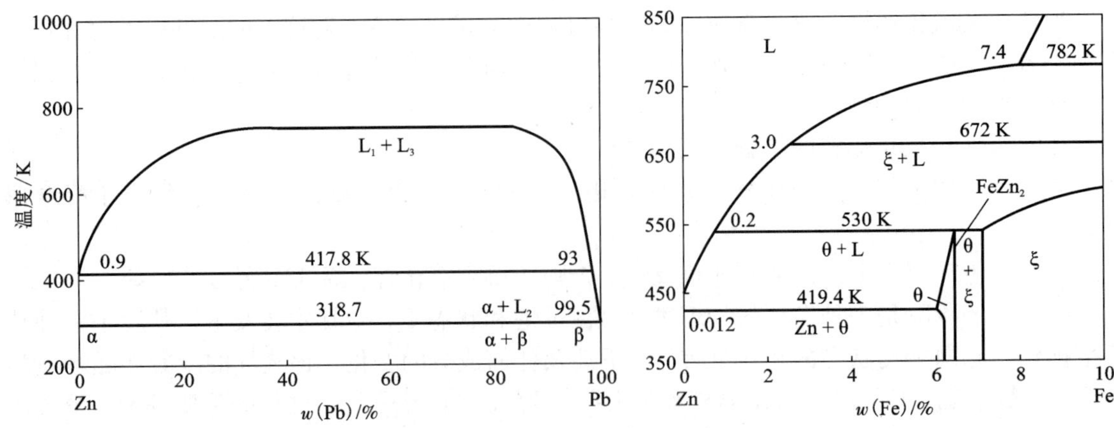

图 9-13 Pb-Zn 系和 Fe-Zn 系状态图

9.4.2 精馏法精炼

粗锌精馏精炼的基本原理是利用锌和各杂质的蒸气压和沸点的差别，在高温下使杂质与锌分离。

粗锌中可能含有的杂质金属按其蒸气压或沸点可以分为两类：

第一类是蒸气压高于(或沸点低于)锌的杂质，如 Cd 等；

第二类是蒸气压低于(或沸点高于)锌的杂质，如 Pb、In、Fe、Cu 等。

生产中将沸点高于锌的杂质金属的脱除过程称为脱铅过程，将沸点低于锌的金属杂质的脱除过程称为脱镉过程。

为了较完全地去除锌中的杂质，获得很纯的锌，最好采用精馏法精炼锌。精馏设备是连续作业的精馏塔，包括铅塔和镉塔。铅塔是用来分离沸点较高的 Pb、Cu、Fe 等杂质。镉塔是利用金属沸点和蒸气压的差异，分离锌和镉，如图 9-14 所示。铅塔温度比镉塔高。这种

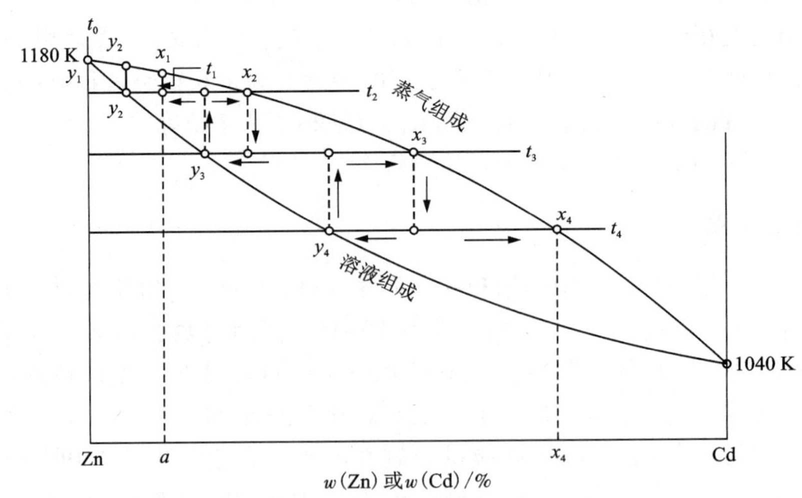

图 9-14 锌镉合金沸腾时平衡与分馏行程图

方法除了能得到很纯的锌之外，还可以得到很多副产物，如镉灰、含铟的铅、含锡的铅等。从这些副产物中可制得镉、铟、焊锡等，大大降低了精馏法的成本。

9.4.3　粗锌的精炼设备与工艺

粗锌精馏精炼的主要设备(图 9-15)是铅塔和镉塔，除此以外还有熔化炉、铅塔冷凝器、镉塔冷凝器、熔析炉、铸锭炉等。第一塔为铅塔，在塔内，熔融粗锌中的锌与铅及高沸点杂质分离。第二塔为镉塔，在塔内，铅塔所得的液体镉合金在低温下蒸发，使镉和低沸点金属与锌分离得到纯度很高的锌，即精炼产品。塔体由若干块长方形塔盘重叠安装而成，塔盘之间的砌筑面必须严密不漏。粗锌精馏精炼的工艺流程如图 9-16 所示。

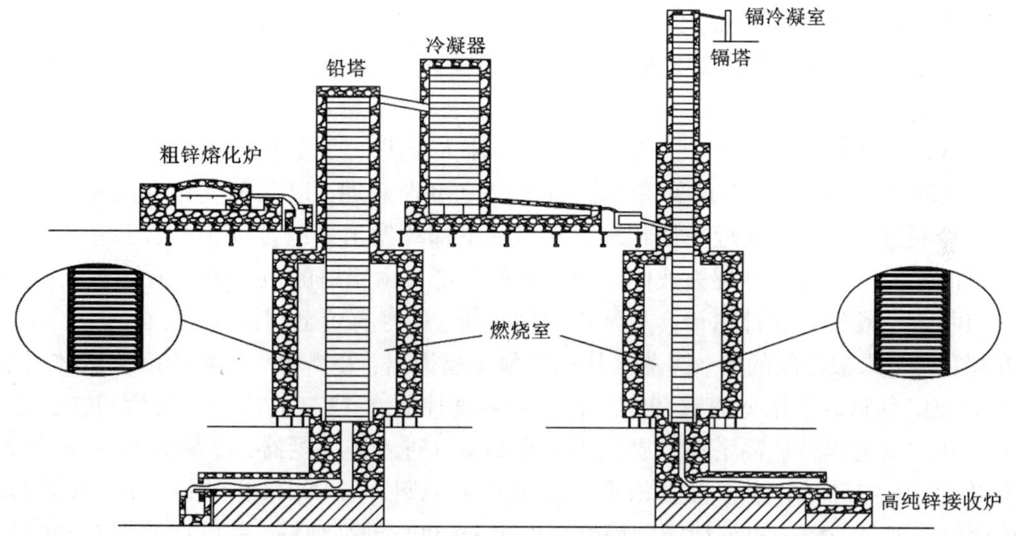

图 9-15　精锌精馏塔设备连接

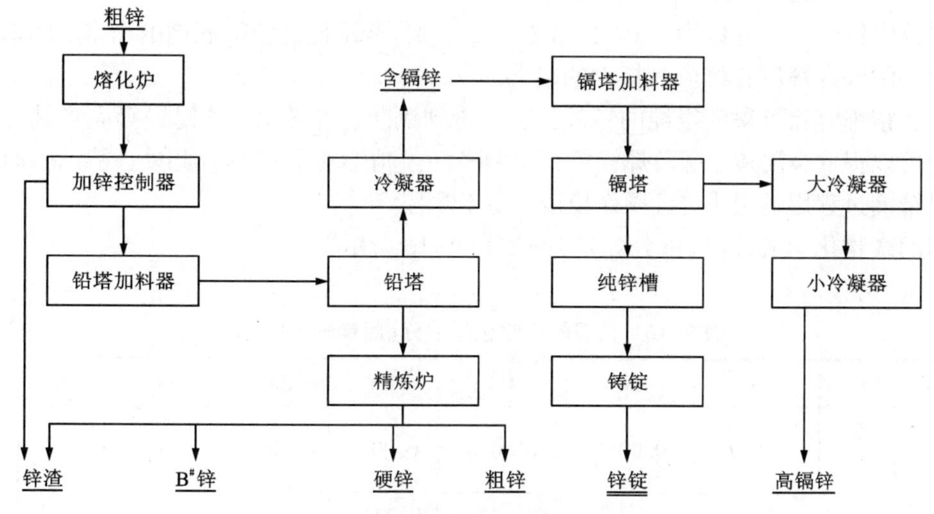

图 9-16　精馏法生产纯锌工艺流程

塔的下半部砌在燃烧室中，使流经塔内的蒸气压较大的金属蒸发，故此部分称为蒸发器。上、下相邻两个塔盘的底孔 180°交错，使塔内金属液体和蒸气按“Z”字形通路下流与上升，以保证气、液两相之间具有良好的传热传质条件。粗锌精馏精炼在精馏塔内完成，一般由两座铅塔和一座镉塔组成的三塔型精馏系统。铅塔的主要任务是从锌中分离出沸点较高的 Pb、In、Fe、Cu、Sn 等元素，镉塔则实现锌与镉的分离。

粗锌精馏在精馏塔里面完成。铅塔蒸发量大约在 70%以上，从铅塔下部流出没有被蒸发且含有大量高熔点的金属锌占精馏总锌量的 20%~25%，主要以锌为主。高沸点 Pb、Fe、Cu 的质量分数在 5%以下。

铅塔由 50~60 个碳化硅盘叠成。铅塔下部四周用煤气或重油加热，铅塔燃烧室的温度控制在 1323~1423 K，上部保温。加热部分的塔盘为浅 W 形，称为蒸发盘。上部塔盘为平盘，称为回流盘。蒸发盘设在下部，以保证大量金属锌的蒸发。相邻两塔盘互成 180°交错。为了不使铅蒸气到塔的上部，在蒸发盘与回流盘之间有一空段，约高 1 m，不装塔盘，被蒸发的铅在此被冷凝下来。

在混合炉熔化的粗锌，经过一密封装置均匀流入铅塔。当液体金属由各层蒸发盘的溢流孔流入下面蒸发盘时，与上升的锌和镉的蒸气呈之字形运动，以保证气相和液相充分接触，使蒸发和冷凝过程尽可能接近平衡状态。从铅塔下部挥发出来的金属蒸气经过上部回流盘，使高沸点的铅及一部分锌冷凝为液体回流至塔的下部。由铅塔的最下层流入熔析炉内，产出无镉锌(B#锌)、硬锌和含锌粗铅。从硬锌中回收锗、铟等有价金属。

在铅塔中，未被冷凝的铅、镉蒸气从铅塔最上层逸出，经铅塔冷凝器冷凝为液体(镉质量分数小于 1%)后进入镉塔分离锌和镉。燃烧室温度控制在 1373 K 左右，发生与在铅塔中相同的蒸发和冷凝过程。从镉塔最上层逸出的富镉蒸气进入镉冷凝器，冷凝为 Cd-Zn 合金(Cd 质量分数为 5%~15%)，这种合金是生产镉的重要原料。镉塔的最下层积有除去镉的纯锌液，铸锭后为商品纯锌。粗锌精馏精炼可以产出 99.99%的高纯锌，锌的回收率在 99%以上，并能综合回收 Pb、Cd、Fe 等有价金属。锌精馏精炼过程的主要能耗是塔内金属蒸发所需热量，生产一吨精锌的能耗为 6 GJ~10 GJ。

当粗锌中铁的质量分数为 0.04%~0.085%时，将严重侵蚀铅塔底部的塔盘，降低塔盘的使用寿命。国外炼锌厂有将塔盘扩大的趋势。

精馏法精炼锌除可得到很纯的锌外，还可得到镉灰、含铟铅、含锡铅等副产物。从这些副产物中可以提取金属镉、铟及焊锡等，大大降低了精馏法的成本。此外，精馏锌时锌中杂质含量对精馏过程影响很小，且操作稳定、易于掌控。

精馏的产物化学成分(质量分数)实例如表 9-16 所示。

表 9-16　精馏的产物化学成分(质量分数)实例　　单位：%

产物名称	Zn	Pb	Fe	Cd	Cu	Sn	As	Sb	In
精馏锌	99.99~99998	0.002	0.0015	0.0018	0.0015	0.0008	—	—	—
B#锌	98~98.9	0.9~1.8	003~0.1	<0.0001	0.003~0.005	<0.05	<0.01	—	0.04~0.1

续表9-16

产物名称	Zn	Pb	Fe	Cd	Cu	Sn	As	Sb	In
硬锌	90~95	2~3	2~4	<0.001	—	0.044	0.0015	0.0015	0.14
高镉锌	92~96	<0.002	<0.001	4~8	<0.0005	<0.0001	—	—	—
镉灰	60~65	<0.002	—	20~30	—	—	—	—	—
粗铅	2~5	94~96	—	—	—	—	—	—	0.3~0.5
锌渣	70~80	0.45~0.92	0.05~0.08	0.01~0.03	—	—	0.01~0.06	—	—
氧化锌	63~76	0.3~0.5	0.05	0.19	—	—	—	—	—
原料粗锌	98.7	0.4	0.05	0.05	0.002	<0.02	<0.01	<0.02	—

目前，国外很多锌厂采用回流精馏精炼。其实质是减少铅塔的蒸发量而增大回流量。国内的火法炼锌厂则是利用铅塔产出的无镉锌，生产质量好的 ZnO。即将无镉锌加入镉塔的铅塔内蒸馏，并且拆除铅塔的回流盘，改造成可以控制漏风的空气氧化室。从铅塔的蒸发盘产生的锌蒸气，通过喷出口进入氧化室被氧化，随着气流进入冷却和收尘系统，收集到质量好的 ZnO（ZnO 质量分数达 99.7%以上）。利用无镉锌还可以生产出粒度小于 5 μm 的锌粉。

思考题

1. 密闭鼓风炉最突出的优点有哪些？
2. 简述铅锌硫化精矿烧结焙烧的目的。
3. 烧结焙烧过程的原辅料有哪些？
4. 从理论上分析硫化铅精矿的烧结焙烧在高温下进行的原因。
5. 硫化铅锌精矿烧结焙烧过程中返粉的作用有哪些？
6. 简述密闭鼓风炉炼铅锌时烧结炉料的化学成分的要求。
7. 论述密闭鼓风炉还原熔炼需要在高温下进行的原因。
8. 鼓风炉熔炼过程中焦炭的作用有哪些？
9. 锌蒸气的露点是如何定义的？
10. 论述生产实践中避免锌蒸气在冷凝过程中再氧化的措施。
11. 锌蒸气冷凝过程中铅锌分离的原理是什么？
12. 密闭鼓风炉炼锌的产物有哪些？
13. 简述锌蒸气冷凝过程中蓝粉产生的原因，以及尽可能降低蓝粉产出量的方法。
14. 请写出竖罐炼锌的工艺流程。
15. 请写出竖罐炼锌中氧化锌还原的方程，并从热力学角度为反应的正向进行提出几点建议。
16. 简述锌冷凝的方法，并比较优劣。
17. 粗锌中有哪些杂质？请尝试进行分类。
18. 粗锌有哪些精炼方法？请简述各个精炼方法的原理。

主要参考文献

[1] 徐采栋，林蓉，汪大成. 锌冶金物理化学[M]. 上海：上海科学技术出版社，1979.
[2] 梅光贵，王德润，周敬元，等. 湿法炼锌学[M]. 长沙：中南大学出版社，2001.
[3]《铅锌冶金学》编委会. 铅锌冶金学[M]. 北京：科学出版社，2003.
[4] 彭容秋. 铅锌冶金学[M]. 北京：科学出版社，2003.
[5] 彭容秋. 重金属冶金学[M]. 2 版. 长沙：中南大学出版社，2004.
[6] 彭容秋. 锌冶金[M]. 长沙：中南大学出版社，2005.
[7] 徐鑫坤，魏昶. 锌冶金学[M]. 昆明：云南科技出版社，1996.
[8] 魏昶，王吉坤. 湿法炼锌理论与应用[M]. 昆明：云南科技出版社，2003.
[9] 魏昶，李存兄. 锌提取冶金学[M]. 北京：冶金工业出版社，2013.
[10] 赵天从. 重金属冶金学[M]. 北京：冶金工业出版社，1981.
[11]《有色金属提取冶金手册》编辑委员会. 有色金属提取冶金手册——有色金属总论[M]. 北京：冶金工业出版社，1992.
[12]《重有色金属冶炼设计手册》编委会. 重有色金属冶炼设计手册(铅锌铋卷)[M]. 北京：冶金工业出版社，2002
[13] 陈新民. 火法冶金过程物理化学[M]. 北京：冶金工业出版社，1984.
[14] 陈国发. 重金属冶金学[M]. 北京：冶金工业出版社，1992.
[15] 杨声海. Zn(Ⅱ)-NH_3-NH_4Cl-H_2O 体系制备高纯锌理论及应用[D]. 长沙：中南大学，2003.
[16] 徐宏凯，张少广，张国华. 火法炼锌技术[M]. 北京：冶金工业出版社，2019.
[17] 王吉坤. 铅锌冶炼生产技术手册[M]. 北京：冶金工业出版社，2012.
[18] 陈维东. 国外有色冶金工厂(铅锌下册)[M]. 北京：冶金工业出版社，1985.
[19] 徐传华. 国外铅、锌、锡提取冶金新进展[J]. 有色金属(冶炼部分)，1985(4)：57-62.
[20] 金伟，王建潮，朱钰土，等. 我国铅锌冶炼工艺现状及发展趋势分析[J]. 化工管理，2017(25)：187.
[21] 王书民，樊雪梅，陈凤英. 高铁闪锌矿精矿高氧氨浸工艺的理论研究[J]. 商洛学院学报，2011，25(2)：28-31.
[22] 李东波，蒋继穆. 国内外锌冶炼技术现状和发展趋势[J]. 中国金属通报，2015(6)：44-46.
[23] 赵律，朱军，蒋翔，等. 湿法炼锌中浸工艺优化试验与生产实践[J]. 有色金属科学与工程，2019，10(6)：25-30.
[24] 仝一喆，严浩，袁启奇. 湿法炼锌工程方案比选[J]. 有色冶金设计与研究，2018，39(2)：16-18，28.
[25] 张乐如. 现代铅锌冶炼技术的应用与特点[J]. 世界有色金属，2007(4)：20-22.
[26] 舒毓璋. 氧化锌矿处理技术的进展[J]. 中国铅锌锡锑，2006(12)：33-35.
[27] 舒毓璋，宝国峰，张琦，等. 硫化锌精矿焙砂与氧化锌矿联合浸出工艺. CN1477216A[P]. 2020-12-04.
[28] 杨声海，唐谟堂，邓昌雄，等. 由氧化锌烟灰氨法制取高纯锌[J]. 中国有色金属学报，2001，11(6)：1110-1113.
[29] 赵由才，张承龙，蒋家超. 碱介质湿法冶金技术[M]. 北京：冶金工业出版社，2009.

[30] 谭宪章. 冶金废旧杂料回收金属实用技术[M]. 北京：冶金工业出版社，2010.
[31] 杨守志，孙德堃，何方箴. 固液分离[M]. 北京：冶金工业出版社，2003.
[32] 彭海良. 常规湿法炼锌中铁酸锌的行为研究[J]. 湖南有色金属，2004，20(5)：20-22.
[33] 赵丰刚. 湿法炼锌浸出渣和水渣的综合利用[D]. 沈阳：东北大学，2009.
[34] 黄柱成，郭宇峰，杨永斌，等. 浸锌渣回转窑烟化法及镓的富集回收[J]. 中国资源综合利用，2002，20(6)：13-15.
[35] 唐贤容，尹咏梅. 锌浸出渣综合利用高效新工艺研究[J]. 矿产综合利用，1989(5)：1-6.
[36] 刘洪萍. 锌浸出渣处理工艺概述[J]. 云南冶金，2009，38(4)：34-37，47.
[37] 张寿明. 基于冶炼过程及终点判断技术的烟化炉智能控制系统研究[D]. 昆明：昆明理工大学，2009.
[38] 梅光贵，钟竹前. 锌焙砂热酸浸出过程的理论分析[J]. 中南矿冶学院学报，1981，12(4)：16-23.
[39] 袁铁锤，高亮，宁顺明，等. 黄钾铁矾法处理含铟高铁锌精矿[J]. 有色金属(冶炼部分)，2008(1)：11-14.
[40] 马喜红，覃文庆，吴雪兰，等. 热酸浸出锌浸出渣中镓锗的研究[J]. 矿冶工程，2012，32(2)：71-75，79.
[41] 陈永明. 盐酸体系炼锌渣提铟及铁资源有效利用的工艺与理论研究[D]. 长沙：中南大学，2009.
[42] 夏志华，唐谟堂，李仕庆，等. 锌焙砂中浸渣高温高酸浸出动力学研究[J]. 矿冶工程，2005，25(2)：53-57.
[43] 黄孟阳，邓志敢，朱北平，等. 湿法冶金工艺赤铁矿法除铁技术原理与应用[J]. 有色金属(冶炼部分)，2019(6)：1-6.
[44] 杨凡，邓志敢，魏昶，等. 采用赤铁矿去除高铁闪锌矿浸出液中的铁[J]. 中国有色金属学报，2014，24(9)：2387-2392.
[45] 邓志敢，魏昶，张帆，等. 湿法炼锌赤铁矿法除铁及资源综合利用新技术[J]. 有色金属工程，2016，6(5)：38-43.
[46] 杨凡. 高铁闪锌矿浸出液赤铁矿法除铁的研究[D]. 昆明：昆明理工大学，2015.
[47] 张帆. 湿法炼锌浸出渣与高铁锌精矿协同浸出机理与工艺研究[D]. 昆明：昆明理工大学，2017.
[48] DENG Z G, YANG F, WEI C, et al. Transformation behavior of ferrous sulfate during hematite precipitation for iron removal[J]. Transactions of Nonferrous Metals Society of China, 2020, 30(2): 492-500.
[49] 邓志敢，魏昶，朱北平，等. 工艺参数对湿法炼锌赤铁矿法沉铁行为的影响[J]. 矿冶，2020，29(2)：49-53，116.
[50] 邓志敢，樊光，郑宇，等. 用硫酸-二氧化硫体系从锌浸出渣中还原浸出有价金属[J]. 湿法冶金，2020，39(2)：104-109.
[51] 邓志敢，樊光，魏昶，等. SO_2-H_2SO_4 体系中锌浸出渣还原浸出锌和铟[J]. 有色金属(冶炼部分)，2020(5)：1-9.
[52] 王涛. 高酸浸出渣硫酸体系赤铁矿法制备高纯氧化铁粉研究[D]. 长沙：中南大学，2012.
[53] 傅永良. 高铟锌精矿非矾渣提锌铟及除铁新工艺试验研究[D]. 长沙：中南大学，2010.
[54] OZBERK E, COLLINS M J, MAKWANA M, et al. Zinc pressure leaching at the ruhr-zink refinery[J]. Hydrometallurgy, 1995, 39(1/2/3): 53-61.
[55] 张纯，闵小波，张建强，等. 锌冶炼中浸渣锌还原浸出机制与动力学[J]. 中国有色金属学报，2016，26(1)：197-203.
[56] FAN Y Y, LIU Y, NIU L P, et al. Reductive leaching of indium-bearing zinc ferrite in sulfuric acid using sulfur dioxide as a reductant[J]. Hydrometallurgy, 2019, 186: 192-199.
[57] 唐谟堂，唐朝波，张多默. 一种无二氧化硫的有色金属冶炼方法：有色金属硫化矿及含硫物料的还原造锍熔炼[J]. 有色金属，2000(4)：58-60.

[58] 邱定蕃. 加压湿法冶金过程化学与工业实践[J]. 矿冶, 1994, 3(4): 55-67.

[59] 夏光祥, 施惠娟, 曹昌琳, 等. 锌精矿加压酸浸过程物理化学初步研究[J]. 化工冶金, 1985(3): 17-26.

[60] 徐志峰, 邱定蕃, 卢惠民, 等. 锌精矿氧压酸浸过程的研究进展[J]. 有色金属, 2005(2): 101-105.

[61] 李若贵. 常压富氧直接浸出炼锌[J]. 中国有色冶金, 2009, 38(3): 12-15, 21.

[62] 陈智和, 何醒民. 锌精矿氧压浸出技术[J]. 湖南有色金属, 2002, 18(1): 26-28.

[63] 王吉坤, 周廷熙, 吴锦梅. 高铁闪锌矿精矿加压浸出半工业试验研究[J]. 中国工程科学, 2005, 7(1): 60-64.

[64] 王吉坤, 董英, 周廷熙. 高铁硫化锌精矿加压浸出工业试验及产业化[J]. 中国工程科学, 2005, 7(S1): 202-206.

[65] 夏光祥, 方兆珩. 高铁硫化锌精矿直接浸出新工艺研究[J]. 有色金属(冶炼部分), 2001(3): 8-10.

[66] 蒋开喜, 王海北. 加压湿法冶金: 可持续发展的资源加工利用技术[J]. 中国创业投资与高科技, 2004(12): 73-75.

[67] 王吉坤, 周廷熙. 硫化锌精矿加压酸浸技术及产业化[M]. 北京: 冶金工业出版社, 2005.

[68] FORWARD F A, VELTMAN H. Direct leaching zinc-sulfide concentrates by Sherritt Gordon[J]. JOM, 1959, 11(12): 836-840.

[69] PETERS E. Hydrometallurgical process innovation[J]. Hydrometallurgy, 1992, 29(1/2/3): 431-459.

[70] MARTIN M T, JANKOLA W A. Cominco's Trail Zinc Pressure Leach Operation[J]. CIM Bulletin, 1985, 78(876): 77-81.

[71] JANKOLA W A. Zinc pressure leaching at cominco[J]. Hydrometallurgy, 1995, 39(1/2/3): 63-70.

[72] OZBERK E, COLLINS M J, MAKWANA M, et al. Zinc pressure leaching at the ruhr-zink refinery[J]. Hydrometallurgy, 1995, 39(1/2/3): 53-61.

[73] KRYSA B D. Zinc pressure leaching at HBMS[J]. Hydrometallurgy, 1995, 39(1/2/3): 71-77.

[74] COLLINS M T, MCCONAGHY E J, STAUFFER R F, et al. Starting up the sherritt zinc pressure leach process at Hudson Bay[J]. JOM, 1994, 46(4): 51-58.

[75] LOTENS J P, WESKER E. The behaviour of sulphur in the oxidative leaching of sulphidic minerals[J]. Hydrometallurgy, 1987, 18(1): 39-54.

[76] SUZUKI I. Microbial leaching of metals from sulfide minerals[J]. Biotechnology Advances, 2001, 19(2): 119-132.

[77] 陈家镛. 湿法冶金的研究与发展[M]. 北京: 冶金工业出版社, 1998.

[78] 张武存, 黄芝林, 王万禄. 铁闪锌矿氧压酸浸试验[J]. 云南冶金, 1990, 19(6): 39-42.

[79] 王玉芳, 蒋开喜, 王海北. 高铁闪锌矿低温低压浸出新工艺研究[J]. 有色金属(冶炼部分), 2004(4): 4-6.

[80] 周一康. 难处理金矿石预处理方法研究进展[J]. 湿法冶金, 1998, 17(3): 19-23.

[81] 戴玉华. 难浸金矿石的加压氧化预处理的工艺特征[J]. 江西有色金属, 1997(4): 46-47.

[82] 骆昌运. 针铁矿除铁工艺在丹霞冶炼厂的应用实践[J]. 有色金属工程, 2011, 1(3): 44-46.

[83] 邱定蕃, 徐志峰. 硫化锌精矿常压直接浸出技术现状[J]. 有色金属科学与工程, 2013, 4(1): 1-7.

[84] 李若贵. 常压富氧直接浸出炼锌[J]. 中国有色冶金, 2009, 38(3): 12-15, 21.

[85] FILIPPOU D. Innovative hydrometallurgical processes for the primary processing of zinc[J]. Mineral Processing and Extractive Metallurgy Review, 2004, 25(3): 205-252.

[86] VAN PUT J W, TERWINGHE I F M G, DE NYS T S A. Process for the extraction of zinc from sulphide concentrates: US5858315[P]. 1999-01-12.

[87] HOURN M M, TURNER D W, HOLZBERGER I R. Atmospheric mineral leaching process: US5993635[P].

1999-11-30.
[88] 陈永强，邱定蕃，王成彦，等. 闪锌矿常压富氧浸出[J]. 过程工程学报，2009，9(3)：441-448.
[89] 陈永强，邱定蕃，王成彦，等. 常压装置富氧浸出闪锌矿[J]. 有色金属，2009，61(4)：60-64.
[90] 乐卫和，朱挺健，衷水平，等. 锌精矿常压富氧直接浸出研究[J]. 有色冶金设计与研究，2012，33(3)：11-14.
[91] 何醒民. 我国湿法炼锌技术的发展与展望[J]. 工程设计与研究，2005(9)：24-28.
[92] 徐志峰，邱定蕃，王海北. 铁闪锌矿加压浸出动力学[J]. 过程工程学报，2008，8(1)：28-34.
[93] OWUSU G, DREISINGER D B, PETERS E. Effect of surfactants on zinc and iron dissolution rates during oxidative leaching of sphalerite[J]. Hydrometallurgy, 1995, 38(3): 315-324.
[94] 夏光祥，施惠娟，曹昌琳，等. 锌精矿加压氧化酸浸工艺研究[J]. 化工冶金，1984(1)：32-43.
[95] 王吉坤，周廷熙，吴锦梅. 高铁闪锌矿精矿加压酸浸新工艺研究[J]. 有色金属(冶炼部分)，2004(1)：5-8.
[96] 谢克强. 高铁硫化锌精矿和多金属复杂硫化矿加压浸出工艺及理论研究[D]. 昆明：昆明理工大学，2006.
[97] 杨显万，邱定蕃. 湿法冶金[M]. 2 版. 北京：冶金工业出版社，2011.
[98] 郝小红，温治，苏福永，等. 用于锌浸出渣处理的顶燃侧吹熔化炉[J]. 矿冶，2013，22(S1)：133-135.
[99] 王振岭. 电炉炼锌[M]. 北京：冶金工业出版社，2001.
[100] 陈卫华，邹学付. 浅谈湿法炼锌浸出渣的综合回收[J]. 金属矿山，2006(1)：98-100.
[101] 王兴. 回转窑处理锌浸出渣系统设计分析[J]. 湖南有色金属，2016，32(5)：37-38，74.
[102] 梅毅. 回转挥发窑在锌浸出渣处理中的应用[J]. 有色金属设计，2003，30(S1)：113-117，119.
[103] 刘斯嘉，李向民，刘金良. 对延长锌浸出渣挥发窑寿命的探讨[J]. 有色矿冶，2007，23(4)：40-42，45.
[104] 周述勇. 延长锌浸出渣挥发窑运行周期的探讨[J]. 湖南有色金属，2005，21(1)：11-13.
[105] 齐翼龙. 挥发窑处理锌浸出渣系统改造设计[J]. 冶金能源，2016，35(6)：15-17.
[106] 李文君. 氧化锌处理回转窑烟气生产实践[J]. 南方金属，2015(1)：32-36.
[107] 易文. 锌浸出渣挥发窑生产工艺与节能[J]. 有色冶金节能，2000，16(1)：11-14.
[108] 赵长富. 锌浸出渣挥发窑内衬砖的选择和实践[J]. 有色冶炼，2000，29(6)：20-23.
[109] 何启贤，周裕高，覃毅力，等. 锌浸出渣回转窑富氧烟化工艺研究[J]. 中国有色冶金，2017，46(3)：49-54.
[110] 黄漫漫. 锌高渣烟化炉负荷试机生产实践[J]. 大众科技，2014，16(9)：186-187.
[111] 蒋荣生，柴立元，贾著红，等. 烟化法处理铅锌冶炼渣的生产实践与探讨[J]. 云南冶金，2014，43(1)：58-61.
[112] 李灿. 改善烟化炉燃烧的途径[J]. 冶金能源，2001，20(3)：26-29，45.
[113] 陶先昌，刘志宏. 烟化炉吹炼关键技术研究[J]. 科技导向. 2014(2)：145-146.
[114] 马绍斌. 提高烟化炉主要技术经济指标的综合研究和应用[J]. 云南冶金，2009，38(S1)：42-50.
[115] 刘虔，阳德炎. 烟化炉富氧吹炼生产实践[J]. 有色金属(冶炼部分)，2008(5)：13-17.
[116] 齐翼龙. 富氧在烟化炉吹炼工艺中的应用[J]. 铜业工程，2016(4)：69-71，78.
[117] 王觉. 湿法炼锌逆锑盐净化二段多金属离子浓度预报模型[D]. 长沙：中南大学，2010.
[118] 胡根火. 硫酸锌溶液锌粉置换深度净化除钴实验研究[D]. 长沙：中南大学，2011.
[119] 秦永宏，马进，宋红卫. 几种锑盐净化法的应用实践[J]. 有色冶炼，2002，31(1)：6-8，1.
[120] 金鑫. 湿法炼锌主流程 β-萘酚除钴生产实践[J]. 中国有色冶金，2016，45(1)：33-36，85.
[121] 王海兰. 砷化氢的职业危害与防护[J]. 现代职业安全，2014(7)：106-108.
[122] 赵博兰，刘喜房，徐建军. 职业性急性砷化氢中毒的预防[J]. 劳动保护，2017(6)：81-82.

[123] 郭仁俊.工艺参数对锌电积电流效率及直流电耗影响的研究[D].沈阳：东北大学，2009.

[124] 蔡军林.韶冶铅锌密闭鼓风炉技术改造[J].有色冶炼，1998，27（4）：24-28.

[125] 彭容秋.关于高锌铅精矿处理问题的讨论[J].株冶科技，1995(4)：4-10.

[126] 曾平生.韶冶烧结制粒技术改造与生产实践[J].有色冶金设计与研究，2007，28(4)：1-4.

[127] 李兴正.论返粉质量在烧结焙烧中的作用[J].有色冶炼，1994，23(2)：30-34.

[128] 马宝军，高永学，王志华，等.鼓风返烟烧结机投产实践[J].中国有色冶金，2007，36（3）：30-33.

[129] 彭海良.富氧在株冶铅烧结机及鼓风炉的设计选择及生产实践[J].湖南有色金属，2004，20(3)：19-21.

[130] 蒋继穆.我国锌冶炼工业进展概况[J].中国有色建设，2007，(2)：33-36.

[131] 沈江南.锌合金压铸数值模拟及其热流道技术研究[D].厦门：集美大学，2013.

[132] FILIPPOU D, DEMOPOULOS G P. A reaction kinetic model for the leaching of industrial zinc ferrite particulates in sulphuric acid media[J]. Canadian Metallurgical Quarterly, 1992, 31(1): 41-54.

[133] RAMACHANDRA SARMA V N, DEO K, BISWAS A K. Dissolution of zinc ferrite samples in acids[J]. Hydrometallurgy, 1976, 2(2): 171-184.

[134] ZHANG Y J, LI X H, PAN L P, et al. Studies on the kinetics of zinc and indium extraction from indium-bearing zinc ferrite[J]. Hydrometallurgy, 2010, 100(3/4): 172-176.

[135] ELGERSMA F, KAMST G F, WITKAMP G J, et al. Acidic dissolution of zinc ferrite[J]. Hydrometallurgy, 1992, 29(1/2/3): 173-189.

[136] ELGERSMA F, WITKAMP G J, VAN ROSMALEN G M. Kinetics and mechanism of reductive dissolution of zinc ferrite in H_2O and D_2O[J]. Hydrometallurgy, 1993, 33(1/2): 165-176.

[137] 宋秀兰，李亚新. $FeCl_3$ 对污泥酸性发酵产物中丙酸比率的影响[J].化工学报，2011，62(1)：220-225.

[138] JIN Z M, WARREN G W, HENEIN H. An investigation of the electrochemical nature of the ferric chloride leaching of sphalerite[J]. International Journal of Mineral Processing, 1993, 37(3/4): 223-238.

[139] FILIPPOU D, DEMOPOULOS G P, PAPANGELAKIS V G. Hydrogen ion activities and species distribution in mixed metal sulfate aqueous systems[J]. AIChE Journal, 1995, 41(1): 171-184.

[140] UMETSU V, TOZAWA K, SASAKI K I. The hydrolysis of ferric sulphate solutions at elevated temperatures [J]. Canadian Metallurgical Quarterly, 1977, 16(1): 111-117.

[141] CHENG T C, DEMOPOULOS G P. Hydrolysis of ferric sulfate in the presence of zinc sulfate at 200℃: precipitation kinetics and product characterization[J]. Industrial & Engineering Chemistry Research, 2004, 43(20): 6299-6308.

[142] Sasaki K, Ootsuka K, Tozawa K. Hydrometallurgical studies on hydrolysis of ferric sulfate solutions at elevated temperatures II Equlibrium diagram in the system $Fe_2O_3-SO_3-H_2O$ at elevated temperatures[J]. Shigen to Sozai, 1993, 109(11): 871-877.

[143] KOBYLIN P, KASKIALA T, SALMINEN J. Modeling of $H_2SO_4-FeSO_4-H_2O$ and $H_2SO_4-Fe_2(SO_4)_3-H_2O$ systems for metallurgical applications[J]. Industrial & Engineering Chemistry Research, 2007, 46(8): 2601-2608.

[144] DREISINGER D B, PETERS E. The oxidation of ferrous sulphate by molecular oxygen under zinc pressure-leach conditions[J]. Hydrometallurgy, 1989, 22(1/2): 101-119.

[145] WU X L, WU S K, QIN W Q, et al. Reductive leaching of gallium from zinc residue[J]. Hydrometallurgy, 2012(113/114): 195-199.

图书在版编目(CIP)数据

锌冶金学 / 李兴彬，邓志敢主编．—长沙：中南大学出版社，2024.6

ISBN 978-7-5487-5711-5

Ⅰ．①锌… Ⅱ．①李… ②邓… Ⅲ．①炼锌—教材 Ⅳ．①TF813

中国国家版本馆 CIP 数据核字(2024)第 035575 号

锌冶金学

XINYEJINXUE

李兴彬　邓志敢　主编

□出 版 人　林绵优
□责任编辑　胡　炜
□责任印制　唐　曦
□出版发行　中南大学出版社
社址：长沙市麓山南路　　邮编：410083
发行科电话：0731-88876770　　传真：0731-88710482
□印　　装　湖南省汇昌印务有限公司

□开　　本　787 mm×1092 mm 1/16　□印张 18.5　□字数 479 千字
□互联网+图书 二维码内容　图片 655 张
□版　　次　2024 年 6 月第 1 版　□印次 2024 年 6 月第 1 次印刷
□书　　号　ISBN 978-7-5487-5711-5
□定　　价　55.00 元